工学结合立项教材

新编智能手机原理与维修培训教程

主　编　詹忠山
副主编　徐丽香　兰小海

电子工业出版社

Publishing House of Electronics Industry

北京·BEIJING

内 容 简 介

本书主要是为高职院校、中职学校、培训学校移动通信专业课程编写的新型专业教材，结合学校电子、通信专业课程教学目标与行业新型市场，重点编写了智能手机系统的类型及 3G、4G 网络新技术，新型贴片元器件检测技术，诺基亚 2730c 与 iPhone 4 智能手机电路原理分析，以及苹果、安卓、Windows Mobile 等智能手机软件系统的安装、整机故障分析与故障排除技巧。

本书以"实操为主，理论为辅"为编写原则，不使用晦涩语句及偏词难概，力求通俗易懂，始终以"高职院校、中职学校、培训学校的教学"为目标，以"市场新技术"为宗旨，全方位讲解了智能手机元器件的识别、整机原理、系统软件、故障分析与排除等重要知识点。各章后附有习题与实训，可使学生加深对专业知识的理解，提高动手能力。

通过本书的学习，不但能让学生掌握现代智能手机新技术，重要的是能更好地定位学生将来的工作岗位，提高学生分析问题、解决问题的综合能力。

未经许可，不得以任何方式复制或抄袭本书之部分或全部内容。
版权所有，侵权必究。

图书在版编目（CIP）数据

新编智能手机原理与维修培训教程/詹忠山主编. —北京：电子工业出版社，2015.1
ISBN 978-7-121-20344-2

Ⅰ. ①新… Ⅱ. ①詹… Ⅲ. ①移动电话机—理论—高等学校—教材 ②移动电话机—维修—高等学校—教材 Ⅳ. ①TN929.53

中国版本图书馆 CIP 数据核字（2014）第 250529 号

策划编辑：曲　昕
责任编辑：苏颖杰
印　　刷：北京天宇星印刷厂
装　　订：北京天宇星印刷厂
出版发行：电子工业出版社
　　　　　北京市海淀区万寿路 173 信箱　邮编 100036
开　　本：787×1092　1/16　印张：26.25　字数：705 千字　插页：5
版　　次：2015 年 1 月第 1 版
印　　次：2023 年 2 月第 11 次印刷
定　　价：68.00 元

凡所购买电子工业出版社图书有缺损问题，请向购买书店调换。若书店售缺，请与本社发行部联系，联系及邮购电话：(010) 88254888。
质量投诉请发邮件至 zlts@phei.com.cn，盗版侵权举报请发邮件至 dbqq@phei.com.cn。
服务热线：(010) 88258888。

前　言

为了使高职院校、中职学校、培训学校的通信相关专业更好地与市场同步接轨，结合学校教学目标与市场智能手机新技术，移动通信、应用电子、电信工程等专业都已将移动通信终端（手机原理与维修）作为必修课程。为了让学生掌握现代智能手机原理与维修新技术，提高学生实际动手的专业能力，我们编写了本书，作为高职院校、中职学校、培训学校与市场同步的专用教材。本书力求通俗易懂，以"实操为主，理论为辅"为编写原则，讲解智能手机原理分析与维修技巧。

本书共有 10 章，由广东机电职业技术学院通信工程专业副教授、广东省职业技能鉴定专家、高级考评员詹忠山担任主编，负责全书的整体编写规划、设计、章节修改、审核等，并编写了第 3 章"手机维修焊接工具及元器件拆装"。由原信息工程学院院长徐丽香、信息工程学院通信专业主任兰小海任副主编，并联合编写了第 6 章"手机射频电路原理及故障检测维修"；由广东天通电子技术有限公司厂长万庚兴提供仪器设备及技术支持；由三星展信通信服务中心提供技术资料。第 1 章由广东机电职业技术学院通信专业副教授曾新民编写，主要讲解手机发展、智能手机操作系统及 3G、4G 网络新技术；第 2 章由广东省电子信息技工学校通信专业教师黄亚忠、辜群满联合编写，主要讲解手机元器件介绍及检测技巧；第 4 章由广东省电子信息技工学校教师刘正顶编写，主要讲解手机整机结构；第 5 章由广东机电职业技术学院通信工程专业教师范小鹏编写，主要讲解诺基亚 2730c 智能手机开机电路原理与常见故障维修方法；第 7 章由《手机维修》杂志社主编何业煌、广东省电子信息技工学校教师李福龙联合编写，主要讲解手机接口功能电路原理及故障维修；第 8 章由广东省职业技能鉴定中心高级考评员、广东天目通电信培训学校高级讲师袁国干、张胜林联合编写，主要讲解 iPhone 4 手机电路原理与维修；第 9 章由广东机电职业技术学院通信专业实验师、高级技师陈榕福编写，主要讲解苹果、安卓、Windows Mobile 等智能手机软件系统及安装方法；第 10 章由广东省职业技能鉴定专家、高级考评员陈功全、广东省电子信息技工学校教师林金山联合编写，主要讲解智能手机故障分析及维修。

本书由长期工作在应用电子、移动通信、电信工程等专业领域，多年从事专业教学、专业实践、技术研发、产品维护等岗位的专业教师、技术人员精心组织编写，编者具有丰富的专业背景和专业经验。本书详尽讲解了智能手机原理分析及维修方法，比如由主编原创的"手机电路图、元件分布图、主板实物图"等"三合一"的维修技巧，不但能让学生掌握电路原理分析，还能让学生快速掌握智能手机主板结构、常见故障的排除方法；全面解决学生在手机电路分析中英文标注辨认难的问题，详细讲解了电路中的英文标注及相关电路的故障现象与维修思路。

本书由广东省职业技能鉴定通信专家组主审，并获得广东天通电子技术有限公司、广东天目通电信职业培训学校的技术支持。

为了便于读者查阅，本书中的手机电路图等均为原始电路图，图中的部分元器件符号不符合国家标准，编辑时未作规范，特此说明。

  本书可为教师、学生、维修人员带来极大帮助，弥补了市场智能手机详细理论相关书籍的空缺。本书没有生硬的语言，没有抽象的概念，通俗易懂，以形象生动的实例进行讲解，使读者牢记所学知识，是一本实用性极强的教学用书，也是维修人员易懂的自学参考书。由于时间仓促，书中难免有错漏之处，敬请广大读者批评指正！

编 者

2014 年 6 月

目 录

第1章 手机发展史 ·· 1
1.1 手机发展历程 ·· 1
1.1.1 第一代模拟手机 ··· 1
1.1.2 第二代数字手机 ··· 2
1.1.3 第三代可视手机 ··· 3
1.1.4 第四代（LTE）4G 手机 ·· 3
1.2 手机种类及特点 ·· 3
1.2.1 诺基亚手机的发展、种类及特点 ··· 5
1.2.2 三星手机的发展、种类及特点 ··· 7
1.2.3 苹果手机的种类及特点 ··· 8
1.2.4 国产手机的种类及特点 ··· 9
1.3 智能手机操作系统 ·· 10
1.4 移动通信运营商及其网络技术 ·· 21
1.4.1 三大运营商重组 ··· 21
1.4.2 3G 网络介绍 ··· 21
本章小结 ·· 25
习题 1 ·· 26
本章实训 不同发展时期的手机类型 ·· 26

第2章 手机元器件介绍及检测技巧 ·· 27
2.1 手机元件介绍及其检测技巧 ·· 27
2.1.1 手机中的电阻元件 ··· 27
2.1.2 手机中的电容元件 ··· 31
2.1.3 手机中的电感元件 ··· 39
2.2 手机器件介绍及其检测技巧 ·· 43
2.2.1 导体、绝缘体、半导体及 PN 结 ·· 43
2.2.2 手机中的晶体二极管 ··· 44
2.2.3 手机中的三极管 ··· 54
2.2.4 手机中的场效应管 ··· 67
2.2.5 手机中的耦合器 ··· 72
2.2.6 手机中的滤波器 ··· 75
2.2.7 手机中的振荡器 ··· 78
2.2.8 手机中的贴片集成电路（IC） ·· 83
本章小结 ·· 86
习题 2 ·· 86
本章实训 手机元器件认识及检测 ·· 87

第3章 手机维修焊接工具及元器件拆装 89

3.1 手机维修工具介绍 89
3.1.1 手机维修基本工具及焊剂 89
3.1.2 手机维修焊接工具 93

3.2 手机中贴片元器件的拆装技巧 95
3.2.1 手机中贴片小元器件的拆装技巧 95
3.2.2 手机中四方扁平（QFP）芯片的拆装技巧 97
3.2.3 手机维修中 BGA 芯片的拆装技巧 99
3.2.4 手机中双层 BGA 芯片的拆装技巧 105
3.2.5 手机中其他元器件的拆装技巧 110

本章小结 117
习题 3 118
本章实训　手机元器件的拆装操作 118

第4章 手机整机结构介绍 120

4.1 手机整机结构及芯片组合 120
4.1.1 手机整机结构组成 120
4.1.2 最新国产手机芯片组合 122
4.1.3 最新智能手机芯片组合 127

4.2 手机整机电路组成及其流程分析 130
4.2.1 手机整机供电电路组成 130
4.2.2 手机射频电路组成及流程分析 132

本章小结 136
习题 4 136
本章实训　手机整机结构介绍 137

第5章 手机开机电路原理及故障检修 138

5.1 手机开机电路结构 138
5.1.1 手机开机电路组成及原理分析 138
5.1.2 手机开机电路常见故障分析与维修 160

5.2 诺基亚 2730c 智能手机开机原理实例分析 163
5.2.1 2730c 智能手机开机电路结构原理 164
5.2.2 2730c 智能手机实际开机电路原理分析 166
5.2.3 2730c 智能手机开机电路故障维修方法 174
5.2.4 2730c 手机不开机故障维修实例 176

5.3 手机维修中的维修仪器 177
5.3.1 手机维修中的直流稳压电源 177
5.3.2 手机维修中常用的频率计 180
5.3.3 手机维修中的示波器 183
5.3.4 手机维修中的超声波清洗器 192

本章小结 ··· 193
习题 5 ··· 193
本章实训　手机开机电路故障检测与维修 ··· 195

第 6 章　手机射频电路原理及故障检测维修 ··· 196

6.1　手机接收射频电路 ··· 196
6.1.1　手机接收电路原理及故障检测维修 ··· 196
6.1.2　诺基亚 2730c 手机接收射频电路原理与故障维修 ··· 208

6.2　手机发射射频电路 ··· 216
6.2.1　手机发射电路原理及故障检测维修 ··· 216
6.2.2　2730c 手机发射射频电路原理与故障检修 ··· 218

6.3　手机维修综合测试仪 ··· 223
6.3.1　ZY801 双频移动电话综合测试仪介绍 ··· 223
6.3.2　ZY801 双频移动电话综合测试仪的检测方法 ··· 225

本章小结 ··· 226
习题 6 ··· 226
本章实训　手机射频电路故障检测与维修 ··· 227

第 7 章　手机接口功能电路原理及故障维修 ··· 228

7.1　手机接口功能电路结构原理及维修技巧 ··· 228
7.1.1　SIM 卡电路结构原理及维修技巧 ··· 228
7.1.2　手机多媒体卡电路结构原理及维修技巧 ··· 230
7.1.3　手机显示、触摸屏电路原理及维修技巧 ··· 232
7.1.4　手机键盘电路原理及其维修技巧 ··· 238
7.1.5　手机背光灯电路结构原理及维修技巧 ··· 240
7.1.6　手机音频及送受话电路结构原理及维修技巧 ··· 241
7.1.7　手机蓝牙/收音机电路原理及维修技巧 ··· 247
7.1.8　手机照相电路原理及维修技巧 ··· 248
7.1.9　手机充电电路原理及维修技巧 ··· 250

7.2　智能手机功能接口电路原理与维修 ··· 251
7.2.1　三星 I9300 智能手机 BT/WiFi 接口电路原理与维修 ··· 251
7.2.2　I9300 智能手机 GPS 接口电路原理与维修 ··· 252
7.2.3　I9300 智能手机指南针电路原理与维修 ··· 254
7.2.4　I9300 智能手机 GYRO 加速器电路原理与维修 ··· 256

本章小结 ··· 257
习题 7 ··· 257
本章实训　手机界面接口功能电路故障检测与维修 ··· 258

第 8 章　iPhone 4 手机电路原理与维修 ··· 260

8.1　iPhone 4 手机开机原理与故障检修 ··· 260
8.1.1　iPhone 4 手机整机结构与开机原理分析 ··· 260

8.1.2 iPhone 4 手机开机部分故障检修 ………………………………… 276
8.2 iPhone 4 手机射频基带电路原理与故障分析 ……………………………… 279
8.2.1 iPhone 4 手机接收与发射射频基带电路原理 ……………………… 279
8.2.2 iPhone 4 手机射频基带电路故障检修 ………………………………… 289
8.3 iPhone 4 手机接口功能电路及维修 …………………………………………… 290
8.3.1 iPhone 4 手机 J7 接口功能及维修 …………………………………… 291
8.3.2 iPhone 4 手机 J3 接口送话电路及维修 ……………………………… 291
8.3.3 iPhone 4 手机 J3 接口扬声器（振铃）电路及维修 ………………… 293
8.3.4 iPhone 4 手机 J6 接口主照相电路及维修 …………………………… 293
8.3.5 iPhone 4 手机副照相 J8 接口电路及维修 …………………………… 295
8.3.6 iPhone 4 手机主照相闪光灯电路及维修 ……………………………… 296
8.3.7 iPhone 4 手机显示 J4 接口电路及维修 ……………………………… 297
8.3.8 iPhone 4 手机触摸屏 J5 接口电路及维修 …………………………… 299
8.3.9 iPhone 4 手机侧键、耳机、振动器 J1 接口电路及维修 …………… 301
8.3.10 iPhone 4 手机充电接口 J3 电路及维修 ……………………………… 302
8.3.11 iPhone 4 手机 J3 接口 USB 电路及维修 …………………………… 303
8.3.12 iPhone 4 手机 J3 接口返回键电路及维修 …………………………… 304
8.3.13 iPhone 4 手机 SIM 卡接口电路及维修 ……………………………… 304
8.3.14 iPhone 4 手机扬声器接口电路及维修 ………………………………… 305
8.3.15 iPhone 4 手机振子电路及维修 ………………………………………… 306
8.3.16 iPhone 4 手机陀螺仪电路及维修 ……………………………………… 306
8.3.17 iPhone 4 手机 GPS 电路及维修 ……………………………………… 308
8.3.18 iPhone 4 手机 WLAN/BT 电路及维修 ……………………………… 310
8.3.19 iPhone 4 手机指南针 COMPASS 电路及维修 ……………………… 312
本章小结 …………………………………………………………………………………… 313
习题 8 ……………………………………………………………………………………… 313
本章实训　iPhone 4 手机电路故障检测与维修 ………………………………………… 314

第 9 章　智能手机软件系统及安装方法 ………………………………………… 316

9.1 主流智能手机操作系统简介 ……………………………………………………… 316
9.2 苹果智能手机系统软件下载与安装 ……………………………………………… 316
9.2.1 苹果智能手机联机软件 iTunes ……………………………………… 316
9.2.2 苹果智能手机系统软件功能 ………………………………………… 324
9.2.3 苹果手机系统软件的刷机方法 ……………………………………… 327
9.3 安卓系统手机软件 ………………………………………………………………… 331
9.3.1 安卓系统中的 Root …………………………………………………… 332
9.3.2 安卓系统刷机方法 …………………………………………………… 332
9.3.3 小米智能手机刷机方法 ……………………………………………… 338
9.4 Windows Mobile 手机系统软件 ………………………………………………… 344
9.4.1 Windows Mobile 手机系统软件功能 ………………………………… 344

9.4.2　Windows Mobile 手机系统刷机 …………………………………………… 344

9.5　TMC 手机智能软件仪 …………………………………………………………………… 352

9.5.1　TMC 手机智能软件仪功能 …………………………………………………… 352

9.5.2　TMC 手机智能软件仪刷机技巧 ……………………………………………… 352

9.6　其他智能手机刷机的基本流程 ………………………………………………………… 356

9.6.1　HTC 手机刷机的基本流程 …………………………………………………… 356

9.6.2　MOTO 手机刷机的基本流程 ………………………………………………… 357

9.6.3　华为手机刷机的基本流程 …………………………………………………… 359

本章小结 …………………………………………………………………………………… 360

习题 9 ……………………………………………………………………………………… 361

本章实训　智能手机软件系统及安装方法 ……………………………………………… 361

第 10 章　智能手机故障分析及维修 ……………………………………………………… 363

10.1　智能手机常见故障维修 ……………………………………………………………… 363

10.1.1　智能手机故障介绍 ………………………………………………………… 363

10.1.2　智能手机常见故障检修步骤及流程 ……………………………………… 366

10.1.3　智能手机故障的检修方法与技巧 ………………………………………… 373

10.2　诺基亚智能手机故障分析及维修实例 ……………………………………………… 375

10.2.1　诺基亚智能手机开机电路故障分析及维修实例 ………………………… 375

10.2.2　三星智能手机故障分析及维修实例 ……………………………………… 385

10.2.3　HTC（中国台湾宏达）智能手机故障分析及维修实例 …………………… 390

10.2.4　国产智能手机故障分析及维修实例 ……………………………………… 397

本章小结 …………………………………………………………………………………… 407

习题 10 ……………………………………………………………………………………… 407

本章实训　智能手机故障分析与检测维修 ……………………………………………… 408

附录　学习手机维修常用的网站及其论坛地址 ……………………………………………… 410

第 1 章　手机发展史

"治学先治史"是学习知识的重要方法，只有了解事件的历史，才能展望未来的明天。手机学习也是一样，了解手机不同类型的发展，能更好地帮助分析手机电路原理、硬件故障维修与软件故障维修。比如有的手机没有原厂电路图，但可以通过手机发展历史了解其应用的芯片组合，应用于哪些同类的手机，以此为借鉴对手机原理进行分析和故障维修处理。

本章首先主要介绍了手机发展历程、手机类型及其特点、智能手机操作系统、通信运营商及定制版手机等知识点，重点掌握手机的四个时代，以及诺基亚、苹果、三星等智能手机的操作系统、版本类型；其次介绍了目前国内三大运营商及其 3G 移动通信技术特点；再次介绍了手机上不同版本定制手机的标识符，及定制机与非定制机的不同点。

1.1　手机发展历程

随着人们生活水平的提高，手机已逐渐从奢侈品发展成为人们必需的通信工具与智能电子多功能消费品。回顾手机的发展，手机不知不觉走进我们的生活已有 20 多个年头，无论是造型还是功能都有了翻天覆地的变化。手机的发展也经历了一次又一次的变革，形成了如今高科技、多样化的精美造型和智能功能，已不再是一个简单的通信工具。移动通信发展的历史开始于 1897 年，马可尼在陆地与一只拖船之间，用无线电进行了消息的传递，形成了移动通信的开端。随着无线广播和无线电报的出现，早期的移动通信雏形已开发出来，如步话机、对讲机等。于是 1947 年，贝尔实验室的科学家率先提出了手机的概念。手机是一种通俗说法，在移动通信系统里称其为移动台，可以理解为移动的无线电台。

20 世纪 60 年代晶体管的出现，使专用无线电话系统大量出现，开始在公安、消防、出租汽车等行业中应用；到了 20 世纪 70 年代初，贝尔实验室提出蜂窝系统覆盖小区的概念和相关的理论后，立即得到迅速的发展，很快进入了实用阶段；1979 年，AMPS 制式模拟蜂窝移动电话系统在美国芝加哥试验成功，到 1983 年 12 月在美国投入商用。我国从 1987 年开始使用模拟蜂窝电话通信，1987 年 11 月，第一个移动电话局在广州开通。

1.1.1　第一代模拟手机

模拟手机的功能仅仅局限于通话，而且受到技术、材料等方面的限制，款式简单，缺乏变化，此时代是手机技术的开端，被称为手机的史前时代，即模拟手机时代，也即 1G 时代。世界上第一台模拟手机是 1973 年 4 月 3 日由摩托罗拉公司前高管马蒂·库珀在曼哈顿网络上测试的第一台便携式电话，重约 1.13kg，靠电池运转，体积庞大。他把电话打给了贝尔实验室的一名科学家，通话可达 10min。这就是历史上第一部手机，型号为 DynaTAC 8000X，由摩托罗拉公司生产，销售价格为 3995 美元，是名副其实的最贵重的"砖头"，也就是我们常说的"大哥大",如图 1.1.1 所示。

1987 年,第一部"大哥大"——模拟手机摩托罗拉 3200 进入中国市场,其造型设计和图 1.1.1 所示的"大哥大"基本一致,在当时非常流行。20 世纪 80 年代末,第一款俗称"大砖头"的摩托罗拉 8900 揭盖式手机也进入中国市场,号称国人的"大哥大",如图 1.1.2 所示。由于它带有翻盖,不会因为不小心碰了某个键而发出信号。之后,摩托罗拉公司又于 20 世纪 90 年代初推出了 9900,因其体积小、轻便耐用,一直引领手机时尚,最高售价曾达 2 万元左右,曾是白领的专宠。随后,诺基亚 1610、2110,三星 611、800C 模拟手机相继进入中国市场。

图 1.1.1 "大哥大"外形　　　　　图 1.1.2 摩托罗拉 8900 翻盖手机

当时的模拟移动电话系统主要采用模拟和频分多址(FDMA)技术,属于第一代移动通信模拟技术。模拟技术是指通过电波传输模拟人讲话声音的高低起伏变化来实现的信号通信。模拟移动电话的通话质量完全可以与固定电话相当,通话双方能够清晰地听出对方的声音,传输速率为 1.2~10kbps,但技术的不成熟性,使它存在较多的缺点,即频分多址技术造成频率资源不足。例如,保密性差,极易被盗用,只能实现话音业务,无法提供丰富多彩的多功能增值业务,网络覆盖范围小且漫游功能差。模拟手机体积、质量大,样式陈旧,因此根据其移动通信的发展现状,早已停止生产,中国移动通信集团公司于 2001 年 12 月 31 日也关闭了模拟移动电话网,停止了经营模拟移动电话业务。20 世纪 80 年代后期,大规模集成电路、微型计算机、微处理器和数字信号处理技术的大量应用,为开发数字移动通信系统提供了技术保障,数字移动通信系统——GSM 系统诞生。

1.1.2　第二代数字手机

GSM 是数字蜂窝移动通信系统的简称,是第二代移动通信,简称 2G 时代。第一台 GSM 手机是摩托罗拉 328c 翻盖式掌中宝手机,在当时手机用户中,拥有着较高的地位。它的出现彻底改变了手机的外形,除了体积小巧之外,其多彩的颜色也备受关注,使摩托罗拉公司在折叠造型手机领域中占据了不可动摇的统治地位。2000 年上市的 V998 GSM 手机更是成为手机的巅峰之作,如图 1.1.3 所示。继 V998 之后,摩托罗拉 328、6188、6288,诺基亚 5110、6110 等 GSM 手机进入市场。

图 1.1.3　摩托罗拉 V998 手机

为了更好地发展数字通信网络,1993 年 9 月 18 日,我国第一个数字移动通信网在浙江嘉兴开通;1994 年 10 月,第一个省级数字移动通信网在广东开通。当初,GSM 以它相对于第一代移动通信系统的优势,广泛地占有通信市场。同时,在 GSM 系统的基础上,增加了一些新技术,如通用分组无限技术(GPRS)、无线应用协议(WAP 上网)和无线接口技术(蓝牙技术),增加了多媒体功能,如上网、聊天、传送彩色图片、传真、发电子邮件、数码照相机、语音拨号、彩色显示等,因此称 GSM 系统新技术时代为第二代移动通信向第三代过渡的 2.5G 时代。

GSM 移动电话系统采用时分多址技术（TDMA），其特点是：对频谱利用率高、容量大，同时可以自动漫游和自动切换，通信质量好，还有业务种类多、易于加密、抗干扰能力强、用户设备小、成本低等优点，它的传输速率为 8kbps，采用频率复用和多波段共用技术、窄带数字调制技术、扩展频谱传输技术及其数字化技术。

1.1.3 第三代可视手机

第三代无线通信又称 3G 通信，是指将无线通信与国际互联网等多媒体通信结合的新一代移动通信系统，它能够处理图像、音频、视频等多种媒体形式的数据传输，提供网页浏览、电话会议、电子商务等多种信息服务，其系统特点是可提供更高的容量、更快的数据传输速率及多媒体业务。它主要通过在现有网络上发展 2.5G 技术来实现，其核心技术是 CDMA（扩频）以及更先进的空中接口技术。为提供这种服务，3G 通信支持不同的数据传输速度，可在室内、室外和行车环境中分别支持至少 2Mbps、384kbps 以及 144kbps 的传输速率。3G 手机包括中国联通（沃 3G）、中国移动（G3）及中国电信（天翼 3G）等网络的手机，图 1.1.4 所示为天翼 3G 网络三星 S5820 手机。

1.1.4 第四代（LTE）4G 手机

第四代移动通信（4G）系统，是指通信完全实现智能化的时代，其特点是：高容量、更强的多媒体传输，将多媒体语音、数据、影像等大量信息通过宽频信道传输，提高了传输质量。其核心技术是 OFDM（正交多任务），其他技术为 CDMA、无线区域环路（WLL）和数字音讯广播（DAB）等，传输速率最高可达到 10~20Mbps。图 1.1.5 所示为 iPhone 4G 手机。

图 1.1.4 天翼 3G 网络三星 S5820 手机

图 1.1.5 iPhone 4G 手机

1.2 手机种类及特点

从模拟手机到数字手机，再到今天的智能手机，其市场千变万化、纷繁复杂，从外形、型号、功能、操作方式等，只要到市场看看，绝对让人眼花缭乱。再去看看手机配件市场，那更是让人喘不过气来，因为手机配件更加复杂，种类更多。因此，学习手机维修，必须对纷繁复杂的市场进行了解，也就是需要对其种类进行深入了解，这样才能更好地学习手机维修技术。即使复杂，通常手机种类也都是按外形、操作系统、功能特点、网络、市场、产地等类别进行划分的。

1. 按外形划分

手机外形有单屏折叠式、双屏折叠式、直板式、滑盖式、旋转式等几类。折叠式是指翻盖式手机，有单屏翻盖手机、双屏翻盖手机，即在翻盖上有另一个副显示屏，这个屏幕通常不大，一般能显示时间、信号、电池电量、来电号码等。直板式是指手机屏幕和按键在同一平面，手机无翻盖，目前智能手机都采用直板式。滑盖式手机主要是指手机要通过抽拉才能见到全部机身，有些机型就是通过滑动下盖才能看到按键，而另一些则是通过上拉屏幕部分才能看到键盘。滑盖式手机是翻盖式手机的一种创新。旋转式手机外观高雅、大方，曾被认为是高档机型的标志，屏幕较大、双屏幕可以显示更多内容。

总体来看，翻盖式手机和直板式手机各有各的优势，也各有各的不足。翻盖式手机在用过一段时间后，由于反复翻盖，手机翻盖排线（FPC）很容易折断损坏。直板式手机必须随时锁键盘，否则极易在不知不觉中拨出电话，使用时又需要解锁后才能使用，无形中增加了手机使用者的工作量。

2. 按操作系统划分

手机按操作系统划分，可分为智能手机与非智能手机。智能手机（Smartphone）是指像个人计算机一样，具有独立的操作系统，可以由用户自行安装输入法、游戏、播放器等第三方服务商提供的程序，通过此类程序来不断对手机的功能进行扩充，并可以通过移动通信网络来实现无线网络接入的这一类手机的总称。智能手机不但具有自己独立的操作系统，而且拥有更多用户喜欢的多种功能。非智能手机是指不具有独立操作系统的手机，所以没有操作系统的多功能手机属于非智能手机，很多人将其混淆，现在相信大家都已经明白。

3. 按功能特点划分

手机按功能特点可分为时尚手机、商务手机、拍照手机、音乐手机等。目前手机都将拍照、音乐、商务、双卡、GPS、WiFi等功能合并在一起，成为一部多功能智能手机。这就是说，智能手机一定是多功能手机，而多功能手机不一定就是智能手机。

4. 按网络划分

根据手机支持网络的不同，可分为 GSM 手机，CDMA 手机，3G、4G 网络手机。如果一部手机同时具有 GSM 网和 CDMA 网络，则称该手机为双模手机。

5. 按市场来划分

按市场划分，手机的类别很多，常见的有行货、串货、水货、港行、欧版、翻新机、充新机、板机、克隆机等，这是行内对手机特有的"专有名词"，相信业内人士也都非常熟悉。

① 行货：是指在国外或国内生产，通过正常的入关检验和工信部认证，具有进网许可证、全国联保证书，在市场上正规销售的手机。行货是指得到生产厂商的认可，由某个商家取得代理权或者直接由该生产厂商的分支机构在某个指定的地区进行销售的产品，价格往往比较高，但因为是指定的代理厂商，所以由厂家客服中心提供保修服务，售后服务均有保障。

② 串货：是行货的一种，业内人称炒货，相当于南水北调，走价格差。在各个国家和各个地区都存在串货，原因是行货要缴纳很多税费，价格比较高，加上各个区域消费水平的差异，导致了串货的出现。不过串货与行货一样，也有售后保证，质量相同。

③ 水货：是指原本在中国大陆以外的地区销售，但通过一些特殊途径进入中国大陆销

售的手机，实际上就是其他国家或地区没经过海关检验，走私到大陆的手机。水货的范围比较广，包括欧版、港行等其他地区或国家的行货、串货、充新机、克隆机、翻新机等，以前的水货就是欧版机。水货手机一般都不保修，除非有能力的商家自行承担保修。水货包含的品种较多，不能一概而论其质量的好坏。

④ 港行：是指香港行货，与内地行货一样，质量比内地行货要稍好，不过其输入法和字体基本都是繁体字，到内地需要重新刷机处理。在中国内地的港行机基本都不保修，不像NOKIA品牌机有全国联保。

⑤ 欧版：这是真正的水货机，是指在中国内地以外其他地区生产，发往其他地区销售，但途中由部分商家通过某种渠道偷逃关税进入了中国市场进行销售的手机。欧版也是某个地区的行货，保修也只是部分商家的保修，同时也需要刷机，不过对手机可能造成危害。

⑥ 翻新机：按照业内说法，翻新机是把一些回收的二手手机用化学液体清理干净，重新换外壳，配上电池和假冒的充电器，经包装后当作新机销售的手机。翻新机没有保修，有的商家承诺1个月保修，所以许多商家当新机出售。

⑦ 充新机：是指一些手机商贩把回收的新手机或是在其他国家或地区的电信商入网赠送的手机，通过一些不法商贩收购，然后走私到中国内地来销售。充新机和新机几乎一样，没有破损或划痕。充新机对手机玩家比较适用，性价比高。

⑧ 板机：板机又称组装机，通俗说法是把非原厂的主板、维修过的主板或从报废机上取下有用的零件进行拼装的主板，装上外壳，配上电池，重新包装后进行销售的手机。板机的危害性最大，并且有爆炸的危险！

⑨ 克隆机：是指将行货机的串号等一系列资料复制到另一部手机上。由于克隆机技术含量高，具有高保真效果，很难分辨，但无保修，一般不建议去购买克隆机。

6．按产地划分

按产地划分手机主要分为国外进口品牌机、国产品牌机、国产杂牌机三大类。

（1）国外进口品牌机

又分为三种：第一种是国外直接生产的成品机，通过正规方式到国内销售的手机，即前面称为行货的手机；第二种是国外公司在中国投资办厂，配件从国外进口，由国内组装，仍采用国外技术生产的手机，也是行货手机；第三种是国外品牌厂家由于生产原因，转让给其他厂商生产，采用其他厂商技术，但品牌属于自己的手机，即所谓代工生产的手机，它仍是行货手机，仍属于进口机。国外进口手机生产商主要有摩托罗拉、诺基亚、三星、苹果、索爱、LG、松下等。

（2）国产品牌机

主要有联想、波导、TCL、南方高科、步步高、金立、康佳、中电CECT、中兴、夏新、多普达等。

（3）国产杂牌机

主要有天龙、野马、易拓、大显、桑达等。

1.2.1 诺基亚手机的发展、种类及特点

1．诺基亚手机的发展

从诺基亚公司曾经推出的手机机型来看，它对手机市场可谓是立下汗马功劳。1992年推出首款GSM 1011电话，然后是采用GSM数字手机通信标准的诺基亚2100手机在欧洲各国

问世；1998年第一款GSM900/1800双频手机6150问世；2004年推出第一款彩屏智能手机7650。随后诺基亚公司开始深入研发智能手机系统，于2004年年末到2005年年初自行研发出Symbian S40智能手机系统，该系统只支持JAVA版本的软件，也就是后缀名是.JAR的软件，它是诺基亚非智能机到智能机之间的过渡产品，因此称S40系统手机是半智能机，其代表机型有2730c。2005年4月，诺基亚发布了全新的基于Symbian S60智能手机系统和WCDMA 3G网络N系列产品，包括N90、N91和N70等智能手机，而且N90是诺基亚推出的第一款Symbian S60智能手机，是第一部配备卡尔·蔡司镜头并具备200万像素自动对焦摄像头的S60手机，外观采用旋转、折叠的设计，深受用户喜爱。Symbian S60系统是基于Symbian的操作系统，兼容性很好，功能强大，它具有独立的操作系统，像PC一样，用户可以自行安装软件。在微软Windows Mobile、苹果iPhone、谷歌Android均有触屏智能手机推出的严峻形势下，诺基亚公司在2011年6月宣布推出唯一一款也是最后一款Meego系统的N9智能手机；随后在2012年，诺基亚公司联合微软公司发布了一款搭载Windows Phone 8操作系统的智能手机，即诺基亚Lumia（非凡）920手机，它采用高通骁龙S4双核处理器，主频为1.5GHz，容量为1GB RAM+32GB ROM，不支持microSD卡存储，配备870万像素摄像头，拥有多项先进技术，比如集成光学影像稳定系统、屏幕超强感应能力、无线充电等。Lumia 920手机的出现，使诺基亚公司决定放弃Symbian系统而采用微软Windows Mobile作为主要的高端智能系统，为诺基亚高端智能手机打开市场。因此2011年10月26日，诺基亚在英国伦敦举行世界大会，正式发布首批Windows Phone Mango高端智能手机Lumia 800/710，内置第三方中文应用软件，包括GPS、办公软件、新浪微博、招商银行、豆瓣电台、手机QQ、街旁网等国内软件，以此来突破中国的智能手机市场。

2．诺基亚手机种类及其特点

从诺基亚手机发展来看，机型较多，根据其软件操作平台，分别有DCT-1、DCT-2、DCT-3、DCT-4、BB5等系列，而且每个系列都有不同的代表机型，为了之后的刷机学习，这里必须先了解每个系列机型的特点。

① DCT-1系列：为模拟手机时代，主要有2110、2160等机型，现已全部被淘汰，在此不再介绍。

② DCT-2系列：为GSM数字手机，主要有3110、8110等机型，同样已经被淘汰。

③ DCT-3系列：诺基亚第二代数字手机，主要机型有5110、3310、3210、6150、8210等。在6150之后就由原有的单频机增加了DCS1800M频段，变成双频段手机；从8210之后，在功能上进行了较大的改进。

④ DCT-4系列：主要有1110、8310、7610、7250等机型。从8310之后，诺基亚手机就开始了高度集成电路结构，比如CPU、电源、存储器等，同时还增加了收音机功能；直到7250手机后，开始实现照相功能，成为多功能手机的开端。在国内最常见DCT-3机型主要以3310、8210为代表，DCT-4机型主要以8310、7250为代表。

⑤ BB5系列：BB5是Base Band 5的缩写，是指诺基亚第五代硬件基带双处理器结构，主要应用于第三代通信设备，可以处理WCDMA与EGSM双模射频功能，并采用了全新的安全技术，固化增强的安全软件于芯片内，支持更多的网络与用户功能。BB5处理器有两种，一种是RAP3G处理器，通常称为主CPU或处理器一，它主要应用于3G无线应用处理器（Radio Application Processor 3G），运行NOKIA的操作系统，进行控制与管理网络调制解调的工作，也是整个系统的主要核心；另一种则是OMAP处理器，通常称为多媒体处理器、副

CPU 或处理器二,它主要运行 Symbian 操作系统应用功能的处理器,作为显示、摄像、蓝牙、MMC 等界面功能模块的接口处理器,辅助 RAP3G 进行工作。

BB5 系列手机主以智能、3G 网络为主,代表机型有 2730c、N70、N71、N72、N73、N75、N76、N77、N78、N79、N80、N81、N82、N85、N86、N90、N91、N92、N93、N93i、N95、N96、N97,以及带有 Meego 系统的 N9 手机和微软 Windows Phone 7 Mango 操作系统的高端智能 N800、N710 手机。

早期诺基亚手机软件主要有小青豆、大香蕉、天仙配、HWK 外挂等版本,也有很多是集成在免拆软件仪中,解决了诺基亚手机不同软件故障的排除。而高端智能手机则直接采用官方应用软件,连接 PC 来实现软件的重装操作,即可排除系统对手机造成的故障。

1.2.2 三星手机的发展、种类及特点

1. 三星手机的发展

三星手机的发展,一直以"生产世界最好、最受欢迎的手机"为目标,由此使得三星自 SGH、SCH、SPH、STH 系列手机开始,长期拥有良好的品牌基础,在顾客心目中的认知度、忠诚度、美誉度都比较高,其产品质量一直被公众所认可。不过在 2008 年、2009 年,苹果公司 iPhone 3G 和 iPhone 3GS 手机的推出,彻底掀起了全球智能化手机热潮,三星手机也开始改变策略,明确提出了"要超越苹果"的战略目标。

因此,三星公司 2009 年宣布要专心致力于智能机的研究,开始与 Google 公司合作,采用 Android(安卓)手机系统;2010 年年初,以低价战略方式正式推出盖世 A(Galaxy A)智能手机。由此,三星开始出击智能手机市场,并提出"生产世界最好、最受欢迎的智能手机,成为智能手机市场的领导者"的新战略目标,不断向高端产品和大众化产品方向发展,快速推出高端产品 Galaxy S、Galaxy Note、Galaxy SII、Galaxy S3 和大众化产品 Galaxy Z、Galaxy M、Galaxy P 等智能手机,获得了智能手机市场的巨头地位。在 Galaxy 系列中,三星手机大量拓展网络功能,加强手机的品质及耐用性,扩大屏幕尺寸并增强屏幕鲜明度,超薄便于携带,提供完美的售后服务,并很好地跟上了互联网时代的社交网络热潮,开通 Facebook、Twitter 等社交网络与消费者进行双向互通,提供了更好的服务,满足了消费者真正的需求。

2. 三星手机的种类及特点

三星手机在中国手机市场有着不错的口碑,在世界手机品牌中占有主导位置。通常来说,早期三星系列手机型号前面都有前缀,包括 SGH、SCH、SPH、STH 等,区别是网络制式不同,带有 SGH 的为 GSM 手机,带有 SCH 的为 CDMA 手机,SPH、STH 为其他网络类型,在中国没有销售。三星手机除早期型号用数字开头外,其他都以英文字母划分归类,了解三星手机的机型分类,对软硬件的维修有很大帮助。

① A 系列:为折叠手机系列,主要有 SGH-A188、SGH-A288 等。

② N 系列:为翻盖手机系列,N 系列发布略晚于 A 系列,主要有 GH-N188、SGH-N288 等。

③ M 系列:为 MP3 手机系列,2000 年最值得一提的就是三星 SGH-M188 手机了。

④ R 系列:为低端直板机系列,主要有 SGH-R200、SGH-R208。其中,SGH-R208 是三星手机的第一款直板机。

⑤ Q 系列:是专为行政人员量身定做的灰度屏幕系列,主要有 SGH-Q108、SGH-Q208 等,不过没有三星 A 系列和 N 系列有名气,市场反应一般。

⑥ T 系列：为 GSM 彩屏折叠系列，它掀起了彩色屏幕的波澜，主要有 SGH-T108、SGH-T208、SGH-T408、SGH-T508 等彩屏家族。该系列还没有涉及摄像功能。

⑦ S 系列：为商务手机系列，主要有 SGH-S108、SGH-S308、SGH-S508 等。在其他系列中没有出现过的高级商务功能在 S 系列中都得到体现。

⑧ E 系列：为最早的连拍手机系列。该系列依旧秉持着三星做工精良、价格中高端的特点，主要有 SGH-E708、定制版 SGH-E108、滑盖 SGH-E808 等。

⑨ X 系列：是基于 CDMA 1X 网络的手机系列。作为专门针对 CDMA2000 1X 技术而开发的系列手机，主要有 SCH-X199、SCH-X209、SCH-X319、SCH-X458 等。

⑩ D 系列："D" 是 "DELUX" 的缩写，即豪华、华丽系列，主要有 SGH-D108、SGH-D418 等。SGH-D418 因其豪华、华丽著称，价格都在 6000 元以上，26 万色屏幕、64 和弦及滑盖设计的奢华外形，在当时是震撼整个手机市场的高端手机。三星手机同样是根据其发展历程来分类的，其类型较多，这里列举主要的系列。

⑪ 其他还有 V 系列、P 系列、F 系列、U 系列，代表机型主要有 V208、P510、P518、P730、P738、P318、P510、P518、P730、P738、P318、U608 等。

按系统和功能来分，主要有智能和非智能、触屏和非触屏，主要有盖世一、盖世二、盖世三、盖世四等机型，代表机型有 i9000、i9100、i9300、S5830、I959、I9508、I9502、N7100 等。

1.2.3 苹果手机的种类及特点

1. 按上市日期分类

根据上市时间，苹果手机硬件及其他参数可用表 1.2.1 来描述。

表 1.2.1 苹果手机的机型及相应参数

上市时间	2007 年 8 月	2008 年 7 月	2009 年 6 月	2010 年 6 月	2011 年 10 月	2012 年 9 月
产品名称	iPhone	iPhone 3G	iPhone 3GS	iPhone 4	iPhone 4S	iPhone 5
屏幕参数	3.5in 320×480 像素 TFT 3:4 比率	3.5in 320×480 像素 TFT 3:4 比率	3.5in 320×480 像素 TFT 3:4 比率	3.5in 640×960 像素 IPS 3:4 比率	3.5in 640×960 像素 IPS 3:4 比率	4.0in 640×1136 像素 IPS 9:16 比率
摄像头	200 万像素	200 万像素	300 万像素	500 万像素	800 万像素	800 万像素
视频通话	—	—	—	前置摄像头/支持	前置摄像头/支持	前置摄像头/支持
处理器	412MHz 三星 1176	412MHz 三星 1176	600MHz Cortex-A8	800MHz 苹果 A4	800MHz 苹果 A5	1.2GHz 苹果 A6
系统内存	128MB	128MB	256MB	512MB	512MB	1GB
存储空间	4G/8G	8G/16G	8G/16G/32G	8G/16G/32G	16G/32G/64G	16G/32G/64G
网络制式	2.5G GSM	3G GSM	3G GSM	WCDMA 3G	WCDMA 3G	4G LTE
iOS	iPhone OS 1.0	iPhone OS 2.0	iPhone OS 3.0	iPhone OS 4.0	iPhone OS 5.0	iPhone OS 6.0
机身厚度/mm	12.3	12.3	12.3	9.3	9.3	7.6

注：1. TFT：是 Thin Film Transistor 的缩写，薄膜场效应晶体管之意，是指液晶显示器上每个液晶像素点都是由集成在其后的薄膜晶体管来驱动工作的。

2. IPS：是 In-Plane Switching 的缩写，平面转换之意，是日立公司于 2001 年推出的液晶平面新技术，俗称 "Super TFT"。IPS 屏幕是基于 TFT 的一种技术，其实质仍是 TFT 屏幕。

3. LTE：是 Long Term Evolution 的缩写，是长期演进之意，是 4G 技术标准。它增强了 3G 的空中接入技术，采用 OFDM（正交频分复用技术）和 MIMO（多输入多输出技术）作为其无线网络演进的唯一标准。

关于表 1.2.1 的说明：

① 第一代 iPhone 手机是苹果公司在 2007 年 1 月 10 日 MacWorld 大会上正式发布的首款苹果智能手机，是一款没有键盘的手机。如图 1.2.1 所示，它采用了 3.5in 1600 万色的 TFT 触控屏，分辨率为 HVGA（320×480 像素），摄像头 200 万像素，机身采用的是金属材质，正面仅一个按键，是唯一一部不能更换电池的手机。不过 iPhone1 代首次加入了电容触控理念，首次将多点触控功能融入其中，这就是 iPhone 成功的最重要原因之一，在软件功能方面它还不支持多任务处理和蓝牙传输功能。

② iPhone3G（第二代）只是一个过渡产品，iPhone3GS（第三代）是在第二代基础上的硬件提升。第三代中的 S 是 Speed（速度）之意，3GS 比 3G 速度快。从摄像头看，3G 是 200 万像素，不能拍视频，而 3GS 是 300 万像素、自动对焦、视频拍摄，其效果非常清晰；3G 内存是 8G/16G，而 3GS 的内存是 8G/16G/32G。在触屏功能上，3GS 触屏经去指模处理，不容易沾上油污。最为突出的特点是 3GS 采用了 4.0 的操作系统，支持多任务处理，内存达到 256MB，内嵌电子指南针和 GPS 功能。如图 1.2.2 所示为第三代 iPhone 手机。

图 1.2.1　第一代 iPhone 手机

图 1.2.2　第三代 iPhone 手机

2．按有无锁功能分类

按有无锁功能，iPhone 可分为无锁机和有锁机两类，无锁机可以使用任意 SIM 卡，这与国家法律和营运商策略有关，有锁机是限制了通信运营商后只能使用该运营商的 SIM 卡，比如目前使用最多的天翼 3G 网络定制版手机。

3．按市场版本分类

按市场版本分类有行货和水货，有港版、台版、美版。水货实际上是其他地区的行货，没有任何区别，"水"指的是通过违法渠道进入中国内地的手机。当时中国内地并没有行货销售，之所以出现了"港版"、"台版"、"美版"，是指走私来源地或机器的生产、销售区域不同。

1.2.4　国产手机的种类及特点

国产杂牌机型主要表现在八大芯片组合，无论是软件还是硬件都是有区别的，分别是 MTK 中国台湾联发公司芯片、美国 AD 模拟器件芯片、美国 AGERE 杰尔芯片、美国 TI 德州芯片、INF 英飞凌芯片、SKY 科胜讯芯片、SC 展讯芯片、PH 飞利浦芯片八大系列，其中最常用的是 MTK、SC 展讯系列芯片，其代表机型如下：

① MTK 中国台湾联发公司芯片：代表机型有 CECT S500、S560、S567、Q619、U8810、天阔 K990、T698、K889、K893、K892、K891、三新 E808、E809、S808、S608、波导 M08、M09 等。

② 美国 AD 模拟器件芯片：代表机型有宝石 680、580、538、582、采星 S188、S288、波导 Q800、V18、夏新 DA8 等。

③ AGERE 美国杰尔芯片：代表机型有夏新 D8、D85、D86、D89、E8、M350、S6，康佳 R878 等。

④ TI 美国德州芯片：代表机型有波导 S889、S570、S689、V19、V08、联想 6860、1660、1717、1607、P608、康佳 C688、C889、C699 等。

⑤ INF 英飞凌芯片：代表机型有天时达 303、T6+、东方龙 D518 等。

⑥ SKY 科胜讯芯片：代表机型有联想 E602、康佳 T100 等。

⑦ SC 展迅芯片：代表机型有金鹏 A4566、S1169、创维 T300、CECT V9 等。

⑧ PH 飞利浦芯片：代表机型有飞利浦 9A9、9A9E、9A9I、S800、CECT A606 等。

1.3 智能手机操作系统

从前面诺基亚、三星手机的发展看，智能手机都是带有独立操作系统的手机，它像 PC 一样具有独立的操作系统，可以由用户自行安装软件，以此不断对手机的功能进行扩充。

操作系统（Operating System，OS）是一个管理硬件与软件资源的程序，是手机系统的内核与基石，它改善人机界面，为其他应用软件提供支持，使计算机系统所有资源最大限度地发挥作用，为用户提供方便和有效的服务界面。目前智能手机系统主要有 Symbian6.0、Windows CE、Windows Mobile、Windows Phone、Palm、Android、Linux、iOS、Windows 7 等开放性操作系统。操作系统是一个庞大的管理控制程序，包括进程与处理机管理、作业管理、存储管理、设备管理、文件管理 5 个方面的功能。

1. Symbian 操作系统及特点

（1）Symbian 操作系统

Symbian（塞班）是 1998 年 6 月在伦敦由诺基亚、摩托罗拉、爱立信、三菱、西门子等大型移动通信设备商共同出资组建的一个专门研发手机操作系统的合资公司，2008 年 6 月已被 NOKIA 全额收购。Symbian 系统是一个实时性、多任务 32 位操作系统，功耗低、内存占用少，非常适合手机等移动设备使用，经过不断完善，可以支持 GPRS、蓝牙及 3G 技术。Symbian 系统有着良好的界面，采用内核与界面分离技术，对硬件要求比较低，支持 C++、VB 和 J2ME，兼容性好。世界上第一款采用 Symbian 系统的手机是 1999 年 3 月上市的爱立信 R380 手机，如图 1.3.1 所示，不过 R380 由于系统正处于实践阶段，并未得到很好的推广。

图 1.3.1　第一款 Symbian 系统爱立信 R380 手机

Symbian 操作系统在智能移动终端上拥有强大的应用程序以及通信能力，Symbian 无线通信装置除了提供声音沟通功能外，还具有其他种沟通方式，如触笔、键盘等。在硬件设计上，它可以提供许多不同风格的外形，如同使用真实或虚拟的键盘；在软件功能上可以容纳许多功能，包括和他人互相分享信息、浏览网页、传输、接收电子信件、传真以及个人生活行程管理等。

Symbian 系统平台分为 Series60、Series80、Series90、UIQ 等，其高端智能手机代表机型有 5310、5320、6122c、6220c、N95、E77、N97、5800XM、5802XM、5530XM。另外，NOKIA 还有一个 Symbian OS Crystal 平台，它代表了 NOKIA 最强的技术，是优秀的商务用手机，代表机型有 9110、9210、9300、9500 等，俗称诺基亚 9 系列手机。

（2）Symbian 操作系统特点

① 提供无线通信服务，将计算技术与电话技术相结合。
② 操作系统固化。
③ 相对固定的硬件组成。
④ 较低的研发成本。
⑤ 强大的开放性。
⑥ 低功耗，高处理性能。
⑦ 系统运行安全、稳定。
⑧ 多线程运行模式。
⑨ 具有多种用户平台 UI，灵活、简单、易操作。

2．Windows Mobile 操作系统及其特点

（1）Windows Mobile 操作系统

Windows Mobile 操作系统是微软在 20 世纪末开发的适用于智能移动终端设备的操作系统，它将用户熟悉的桌面 Windows 体验扩展到了移动设备上。基于 Windows Mobile 操作系统的智能终端设备分为 Pocket PC 和 Smartphone 两大类。其中，Smartphone 从外观设计、使用习惯等方面来看，更像一部电话，具备一定的数据管理和处理能力；而 Pocket PC 的设计更像一部 PC，有非常强大的数据管理和处理能力。随着 Windows Mobile 6 的推出，微软对新的操作系统进行了重新定义，分别为 Windows Mobile 6 Standard、Windows Mobile 6 Professional、Windows Mobile 6 Classic 等。其中，Windows Mobile 6 Standard 用于没有触摸屏幕的智能手机，Windows Mobile 6 Professional 用于有触摸屏幕的智能手机，Windows Mobile 6 Classic 则用于有触摸屏幕但没有通话功能的 PDA 等。

采用 Windows Mobile 操作系统的代表机型有多普达 515、535、565、575、585，Motorola MPX200、MPX220、900、830、A3100，魅族 M8、三星 i908E 等。

（2）Windows Mobile 系统的特点

① 界面类似于台式机的 Windows，便于熟悉计算机的人操作；
② 预装软件丰富，内置 Office Word、Excel、Power Point，可浏览甚至编辑，内置 Internet Explorer、Media Player 等软件。
③ 计算机同步非常便捷，完全兼容 Outlook、Office、Word、Excel 等。
④ 多媒体功能强大，借助第三方软件可播放任何主流格式的音视频文件。
⑤ 触摸式操作，有极为丰富的第三方软件，特别是词典、卫星导航软件均可运行。

3．Android（安卓）操作系统、版本及其特点

（1）Android 操作系统

Android 的本义是指"机器人"，是 Google 公司于 2007 年 11 月 5 日推出的以 Linux 平台

图 1.3.2 第一款 Android 系统 HTC G1 手机

为基础的开放源代码操作平台。该平台由操作系统、中间件、用户界面和应用软件组成，是首个为移动终端打造的真正开放和完整的智能手机软件平台。Android 系统的手机由不同的手机制造商制造，Google 作为 Android 的拥有者，并不直接生产手机。第一款使用 Android 操作系统的手机是由美国运营商 T-Mobile 定制、HTC 代工生产的 HTC G1 手机，如图 1.3.2 所示。

Android 作为谷歌企业战略的重要组成部分，将补充并进一步推进个人信息服务，而不会替代谷歌长期以来奉行的移动发展战略。谷歌的目标是让移动通信不依赖于设备甚至平台，而是通过与全球各地的手机制造商和移动运营商结成合作伙伴，开发有吸引力的移动服务，并推广这些服务产品。

采用 Android 系统的手机国外厂商包括宏达电子（HTC）、三星、摩托罗拉、LG、Sony Ericsson 等，国内厂商有华为、中兴、联想、酷派等，众多的使用商使其成为全球最受欢迎的智能手机平台。Android 系统不但应用于智能手机，也应用于平板计算机市场，并急速扩张。

Android 早期的代表机型有 Google G1、三星 i7500、摩托罗拉 CliQ 等。

（2）Android 系统版本

Android 已经发展了 5 年多，分别经历了以下不同版本：

① Android 1.0（开发代号为 Astro 铁臂阿童木）：发布日期为 2008 年 09 月 23 日，是首个正式版，是 HTC Dream 预装的操作系统，在 2008 年 10 月底正式上市，提供了基础的智能手机功能。

② Android 1.1（开发代号仍为 Astro 铁臂阿童木）：发布日期为 2009 年 02 月 02 日，是 1.0 的升级版本，1.1 版本是对 1.0 版本的部分漏洞进行修复，并做了改进。

③ Android 1.5（开发代号为 Cupcake 杯子蛋糕）：发布日期为 2009 年 04 月 30 日，是安卓系统上的重要更新。HTC Magic 预装 1.5 版系统，加入了输入法框架，使用户可以安装第三方输入法，支持中文输入功能并新增了视频录像功能。

④ Android 1.6（开发代号为 Donut 甜甜圈）：发布日期为 2009 年 09 月 15 日，是 1.x 系列的终结版本，在界面、布局、系统安全、系统控制和管理上做了更多改进，也开始支持 VPN 功能。

⑤ Android 2.0（开发代号为 Éclair 松饼）：发布日期为 2009 年 10 月 26 日，使安卓系统逐渐走向完善——改进的桌面主题、联系人管理、完善蓝牙通信，以及新增的多点触控 MultiTouch 支持的功能，在当时随摩托罗拉 Droid（里程碑）上市，得到了空前的市场支持。

⑥ Android 2.0.1（开发代号仍为 Éclair 松饼）：发布日期为 2009 年 12 月 03 日，该版本没有大范围部署，只修正了 2.0 中存在的一些设计问题，仅有少量摩托罗拉早期 Android 手机采用。

⑦ Android 2.1（开发代号仍为 Éclair 松饼）：发布日期为 2010 年 01 月 12 日，是 Eclair 版本家族最完善的发行版，在桌面上引入了 Live Wallpapers 动态壁纸支持，新增了大量开发接口。

⑧ Android 2.2（开发代号为 Froyo 冻酸奶）：发布日期为 2010 年 05 月 20 日，是 Android 2.x 系列中的再一次大幅改进，支持应用安装到 SD 卡，支持 256MB 的 RAM，在多媒体方面开始支持 Flash 播放器和 FLV 视频媒体解码。随后还发布了 2.2.1、2.2.2、2.2.3 版本，分别是

前一级的升级版本,发布日期分别为 2011 年 01 月 18 日、01 月 22 日、11 月 21 日。

⑨ Android 2.3（开发代号为 Gingerbread 姜饼）：发布日期为 2010 年 12 月 06 日，对文本的选择又前进了一步，整体界面主题改为黑色，引入了 NFC 移动支付相关的近距离数据通信协议。同样，还发布了 2.3.3、2.3.4、2.3.5、2.3.6、2.3.7 等升级版本，发布日期分别为 2011 年 02 月 09 日、04 月 28 日、07 月 25 日、09 月 02 日、09 月 20 日。

⑩ Android 3.0（开发代号为 Honeycomb 蜂巢）：发布日期为 2011 年 02 月 22 日，对于 Android 系统来说，3.0 最大的任务就是对大屏幕高分辨率的平板计算机进行了界面优化，并支持多核 CPU、高性能 2D 和 3D 图形，在娱乐方面有了大幅提高，使用全新的开发附件协议，支持 USB 外设，所以很多 Android 平板计算机支持 USB 外接键盘或 U 盘。

⑪ Android 3.1（开发代号仍为 Honeycomb 蜂窝）：发布日期为 2011 年 05 月 10 日，它只是对 3.0 的部分功能做了小幅改进，在虚拟键盘等方面有了小幅的变化。

⑫ Android 3.2（开发代号仍为 Honeycomb 蜂窝）：发布日期为 2011 年 07 月 15 日，它最大的任务就是对 7in 的屏幕在 1024×600 像素分辨率的设备进行了界面优化，解决了早期蜂巢系统仅支持 10.1in 大平板局限。同样还发布了 3.2.1、3.2.2 等升级版本，发布日期分别为 2011 年 09 月 20 日、09 月 30 日。

⑬ Android 4.0（开发代号为 ice Cream Sandwich，iCS，冰淇淋三明治）：发布日期为 2011 年 10 月 19 日，与之前的版本相比，最明显的是 Android 4.0 界面 UI 做了重新设计，采用了以深蓝色为主的暗色调和线条框架，在系统性能方面也做了大幅改进，同时适用于手机和平板计算机。同样还发布了 4.01、4.02、4.03 的升级版本，各版本修复并优化了包括蓝牙、图形、系统数据库、拼写检查在内的多个项目，还加入了全新的 API，包括社交网络、日历、相机、无障碍等，发布日期分别为 2011 年 10 月 19 日、11 月 28 日、12 月 16 日、2012 年 02 月 06 日。

⑭ Android 4.1（开发代号为 Jelly Bean 果冻豆）：发布日期为 2012 年 06 月 28 日，Android 4.1 新系统除了新架构、全新通知栏和搜索功能外，实际上还有更多新的特性，包括对双核、四核、多核心处理器的支持，发挥出强劲的性能表现；特效的动画帧速提高至 60fps，优化的性能和较低的触摸延迟，给用户提供了一个流畅、直观的界面；增加了三倍缓冲，渲染更顺畅。Android 4.1 版本开发者在新版系统中使用了三种不同的通知样式，像素最高可达到 256dp，用户可以直接查看图片、信息、邮件、提醒等内容，可以进行一键回拨、一键分享、一键回复等操作。全新搜索是 Google 不可忽视的一个重要功能，在新版 Android 4.1 中，搜索带来的是全新的 UI、智能语音搜索和 Google Now 三项新功能，同时桌面插件可以自动调整大小等。

（3）Android 系统的特点

① 开放性：Android 开发的平台允许任何移动终端厂商加入到 Android 联盟中来，显著的开放性可以使其拥有更多的开发者，随着用户和应用的日益丰富，一个崭新的平台将很快走向成熟。开放性有利于积累消费者和厂商，更有利于消费者丰富软件资源。

② 挣脱运营商的束缚：在欧美地区，手机应用往往受到运营商的制约，使用什么功能、接入什么网络，几乎都受到运营商的控制。自从 Android 上市，用户可以更加方便地连接网络，运营商的制约减少。随着 2G 至 3G 移动网络的逐步过渡和提升，手机可随意接入运营商网络。

③ 丰富的硬件选择：这一点还是与 Android 平台的开放性相关，由于 Android 的开放性，众多厂商会推出千奇百怪、各具特色的多种产品，功能上的差异和特色并不影响数据同步及

软件的兼容。

④ 不受任何限制的开发商：Android 平台给第三方开发商提供了一个十分宽泛、自由的环境，可不受阻挠地安装各种程序。

⑤ 无缝结合的 Google 应用：从互联网渗透到 Google 服务，如地图、邮件、搜索等，都已成为连接用户和互联网的重要纽带，而 Android 平台手机将无缝结合这些快捷的 Google 服务。

4. 苹果 iPhone 操作系统及其特点

（1）苹果 iPhone 操作系统

苹果 iPhone OS 或 iPhone OSX 是基于 Mac OSX 的操作系统，是由苹果公司为 iPhone 开发的操作系统，它主要提供给 iPhone 和 iPod touch 使用。iPhone OS 是以 Darwin 为基础的，其架构分为四个层次，分别是核心操作系统层（the Core OS Layer）、核心服务层（the Core Services Layer）、媒体层（the Media Layer）、可轻触层（the Cocoa Touch Layer）。

在 iPhone 4 发布之际，乔布斯宣布 iPhone、iPod touch 和 iPad 使用的 iPhone OS 操作系统更名为 iOS，意味着苹果的移动设备统一了名称。iOS 拥有简单易用的界面，有良好的操作体验，以及众多卓越的功能和坚如磐石的稳定性，尽管其他手机制造商正在努力追赶，iOS 在竞争中仍遥遥领先。随着 iPhone 在全球范围内盛行，App Store 也逐渐壮大起来，拥有涉及各种类别的 350000 多个应用程序，是世界级超大的移动应用程序平台，因此，iPhone OS 是一款具有革命性的、划时代的操作系统。

2007 年 6 月 29 日 iPhone 在美国上市，将创新的移动电话、可触摸宽屏以及具有桌面级电子邮件、网页浏览、搜索和地图功能的因特网通信设备这三种产品完美地融为一体，重新定义了移动电话的功能，iPhone 的出现，加快了整个手机行业的迅速发展。iPhone OS X 系统的代表机型有 iPhone、iPhone 3G、iPhone 3GS、iPhone 4、iPhone 4S、iPhone 5 等。

2008 年 3 月 6 日，iPhone OS 软件开发工具包正式宣布。第一个 Beta 版本 iPhone OS 1.2b1，在发布后即可使用，随后在 2008 年 7 月 11 日推出的 App Store 所需要的固件更新，对于 iPhone 用户来说，都是免费的，之后不断发布 iPhone OS 不同的 Beta 版本见表 1.3.1。

表 1.3.1 iPhone OS 不同的 Beta 版本

发布日期	版本	发布系统	固件版本	发布日期	版本	发布系统	固件版本
2008.3.6	Beta1	iPhone OS 1.2b1	build 5A225c	2009.1.27	—	iPhone OS 2.2.1	build9M2621a
2008.3.27	Beta2	iPhone OS 2.0b2	build 5A225c	2009.3.17	Beta1	iPhone OS 3.0	SDK 3.0
2008.4.8	Beta3	iPhone OS 2.0b3	build 5A240d	2009.3.31	Beta2	iOS 3.0 测试版	—
2008.4.23	Beta4	iPhone OS 2.0b4	build 5A258f	2009.4.14	Beta3	iOS 3.0 预览版	—
2008.5.6	Beta5	iPhone OS 2.0b5	Build 5A274d	2009.4.28	Beta4	iOS 3.0 预览版	—
2008.5.29	Beta6	iPhone OS 2.0b6	Build 5A292g	2009.5.6	Beta5	iOS 3.0 预览版	—
2008.6.19	Beta7	iPhone OS 2.0b7	build 5A331	2009.6.17	—	iPhone OS 3.0	build 7A341
2008.6.26	Beta8	iPhone OS 2.0b8	build5A345	2010.4.8	—	iPhone OS 4.0	—
2008.7.24	Beta1	iPhone OS 2.1	build5F90	2010.7.16	—	iPhone OS 4.0.1	build 8A306
2008.7.30	Beta2	iPhone OS 2.1	—	2010.7.16	—	iPhone OS 4.1	build 8B509b
2008.8.8	Beta3	iPhone OS 2.1	—	2010.8.13	—	iPhone OS 3.2.2	build 7B500
2008.9.25	Beta1	iPhone OS 2.2	build5G29	2010.8.13	—	iPhone OS 4.0.2	build 8A400
2008.11.20	—	iPhone OS 2.2	build9M2621	2010.11	—	iPhone OS 4.2.1	build 8C148

(续表)

发布日期	版本	发布系统	固件版本	发布日期	版本	发布系统	固件版本
2011.3.26	—	iPhone OS 4.3.1	build 8G4	2011.6.7	—	iOS 5.1.1	build 9B206
2011.3.26	—	iPhone OS 4.3.2	build 8H7	2012.6.12	Beta1	iOS 6	10A5316k
2011.3.26	—	iPhone OS 4.3.3	build 8J2	2012.6.12	Beta2	iOS 6	10A5338d
2011.3.26	—	iPhone OS 4.3.4	build 8K2	2012.6.12	Beta3	iOS 6	10A5355d
2011.3.26	—	iPhone OS 4.3.5	build 8L1	2012.6.12	Beta4	iOS 6	10A5376e
2011.6.7	—	iOS 5.0	build 9A334	2012.6.12	GM	iOS 6	10A403
2011.6.7	—	iOS 5.0.1	build 9A405	2012.9.20	Beta5	iOS 6.0 正式版	10A403
2011.6.7	—	iOS 5.1	build 9B176	2012.11.2	Beta5	iOS 6.0.1 正式版	10A523

（2）苹果 iPhone OS 的特点

iOS 具有最重要的人性化操作、系统深度优化和 30 万应用程序的支持。iOS 平台只有苹果设备才能用，相对于其他的智能平台，可以说是最为封闭的，但是凭借着苹果的研发实力，iOS 优化是最好的一款，同时也不会造成版本升级混乱的问题。

苹果 iPhone 手机从 2007 年发布至今，已经从第一代升级到了第五代，每代 iPhone 都在不断更新，并且都延续前三代 OS 的功能特点。2007 年 iPhone 由于 OSX 的加入使其在华丽的外表下拥有丰富的应用，包含丰富的 Email、网页浏览及诸如 Widgets、Safari、日历、文本信息、便签、地址簿等桌面级应用软件，其不同版本的新增功能见表 1.3.2。

表 1.3.2 苹果 iPhone 手机功能

版本	新增功能
iPhone 1.1.1	短信铃声设置，"HOME BUTTON" 设置，漫游时关闭数据连接，进阶影片播放选项及 TV OUT 输出，iTunes WiFi Store 支持在线购买音乐，修正话筒和扬声器声音，修正睡眠状态启动时的死机现象以及修正程序运行的速度
iPhone 1.1.2	在 1.1.1 版本基础上增加了多国语言支持
iPhone 1.1.3	加入了短信群发功能、网络短片观看功能、Google Map 定位功能、九宫格操作界面及更多语言种类支持
iPhone 1.1.4	主要修正了 1.1.3 版的部分 Bug（漏洞），提高了系统的稳定性
iPhone 2.0	3G 手机发布，这一代增加了简体中文和繁体中文界面，独家支持中文手写识别输入，改进了对 iWork、.doc 文档的支持，对电子邮件中收到的图片进行了改善，新增了邮件图片保存功能、联系人查找功能，在 iPhone 2.0 上还可以看到一个全新的 3G 图标
iPhone 2.0.1	对之前 2.0 版本中出现的一些问题进行了修复，包括程序运行容易发生的错误、键盘输入的延迟以及改变方向的卷动屏幕操作等。另外，iPhone 2.0.1 版本的固件更新了 iPhone 3G 的 Baseband（基带），之前使用破解 iPhone 3G 的用户一旦升级就会被锁
iPhone OS 3.0	iPhone 3GS 手机发布，这一代 iPhone 操作系统改变巨大，比之前 iPhone OS 1.0 升级到 iPhone OS 2.0 改变更大，彻底改进了大量功能，仅新增功能就多达 100 多项，如复制、剪贴功能，全局搜索功能，立体声 A2DP，蓝牙传输等，许多都是广大用户最为期待的。而且新的软件开发包（SDK）也为程序开发者提供了方便，提供了 1000 多种新的应用程序接口（APIs），使用户直接受益获得更丰富的应用程序
iPhone OS 3.1	新增了视频编辑前可以先备份原视频、检查网络连接状况的新方法。当用户重新排列桌面图标时手机将会振动，完善了指南针性能，Google 地图更加精确，iPhone 通讯录和应用程序中的数字小键盘支持复制、粘贴功能，Safari 浏览器中新增防欺诈保护功能（Fraud Protection），启动时间更短，蓝牙语音控制，密码被锁手机激活需要 PIN，新增 API；第三方软件可以访问视频并进行编辑；开发人员可以使用 WiFi 与计算机相连；无须使用 USB；Core Audio 功能增强，支持在 Email 中复制、粘贴视频，视频附件可以被保存到相簿中；电池续航时间得到延长；Failover 支持 HTTP，支持雪豹中的 VM Tracker；网络运营商 AT&T 用户可以使用彩信；官方 API 支持 AR（Augmented Reality）应用程序；摄像头实时缩放；一些 Bug 修复
iPhone OS 4.0	2010 年没有让期待已久的"果粉"们失望，iPhone OS 4.0 新增了七大项重大改进，另外相比 iPhone OS 3.0 又有 100 多项功能改进，新增了支持多点触控、多任务应用、图形界面的改变、一些通讯录和日历同步功能，增强了邮箱、企业功能、游戏中心、移动广告系统等

5. Linux OS 及其特点

（1）Linux OS

Linux OS 是芬兰赫尔辛基大学学生 Linus Benedict Torvalds 在 1991 年 4 月出于爱好而设计的。凭借其自由、免费、开放源代码的优势，经过来自互联网、遍布全球的程序员的努力，再加上 IBM、Sun 等计算机巨头的支持，Linux 在手机操作系统市场中异军突起，尤其是在众多知名厂商宣布支持 Linux 手机操作系统之后，Linux 的发展将不容忽视。

由于 Linux 具有源代码开放、软件授权费用低、应用开发人才资源丰富等优点，便于开发个人和行业应用。这一特点非常重要，因为丰富的应用是智能手机优越性的体现和关键卖点所在。当智能手机大量用作行业应用的移动终端时，使用 Linux 便于实施系统一体化的安全策略。基于其低廉成本与高度可设定性，Linux 常常被应用于嵌入式系统，如机顶盒、移动电话及行动装置等。在移动电话上，Linux 已经成为 Symbian OS 的主要竞争者；而在行动装置上，则成为 Windows CE 与 Palm OS 的另一个选择。目前流行的 TiVo 数字摄影机也使用了经过控制后的 Linux 系统。

Linux OS 的代表机型有摩托罗拉 A780、A1200、A760、E2、E680、A1600，飞利浦 968 等。

（2）Linux OS 的特点

Linux OS 具有自由、免费、开放源代码的优势，可以由用户自主研究代码，自定义多数系统的内容；但缺点是 Linux 操作系统的机型来自官方的第三方软件很少，需要用户自行刷机后才能安装更多的程序，操作起来有些门槛。

6. Palm OS 及其特点

（1）Palm OS

Palm 是个人商务助理（PDA，又称掌上计算机）的传统名字，是一种手持设备形式，也以掌上计算机而闻名。广义上的 Palm 是 PDA 的一种，由 Palm 公司发明，这种 PDA 上的操作系统也称为 Palm，有时又称为 Palm OS；狭义上的 Palm 是指 Palm 公司生产的 PDA 产品。

Palm OS 是 Palm 公司开发的专用于 PDA 的一种操作系统，是一种 32 位嵌入式操作系统，用于掌上计算机，其最新的版本为 Palm OS 5.2。它是 PDA 的霸主，一度占据了 90% 的 PDA 市场份额。虽然其并不专门针对于手机设计，但是 Palm OS 对移动设备的支持同样能成为一个特有的手机操作系统。Palm OS 与同步软件 HotSync 结合可以使掌上计算机与 PC 上的信息实现同步，把台式机的功能扩展到 PDA 上，其代表的智能手机机型有 Treo 650、Treo 680 等。

（2）Palm OS 的特点

Palm OS 对硬件要求很低，在价格上能很好地控制，耗电量很小。Palm OS 最大的优势在于出现较早，有独立的 Palm 掌上计算机经验，所以其第三方软件极为丰富，商务和个人信息管理方面功能出众，并且系统十分稳定。不过其缺点是娱乐性较差，操作比较困难，新手难以上手。

7. OMS 及其特点

（1）OMS

OMS 是中国移动"深度定制"的开放移动智能操作系统，它是基于 Linux 内核，采用 Android 源代码，但在业务层和用户体验层与此前谷歌手机完全不同的操作系统。OMS 将中国移动数据业务与手机用户体验深度结合，并在应用中针对国人习惯进行了创新和改良设计。2009年9月16日，首款OPhone 3G手机联想O1在北京发布，这是中国移动与联想移动深度定制合作的产品，即"联想OPhone"。它采用了由中国移动主导研发的智能终端软件OPhone平台，联想O1推出耗时一年多，也是目前首款支持TD-SCDMA的3G OPhone，以移动互联网的应用、系统的开放、全面的娱乐和商务功能为主要特色。显然，OPhone智能手机解决方案的推出，是中国移动在TD终端上成功走出的关键一步。

（2）OMS的特点

① 在移动业务层面上，OMS手机终端上深度定制了"飞信"、"快讯"、"无线音乐随身听"、"139邮箱"、"移动梦网"、"号码簿管家"、"百宝箱"等中国移动数据业务。实际上OMS用户界面设计之初就把这些业务当作基本功能的一部分，所以使中国移动的数据业务第一次和手机自身用户体验达到深度结合。比如，电话本中可以探测出飞信好友的在线状态、音乐播放器，本地和网络用户的体验完全一致，短信中邮件地址可以用139邮箱直接回复，移动梦网浏览器和普通网页浏览器完全相同，等等。

② OMS在手机通信功能上基本继承了很多品牌优秀的地方，并结合了国人的使用习惯。比如，手写输入和拼音T9键盘的集成，拼音和手写的切换，拨号键盘可以用拼音直接调出联系人，对话模式和文件夹模式可以随意选择短信息用户界面，彩信和短信结合的信息操作逻辑，可以随意定制主屏幕，绚丽的动画以及奇妙的解锁方式等。

③ 在用户体验层面上，OMS吸取了Mac OS、Android、Windows Mobile、Symbian、Black Berry等多种移动终端系统的优势，并结合国人的用户行为和喜好方式，设计出了完全区别于Android的用户界面，其主要特点是大屏幕、全触摸的操作风格，面向移动互联网应用的设计理念。

④ OMS的开放。除了适用美观的界面外，OMS另一大核心竞争力就是开发和兼容的API，也就是开发者不但可以在OMS上开发多种平台API的小工具，同时还可以兼容iPhone、Android、Symbian S60、Windows Mobile等小工具的使用，从而实现"移动互联网"这个概念，实现手机在任何地方都可以进行偷菜游戏、Baidu搜索、阿里巴巴购物、淘宝、QQ、MSN等操作。

OMS具有代表性的机型有联想O1，华为t8300、t8600、t8828等。

8．BlackBerry OS及其特点

（1）BlackBerry OS

BlackBerry OS是1999年加拿大Research In Motion为智能手机产品黑莓（BlackBerry）开发的一款专用操作系统，支持PushMail电子邮件、移动电话、文字短信、互联网传真、网页浏览及其他无线通信服务。该操作系统具有多任务处理能力，并支持特定的输入装置，如滚轮、轨迹球、触摸板以及触摸屏等。

（2）BlackBerry OS的特点

BlackBerry OS最为突出的特点是处理邮件的能力，它通过MIDP 1.0及MIDP 2.与BlackBerry Enterprise Server连接时，以无线的方式激活并与Microsoft Exchange、Lotus Domino或Novell GroupWise同步邮件、任务、日程、备忘录和联系人等。BlackBerry OS也有很多不同的版本，分别对应不同的黑莓（BlackBerry）手机机型，具体见表1.3.3。

9．Windows Phone操作系统及其特点

（1）Windows Phone操作系统

Windows Phone是微软公司在2010年10月11日发布的第一款智能手机操作系统，它将

微软旗下的 Xbox Live 游戏、Zune 音乐与独特的视频体验整合至手机中,因此该系统与 PC 连接时需要安装 Zune 联机软件。微软公司同时将谷歌的 Android 和苹果的 iOS 系列为主要竞争对手。

表 1.3.3 BlackBerry OS 的版本与对应的黑莓手机机型

型号	名称	OS	AT&T	Bell Mobility	Rogers	Telus	Verizon
8100	Pearl	4.5.0	4.5.0.110	—	—	—	—
8110	Pearl	4.5.0	4.5.0.182	—	4.5.0.102	—	—
8120	Pearl	4.5.0	4.5.0.110	—	4.5.0.102	—	—
8130	Pearl	4.5.0	4.5.0.127	—	—	4.5.0.77	4.5
8220	Pearl Flip	4.6.0	—	—	4.6.0.174	—	—
8230	Pearl Flip	4.6.0	—	—	—	4.6.1.182	4.6
8300	Curve	4.5.0	4.5.0.110	—	4.5.0.81	—	—
8310	Curve	4.5.0	4.5.0.182	—	4.5.0.81	—	—
8320	Curve	4.5.0	4.5.0.182	—	—	—	—
8330	Curve	4.5.0	—	4.5.0.127	—	4.5.0.160	4.5
8350i	—	4.5.0	—	—	—	4.6.1.194	—
8800	—	4.5.0	4.5.0.110	—	4.5.0.81	—	—
8820	—	4.5.0	4.5.0.182	—	4.5.0.37	—	—
8830	—	4.5.0	—	—	4.5.0.127	4.5.0.160	4.5
8900	Curve	4.6.1	4.5.0.110	—	4.6.1.25	—	—
9000	Bold	4.6.0	4.6.0.167	—	4.6.0.282	—	—
9630	Tour	4.7.1	—	4.7.1.40	—	4.7.1.40	4.7
9500	Storm	4.7.0	—	4.7.0.148	—	—	—
9530	Storm	4.7.0	—	4.7.0.148	—	4.7.0.122	4.7
8700	—	4.2.1	4.5.0.110	—	—	—	—
8700r	—	4.2.1	—	—	4.2.1.101	—	—
8703e	—	4.2.1	—	4.2.1.110	—	4.2.1.110	4.2.1.195

2011 年 2 月,诺基亚与微软达成全球战略同盟并深度合作共同研发;2012 年 3 月 21 日,Windows Phone 7.5 登陆中国大陆市场;2012 年 6 月 21 日,微软正式发布最新手机操作系统 Windows Phone 8。Windows Phone 8 采用和 Windows 8 相同的内核。

Windows Phone 操作系统先期经历了 Windows Mobile(简称为 WM)阶段。Windows Mobile 是微软针对移动设备而开发的操作系统,该操作系统的设计初衷是尽量接近于桌面版本的 Windows,微软按照计算机操作系统的模式来设计 WM,以便能使得 WM 与计算机操作系统一模一样。而 Windows Phone 则是微软在 WM 基础上,针对移动设备发展而开发的不断升级的操作系统。在 Windows Phone 操作系统发布后,Windows Mobile 系列正式退出手机系统市场。2010 年 10 月,微软宣布终止 WM 的所有技术支持,采用全新 Windows Phone 操作系统。微软公司智能手机操作系统的具体发布时间、对应系统版本及说明见表 1.3.4。

(2) Windows Phone 操作系统的特点

① Windows Phone 具有桌面定制、图标拖拽、滑动控制等一系列前卫的操作体验。Windows Phone 8 旗舰机 Nokia Lumia 920,其主屏幕通过提供类似仪表盘的体验来显示新的

电子邮件、短信、未接来电、日历约会等，以对重要信息保持时刻更新。

表 1.3.4 微软公司智能手机操作系统的发布时间、对应系统版本及说明

发布时间	系统版本	版本说明
2003 年	Windows Mobile 2003	—
2005 年 9 月	Windows Mobile 5.0	该版本改进了电源管理和存储模式，加入 Office，并增加了 GPS 以及 WiFi 功能
2007 年 2 月	Windows Mobile 6.0	该系统和 Windows Vista 相似，微软期望 WM 能让用户在手机上体验到计算机般的操作，并且统一手机和计算机，因此将大量计算机操作系统的元素一次性引进 WM 中，并且导入了微软在计算机上的应用程序，如 MSN、IE 等
2009 年 2 月	Windows Mobile 6.5	该系统开始实现与 iPhone 一样支持电容屏技术，并且效仿 iPhone 的 AppStore 模式在 WM 内增加了"Windows Marketplace"电子市场
2010 年 2 月	手机操作系统 Windows Phone	Windows Phone 是微软继 WM 之后发布的手机操作系统，将 Xbox、LIVE 游戏、Zune 音乐等整合至手机中
2010 年 2 月	—	Windows Phone 7 曾更名为"Windows Phone 7 Series"，其后于 4 月 2 日消除"Series"，改回"Windows Phone 7"
2010 年 10 月	智能手机操作系统 Windows Phone	宣布中止对原有 Windows Mobile 系列的技术支持和开发，并宣告 Windows Mobile 系列退市。微软明确完全放弃旧平台，全面拥抱新平台 Windows Phone，宣布 Windows Mobile Marketplace 将于 2012 年 5 月 9 日关闭
2010 年 10 月	智能手机第一个版本 Windows Phone 7（WP7），中文称为"芒果"系列	2010 年年底发布了基于此平台的硬件设备，主要生产厂商有诺基亚、三星、HTC 等。这意味着 Windows Phone 系统正式接替 Windows Mobile 系列，继续引领微软的智能操作系统市场。全新的 WP7 完全放弃了 WM5、WM6X 的操作界面
2011 年 9 月	Windows Phone 7.5，代号"Mango"	Windows Phone 首度支持中文，Windows Phone 7.5 是微软在 Windows Phone 7 的基础上大幅优化改进的升级版，包含 500 多项新增功能，以及包括繁体中文和简体中文在内的 17 种新的显示语言
2012 年 3 月	—	Windows Phone 7.5 登陆中国大陆市场
2012 年 4 月	Tango 系统发布	它是 Windows Phone 7.5，Mango 系统的增强版，增强了对低端机的支持力度
2012 年 6 月	手机操作系统 Windows Phone 8（WP8）	Windows Phone 8 采用了和 Windows 8 相同的内核。Windows Phone 8 系统也是第一个支持双核 CPU 的 WP 版本，宣布 Windows Phone 进入双核时代，同时宣告着 Windows Phone 7 退出历史舞台。由于内核变更，WP8 系统并不支持 WP7 设备，WP7 用户可以升级为 Windows Phone 7.8
2012 年 10 月	—	WP8 系统正式上市

② 它还包括一个增强的触摸屏界面、更方便的手指操作，以及一个最新版本的 IE Mobile 浏览器。

③ 全新的 Windows 手机界面把网络、PC 和手机的优势集于一身，让人们可以随时享受到想要的体验。

10．Bada 操作系统及其特点

（1）Bada 操作系统

Bada 操作系统是韩国三星公司自行开发的智能手机平台，是三星于 2009 年 12 月 8 日在伦敦召开新闻发布会正式公布的智能手机操作系统，支持丰富功能和用户体验的软件应用。Bada 在韩语里是"海洋"的意思。Bada 操作系统与当前被广泛关注的 Android OS 和 iPhone OS 形成竞争关系，该平台结合当前热度较高的体验操作方式，承接三星 TouchWIZ 的经验，支持 Flash 界面，对互联网应用、重力感应应用、SNS 应用有着很好的支撑，电子商务与游

戏开发也列入 Bada 的主体规划中。Bada 操作系统的构架有四层，分别是内核层、设备层、服务层和框架层。内核层可以是 Linux 内核或实时 OS 内核，取决于硬件配置；设备层提供设备平台的核心功能，如系统和安全管理、图形和窗口系统、数据协议和电话以及音频视频和多媒体管理；服务层提供以服务为导向的功能，这些功能由程序引擎和与 Bada 服务器互连的网络服务组件提供；框架层就像接口，提供用户访问底层功能的访问能力及用户界面。

2011 年 9 月，三星公司正式推出了新一代版本 Bada 2.0，该版本继承和发展了 Bada 操作系统的特性并进一步提升。2012 年 1 月 17 日，三星宣布正在将 Bada 整合进入 Tizen，Tizen 系统将支持 Bada 平台。Tizen 系统是一个基于 HTML5 开发的全新操作系统，由 LiMo Foundation 和 Linux Foundation 两大 Linux 联盟整合资源优势，携手英特尔和三星电子，共同开发的针对手机和其他设备的操作系统，可运行在智能手机、平板计算机、上网本、车载信息系统和智能电视机上。三星的首款 Tizen 手机于 2013 年发布。

Bada 操作系统的代表机型有三星 S8600、S8500、F859、S7250D、S7230E、S8530、S5330、W689、S5380、S5600、GT-S5380D、GT-S8530。

（2）Bada 操作系统的特点

Bada 操作系统的特点是配置灵活、用户交互性好、面向服务，非常重视 SNS 集成和地理位置服务应用。Bada 操作系统支持设备应用、服务应用和 Web 与 Flash 应用。此外，三星也将为 Bada 开放应用软件商店，并为第三方开发人员提供支持，第一个基于 Bada 操作系统的手机 Wave S8500 已于 2010 年 2 月在 MWC 大会上推出，具有 1GHz CPU、TouchWiz 3.0 界面、SUPER AMOLED 屏幕和无缝一体外壳，支持社交网络、设备同步、内容管理，支持 Java 程序以及超过 5000 款的 Bada 软件应用。

11．智能手机操作系统综述

谷歌 Android 在 2012 年 6 月的数据统计显示，Android 占据全球智能手机操作系统市场 59%的份额，中国市场占有率为 76.7%，成为全球第一大智能操作系统。截至 2011 年 11 月，Canalys 的数据显示，苹果 iOS 已经占据了全球智能手机系统市场份额的 30%，在美国的市场占有率为 43%，为全球第二大智能操作系统。截至 2012 年 7 月，黑莓占据了全球 7%的市场份额，在美国占有 11%的市场份额，是全球第三大智能操作系统。截至 2012 年 2 月，塞班系统的全球市场占有率为 6.8%，中国市场占有率则为 11%，是全球第四大智能操作系统。截至 2012 年 5 月 18 日，三星 Bada 系统的全球市场占有率为 2.7%，是全球第五大智能操作系统。其他如微软 Windows Phone 等占有比例更小，比如 Symbian 公司的 Meego 系统、Maemo 系统及微软的 Windows CE 系统，都只是以上操作系统的过渡。其中，Maemo 系统有诺基亚助阵，其最新的 Maemo5 系统也曾承载了诺基亚的新希望，并被看作是塞班系统的继任者，采用此系统的诺基亚 N900 也是当之无愧的旗舰机型，不过 N900 成为 Maemo 系统的绝唱。Meego 系统目前还是初生的婴儿，很多人都没听说过，它是英特尔和诺基亚的混血儿，也是以 Linux 为基础，仍将合并英特尔的 Moblin 和诺基亚的 Maemo 及 feature Qt，是一种超越传统手机与智能笔记本的新型移动平台，但该平台由于处在各种操作系统激烈竞争的时期，很难想象它的生存期限。再看 Windows CE，它是微软消费电子设备操作系统 OS 的总称。采用此系统的手机多数并不主流，而 GPS、MID 等终端很多使用此系统。此系统作为手机系统也存在软件相对不足的问题，所以国内很多公司在推出软件时都没有为它推出专门的版本，从而降低了此系统手机的可用性。

1.4 移动通信运营商及其网络技术

运营商是指提供网络服务的供应商,它是拥有信息产业部颁发的运营执照的公司,必须有这个运营执照才能架设通信网络。国内三大运营商分别是中国移动通信、中国联通、中国电信,其 Logo 如图 1.4.1 所示。

图 1.4.1 国内三大运营商 Logo

1.4.1 三大运营商重组

自国内运营商开始重组之后,工业和信息化部在 2009 年 1 月 7 日宣布,批准中国移动通信集团公司增加基于 TD-SCDMA 技术制式的第三代移动通信(3G)业务经营,中国电信集团公司增加基于 CDMA2000 技术制式的 3G 业务经营,中国联合网络通信集团公司增加基于 WCDMA 技术制式的 3G 业务经营,如图 1.4.2 所示。

1.4.2 3G 网络介绍

1. 中国移动(G3)

中国移动(G3)品牌中,G 首先是中国太极图的形象字母。同时,G3 是"Guide3"的缩写,"Guide"是"引领、影响、支配"之意,"3"代表着 3G 时代下的移动、宽带、固网、手机电视等功能的融合,预示中国移动将超越现有 3G 概念,引领人们进入 3G 生活,其口号是"引领 3G 生活",品牌标识如图 1.4.3 所示。

图 1.4.2 三大运营商重组示意图　　图 1.4.3 中国移动(G3)品牌标识

2. 中国电信(天翼 3G)

中国电信(天翼 3G)品牌名称中,"天"、"翼"可以很直观地理解为"飞翔、遨游"之意,同时"天翼"与"添翼"谐音,寓意用户使用中国电信的移动业务后如虎添翼,可以更畅快地体验移动信息服务,享受更高品质、更自由的信息新生活。再者,"天意"与"添益"谐音,预示着品牌给企业未来带来美好前景。"e surfing"按官方释义为"天翼"的英文名称,"e"是信息、互联网、信息时代的浓缩,"e surfing"是信息冲浪,体现移动互联网的定位。

中国电信（天翼3G）品牌名称显现了3G牌照给电信如虎添翼的势态，口号是"天翼带你畅游3G"，其品牌标识如图1.4.4所示。

3. 中国联通（沃3G）

中国联通（沃3G）从"沃"品牌的设计理念来看，其中文名称"沃"与英文名称"WO"发音相近，意在表达对创新改变世界的一种惊叹，表达了想象力放飞

图1.4.4 中国电信（天翼3G）品牌标识

带来的无限惊喜。整个品牌标识图形设计取自中国联通标识"中国结"的一部分，寄寓了传承与突破的双重含义，即"明亮、跳跃的橘红色，时尚、动感又兼具亲和力，突破传统的对称设计风格，进一步体现出敢于创新、不懈努力、始终向前的精神理念"，其口号是"3G精彩，精彩在'沃'"，品牌标识如图1.4.5所示。

定位时尚群体　　　　　　　　定位商务人群　　　　　　　　定位家庭用户

图1.4.5 中国联通（沃3G）品牌标识

4．3G技术对比

（1）TD-SCDMA

TD-SCDMA是中国大陆制定的3G标准，1999年6月29日，由中国原邮电部电信科学技术研究院（大唐电信）向ITU提出。目前几乎所有国内手机厂商与各大海外品牌参与TD终端生产。该标准提出不经过2.5代的中间环节，直接向3G过渡，非常适用于GSM系统向3G升级。

（2）CDMA 2000

CDMA 2000标准由美国高通北美公司为主导提出，有摩托罗拉、Lucent和三星参与，韩国现在成为该标准的主导者。目前使用CDMA的地区只有日、韩和北美，所以CDMA 2000的支持者不如WCDMA多。不过CDMA 2000的研发技术却是目前各标准中进度最快的，许多3G手机已经率先面世，包括诺基亚、三星、多普达、LG等品牌。

（3）WCDMA

WCDMA是欧洲提出的宽带CDMA技术，与日本提出的宽带CDMA技术基本相同，正在进一步融合。由于从技术上容易实现过渡，目前在欧洲普及率很高，具有先天市场优势。WCDMA的支持者主要是以GSM系统为主的欧洲厂商，包括欧美的爱立信、阿尔卡特、诺基亚、北电，日本的NTT、富士通、夏普等。

5．3G技术应用

3G是英文"3rd Generation"的缩写，是指第三代移动通信技术。相对第一代模拟制式手机（1G）和第二代GSM、CDMA等数字手机（2G），第三代手机是指将无线通信与国际互联网等多媒体通信结合的新一代移动通信系统。它能够处理图像、音乐、视频流等多种媒体形式，提供包括网页浏览、电话会议、电子商务等多种信息服务。为了提供这些服务，无

线网络必须能够支持不同的数据传输速度,也就是说,在室内、室外和行车环境中都能够支持至少 2Mbps、384kbps 以及 144kbps 传输速度的技术。

3G 是由国际电信联盟(ITU)确定的,其通信的三大主流无线接口标准分别是 W-CDMA (宽频分码多重存取)、CDMA2000(多载波分复用扩频调制)和 TDS-CDMA(时分同步码分多址接入),其应用技术分别有以下几种。

① 可视电话:是指用户在呼叫对方手机号码时,若采用可视电话呼叫的方式,则通话双方在视频呼叫过程中除了可听到对方的语音,而且还可看到对方的动态视频画面。

② 视频会议:是指为移动用户提供视频会议服务,实现多方的音频和视频通话,并具有会议管理和控制的功能,如创建和结束会议、会议发言控制等。

③ 多媒体彩铃:开通了多媒体彩铃后,当主叫用户以可视电话方式拨打被叫用户时,主叫用户将在自己手机上看到一段由被叫用户设定好的多媒体视频。

④ 无线上网:可分为手机终端直接接入网络实现高速上网和使用计算机及 3G 上网卡实现无线高速上网两种方式。

⑤ 行业应用:是指基于 3G 高带宽的特点,为政府、金融、物流、M2M 等客户提供行业信息化解决方案,如交通视频监控、电子商务或节能自动控制等。

6. 3G 网速测试(只做参考)

据测试,目前 3G 的上网速度大致如下。

① 中国移动 3G:连接速度可达 2Mbps,根据位置不同,下载网速约为 80KB/s。中国移动 TD-SCDMA 理论网速:可达下行 3.6Mbps(实际也可达 1~3Mbps),上行速度也可达 384kbps。

② 中国电信 3G:中国电信 CDMA2000 EV-DO 实际下载网速在 150KB/s 左右,峰值可达近 200KB/s。中国电信 3G 网络基于 CDMA 2000 EV-DO Rev.A,电信 CDMA EV-DO 理论网速可达下行 3.1Mbps,上行 1.8Mbps。

③ 中国联通 3G:目前还没有开始测试商用的中国联通 WCDMA 网络,预计下载速度可达 160KB/s,打开网页和播放在线视频的网速可达 120KB/s。联通 WCDMA 网络实现 HSDPA 之后理论下载网速可达到下行 7.2Mbps,大城市部分地区可达 14.4Mbps。

7. CMMB 数字电视介绍

CMMB 是英文 "China Mobile Multimedia Broadcasting"(中国移动多媒体广播)的缩写。它是国内自主研发的第一套面向手机、PDA、MP3、MP4、数码相机、笔记本计算机多种移动终端的系统。利用 S 波段卫星信号实现"天地"一体覆盖、全国漫游,支持 25 套电视节目和 30 套广播节目。2006 年 10 月 24 日,国家广电总局正式颁布了中国移动多媒体广播(俗称手机电视)行业标准,确定采用我国自主研发的移动多媒体广播行业标准。CMMB 信号稳定,全国已覆盖 203 个城市,可实实在在享受打开手机看电视的功能。

CMMB 借助卫星通信,能极好地解决移动终端(手机电视)信号流畅的问题。它由国家广电总局管理,负责电影、电视、广播载体,具有丰富的电视内容资源。CMMB 也是 2008 年奥运会新媒体的直播载体,收费低廉。CMMB 兼顾国家媒体信息发布功能。

8. 定制版手机介绍

定制版手机是相对于 3G 业务而言的,运营商通过固化软件定制适合自己网络的手机,分别有中国移动定制机、中国电信定制机、中国电信天翼定制机,其号码段是不能互换使用的。

（1）移动定制机

由中国移动根据客户需求，对手机厂家提出对外观、开关机界面、专用键、菜单显现及通用要求等定制标准、优化和丰富手机功能。中国移动定制机也称心机，包装盒上有中国移动的标识和"CHINA MOBILE"字样，开机时也能显示。移动定制机可以正常使用联通卡 133 和 153 CDMA 号段，通话、上网均不受限制。

（2）天翼定制机

天翼定制机是电信接手 CDMA 业务之后新出现的定制机，可以理解为电信定制机，概念和移动定制机相同，并非 3G 手机。天翼定制机可以使用所有号段正常通话，但只有 189 号段的用户可以正常使用上网与 CDMA 数据传输业务。

（3）联通定制机

由中国联通定制，概念和移动定制机相同，定制机的包装盒和机身上会有中国联通的标识，并不一定都是 3G 手机。联通定制机可以正常使用移动卡、联通卡 133 和 153 CDMA 号段，通话、上网均不受限制，如果是 3G 手机则只支持联通 3G（WCDMA），不支持移动 3G 网络。

（4）AT&T 定制机

AT&T 是美国电话电报公司，创建于 1877 年，曾长期垄断美国长途和本地电话市场，其 LOGO 如图 1.4.6 所示。

在近 20 年中，AT&T 曾经过多次分拆和重组。AT&T 是美国最大的本地和长途电话公司，总部位于得克萨斯州圣安东尼奥。AT&T 拥有苹果 iPhone 在美国的销售权，在中国所见到的美版 iPhone 4 绝大部分均为 AT&T 定制机。此外，AT&T 还拥有大量的企业用户，这也是为什么总能在黑莓的改版机上看到 AT&T 的 LOGO 的原因。如果手机上有 AT&T 则表示是该公司的定制机，在国内销售即为水货机。

AT&T 所采用的移动网络制式是 WCDMA 网络，目前已经覆盖到全美的大部分地区，另外还支持 HSPA+网络。摩托罗拉的 Atrix 4G 就是一款采用 AT&T 的 HSPA+网络的 4G 手机，此外对大量的黑莓手机和低端实用手机也广泛提供该业务。由于是定制机型，因此 AT&T 旗下的很多手机能够 0 元购买，不过用户得每月支付一定的话费。AT&T 的代表机型有黑莓 9800。

（5）Verizon 定制机

Verizon 是美国 C 网最大的运营商。作为全美第一大移动运营商，Verizon 在本地电话和无线通信上都具有最大规模，同时也在美国和欧洲等 45 个国家和地区经营国际电信业务。作为美国市场的霸主，Verizon 公司拥有极为出色的 ARPU 值，美国《无线周刊》已连续三年将 Verizon Wireless 评为"美国最佳移动运营商"，在行业领导力、财务表现、业务创新等各个方面，Verizon Wireless 都堪称第一，其公司 LOGO 如图 1.4.7 所示。Verizon 代表机型有 HTC 霹雳、HTC6975 等，如图 1.4.8 所示。

图 1.4.6　AT&T 公司 LOGO　　　图 1.4.7　Verizon 公司 LOGO　　　图 1.4.8　Verizon 定制版 HTC 手机

其他定制机还有法国第一大运营商 Orange、德国最大移动运营商 T-Mobile、美国第三大移动运营商 Sprint 定制机等，这里就不再详细介绍了，只要看到手机上有这些运营商的 LOGO，就说明是国外定制版手机。

定制机和非定制机在硬件上完全一致，定制的只是手机软件内容，内嵌移动运营商旗下的增值服务，为消费者提供简单、方便、快捷的服务，完全不影响正常使用，都属正规渠道的原厂机。外观区别是定制机机身印有运营商的标识，开机后有定制图案，主题为定制主题。

9. LTE 4G 网络新技术

LTE 是"Long Term Evolution"的缩写，意为长期演进技术，是从 3G 向 4G 演进的主流技术，俗称为 3.9G 技术。4G 网络就是第四代移动通信网络，必须由支持 4G 网络的手机来实现，具有 100Mbps 数据下载能力，网络标识如图 1.4.9 所示，目前只能在小区、大厦、公司等范围内安装使用。其数据流量大、传输速率高、高速互联网接入，增强了 3G 空中接入技术，采用 OFDM 和 MIMO 作为无线网络演进的唯一标准，改善了小区边缘用户的性能，提高了小区容量，降低了系统延迟，费用也比较昂贵，因此还没有普及到每个用户。2013 年 12 月 4 日，工信部给中国移动发放 TD-LTE 牌照，给中国电信和中国联通发放 TD-LTE 和 FDDLTE 两种牌照，并分配了不同的 TD-LTE 频段资源。其中，中国移动获得 130MHz，分别为 1880～1990MHz、2320～2370 MHz、2575～2635MHz；中国电信获得 40MHz，分别为 2370～390MHz、2635～2655MHz；中国联通获得 40MHz，分别为 2300～2320MHz、2555～2575MHz。

图 1.4.9　4G 网络标识

本 章 小 结

1. 通过学习手机发展史了解手机发展的 1G、2G、3G、4G 时代，掌握不同时期不同品牌手机的种类及其特点，同时掌握市场对手机的分类名称，包括行货、串货、水货、港行、欧版、翻新机、充新机、板机、克隆机等概念的理解及机型的判断方法。

2. 通过本章的学习，重点掌握诺基亚 BB5 系列、三星盖世系列、苹果 iPhone 系列手机的应用机型与功能操作，以及智能手机操作系统的类型特点，明白每款手机的发展都经历了不同的挑战和艰辛。

3. 通过可视电话、视频会议、无线上网、行业应用等 3G 网络技术的学习，对今后通信网络的发展有了更进一步的分析和探究，比如目前新开发的更加高端的 LTE 4G 网络，就是具有更高速的视频及其数据传输能力的网络。

总之，通过手机发展历程的学习，了解到手机不是简单的通信工具，更多的是与互联网的通信、数据交换，包括高速上网、视频通话、视频数据传输、车载 GPS 智能导航、智能通信家居、智能通信防盗等众多高端的无线网络应用。因此，从整个手机行业发展来看，手机维修是永久的行业，是永远都不会止步的行业，但随着高端技术的发展，也促使我们要不断学习，不断掌握新技术、新知识，不断进步发展。

习　题　1

1.1　从手机发展来看，手机主要分为哪几个时代？最新的是什么时代？
1.2　从手机操作系统来划分，手机主要分为哪几种？应如何区分？
1.3　从手机市场来划分，手机有哪些类别？应如何区分？
1.4　诺基亚手机软件平台有四种，其中BB5平台是指什么？其主要的代表机型有哪些？请列举市场常见的5种机型。
1.5　三星手机发展到今天，盖世系列产品共有几代？其主要的代表机型有哪些？请列举市场常见的5种机型。
1.6　iPhone手机按上市时代划分，主要有哪几个时代？其手机类型名称分别是什么？iOS是什么？
1.7　国产手机主要有八大芯片组合，其中最常用的是哪两种？
1.8　到目前为止，智能手机操作系统主要有哪些？它们分别具有哪些功能特点？
1.9　Android系统是由哪家公司开发的产品？目前有哪些公司终端产品使用该系统？
1.10　iPhone操作系统版本到目前为止有14个,其中文名称分别是什么？目前最高正式版本是什么？
1.11　Windows Phone操作系统是哪家公司研发的产品？是在哪个系统的基础上发展起来的？目前最高版本的名称是什么？
1.12　智能机与非智能机有什么区别？多功能手机一定是智能机吗？
1.13　国内有哪三大运营商？其3G技术标识的含义分别是什么？

本章实训　不同发展时期的手机类型

1．实训目的
（1）了解手机发展的四个时代及最新技术时代。
（2）了解智能手机操作系统与功能特点。
（3）熟悉目前市场上诺基亚、三星、苹果智能手机系列，及其他智能手机。
（4）了解国内三大运营商及其技术发展。

2．实训器材
（1）普通手机多部，诺基亚、三星、苹果智能手机多部（可以是学生自用的手机）。
（2）普通手机主板、智能手机主板（可以用图片展示）。

3．实训内容
（1）进行普通手机的操作，熟练掌握普通手机功能。
（2）操作诺基亚、三星、苹果智能手机，熟练掌握智能手机操作系统及功能特点。

4．实训报告
（1）通过学习手机发展历史，了解手机时代及智能手机操作系统发展与新技术。
（2）通过实际手机操作，熟悉普通手机与智能手机的不同性能。
（3）通过对实际手机主板的认识，掌握普通手机主板与智能手机主板的结构分布。

第 2 章　手机元器件介绍及检测技巧

手机是高科技通信产品,技术要求非常高,不过我们要清楚地认识到,无论何种高科技产品,都是由最基本的元器件组成的,掌握手机电路中元器件的外形结构、电路符号,及其在电路中的作用、好坏的检测判断、损坏后的维修处理等,都是学习手机维修最基本的要求。本章主要学习手机电路中贴片元器件的外形结构、特性、故障检测及维修方法。

2.1　手机元件介绍及其检测技巧

手机电路中的元件主要是指电阻、电容、电感。本节介绍手机中电阻、电容、电感元件的外形、分类及其在电路中的表示符号、作用及其检测方法,并介绍它们在手机中常见的故障,如虚焊、开路(断路)、短路等,以及故障的维修方法。

2.1.1　手机中的电阻元件

1. 什么是电阻

通俗地说,电阻就是对电的阻力,实际是当电流通过导体时受到导体内部原子、离子的阻力。原因是自由电子在运动中会不断与导体中的原子、离子发生碰撞,这种碰撞所产生的阻力,就称为电阻。电阻在电子技术中是应用最广泛、最基本的元件之一,我们一定要认识它。

2. 电阻的符号

电阻在电路中用字母 R 表示,其图形符号为 —▭— (实际电路中也常用 —〰—)。在一般电器或者手机中,电阻都要用符号来表示。为了分析电路原理,人们还设计了电路图,与实际电路是一一对应的。电路图中,各种电子元器件都有它们特定的表示方式。电路中有多个电阻,用一个简单的字母"R"是不能准确描述的。为此,通常在字母后面加上数字序号来表示电路中的多个电阻,以方便对电路的描述。例如,一个电路中有 10 个电阻,则可以用 R1、R2、…、R10 或 R100、R101、…、R200、…、R2010、…来表示。这样就可以很简单地对电路进行分析和描述,如图 2.1.1 所示。

从图 2.1.1 中可以看到,电阻 R469、R472、R468、R474 都有不同的数字编号,就可以有针对性地进行电路分析及故障判断,也就给分析电路带来了方便。

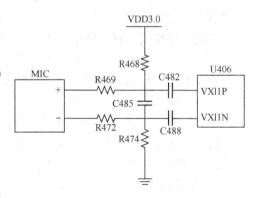

图 2.1.1　三星 S508 手机送话电路

3. 电阻的类型

根据电阻在工作时性能的变化，可以将电阻分为线性电阻和非线性电阻。线性电阻是指电阻在工作时其阻值不随电压或电流的改变而改变，如碳质电阻、碳膜电阻、金属膜电阻、线绕电阻等；非线性电阻是指电阻在工作时其阻值随电压、温度或发光强度的改变而改变，如热敏电阻、压敏电阻、光敏电阻等。

4. 电阻的外形和安装方式

（1）一般电器中电阻的外形及安装方式

如图 2.1.2 所示电阻都属于线性电阻。这些电阻元件都是有引脚的，其安装方式为插入式安装。

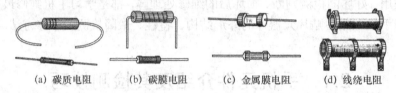

(a) 碳质电阻　　(b) 碳膜电阻　　(c) 金属膜电阻　　(d) 线绕电阻

图 2.1.2　常见的线性电阻

（2）手机中的电阻外形及安装方式

手机中的电阻两端为银白色，中间为黑色、蓝色、绿色等，最常见的为黑色、蓝色。手机电路中的基本元件非常多，而且体积小、功能强大，所以这些元件都采用贴片式安装（SMD），电阻也一样，如图 2.1.3 所示。

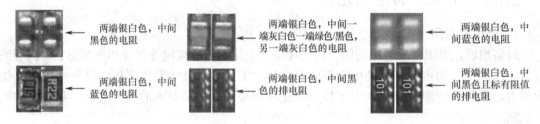

图 2.1.3　手机中电阻的外观颜色

5. 电阻单位的表示方法

不同电阻对电流的阻力大小也有不同。比如，铜、铁、锡、铝等金属导体对电流的阻力很小，木、橡胶、玻璃等绝缘体对电流的阻力很大，阻力不同说明其电阻值也不同，所以电阻值有大小之分，也有单位。

电阻的单位是欧姆（Ω），简称欧，还有千欧（kΩ）、兆欧（MΩ），其换算关系如下：

$$1k\Omega = 1000\Omega, \quad 1M\Omega = 1000k\Omega = 1 \times 10^6 \Omega$$

在手机中，电阻元件参数有的直接标示在电阻上，有的不标示，基本上都不标示。若有标示，其标示方法有以下三种：

① ─▭R/220▭─ 表示这个电阻阻值为 220Ω。

② ─▭2R2▭─ 表示这个电阻阻值为 2.2Ω。

③ ─▭22▭─ 表示这个电阻阻值为 0.22Ω。

6. 色环电阻

色环电阻是插件式电阻元件，手机中不常用，其阻值不是直接用数值标示，而是用色环标示的，色环分为棕色、红色、橙色、黄色、绿色、蓝色、紫色、灰色、白色、黑色等，对应的数值分别 1、2、3、4、5、6、7、8、9、0 等，如图 2.1.4 所示。

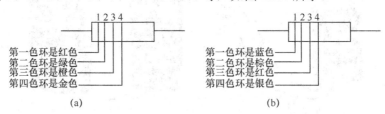

图 2.1.4　色环电阻的标示

色环电阻的数值读法是先看色环离电阻两端哪一端最近，从最近的一端数起，分别是第一、第二色环为有效数字，第三色环为倍率，第四色环为精度（一般金色为±5%，银色为±10%）。因此，我们可以读出图 2.1.3（a）所示电阻的值为 25000Ω±5%，即 25kΩ，图 2.1.3（b）所示电阻的值为 6100Ω±10%，即 6.1kΩ。

7．手机或其他电器中的贴片式热敏电阻和压敏电阻

贴片式热敏电阻是指电阻值随着温度的变化而变化的电阻。随温度升高而电阻值增大的电阻称为正温度系数热敏电阻（PTC）；反之，随温度升高而电阻值减小的电阻称为负温度系数热敏电阻（NTC）。在电路图中，热敏电阻的图形符号是 ┌─⌿─ 。

热敏电阻属于非线性电阻，非线性是指电阻值没有线性规律的变化，经常随着温度等外界因素的改变而改变，如图 2.1.5 所示的贴片式热敏电阻。

(a) 过电流保护PTC热敏电阻　　(b) 热保护PTC热敏电阻

图 2.1.5　贴片式热敏电阻

贴片式压敏电阻是指电阻值随电压变化而变化的电阻。手机中常用压敏电阻作为保护元件。压敏电阻的选用，一般选择标称压敏电压和通流容量两个参数。手机中常用的是贴片式防静电压敏电阻，如图 2.1.6（a）所示，及 TVM 压敏电阻，如图 2.1.6（b）所示。

8．电阻元件的测量

在手机主板上，电阻阻值并没有标示，但在手机维修中要知道其阻值就必须用测量的方法判断。电阻在电路中具有重要作用，所以在手机维修过程中必须掌握如何测量电阻，方法有两种，具体操作如下。

(a)　　(b)

图 2.1.6　贴片式压敏电阻

① 方法一：开路测量，如图 2.1.7（a）所示。就是将被测电阻从电路板上拆下来，用万用表直接测量电阻，若测得的阻值与原理图中所标示的阻值相同，说明该电阻是好的；若测得的阻值是偏大或偏小则都是坏的。

② 方法二：在路测量，如图 2.1.7（b）所示。就是不拆下电阻，直接测量它的阻值，如果测得阻值比电路图中所标示的阻值偏大或万用表上无阻值显示，说明该电阻已经变质或开路、断路；如果测得的阻值比原理图所标示的阻值要小（与外电路并联作用）或者相同，说明该电阻是正常的。

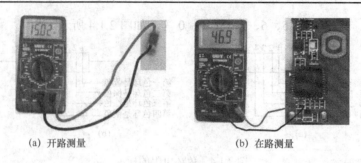

(a) 开路测量　　　　　　　　(b) 在路测量

图 2.1.7　电阻的测量方法

9. 电阻元件在电路中的作用

根据电路连接的不同，电阻在电路中主要起分压和分流的作用，还有就是作为负载。当然电阻在不同电路中，其作用是不同的，比如限流作用、耦合作用、偏置作用等，在以后的电路中我们会逐步学到。

10. 电路中"负载"的含义

"负载"是指在电路中消耗电能的元器件或者设备。比如，生活中的电视机、电冰箱、洗衣机等，它们工作时都会消耗一定的电能，所以称为电网的负载；在手机使用中，我们经常对手机进行充电，那是因为手机工作时，其内部电路在不断地耗电，所以整个手机对电池而言，都称为负载；对手机内部的单元电路，在工作时也消耗了手机内部电源输出的能量，那么，这些单元电路就是电源的负载。所以，负载的应用非常广泛，可大也可小，由具体的电路结构来确定。

11. 电阻串联及其作用

在电路中，电阻的连接方式多种多样，但最多的是电阻的串联、并联及混联。学习时，我们需要掌握它们的连接电路和组成电路的参数计算及其在手机电路中的作用。

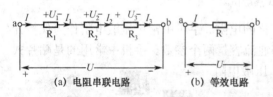

(a) 电阻串联电路　　　　(b) 等效电路

图 2.1.8　电阻的串联电路及其等效电路

（1）电阻的串联电路

电阻的串联就是将两个或两个以上的电阻头尾相接地串接在一起而无任何分支。图 2.1.8 所示的电阻 R_1、R_2、R_3 就是一个串联电路，电阻 R 就是电阻 R_1、R_2、R_3 串联后的等效电阻，简称为总电阻。

电阻串联后，总电压 U 等于各分电压之和，即

$$U = U_1 + U_2 + U_3$$

总电流 I 等于各分电流，即

$$I = I_1 = I_2 = I_3$$

（2）电阻串联的总电阻

电阻串联的总电阻 R 等于各分电阻之和，即 $R = R_1 + R_2 + R_3$。

这说明图 2.1.8 中总电阻 R 实际上是串联分电阻 R_1、R_2、R_3 之和。R 对 a、b 两端的电压 U、电流 I 的关系并没有改变，即对外电路产生的效果是相同的，所以把图 2.1.8 中的这种变换称为等效变换。

（3）电阻在串联电路中的作用

电阻串联在电路中起分压作用，即把电路的总电压进行分配，阻值越大的电阻分压就越

多；反之，阻值越小的电阻分压就越小。两个串联电阻的分压公式为

$$U_1 = U\frac{R_1}{R_1+R_2} \; ; \; U_2 = U\frac{R_2}{R_1+R_2}$$

如果是三个电阻串联，其分压公式为

$$U_1 = U\frac{R_1}{R_1+R_2+R_3} \; ; \; U_2 = U\frac{R_2}{R_1+R_2+R_3} \; ; \; U_3 = U\frac{R_3}{R_1+R_2+R_3}$$

比如，如图2.1.9所示为手机的射频放大电路，就有分压电路的组合。图中的R101、R102组成的就是分压电路，所以这两个电阻称为分压电阻。

12．电阻并联及其作用

电阻并联是指将电路中有两个或两个以上的电阻首尾两端并列连接的方式，如图2.1.10所示为三个电阻并联的电路。

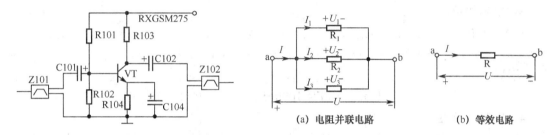

图2.1.9　手机中电路的分压　　　图2.1.10　电阻的并联电路及其等效电路

① 电阻并联时的总电流等于各支路电流之和，即

$$I = I_1 + I_2 + I_3$$

总电压等于各分电压，即

$$U = U_1 = U_2 = U_3$$

电阻并联的总电阻的倒数等于各分电阻倒数之和，即

$$\frac{1}{R} = \frac{1}{R_1} + \frac{1}{R_2} + \frac{1}{R_3}$$

② 并联电阻在电路中的作用是分流作用。在并联电路中，电阻阻值越小，流过的电流就越大；反之，流过的电流越小。也就是说，并联电路中流过电阻的电流与各电阻阻值成反比。在手机维修中，经常要采用并联电阻的形式来进行分流，使其负载电路（如CPU）得到保护。

2.1.2　手机中的电容元件

电容的性质要比电阻复杂得多，它也是组成电路的基本元件之一，也是手机维修入门阶段必须掌握的。

1．什么是电容

通俗地说，电容可理解为一个"水杯"，可以装水，也可以倒水。实质上，电容是用绝缘物质将两个片状导体分隔开而构成的一个组合实体。电容也称为电容器，组成电容器的两个片状导体称为极板，也就是电容的两个电极；中间的绝缘物质称为电介质，电介质有很多种，后面将逐渐介绍。如图2.1.11所示是电容的实物结构。

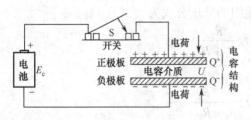

图 2.1.11 电容器的实物结构

在图 2.1.11 中,用电池给两个极板加上电压,这两个极板之间就会装上电荷,极板越大,装的电荷就越多,极板越小,装的电荷就越少。电容装电荷的多少是由电容本身的容量决定的。

2. 电容容量

在任意时刻,电容两极板间电压 U 与电容所储存的电荷量 q 之比就是电容的容量,即

$$C = \frac{U}{q} \Rightarrow q = CU$$

式中,q 为极板装的电荷数量;C 为电容极板本身的容量;U 为加在两个极板之间的电压。

由公式可知,加在电容两个极板间的电压与电荷数量是成正比的。

3. 电容的单位

在 SI 制中,电容的单位为法拉,简称法,符号为"F"。常用的还有毫法(mF)、微法(μF)、纳法(nF)、皮法(pF)等。在手机中最常用的是微法(μF)、纳法(nF)、皮法(pF)。其换算方法是

$$1F = 1000mF,\ 1mF = 1000\mu F,\ 1\mu F = 10^3 nF = 10^6 pF$$

4. 电容的特性

从电容的定义来讲,电容是装电荷的,这就是电容的特性。实际上,电容的基本特性是储存电荷,而且这些电荷所具有的能量就是我们所说的电场能。除了这个特性外,它还有以下两个重要的性质:

① 电容两端的电压不能突变。因为电容具有充、放电的特性,其过程就像杯子一样,可以向里面装水,也可以把里面的水倒出来。装水时可以一下子装满,电容装电荷也是如此,这个过程称为给电容"充电";而倒水时可以慢慢地倒,电容也是如此,慢慢地释放电荷,这个过程称为电容的"放电"。由此可知,电容具有"充"、"放"电性质。正因为它的充、放电性质,所以电容两端的电压不能突变。

② 电容具有"通交流,隔直流"、"通高频、阻低频"的特性。电容"通交阻直、通高阻低"的特性,是指直流电压不能通过电容,而交流电可以通过电容。就好像人们过大江一样,没有桥梁是过不了的,这时我们就相当于是直流电。如果我们改变方式,比如游泳,可以游过江去,就相当于如果把直流电变成交流电的话,就可以通过电容了,所以交流信号可以通过电容到其他电路中去。但如果游泳时水流很急,那我们就很难游过去,这就说明水有阻力,游泳好的人容易游过去,游泳差的人很难游过去了,这说明电容对通过的交流电信号也有不同的阻力,频率高的信号容易通过电容传递到下一级电路中去,而频率低的信号就不容易通过。因此,我们把电容"通高频、阻低频"的不同阻力称为电容的容抗,用 X_C 表示,单位为欧姆(Ω),其公式为

$$X_C = \frac{1}{2\pi f C}$$

式中,f 为信号频率;C 为电容量;2π 为常数。

③ 从容抗公式可看出,电容的容抗随信号频率的升高而减小,随信号频率的降低而增大。也就是说,频率高的信号受到的阻力小,频率低的信号受到的阻力大。

5. 手机中电容元件的外形

手机中电容元件类型不同,其外形和作用也不同。

① 按电介质材料:可分为空气电容、陶瓷电容、涤纶电容、钽电容、铝电解电容、金属氧化膜电容等。

② 按电容的极性:可分为无极性电容与有极性电容。电解电容有极性,其正、负极通常有明显的标志。手机维修中,更换该类型元件时,一定要注意正、负极性,装错就会导致电路出现故障。

③ 按电容的作用不同:可分为耦合电容、滤波电容、旁路电容、振荡电容等。

④ 按电容的结构及其使用不同:可分为固定电容、电解电容等。其中,固定电容的外观是两端为银白色,中间为棕色或者橙色;钽电容为橙色或者红色,有正、负极性之分,如图 2.1.12(a)所示;电解电容两端为银白色,中间为黄色或者黑色,其中黄色电解电容正极色彩要深一些,黑色电解电容正极色彩为白色,如图 2.1.12(b)所示;排电容的中间色彩也是棕色或者橙色,两端仍然为银白色,如图 2.1.12(c)所示。

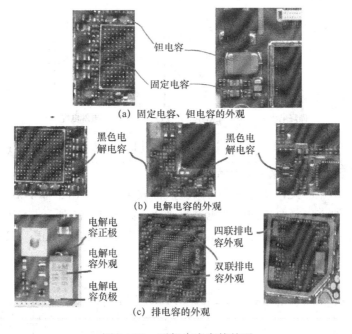

图 2.1.12 手机中电容的外观

6. 一般电器中电容的外观、分类及其参数表示。

一般电器中,电容的种类繁多,其外观也不相同,如图 2.1.13 所示,有以下分类。

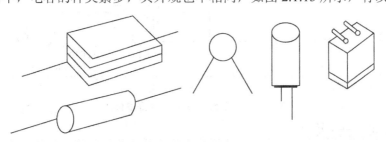

图 2.1.13 一般电器中电容的外观

① 按电介质材料：分为空气电容、陶瓷电容、涤纶电容、铝电解电容、金属氧化膜电容等。
② 按电容的结构和使用情况不同：分为固定电容、可变电容、半可变电容、电解电容（加电时注意极性要求）。
③ 电容的参数标示。在一般电子产品中，电容的参数都是直接标示到电容元件上的，如图2.1.14所示。

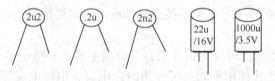

图2.1.14 一般电子产品中电容的参数标示

7．电容的符号

在手机电路或其他电子电路图中，不同类型的电容，其图形符号也不同，同一类型的电容器，则表示符号是相同的，如图2.1.15所示。

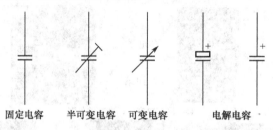

图2.1.15 电容在电路图中的图形符号

8．手机中电容元件的安装及其参数标示

在手机主板上，电容元件仍然采用SMD表面安装方式，由于体积小，所以仍无参数表示，其参数值只有通过电路原理图或者测量来确定，如图2.1.16所示。C101下面的1U表示该电容容量为1μF；C102、C103下面的10U表示该电容容量为10μF；C104、C105下面的0.01U表示该电容容量为0.01μF。

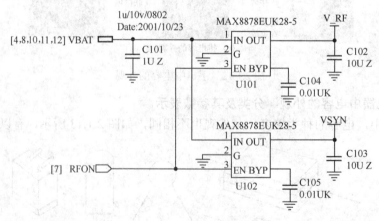

图2.1.16 手机电路中电容参数标示

9．手机中电容的耐压值

从电容的本质结构来说，只要在它的两个极板间加上电压，就会使电容装上的电荷，那

么这些电荷又是如何分布的呢？实验证明，当给电容的两极板间加上电压时，沿电压的方向将有等量的正、负电荷分别聚集在两个极板上，于是两极板间建立了电场，电源的能量就转换为电场能储存在电容中。当电源电压增大时，电容极板带的正、负电荷量也随之增大。对于同一个电容，其中任一个极板所带的电量 q（即储存的电量）与两个极板间电压 u 的比值是一个常数，即

$$C=\frac{q}{u} \text{ 或 } C=\frac{Q}{U}$$

式中，C 为电容量；Q 为电容储存的电量；U 为加在极板两端的电压。从式中可以看出，只要电压发生变化，电荷量就会发生变化，始终保持它们的比值是一个常数 C（电容量）。但是，对于不同的电容，这一比值是不同的。

作为电容 $C=\frac{q}{u}$（或 $C=\frac{Q}{U}$）来说，它的电压 U 不能无限大，而是有规定的，因此把电容能够稳定工作并保持良好性能的直流电压限制值称为电容的额定工作电压，通常称为耐压，一般都标示在电容器件上，如图 2.1.17 所示，不过也有的没有标示耐压值。

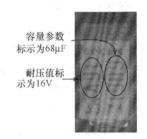

图 2.1.17　电解电容耐压及容量的标示

电解电容的电极有正、负之分，使用时要慎重，不可加反向电压，否则会将电容击穿。手机中如果将电解电容接反，会损坏 CPU，导致手机不能正常开机工作。当外加电压去掉后，电荷可以继续聚集在极板上，电场是依然存在的，就好像我们给水杯倒进水而不把水倒出来，水就保存在杯子里的道理一样，即电容的电量与加在其两端的电压呈正比关系。

10．电容的充、放电

在电容的两个极板上加上电压，使一个极板带上正电荷，同时，另一极板也带上等量负电荷的过程称为电容的充电。电容释放储存的电荷过程称为电容的放电。实际上，电容的充、放电过程就相当于水杯装水和倒水的过程。当直流电源对电容充电完毕后，电容上电压的数值不再改变，电流为零，所以电容有隔断直流电的作用。若把电容接到交流电源上，由于交流电源电压的大小和方向在不断变化，使电容不断地进行充电、放电，电路中不断有电荷的移动而形成电流。这种电容反复充电、放电的电流就是通过电容的电流。由于这种电流的大小和方向都是不断变化的，所以电容是通交流的。电容的这种"隔直流、通交流"特性在电子电路中的应用非常广泛。

11．电容在手机中的作用

在手机电路中，电容元件的主要作用有耦合、滤波、旁路、升压等。

（1）耦合作用

耦合就是将前一级电路的电压或者电流信号传递到下一级电路中的连接作用。耦合相当于桥梁，如果没有这座桥梁，我们将无法通过河流。相当于在电路中如果电容损坏，又找不到相同的电容来代换时，办法就是将电容两端直接连接起来，这就是我们常用的短接法，所以在电路中起耦合作用的电容一般是可以短接的，这是手机维修中常用的方法，如图 2.1.18 所示。

如何判断电容在电路中是耦合作用呢？因为耦合电容是对交流信号的耦合作用，所以耦合电容都是连接在信号输入和输出端口上，也就是说，只要电容两端都没有接地，基本可说

明该电容就是耦合电容。

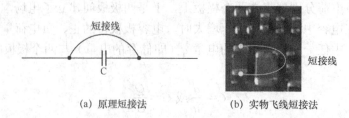

图 2.1.18 耦合电容的短接法

（2）滤波作用

滤波就是把不用的东西滤掉，实质上就是将直流电路中的交流成分滤除到接地上，防止该交流成分影响下一级电路的直流工作状态；或者将某一交流成分中其他干扰的交流成分滤除到接地上，防止影响下一级电路的交流工作状态。这样的作用称为电容的滤波作用。电容的滤波作用主要是利用电容"通交阻直、通高阻低"的特性来实现的。比如，手机常常出现扬声器有杂音故障，就是因为在扬声器信号到来时有一部分干扰的低频直流分量传送到了扬声器中，所以在维修时就要找到在该电路中是否有滤波电容不良。

特别要注意：在维修中，滤波电容是不能短接的，否则会导致负载短路而大电流损坏。

（3）旁路作用

"旁路旁路，旁边的一条路"，在交流信号的回路中，将其他的干扰杂波信号通过旁路电容传送到接地上，防止该交流信号影响下一级电路的作用称为旁路作用。旁路电容经常用在三极管的放大电路中。

重要提示：无论是滤波电容还是旁路电容，它们的另一端都一定要接地，如图 2.1.19 所示。区分方法是：只要在直流供电线路上接地的电容或者输入、输出信号线路上接地的电容，基本都是滤波电容；如果电容的一端接在三极管发射极，另一端接地，则该电容为交流信号的旁路电容。

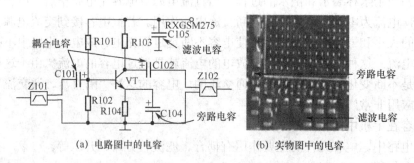

图 2.1.19 滤波电容、旁路电容电路及实物图

（4）升压作用

就是利用电容存储电荷的特性，在电容两端加上一定的直流电压，使其充电到一定的电压值，这时电容产生较高的电压，为其他电路提供供电，称为电容的升压作用，这就是手机电路中的储能作用。如图 2.1.20 所示为摩托罗拉 V3 手机电源升压电路，图中 C921A、C921B 是储存电场能的电容，这两个电容在直流供电时，使电场能量不断增大，平均电压升高，然后将升高的电压通过能量形式释放出来，产生 $V_{BOOST}=5.6V$ 电压为手机其他电路供电。

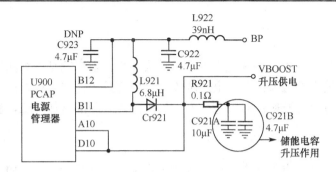

图 2.1.20 电容在手机中的储能作用

12. 如何测量手机中的电容元件

判断电容好坏只需用万用表就可以了。用数字万用表测量电容时,万用表挡位置于二极管挡或者欧姆挡,测量电容两端,如果是固定电容,其电阻值应为无穷大,万用表显示为"1",说明电容是好的;如果是电解电容,显示数字会不断跳变。用指针式万用表测量时,可以很明显地看见指针从很小的值迅速摆到很大,然后慢慢回落,这一现象说明电解电容正在进行充、放电,电容是好的,如图 2.1.21(a)所示。如果要准确测量电容容量的大小,可用数字万用表的电容挡。测量时,自制两根一端是金属插片的表笔,将金属片的一端插入电容挡的专用插孔(不分正负),再测量电容,如图 2.1.21(b)所示数字显示为"4.56",表明电容的容量为 4.56μF,电容的挡位是最大挡 20μF。如果显示为"1",说明挡位小了,应该增大挡位测量,直到有正常的数字显示,这个显示就是电容的容量;如果调到最大挡位时,数字显示还是"1",说明电容内部断路,已损坏;若无论什么挡位都显示"0"或者比电路原理图标示的容量要小,就说明电容已经短路或者漏电损坏,绝对不能再用,否则会损坏手机。

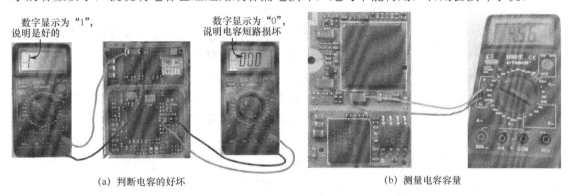

(a) 判断电容的好坏   (b) 测量电容容量

图 2.1.21 电容元件的测量

13. 手机中电容损坏的类型

(1) 短路

这是最为最常见的。短路也就是"击穿短路"之意,就是说如果用万用表欧姆挡测量电容两端,显示值为"0",说明该电容已经短路,如图 2.1.21(a)所示。如果从手机的故障现象来看,电容内部短路的手机都会有加电大电流或者开机大电流、漏电流等现象。

(2) 开路

也是手机维修中最为常见的。一般电容开路是测量不出来的,因为测量固定电容时,它的阻值本身就无穷大,开路也无穷大,所以一般采用代换法进行处理,然后观察其故障现象有没有消失。

（3）虚焊

也是维修中常见的现象，特别是进水手机最为多见。虚焊就是电容两端银白色的焊点接触不良，有开裂、发霉的迹象。对于虚焊现象，一般都是先清洗主板，然后在放大镜下仔细观察主板，看其焊点有无开裂；对于有些看不出来的，采用的是加焊法，就是对所有可能虚焊的电容进行加焊。

（4）对于耦合电容

一般采用示波器检测电容两端的信号幅度大小来确定其是否损坏，如果两边信号幅度相同，说明该电容是正常的，否则是损坏的，应更换该电容或者短接即可（注意：如果电容两端是直流电路，该耦合电容不能短接，否则会影响其直流工作状态）。

（5）对于滤波电容

一定不能短接，手机维修中常常拆掉（注意：如果该电容正极的直流电压比较大，其电容容量也很大，这种电容不能拆，必须更换后加电测试，否则会损坏手机；当然对于低压的直流电路或者信号电路中的滤波电容，可以拆掉，对电路工作无影响）。

（6）对于旁路电容

维修时一定不能短接或者拆掉，因为短接会使电路中的直流电压或者信号接地，电流会很大，会烧坏其他元器件，使电路不能正常工作；如果拆掉会使电路中的交流信号回路处于开路状态，将无法让信号正常工作。

14. 电容元件组成的串联电路及其作用

在实际工作中，往往遇到一只电容的容量或耐压值不能满足电路需要，这就要用多只电容器进行适当连接才能使电路正常工作。

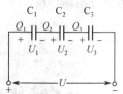

图 2.1.22　电容的串联电路

（1）电容串联的连接

把两个或两个以上的电容连接成一个无分支的电路称为电容的串联，也就构成了电容的串联电路，如图 2.1.22 所示。

（2）电容串联的作用

电容串联后的总电量 Q 等于各分电量。当电压 U 加在三只串联电容的两端时，各电容极板上所带电量是相等的，即

$$Q=Q_1=Q_2=Q_3$$

电容串联后的总电压等于各分电压之和，即

$$U=U_1+U_2+U_3$$

电容串联后的总电容倒数等于各分电容倒数之和，电容串联后总电容减小，即

$$\frac{1}{C}=\frac{1}{C_1}+\frac{1}{C_2}+\frac{1}{C_3}$$

如果是两只电容 C_1、C_2 串联，则总电容为

$$C=\frac{C_1 C_2}{C_1+C_2}$$

若有 n 只电容量均为 C_0 的电容串联，则等效电容为

$$C=\frac{C_0}{n}$$

带电量相同的电容串联时，其电压值与电容量成反比，即电容串联的分压公式

$$U_1 = \frac{C_2}{C_1 + C_2} U \qquad U_2 = \frac{C_1}{C_1 + C_2} U$$

也就是电容串联时，各电容两端的电压与其电容量成反比。容量大的电容分到的电压小，容量小的电容分到的电压大。在实际使用时，应选用耐压值略高于工作电压的电容。当某电容的耐压值不能满足要求时，可以用几只电容串联的等效电容代替，以提高耐压值，但要计算一下每只电容在电路中承受的电压，看其是否超过各自的耐压值以确保电路的安全。

15．电容元件组成的并联电路及其作用

（1）电容的并联连接

把两个或两个以上的电容连在同一对节点上的连接方式称为电容的并联。如图2.1.23所示为三只电容的并联电路。

（2）电容并联的作用

电容并联后的总电压等于各分电压，即

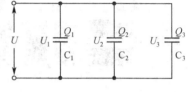

图2.1.23　电容的并联电路

$$U = U_1 = U_2 = U_3$$

电容并联后的总电容等于各分电容之和，说明电容并联后总电容增大，即

$$C = C_1 + C_2 + C_3$$

将电容进行并联能提高电容量。但需要注意的是，并联电容中的每只电容都要符合其耐压要求，否则，只要有一只电容被击穿短路，就会造成整个电路短路，使得电路不能正常工作。

（3）实际维修中电容的使用技巧

在实际维修中，电容既有串联又有并联，只要是两个电容首尾相接就是电容的串联；只要是两个电容连接在同一个节点上的就是电容的并联。电容串联时总电容减小，电容并联时总电容增大。因此，当电路中需要较大容量的电容时，可适当地将小容量的电容进行并联，即可得到大容量的电容；当电路中需要较小容量的电容时，可适量地将大电容进行串联，即可得到小电容。这些都是实际维修中经常要用到的方法。

2.1.3　手机中的电感元件

手机的扬声器为什么有声音？话筒为什么能送话？手机维修中稳压电源电流表、电压表指针为什么会摆动？日常生活中，风扇为什么会转动？洗衣机为什么会转动？夜晚五颜六色的霓虹灯为什么会变换颜色？等等，这一系列现象中都有电感线圈的作用。

1．什么是电感

电感也称为电感线圈，它是用导电性能良好的金属线（漆包线）绕在绝缘材料上或者磁性材料上形成的线圈，用"L"表示。

2．手机中电感的外形和安装方式

手机中电感外形与电阻基本相同，其颜色为两端银白色，中间为金色、灰色、蓝色、灰白色等，安装方式仍采用贴片方式。还有另一种外形较大，采用塑料封装，贴片安装方式的电感线圈，常用作升压电感，如图2.1.24所示。

3．电感的类型

电感的种类很多，按其绕线结构来分，有空心线圈、铁芯线圈、微带线（V带）等。其中，微带线是指在手机印制电路板上印制的铜线，它也是电感，主要用在手机高频电路中，如图 2.1.25 所示。

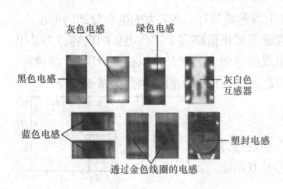

图 2.1.24　手机中电感的实物结构

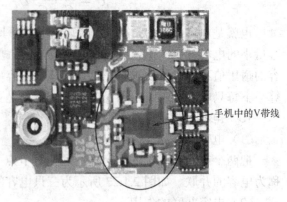

图 2.1.25　手机中的微带线实物结构

4．电感特性和感抗

电感的特性是"通直流、阻交流，通低频、阻高频"，正因为有这样的特性，使得电感对通过的信号产生不同程度的阻碍作用，这种阻碍作用称为感抗，用 X_L 表示，计算公式为

$$X_L = 2\pi f L$$

式中，2π 为常数；f 为信号频率；L 为电感量。

从 $X_L = 2\pi f L$ 可以看出，感抗的含义是：电感量不变时，频率 f 越低，X_L 越小，阻碍作用就越小，信号就越容易通过电感；反之，频率 f 越高，X_L 越大，阻碍作用就越大，则信号越不容易通过。对感抗的含义，一定要掌握，在手机射频电路原理分析中经常会遇到。电感除了将电能转换为磁场能，它也是一个储存磁能的元件。

5．电感元件的符号及其参数表示

手机中电感的种类很多，但在原理图中采用同一个符号————来表示，在实际的外观上都没有参数标示，其参数及单位也标示在原理图中。

6．电感的单位及其换算

在 SI 中，电感的单位为"亨利"，用"H"表示。亨利是一个发明电感元件的科学家，电感的单位由此而得名。电感还有一些常用单位，如毫亨（mH）、微亨（μH）等。各单位的换算关系为

$$1H = 1000\,mH,\quad 1mH = 1000\,\mu H$$

7．电感元件在手机电路中的作用

由于电感元件的主要特性是"通直流、阻交流，通低频、阻高频"，这一特性刚好与电容元件"通高频、阻低频，通交流、阻直流"的特性相反。利用电感的主要特性，在电路中就可以做成不同作用的电感元件。

（1）限流保护作用

一般是灰色、绿色、黑色的电感元件，常用于直流电路中，防止电流过大而损坏负载电路。在直流电路中，电感的电流达到稳态后始终不变，此时电压为零，相当于短路，电感对直流起短路作用。正由于这个原因，在手机电路中常用于供电限流。如图 2.1.26 所示为摩托罗拉 V998 手机电路中的限流电感。

（2）滤波作用

一般蓝色电感元件常用于滤波，比如手机天线开关电路将接收来的高频信号中低频分量

滤出，使手机获得稳定的高频信号传送到下一级电路。

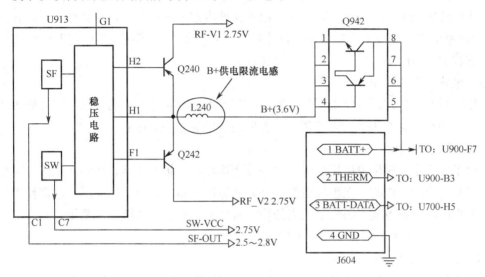

图 2.1.26　手机电路中的限流电感

（3）升压作用

一般塑封的电感元件在手机中常用于升压，主要是利用其储存磁场能的特性来实现的，如手机的背光灯电路、照相闪光灯电路等。

（4）耦合作用

一般为灰白色互感器，常在手机本振输出电路中作为耦合元件，主要是利用其互感特性进行信号的平衡转换输出，保证信号不被丢失。

（5）电压变换作用

一般是小型、中型、大型变压器，主要利用其电感线圈多绕组产生组电压，供电路使用。

8．手机中电感元件的测量

由于电感元件在手机中体积小，仍然采用 SMD 贴片式封装，所以常出现断路、虚焊现象。

（1）电感好坏的判断

测量电感元件只需将数字万用表置于蜂鸣挡，红、黑表笔触到电感两端，如果有蜂鸣声，同时数字显示"000"，如图 2.1.27（a）所示，说明电感是正常的；如果无蜂鸣声，数字显示为"1"，如图 2.1.27（b）所示，说明电感已断路损坏。

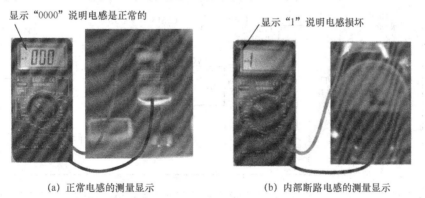

(a) 正常电感的测量显示　　　　　　　　(b) 内部断路电感的测量显示

图 2.1.27　电感的测量

（2）电感断路的判断

如果用蜂鸣挡测得无蜂鸣声，一般是电感元件内部的线圈断线，应急情况下，普通电感（即小型限流电感）可以采用短接的方法来修复；但是如果电感在电路中起升压作用，则在电感上有较大的电磁场产生，所以不能短接。

（3）电感虚焊的判断

如果手机有时正常，有时不正常，说明内部有虚焊的元件。我们可以在带灯放大镜下仔细观察，是否有电感的两个端点开裂，一般采用加焊的方法来修复。

9．互感及其作用

在电子技术中互感现象应用广泛，如高频变压器、中频变压器、低频变压器、互感器等都是根据互感原理工作的。在手机电路中称为互感耦合器，如图 2.1.28 所示，常作为信号的平衡—不平衡转换或者进行信号的隔离传输，而平衡—不平衡转换通常是指将一个信号分离成两个相位相差 90° 的信号，多用于射频电路中。

10．手机中磁场能的应用

手机中的磁场能常用于振荡电路中，振荡电路产生的振荡频率经过电感组成的互感耦合器进行平衡—不平衡转换后送到变频电路中。如图 2.1.29 所示为诺基亚手机中电感耦合器的磁场能应用实例，图中的 T7501 就是利用其磁场能的平衡—不平衡转换原理来实现振荡信号的耦合作用，再传到射频集成电路中的。

图 2.1.28　手机中的互感耦合器外形及其电路符号

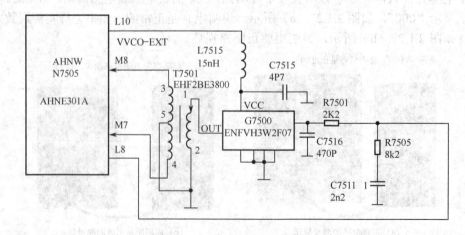

图 2.1.29　诺基亚手机中电感耦合器磁场能的应用电路

2.2 手机器件介绍及其检测技巧

手机电路中的器件主要是指二极管、三极管、场效应管、耦合器、滤波器、振荡器、集成电路等。本节将学习手机电路中器件的外形结构、电路符号、在路中的组成作用、检测方法及其故障维修方法等知识，同时还要掌握集成电路的工作条件、电路内部集成的分析方法等。

2.2.1 导体、绝缘体、半导体及 PN 结

1. 导体、绝缘体、半导体

导体是导电性能良好的物质，如金、银、铜、铁、锡、铝等；绝缘体是几乎不能导电的物质，如塑料、陶瓷、玻璃、橡皮等；半导体是介于导体和绝缘体之间的物质，它们既不像导体那样容易让电流通过，又不像绝缘体那样几乎不能导通电流，如硅、锗、砷化镓等。半导体分为 N 型半导体和 P 型半导体。

2. N 型半导体和 P 型半导体

N 型半导体是在本征半导体硅或锗中掺入微量五价元素磷（或锑）等杂质元素而形成的半导体。在 N 型半导体中，自由电子占多数，空穴数极少，因而容易失去电子，所以在外电场的作用下 N 型半导体带负电。

P 型半导体是在本征半导体硅或锗中掺入微量的三价元素硼或镓等元素而形成的半导体。在 P 型半导体中，空穴占多数，电子是少数，主要靠空穴导电，容易得到电子，所以在外电场的作用下 P 型半导体带正电。

3. PN 结

（1）PN 结的形成

把一块 P 型半导体和一块 N 型半导体有机地结合在一起就形成了 PN 结。

（2）PN 结的特性

由于 PN 结内部电场作用，给 PN 结两端外加电压时，必须注意加电方向不能有错。对 PN 结外电场加电的方法是 P 区加正电压，N 区加负电压，如图 2.2.1（a）所示，在 PN 结的 P 区接直流电源的正极，N 区接电源的负极，接通开关 S，灯泡发光，说明 PN 结像导体一样能让电流通过。在图 2.2.1（b）中，在 PN 结的 P 区接直流电源的负极，在 N 区接直流电源的正极，接通开关 S，灯泡不亮，这说明 PN 结像绝缘体一样无电流流过。

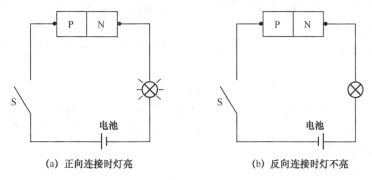

(a) 正向连接时灯亮　　　　　　　　(b) 反向连接时灯不亮

图 2.2.1　PN 结的单向导电实验

通过实验发现，PN 结的导通是单向的，因此，我们把 PN 结的这种单向导通的特性称为 PN 结单向导电特性。

（3）PN 结的偏置、正偏、反偏

PN 结的偏置就是外加的电压，在图 2.2.1 所示的实验中，给 PN 结的 P 区和 N 区施加的电压就称为 PN 结的偏置。PN 结的偏置分为 PN 结的正偏和 PN 结的反偏。

PN 结的正偏是外加一个使 PN 结能够导通的电压，即给 PN 结的 P 区加正电压，给 N 区加负电压，这时的偏置就称为正向偏置，也称为正向偏置电压，简称为偏压，如图 2.2.1（a）所示。此时，在外电场作用下就形成了一个流入 P 区的扩散电流，这个电流称为正向电流，简称偏流。

PN 结的反偏是外加一个使 PN 结不导通的电压，即给 P 区加负电压，给 N 区加正电压时，灯泡不发光，说明 PN 结截止，不能导通工作，如图 2.2.1（b）所示。这时 PN 结两端的电压称为反向偏置，简称反偏。

2.2.2 手机中的晶体二极管

1. 认识手机中的晶体二极管

（1）晶体二极管及其电路符号

晶体二极管简称二极管，它是将一个 PN 结封装起来，并在 PN 结的两端引出两根电极引线。二极管是电子技术中最重要的半导体器件之一，其电路结构及符号，如图 2.2.2 所示。

(a) 二极管结构　　　　　(b) 二极管电路符号

图 2.2.2　一般二极管的结构及电路符号

二极管有两个电极，分别称为正极或+极（阳极）和负极或-极（阴极）。在二极管电路符号中，三角形表示正电流的方向，即电流从 P 端流入；竖线一端为电流流出的一端，即电流从 N 端流出。也就是说，正向电流从二极管的正极 P 端流入，从负极 N 端流出。

二极管在电路中常用字母 V、D、VD、ZD、Q 等符号来表示，但用 V、D、Q、VD、ZD 符号的器件并不一定都是二极管，主要通过电路符号来判断该器件是否是二极管。

（2）晶体二极管的类型

① 按其结构来分有平面型二极管和点接触型二极管。

② 按其功率大小来分有小功率二极管和大功率二极管。

③ 按其用途来分有整流二极管、升压二极管、稳压二极管、开关二极管、检波二极管、阻尼二极管、变容二极管等。

无论起什么作用的二极管，它们都具有单向导电特性，但不同用途的二极管在某些性能上却有很大差异。

（3）手机中晶体二极管的外形及安装方式

手机中常用的二极管都是平面型和点接触型二极管，它们的外观结构与其类型有关，不同作用的二极管，其外形结构完全不同，但其安装方式都采用 SMD（贴片式）安装，与电阻、电容、电感的安装方式相同。

① 手机中普通二极管的外形。

在手机中，大功率二极管的两端，有一个银白色较宽较短的引脚焊点，另一端有一个较长较窄的引脚焊点，中间仍然为黑色，如图 2.2.3（a）所示；小功率二极管的两端为细小的银白色焊点，中间有一端为较多黑色，如图 2.2.3（b）所示；还有一种较容易区分的是发光二极管，两端为银白色焊点，中间为白色，主要用于手机的显示屏和键盘的照明，如图 2.2.3（c）所示。

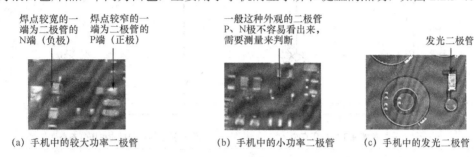

(a) 手机中的较大功率二极管　　(b) 手机中的小功率二极管　　(c) 手机中的发光二极管

图 2.2.3　手机中的二极管外观图

二极管在手机中的外形一定要仔细分清楚，否则会与黑色的电解电容混淆。如图 2.2.4 所示为手机主板上的二极管，可以很明显地看出来。

② 手机中特殊二极管的外形及其符号。

在手机中还有一种特殊的二极管，就是双二极管和多二极管的组合，如图 2.2.5 所示。

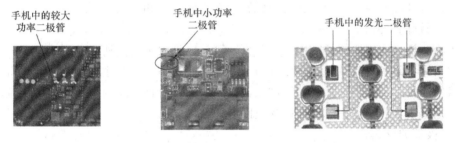

图 2.2.4　手机主板上的二极管

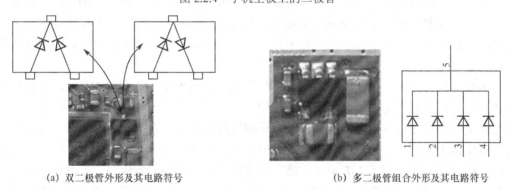

(a) 双二极管外形及其电路符号　　　　　(b) 多二极管组合外形及其电路符号

图 2.2.5　手机中的特殊二极管外形及符号

2．二极管的特性和偏置

（1）二极管的特性

因为二极管就是在 PN 结加上两根电极引线构成的，所以二极管与 PN 结的特性相同，都具有单向导电特性，手机维修中经常要利用这一特性来分析电路。什么是二极管的单向导电性呢？如图 2.2.6 所示的电路。假如给一个二极管加上外接电源，其电源的正极连接到二极管的正极 P 端，电源的负极连接到二极管的负极 N 端，将开关 S 接通，发现灯亮了，说明二极管导通；如果外加电源的正极连接到二极管的负极，外加电源的负极连接到二极管的正极，则灯不亮，说明二极管不导通。

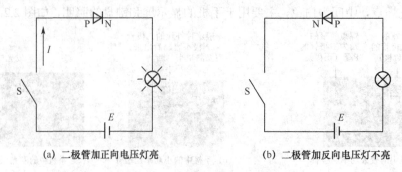

(a) 二极管加正向电压灯亮　　　　(b) 二极管加反向电压灯不亮

图 2.2.6　二极管的单向导电性实验

由此得出结论：只有二极管电流流入的一端正极（P 端）接电源的正极，二极管电流流出的一端负极（N 端）接电源的负极时，二极管才导通，反之二极管不导通。我们把二极管的这种特性称为单向导电性。

（2）二极管的偏置、正偏、反偏

给二极管外加的电压称为二极管的偏置，有正向偏置和反向偏置。

① 二极管的正偏。

如果给二极管的正极接外加电源的正极，给二极管的负极接外加电源的负极，这时的二极管导通，则称这种连接为二极管的正向偏置（简称正偏）。此时，如果电压升高，二极管对外电路呈现较小的电阻，二极管流过比较大的电流，而且电流从二极管的正极流入，从二极管的负极流出，这种状态称为二极管正向导通。

② 二极管的反偏。

如果给二极管的正极接外加电源的负极，给二极管的负极接外加电源的正极，这时二极管截止，则称这种连接为二极管的反向偏置（简称反偏）。此时，二极管对外电路呈现很大的电阻，二极管中的电流很小，几乎处于关断状态，二极管基本上不导通，这种状态称为二极管截止。

如果在二极管两端加反向电压，让电压从零增加，当电压增大到 0.1V 时，反向电流稍有增加，随后反向电流便不随电压的增加而增大，而是保持一定数值，这时的电流称为反向饱和电流 I_s。反向电流有两个特点：其一是外加反向电压在一定范围内变化时，反向饱和电流 I_s 基本保持不变；其二是反向饱和电流对温度十分敏感，外界温度升高时，反向电流增大很快。大约温度每升高 10℃，I_s 增加一倍。当反向电压再增加，到达一定数值后，反向电流会突然增大，二极管失去单向导电特性，这种现象称为"反向击穿"。发生反向击穿时，二极管两端所加的直流电压称为反向击穿电压。二极管击穿后，最大的特点就是只要电压稍有增加，反向电流便会急剧增加。从另一个角度看，二极管击穿后，当其中的电流变化时，二极管两端的电压基本保持不变。因此，利用二极管的反向击穿特性，可以制成稳压二极管。

③ 二极管的起始电压。

当给二极管外加上正向偏置电压达到一定值时，二极管开始导通，这个使二极管刚刚能导通时的电压称为起始电压（也称为开启电压或者门限电压）。由不同半导体材料制成不同的二极管，起始电压也不同。一般来说，锗材料二极管的起始电压为 0.2～0.3V；硅材料二极管的起始电压为 0.5～0.7V。在实际操作中,可以利用二极管的起始电压来判断二极管是硅材料还是锗材料做成的。

④ 二极管的工作条件。

如果是一个普通二极管,其工作条件是在二极管的两端加正偏电压,此时,二极管才能导通,有电流流过二极管。但这个正向导通也是有条件的,一般给二极管加的正向压降要大于起始电压,二极管才开始导通。而对于特殊的二极管需要反向偏置才能正常工作,如稳压二极管和变容二极管。

3. 手机中二极管的主要作用

手机中的二极管主要是起整流、升压、保护、开关、续流(阻尼)等作用。

(1) 二极管的升压整流作用

升压整流二极管一般应用在手机背光灯升压电路中,它是将升压电感的交流成分整流成脉动电压后为背光灯供电,如图 2.2.7 所示。

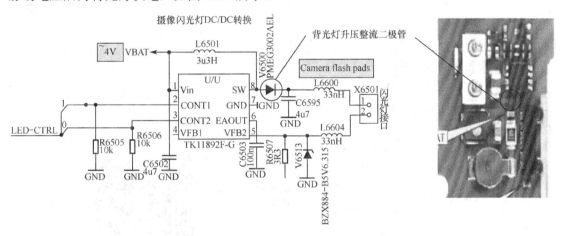

图 2.2.7 诺基亚 N93 照相手机背光灯升压二极管的整流作用

(2) 二极管的保护作用

保护二极管在手机电路中一般是多个二极管组成的保护电路,也有部分是单个二极管的电路,这种保护二极管大多采用稳压二极管。如果该二极管组成的电路出现故障,可以将这个保护二极管拆掉,如图 2.2.8 所示。

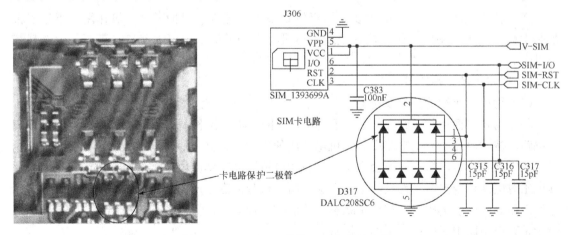

图 2.2.8 TCLC808 手机 SIM 卡保护电路

（3）二极管的开关作用

在手机电路中，开关二极管通常是双二极管的组合，起开关切换控制作用，如图 2.2.9 所示。

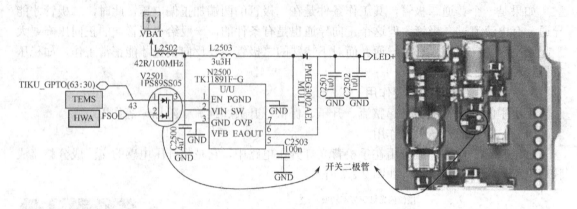

图 2.2.9　诺基亚 N6111 手机照相闪光灯中的开关二极管

（4）二极管的续流作用

续流二极管在手机电路中也起保护作用，它一般不单独使用，都是封装在场效应管的 D-S 极间或者三极管的 C-E 极间，主要是防止过大的电流损坏场效应管或者三极管，如图 2.2.10 所示。

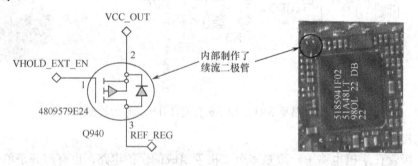

图 2.2.10　摩托罗拉 V3 手机中二极管的续流作用

（5）其他电器中二极管的作用

在其他电器中，二极管的主要作用仍然是整流、升压、保护、开关等作用，不过多数都是中功率、大功率的二极管，这里就不再进行实物举例了，请大家自己查阅其他资料就可以了。

4．手机中的特殊二极管

（1）稳压二极管的外形及符号

稳压二极管简称稳压管，一般用于受话器（扬声器）电路、振动器电路、铃声电路、SIM 卡电路、按键电路或充电电路中。手机电路所使用的受话器、蜂鸣器和振动器都带有线圈，当这些电路工作时，由于线圈会产生一个阻止电流流动的感应电压，从而导致一个很高的反峰电压对电路造成损害。当反峰电压大于稳压二极管的额定反向偏压时，稳压二极管被击穿导通，使其两端的电压保持在恒定状态，从而防止反峰电压损害其他电路部件。如图 2.2.11 所示是充电电路中起保护作用的二极管。

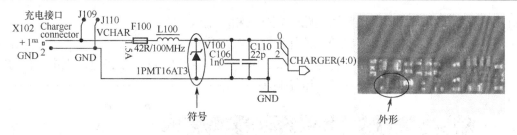

图 2.2.11 诺基亚 N6100 手机中稳压二极管的外形及符号

（2）手机中变容二极管的外形及符号

从变容二极管的外形看，与普通二极管没什么区别，要准确区分它，必须根据电路原理图中的图形符号来确定，如图 2.2.12 所示。

在手机电路中，变容二极管常用于锁相环电路，主要利用它的结电容随反向偏压变化而变化的特性，通过改变变容二极管两端的电压即可改变变容二极管电容的大小，以改变其压控振荡器（Voltage Controlled Oscillator，VCO）的振荡频

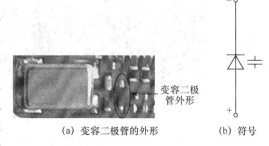

图 2.2.12 手机中变容二极管的外形及符号

率。当变容二极管的反向偏压增大时，变容二极管的结电容变小，振荡频率就增大；当变容二极管的反向偏压减小时，变容二极管的结电容增大，振荡频率就减小，其振荡频率与结电容的关系可用中心频率公式来表达

$$f = f_0 = \frac{1}{2\pi\sqrt{LC}}$$

所以变容二极管是一个非常重要的器件。它与普通二极管不同，变容二极管需要加反向偏压才能正常工作，即变容二极管的负极接电源的正极，正极接电源的负极。在电路中，变容二极管的正极总是接地的，如图 2.2.13 所示。

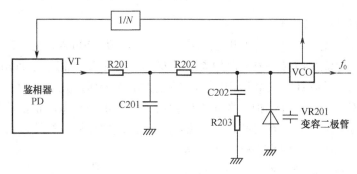

图 2.2.13 手机中变容二极管的组成电路

作为一个手机维修者，看电路原理图主要是看一些特殊元器件的符号来判断电路的作用。因此，无论是早期的手机还是现代多功能、智能手机，只要看到有变容二极管的符号，基本可以确定该电路就是锁相环电路，而且进一步可以通过测量该变容二极管的负端电压来判断锁相环电路正常与否，这是手机维修中非常重要的方法。

若变容二极管出现在接收射频电路的前级（天线电路之后），那么该变容二极管就是用来调节接收射频输入回路频率的，常见于 CDMA 手机低噪声放大电路中。若是用在手机接

收射频前级放大电路之后,说明该电路一定是锁相环电路。

(3) 手机中发光二极管(LED)的外形及电路符号

手机中发光二极管的外形及符号如图 2.2.14 所示,其中的 G 表示蓝色灯光电压信号;R 表示红色灯光电压信号;K 表示灯电压控制端。

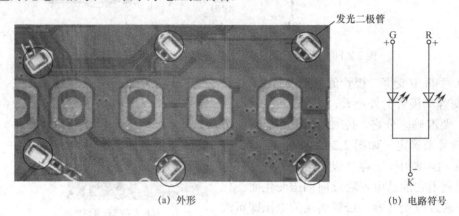

(a) 外形　　　　　　　　　　(b) 电路符号

图 2.2.14　手机中发光二极管的外形与电路符号

① 手机中发光二极管的作用。

发光二极管在手机中的主要作用是给显示屏、键盘照明,是利用发光二极管的发光来实现的。发光二极管简称 LED,又称背景灯或者背光灯,当然发光二极管也可作为手机的指示灯。

② 发光二极管不同色光的原因。

发光二极管可以发不同的色光,一般有红光、绿光、黄光、白光等。发光二极管之所以可以发出不同的色光,主要是制造发光二极管时所加入的材料不同。如果在半导体材料中加入磷化镓,发光二极管就发出绿光、黄光;在半导体中加入砷化镓,发光二极管就发出红光。也有的将不同色光的发光二极管封装在同一个壳体内,使之发出双色光、三色光、多色合成光。

③ 发光二极管的工作条件。

一般情况下,发光二极管工作时的正向电流要求为 10~20mA。发光二极管的发光强度基本上与它的正向电流呈线性关系,但如果流过发光二极管的电流超过 25 mA 至更大时,就有可能造成发光二极管损坏。实际运用中,为防止大电流损坏发光二极管,一般在二极管电路中串接一个限流电阻来进行保护。发光二极管只工作在正偏状态,正常情况下,发光二极管的正向电压为 1.5~3V。还有一些特殊的发光二极管,如红外二极管,目前越来越多的手机中都使用了红外二极管,用来进行红外线传输。

(4) 手机中红外二极管的外形及电路符号

由于现在的手机都支持 IrDA(红外线传输协议)功能,而红外线数据传输的主体就是红外发光二极管和红外接收光敏二极管。在手机中,红外发光二极管和接收光敏二极管常封装在一起,构成红外线传输组件,如图 2.2.15 所示。

接收光敏二极管也称为光敏二极管,它是一种将光能转变成电能的器件,如图 2.2.16 所示为其电路符号。其工作原理是当光照射到 PN 结上时,就将吸收来的光能转变为电能。如果给光敏二极管加上反向电压,其中的反向电流将随光照强度的改变而改变,光照强度越大,反向电流就越大。

图 2.2.15　诺基亚 7260 手机中的红外线传输组件　　　图 2.2.16　光敏二极管的电路符号

（5）手机中肖特基二极管的外形及电路符号

肖特基二极管是金属与半导体制成的特殊二极管，它是低功耗、大电流、超高速半导体整流器件，它的反向恢复时间极短，可小到几纳秒，正向导通压降仅 0.4V 左右。肖特基二极管的结构与 PN 结二极管有很大区别，通常将 PN 结整流管称作结型整流管，而把金属—半导体整流管称作肖特基整流管。

肖特基二极管有点接触式和面接触式两种，在手机、通信等频率较高的领域，主要使用点接触式肖特基二极管，其符号如图 2.2.17 所示。

图 2.2.17　肖特基二极管的电路符号

肖特基二极管的工作原理是当金属和半导体（如铝和 N 型硅）相接触时，由于铝中的电子平均能量比硅中电子平均能量低，结果使硅中有较多的电子跑进铝中，从而在硅的一侧因电子离开而形成正的空间电荷区——耗尽层；铝的一侧因电子进入而形成负电荷区，如图 2.2.18（a）所示。耗尽层的建立使接触区产生了电位差，从而阻止了电子进一步的移动，最后达到平衡。肖特基二极管就是这种金属（铝）和半导体（硅）直接相接触的二极管。

在肖特基二极管中，因为没有常规 PN 结二极管所固有的"扩散"、"复合"及"储存"等过程，所以在手机里见到的肖特基二极管主要用作高频整流以及保护作用，如国产康佳 D263 照相手机的振子电路就采用了肖特基二极管作保护作用。从肖特基二极管的外形来看，与普通二极管的结构是相同的，没有什么区别，我们要区分它们就是根据原理图符号来进行的，如图 2.2.18（b）所示。

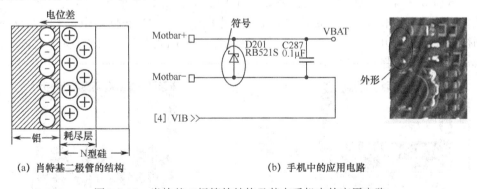

图 2.2.18　肖特基二极管的结构及其在手机中的应用电路

5．手机中二极管的测量

（1）普通二极管的测量

手机维修中，常出现二极管损坏的故障。因此，判断二极管的好坏，是必须掌握的。由于二极管是单向导电器件，使用时还要确定二极管的极性，所以不但要对二极管进行好坏判断,而且还要经过测量判断其极性。普通二极管的测量比较简单,可用指针或者数字用万用表进行测量。

① 用数字万用表测量普通二极管。

首先将数字万用表置于"⇥"挡,因为数字万用表红表笔接电池内部正极,黑表笔接电池内部负极。所以,将红表笔接到二极管正极(P端),黑表笔接到二极管负极(N端),形成一个正向连接,此时,万用表屏上显示三位数字,如"676",表示0.676V,如图2.2.19(a)所示,这说明管子有 0.7V 左右压降,可判断二极管是正常的,而且可以说明是硅二极管,因为硅二极管的正向压降是 0.5～0.7V。如果这时正向测得数值为"1",如图2.2.19(b)所示,说明正向二极管不导通,应为内部断路,二极管损坏,应更换。如果正向、反向测得的数值均为"0",说明二极管内部已经被击穿短路,也是坏的,应更换,如图2.2.19(c)所示。

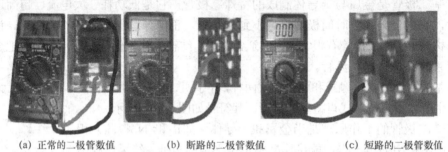

(a) 正常的二极管数值　　(b) 断路的二极管数值　　(c) 短路的二极管数值

图 2.2.19　用数字万用表测量普通二极管

② 用指针式万用表测量普通二极管的方法。

用指针式万用表测量普通二极管要用电阻挡来测量,测量时,必须把二极管从电路板上取下(或者焊开一端),如图2.2.20所示。因为万用表内部有一节1.5V的电池,选用电阻挡接入电路,就有电流流出表外。电流从插在负端的黑表笔流出,经过被测二极管,再由插在正端的红表笔返回表内,即黑表笔输出正电压,红表笔输出负电压,所以黑表笔接二极管的正极,红表笔接二极管的负极,这一点刚好和数字万用表相反。然后将万用表拨到"欧姆挡",一般选用 R×100 或者 R×1k 挡(注意:不要用 R×1 或 R×10k 挡,因为用 R×1 挡表内电流太大,而用 R×10k 挡表内电压太高,容易烧坏管子),如图2.2.21所示。再用红表笔和黑表笔分别与二极管的两极相接,即可测出大、小两个电阻值,小的是正向电阻,大的是反向电阻。如果测得正向电阻为几十欧到几千欧,反向电阻为几十千欧到几百千欧,甚至更大,说明被测二极管是好的,如图2.2.22所示。

图 2.2.20　用指针式万用表测量二极管的接法　　图 2.2.21　指针式万用表测量的挡位选择

图 2.2.22　用指针式万用表测量二极管

如果反向电阻太小，说明二极管已失去单向导电作用；如果正、反向电阻均为无限大，说明二极管已经断路。由于硅二极管的正向导通压降高于锗二极管，所以硅二极管的正向电阻会很大；又由于硅二极管的反向饱和电流远远小于锗管，所以硅二极管的反向电阻远远大于锗二极管的反向电阻。由此可判断正向阻值大的为硅管，正向阻值小的为锗管。

（2）发光二极管的测量

由于发光二极管的正向导通电压大于 1.8V，所以测量时应使用内装 9V 电池的指针式万用表的 R×10k 挡测量。其测量方法有两种。一种是不用将发光二极管从 PCB 上拆下，直接用万用表的"Ω"挡测量。将黑表笔接发光二极管的正极，红表笔接发光二极管的负极。此时，发光二极管则为正向连接，若发光二极管发光，说明二极管是好的，不发光则为坏的。另一种是用手机维修常用的稳压源接在发光二极管两端，加 2V 或 3V 直流电压，正极接发光二极管的正极，负极接发光二极管的负极，连接电路中最好串联一个限流电阻，使支路电流保证在 10~20mA，若二极管发光，说明是好的，否则是坏的，如图 2.2.23 所示。这种方法是手机维修中常用的方法，希望读者记住。

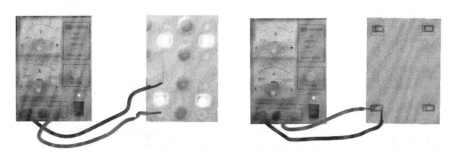

图 2.2.23　用稳压源测量发光二极管

（3）手机中双二极管的测量

双二极管的符号及结构如图 2.2.24 所示。从图中可以看出，先将数字万用表置于二极管挡，将黑表笔接到双二极管的负极 1 脚，红表笔分别接到双二极管的两个正极 2、3 脚，这时，如果数字万用表显示"676"左右的数字，说明二极管是正向导通的，那么双二极管是好的；如果显示为"1"，则双二极管内部断路，维修时一定要更换；如果显示为"0"，则双二极管内部短路，也是坏的，也要更换。

通过测量一个双二极管的方法，依次类推，无论是多少个二极管的组合，其测量方法都与单二极管的测量一样。

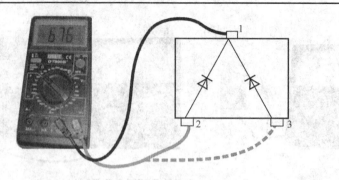

图 2.2.24 双二极管的测量方法

2.2.3 手机中的三极管

三极管在手机电路中起着非常关键的作用。作为一名手机维修人员,一定要认识并掌握三极管的结构、电路符号、三种工作状态、加电方法、作用、在手机中的组成、损坏的故障现象等。

1. 认识手机中的三极管

三极管是用半导体材料制成的,所以又称为半导体三极管,简称晶体管或三极管,用大写英文字母 V、VT 来表示。它是电子技术应用中非常重要的半导体器件,特别是在放大电路中显得更为重要,因为是它具有电流放大作用,利用这一重要特性可组成各种不同类型的放大电路,而这些放大电路又是构成其他复杂电路的基本单元。

(1) 三极管的结构、符号和类型

二极管由一个 PN 结构成,三极管则由两个 PN 结构成,而且是两个 PN 结的特殊组合,不是两个 PN 结的简单组合。这两个 PN 结又将整块半导体分成不同的三个区、三个电极和不同的两个结,如图 2.2.25 所示。

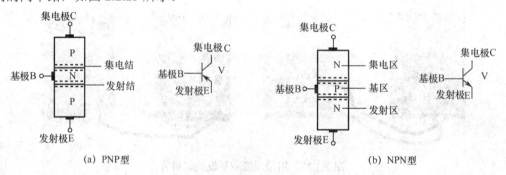

图 2.2.25 三极管的结构及其符号

① 三个区。
- 基区:位于三极管中间的很薄的一个载流子(电子、空穴)过渡区,简称 B 区。
- 发射区:用来发射载流子(电子、空穴)的一个区,简称 E 区。
- 集电区:用来收集载流子(电子、空穴)的一个区,简称 C 区。

② 三个电极(从以上三个区各自引出一根电极引线,就构成了三极管的三个电极)。
- 基极:从基区引出的电极,用字母 "B" 或 "b" 表示。
- 发射极:从发射区引出的电极,用字母 "E" 或 "e" 表示。
- 集电极:从集电区引出的电极,用字母 "C" 或 "c" 表示。

③ 两个结。
- 发射结：发射区与基区之间的 PN 结。
- 集电结：集电区与基区之间的 PN 结。

④ 三极管的分类及符号。

从三极管内部结构来分有 PNP 型和 NPN 型两大类，其图形符号分别如图 2.2.25（a）、（b）所示。两种符号的区别在于发射极箭头的方向不同，箭头方向表示发射结加正向偏压时电流流出的方向。

从三极管的组成材料来分有硅 NPN 型、硅 PNP 型和锗 NPN、锗 PNP 型四种。手机中最常用的是硅三极管，放大电路中硅 NPN 型较为多见。如何判断三极管是硅 NPN 型、硅 PNP 型还是锗 NPN、锗 PNP 型呢？

从二极管的学习可知，硅二极管的起始电压为 0.5～0.7V，锗二极管的起始电压为 0.2～0.3V。由此可以根据三极管的结构特点，分别测量其三个引脚的极间电压值，若测得的电压为 0.5～0.7 V 则为硅管，若测得的电压为 0.2～0.3 V 则为锗管，具体测量方法将在后面章节详细介绍。

⑤ 三极管在手机中的几种常见符号、外形及封装方式。

手机中的三极管多为黑色贴片封装形式，三个电极都是焊点，直接与 PCB 相连。其形状各异，有三个引脚、四个引脚、五个引脚、六个引脚的，不过都有一个共同的特点就是其中一个引脚集电极 C 做得较宽，目的是防止三极管在起放大作用时过热，保证有足够的散热面，如图 2.2.26 所示。

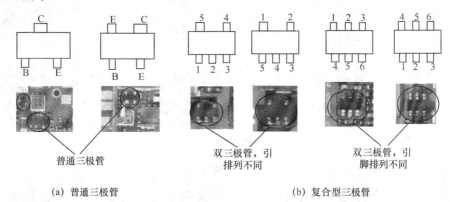

(a) 普通三极管　　　　　　　(b) 复合型三极管

图 2.2.26　手机中几种常见三极管的符号及外形

这里一定要记住：手机中普通三极管引脚极性是固定不变的，一定是如图 2.2.26（a）所示的引脚 B、C、E；而手机中复合双三极管引脚是不固定的，不能简单确定它的 B、C、E 三个电极，其电极引脚必须通过内部结构或者测量判断。

（2）用简单的方法记住手机中的三极管

① 普通三极管。

可以把它看成是两个二极管的组合，当然是特殊组合，绝不是两个二极管的简单组合。了解这种组合对分析三极管电路、测量三极管的好坏都有很大帮助。也就是说，把三极管的基极 B 与集电极 C 看成是一个二极管，把三极管的基极 B 与发射极 E 看成是另一个二极管，如图 2.2.27 所示。

从图 2.2.27 中可以看出，测量一个三极管就相当于测量两次二极管，而且手机中三极管的极性又是固定的，只需测量判断它是硅管还是锗管，或判断它是否击穿短路、内部开路损坏等。

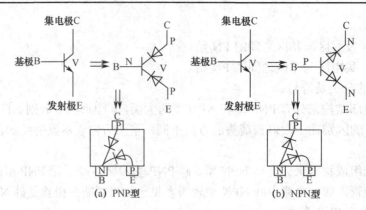

图 2.2.27 三极管的电路符号及其内部特殊二极管结构

② 复合型三极管。

复合型三极管就是指两个三极管的不同组合,在内部有的是直接耦合,有的是集电极相连,有的是三个极完全不相连,有的是带阻三极管等。正因为有如此复杂的组合结构,使得手机电路中三极管构成的电路原理分析变得相当困难。图 2.2.28(a)、(b)所示分别是手机中常用的五脚和六脚复合型三极管的组合结构。

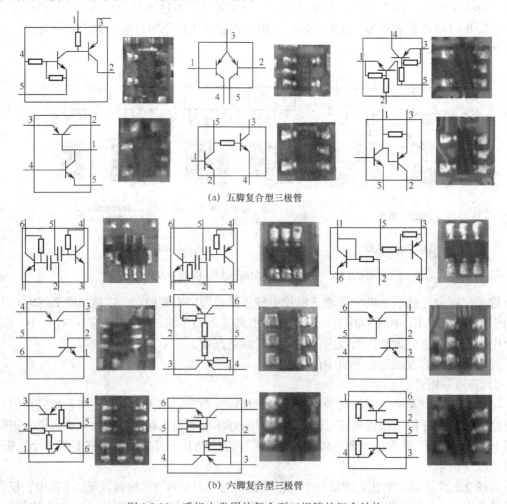

图 2.2.28 手机中常用的复合型三极管的组合结构

2. 手机中三极管的管型、组成材料及测量

(1) 普通三极管

第一步：将数字万用表挡位置于"▶|"挡，将黑表笔接到三极管 B 极，红表笔分别接到三极管 C、E 极，如图 2.2.29 所示，虚线表示红表笔测量两次，黑表笔只测量了一次。此时，如果两次万用表显示的三位数字都为"676"～"783"，表示管内压降为 0.676～0.783V，说明管内形成了一个正向连接，即红表笔为 P 端，黑表笔为 N 端。既然红表笔接了两次是正向导通，证明是两个 P 端，黑表笔接了一次，证明只有一个 N 端，可知是 PNP 三极管，而且是一个硅三极管，因为硅管压降为 0.5～0.7V。由此得出管型及管材料，即 PNP 型硅三极管。

图 2.2.29　普通三极管黑表笔接 B 极的测量示意图（一）

第二步：如果用黑表笔接到三极管 B 极，红表笔分别接到三极管 C、E 极，如图 2.2.30 所示，两次万用表显示的数字都为"1"，说明不是正向连接，这时应交换表笔，就是将红表笔接 B 极，黑表笔接 C、E 极，测得的数值都为"675"～"782"，表示管内压降为 0.675～0.782V，说明管内形成了一个正向连接，即红表笔为 P 端，黑表笔为 N 端。这时的红表笔接了一次是正向导通，证明是一个 P 端，黑表笔接了两次，证明是两个 N 端，因此可知是 NPN 三极管，而且是一个硅三极管。由此得出管型及管材料，即 NPN 型硅三极管。如图 2.2.31 所示，虚线表示黑表笔测量两次，红表笔只测量了一次。

图 2.2.30　普通三极管黑表笔接 B 极的测量示意图（二）

图 2.2.31　交换表笔后红表笔接 B 极的测量

第三步：红、黑表笔一定要以 B 极为关键脚，当红表笔接 B 极，无正向电压时，马上交换用黑表笔接 B 极就可以了。如果两次交换都不能测得正向压降，说明管子有损坏。比如，先将红表笔接 B 极，黑表笔分别接 C、E 极，不能有正向数值；再将黑表笔接 B 极，红表笔分别接 C、E 极也无正向数值，而且测得的数值都是"1"，说明管子内部断路，应更换。如图 2.2.32 所示，虚线表示红、黑表笔分别测量两次。如果两次测得的值有一次或两次为"0"，说明管子内部有短路，仍然要更换。

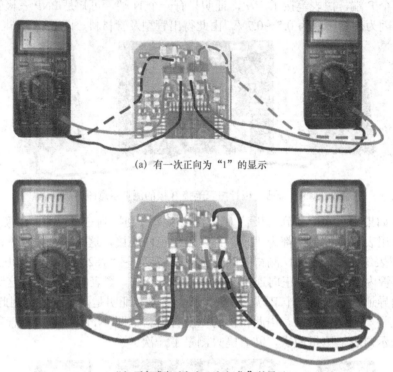

(a) 有一次正向为"1"的显示

(b) 正向或者反向有一次为"0"的显示

图 2.2.32　损坏的管子测量显示数值"1"或者"0"

总之，测量时，只要有一次正向测量数值显示为"1"或正向、反向有一次为"0"，都说明管子是坏的，必须用同型号的管子更换，否则会损坏手机的其他电路。

（2）复合型三极管

复合型三极管一定要根据其内部结构来分析测量。图 2.2.33 所示是用万用表二极管挡测量复合管压降的方法。

从图 2.2.34（a）所示复合管的结构看，它是由一只 NPN 管和一只 PNP 管构成的复合管，NPN 管的 C 极连接到 PNP 管的 B 极共用一根引线为 1 脚，1、2、3 脚组成一个 PNP 管，1、4、5 脚组成一个 NPN 管，所以测量时要分成两个管来测。

若用数字万用表测量，首先测量 1、4、5 脚 NPN 管的好坏，与前面测 NPN 管是一样的，先用红表笔接一个引脚，黑表笔分别接另外两个引脚，若测的数值电压在 0.5~0.7V 之间，说明所测的是正向导通压降，这时红表笔接一次，黑表笔接两次，说明该管是一个 P 端、两个 N 端，因此是 NPN 管，而且可知该管主板上的引脚就是左上黑表笔处为 1 脚，下面中间红表笔处为 4 脚，左边黑表笔为 5 脚，如图 2.2.34（b）所示，同时知道该管是好的。

管型\PN结测试	EB结 表笔连接	EB结 实测图	EB结 三位数字	EB结 判断	CB结 表笔连接	CB结 实测图	CB结 三位数字	CB结 判断
NPN管	红→B(2#) 黑→E(6#)	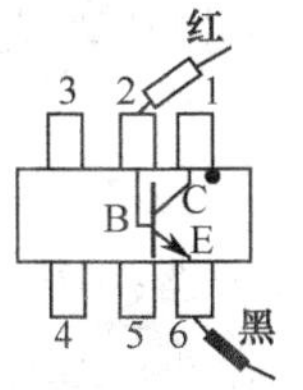	572	好	红→B(2#) 黑→C(1#)	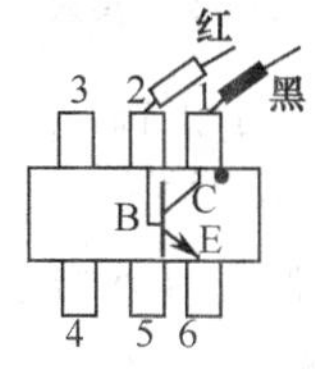	652	好
PNP管	黑→B(5#) 红→E(3#)	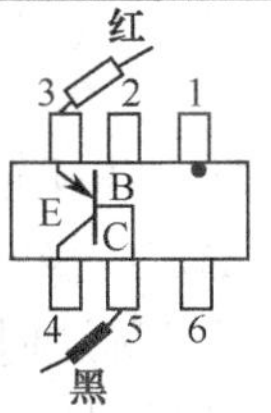	676	好	黑→B(5#) 红→C(4#)	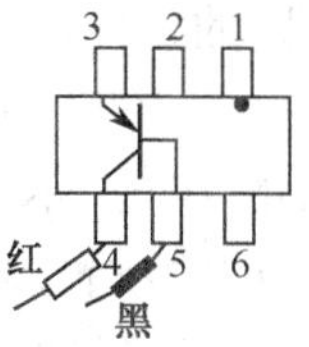	585	好

图 2.2.33 手机中复合型三极管的测量方法

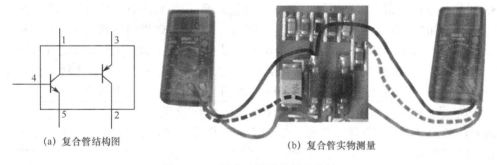

(a) 复合管结构图 (b) 复合管实物测量

图 2.2.34 复合三极管的测量方法

其次，如果黑表笔接一个引脚，红表笔分别接另两个引脚，仍测得正向压降正常，则可知所测三个引脚构成的是 PNP 管，右上为 2 脚，右下为 3 脚，该管是好的。若测得有一次数值显示为"0"，说明管子内部短路；若测得正向数值有一次为"1"，说明内部断路，管子是坏的。

3. 三极管在电路中的作用

三极管在电路中的作用有放大、开关、变频、倒相等，放大作用是利用三极管放大区的特性来工作的；开关作用是利用三极管的截止和饱和导通特性来工作的；变频作用是利用三极管的非线性特性来工作的；倒相作用也是利用三极管在放大区电流变化的特性来工作的。

(1) 三极管的放大作用

三极管在电路中最主要的作用就是放大作用。比如，话筒将声音信号转变成电信号送到功放，经放大后再送到音响中扬声器把声音还原出来，功放就是三极管放大作用的真实体现。在手机中，放大电路主要用于接收射频电路、音频电路。

图 2.2.35 放大器框图

① 放大电路的概念。

将输入的小幅度电流或电压信号经过放大，变成大幅度电流、电压信号输出的电路，称为放大电路，简称放大器，如图 2.2.35 所示。三极管放大作用的条件是三极管的发射结必须加正偏电压，集电结必须加反偏电压，而且反偏电压要远远高于正偏电压。

② 放大电路的分类。

按信号强弱，可分为小信号放大器和大信号放大器；按频率高低，可分为直流放大器、低频放大器、高频放大器、宽频放大器、谐振放大器等；按电路结构，可分为共发射极放大电路、共集电极放大电路、共基极放大电路等。

③ 放大电路的正向偏压、反向偏压。

- 正向偏压：是指基极直流电源 U_{BB} 的正极接在 NPN 管的 B 极（P 端），负极是接在 NPN 管的 E 极（N 端），即接地端。由于 B、E 极间相当于一个二极管，而且刚好满足二极管的 PN 结正向导通的加电方式，所以称这时的 U_{BB} 为正向偏压，简称正偏。正偏保证了发射结导通，使电子源源不断地从发射区发射，这时正偏电压对电子起到轻推的作用，使电子在电场力的作用下通过 EB 结，到达基区。

- 反向偏压：是指集电极直流电源 U_{CC} 的正极接在 NPN 管的 C 极（N 端），负极接在 NPN 管的 E 极（也是 N 端，即接地端）。由于 B、C 极间也相当于一个二极管，同样要使二极管导通，C 极要加负电压才可以实现正向导通，而现在加的是正电压，所以把这时 C 极加的电压称为反向偏压，简称反偏。这时内部载流子运动在 $U_{CB}>U_{EB}$ 的条件下，使集电结有较大的电场力，对到达基区的电子起到使劲拉的作用，让更多的电子迅速通过集电结，到达集电区，被集电区收集。

需要注意的是，在实际维修工作中经常提到三极管的"偏压"，通常是指三极管基极与发射极间的工作电压。同时把提供偏置电压的电路称为偏置电路，不论什么偏置电路，都是一个直流通路。

④ 三极管如何实现放大作用。

三极管只要满足基极加正偏，集电极加较大的反偏，就具备了放大的基本条件。基极加正偏后，发射结处于正向偏置而导通，在 U_{BE} 的作用下，发射极就通过 B 极发射电子到达 B 区，B 区为 P 型半导体，是空穴导电，如同一些小小的空洞，当电子到达后，有的电子就掉在小"洞"里，与空穴"复合"掉，使 B、E 极间产生基极电流 I_B。因为基区很薄，扩散浓度低，也就是空穴的个数极少，所以这个 I_B 很小，只有几十微安。同时，在集电极加了较大的反偏后，集电极就会使 C、E 极间产生足够的电场力，促使发射极的载流子定向运动，穿过薄层基区，到达 C 极，由于这些载流子的定向移动，保证了更多电子到达集电区，形成一个较大的集电极电流 I_C；如果微小改变 U_{BB}，会发现集电极电流的变化非常大。由此得出一个结论：基极电流 I_B 微小的变化，将促使集电极电流 I_C 较大的变化。这个过程称为三极管的放大作用，也是三极管放大作用的本质。在三极管的放大电路中，对于 NPN 管来说，一定有 $U_C>U_B>U_E$；对于 PNP 管来说，一定有 $U_C<U_B<U_E$；各级电流分配关系为发射极电流等于集电极电流与基极电流之和，即 $I_E=I_B+I_C$，三极管的电流放大系数为

$$\beta = \frac{I_C}{I_B} \Rightarrow I_C = \beta I_B$$

⑤ 共射极放大电路实例分析。

共射极放大电路也称为单管共发射极放大电路,它是以基极为输入端、集电极为输出端、发射极为公共端的放大电路,如图 2.2.36 所示。下面分析放大电路。

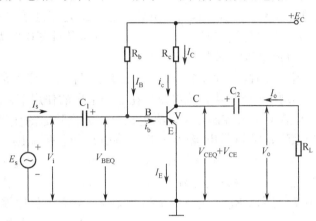

图 2.2.36 共射极放大电路

A. 电路中各个元件的作用及其符号意义。

V：NPN 型放大管,是电路的核心器件。

R_b：三极管 B 极的偏置电阻,也称正偏电阻。

R_c：三极管 C 极的偏置电阻,也称集电极负载电阻。

R_L：放大电路信号输出负载电阻。

C_1：输入信号耦合电容。

C_2：输出信号耦合电容。

E_s：输入信号源。

E_c：三极管 B、C 极的供电电源。

V_i：三极管 B、E 极间输入信号。

V_o：三极管 C、E 极间输出信号。

i_b：三极管 B 极电流。

i_c：三极管 C 极电流。

I_B：三极管 B 极直流电流。

I_C：三极管 C 极直流电流。

I_E：三极管 E 极直流电流。

I_o：三极管输出交流信号电流。

B. 电路的工作状态。

三极管放大电路有两种工作状态,分别是静态和动态。静态是指电路中只有直流电加入时的工作状态(即直流状态),此时三极管具有固定的基极电流、电压、集电极电流和集电极电压,称为直流工作点或静态工作点；动态是指电路中既有直流供电,又有交流信号输入时的工作状态,此时放大电路中各处的电压、电流都随输入信号的变化而变化。

C. 电路的工作原理。

给基极加正偏、集电极加较大反偏，三极管具有放大作用。在电路中，正电源 E_c 通过电阻 R_b 的正电压加到了三极管的 B 极，满足 B 极正偏供电的条件；正电源 E_c 又通过电阻 R_c 加到三极管的 C 极，满足集电极反偏供电的条件，此时三极管具有放大能力。

当电路中只加有合适的直流电压（V_{BEQ}、V_{CEQ}）和电流（I_{BQ}、I_{CQ}），而没有交流电流 I_s 输入时的直流电压、电流称为静态偏置，也称静态工作点。此时，C_1 两端被电源 E_c 通过 R_b 充上了直流电压，数值上等于三极管基极对地电压 V_{BEQ}；C_2 两端也充有直流电压，数值上等于集电极对地电压 V_{CEQ}。在设计电路时，电容 C_1 和 C_2 的数值选得比较大，在加入交流信号以后，电容两端的这个直流电压将基本保持不变。

当输入端加有信号源 E_s 时，C_1 两端的直流电压 V_{BEQ} 与 E_s 串联叠加成 V_{BE} 后加到三极管基极与发射极之间，形成一个脉动直流电压，在这个电压的作用下，基极产生了电流 i_b，此时 $i_b = I_B + I_s$。由于三极管的电流控制作用，集电极电流 i_c 将随 i_b 的变化而变化，其幅度比 i_b 放大了 β 倍，脉动电流 i_c 流过集电极电阻 R_c，将引起 R_c 两端电压 V_{RC} 的变化，此时 $V_{CE} = E_c - V_{RC}$。V_{CE} 也要发生变化，但变化规律恰好与 $V_{RC}(i_c)$ 相反。集电极电位的变化，使负载电阻 R_L 上产生了电流。当 i_c 从静态电流（I_{CQ}）增大时，集电极 C 点的电位降低，由于电容 C_2 两端的电压不变，所以 R_L 上端电位也随之降低，该点电位比零电位还低，R_L 两端产生了负电压，负载电流 I_o 就从地点流向 R_L 上端点，通过三极管构成了回路，形成输出电压的负半周。当 i_c 静态电流减小时，C 极电位升高，R_L 上端点电位也随之升高，且高于零电位，负载电流 I_o 通过 E_c 和 R_c 的回路，形成输出电压的正半周，波形如图 2.2.37 所示。

通过上面的分析可以看出，三极管并不能制造出能量提供给负载，而是把电源提供的直流能量通过基极控制其载流子运动而转换成交流能量输出给负载，这就是放大的实质。

另外，从图 2.2.36 可以看到，在 C_1 的左边和 C_2 的右边，只有交流电流和电压。输入信号电压 E_s 与输出信号电压 V_o 的相位相反。也就是说，当输入信号为正半周时，

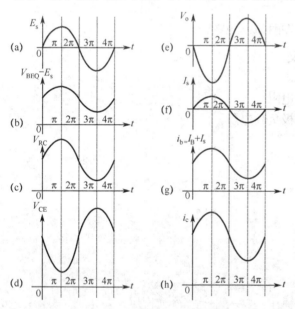

图 2.2.37　放大器各处电流电压波形

输出信号处在负半周，这是共射极放大器的一个特点，称为放大器的倒相作用。此时，集电极输出的信号波形与基极输入的信号波形是反相的，因此把这样的三极管放大电路称为反相放大器，简称反相器。在电容 C_1 和 C_2 之间既有交流电流、电压成分，又有直流电流、电压成分，二者叠加在一起，就形成了脉动的直流电量，因而使三极管中电流的方向始终满足其发射极电流的方向，两个结的电压也始终与静态时方向一致。

⑥ 电路图中几个关键元器件的重要作用及其维修技巧。

- 基极偏置电阻 R_b：作用是把直流电源电压引到基极，给发射结加上正向电压，使发射区有向基区注入载流子的能力。改变 R_b 数值的大小，也就可以改变三极管的静态工作点，即改变电流 I_B，因此 R_b 是决定三极管工作状态的关键元件，所以在手机维

修中经常通过改变 R_b 的阻值来调整其放大电路的工作状态，一般 R_b 阻值都为几十或几百千欧姆。
- 隔直耦合电容 C_1、C_2：它们分别接在放大器的输入和输出端，利用电容通交流、阻直流的导通特性，一方面隔断放大器与信号源、负载之间的直流通路，保证三极管的静态工作点不受输入信号和负载接入的影响；另一方面，又保证要放大的信号能够畅通地经过放大器，在信号源、放大器、负载三者之间建立一条交流通路。那么，在手机维修时，这两个电容是否可以短接呢？从分析可知，这两个电容是不能短接的，因为短接后，B 极的直流电源直接通过 C_1 短接线接到了信号源，会影响信号源的工作；C 极的直流电源直接通过 C_2 短接线接到了负载 R_L 上，会影响负载的工作。如果这里的信号源是手机话筒，负载是手机扬声器，短接 C_1、C_2 的影响效果是对方打来电话时，对方的说话声有很大的交流噪声；打电话给对方时，对方也不能听见说话声。
- 集电极电阻 R_c（也称为负载电阻）：R_c 是构成放大电路必不可少的元器件，其阻值都较小，一般只有几十或者几百欧姆。在放大电路中，它有两个作用，首先，它要给三极管集电极提供一个合适的直流电压，使集电结有收集载流子的能力；其次，基极电流 i_b 的变化控制着集电极电流 i_c，并转换成变化的电压 V_{CE} 与 C_2 得到输出电压 V_o，使三极管具有了放大电压的作用。由于 R_c 阻值较小，通过它的集电极电流又很大，经常因负载短路产生大电流而烧坏，所以在手机维修时它是一个要重点检查的元件。该元件损坏，是不可以短接的，原因是短接后会损坏放大管，同时电路失去放大作用。
- 直流电源 E_c：它是整个放大器的能源，即手机的直流电源。有了电源，就可以保证三极管的放大条件，利用它的电流控制作用给负载提供能量。比如手机振子，如果没有电源提供的能量，是不能产生振动的。
- 三极管 V：它是放大电路的核心器件，也是一个电流控制器件，它主要通过基极电流 i_b 对集电极电流 i_c 的控制，把 E_c 提供的直流能量转变成交流能量，驱动负载工作。

(2) 手机中放大电路的应用

某型号手机中的放大电路如图 2.2.38 所示。它是接收射频电路中的低噪声放大器(LNA)、中频放大器 (IFA)、发射前置放大器，采用电阻分压式共射极放大电路，只不过是高频信号放大。该信号从天线接收来，信号微弱频率又高，同时有噪波、杂波，所以在三极管的 C 极上加了 LC 并联谐振回路，既选频又滤波，选出手机所需的接收频率（GSM：935～960MHz；DCS：1805～1880 MHz），滤除不需要的频率，而中频放大器和前置放大器放大的信号为固定频率，中频放大的是固定频点，所以不用加选频网络，只用滤波器即可。

① 电路构成。
- 放大管 Q461：放大器的核心器件，在放大器中起电流放大作用，被放大的交流接收信号 935～960MHz（GSM-RX-IN）从 B、E 极输入，放大后的信号从 C、E 极出，所以该放大器为共 E 极放大电路，E 极为输入、输出的公共端。
- 电源 MIX-275：由射频供电 RF.V2 转换而成，来自双三极管 Q340，如图 2.2.39 所示，当来自 CPU-E2 脚的接收启动 RX-EN 为高电平时，Q340 内 NPN 管导通，1 脚与 5 脚相连，则 1 脚对地短路，电位拉低，使 PNP 管导通，3 脚与 2 脚相连，3 脚是来自场效应管 Q242-D 极的射频供电 2.75V，则 2 脚输出 2.75V 的 MIX-275 去高频放大和混频器供电，以保证 Q460 工作在放大状态。

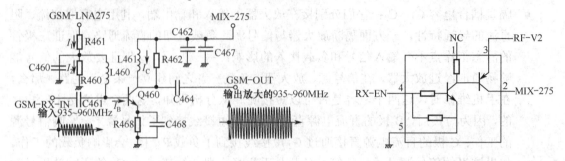

图 2.2.38　手机中的放大电路　　　　图 2.2.39　手机高放供电管 Q340 电路

- 分压电阻 R461、R460：构成分压电路，通过分压得到固定的 U_b 值，稳定了电流 I_e，这时使 I_C、I_B、U_{CE} 各工作点均保持在稳定状态。

- 转换电阻 R462：是集电极负载电阻，它将 I_C 的变化转换成 C、E 极间电压 U_{CE} 的变化，即通过 R_c 将三极管的电流放大转换成了电压放大，所以称为转换电阻（一般为几百欧到几千欧）。

- 反馈电阻 R468：它是接在输入、输出的公共端 E 极上，可以将放大后的电流从输出端送回一部分到输入端，因此称为电流反馈，目的是稳定放大器的静态工作点。

- 耦合电容 C461、C464：分别接在信号输入端和输出端，所以称为信号耦合电容，它们是前级和后级相连接的元件，作用有两个：一是利用电容通交隔直的特点，隔断信号源与负载之间的直流联系；二是电容的容抗与通过的信号频率成反比，当 900MHz 高频信号通过时，相当于 $X_C=0$，电容 C 对信号相当于短路，这样就可以保证信号无损耗地通过，提供了畅通的交流通路，C461 的作用就是将 935～960MHz 的接收信号无损耗地送到放大电路，放大后的 935～960MHz 再由 C464 无损耗地送到混频器，由此保证信号传送过程中既不失真又无衰减。

- 旁路电容 C468：输出信号从 C、E 两端取出，输出信号 U_o 与输入信号 U_i 的比值就是电压放大倍数 $A_u = \dfrac{U_o}{U_i}$。当在电路加了 R468 后，R468 要分压，对 U_o 产生衰减，从而使 A_u 下降，因此加上 C468 为交流信号提供了良好的通路（C468 对交流信号相当于短路），避免了 R468 的能量损耗，避免了输出衰减，保证了放大器有足够的放大倍数。

- 滤波电容 C462、C467：它们是将 MIX-275 脉动直流电中的交流成分滤除，以防止该交流成分影响输入、输出信号的放大级直流工作点。

- 电感 L460、L461：手机中的电源均为直流稳压，在放大器与电源间加上电感 L460、L461，就是利用其通直隔交的作用，将电源送到放大电路。同时，利用 L 滤波滤除电源中的纹波电压，保证电源更加平滑稳定及一定的工作精度。

② 电路工作原理。

当手机开机后，900MHz 接收信号通过天线开关电路转换、滤波后，经耦合电容 C461 送到放大管 Q460 的基极，经放大后从 C 极输出，经 C464 耦合输出到下一级混频电路，完成了放大高频信号的作用。电路中任何一个元器件损坏，都会使手机无信号或信号弱。

故障现象。

4. 三极管的开关作用

三极管除了放大作用外,还具有开关作用,此时三极管是工作在截止状态(如同开关断开)和饱和导通状态(如同开关闭合),利用这两种状态的交替,如同开关的断开与闭合,实现电路的截止与导通,就是三极管的开关作用。三极管的开关作用在手机电路中常用于电子开关,如图 2.2.39 所示高放供电路。

(1) 截止状态

如图 2.2.40(a)所示,三极管工作在截止区的工作条件是发射结零偏或反偏($U_b \leq 0$,即 E 极接正,B 极接负),集电结反偏($U_{cb}<0$),这时的 U_{cb} 虽然始终等着拉吸电子,可是由于 $U_{be} \leq 0$,使发射结截止,电子完全没有发射的能力,当然不能形成 I_B 和 I_C,所以截止状态三极管的特点是:

① $I_B \leq 0$,而 $I_B = 0$ 是三极管放大状态与截止状态的分界线。

② $I_C = \beta I_B$,而 $I_B = 0$ 时三极管刚好失去放大作用。

③ 电阻上的压降 $I_C R_C$ 也为零,全部电源电压 U_C 均加给了三极管,$U_{CE} = U_C - I_C R_C = U_C$,如图 2.2.40(b)所示。

④ 三极管 C 极加的是大电压 U_C,而流过的电流却是 0,这时三极管相当于一个无穷大的电阻,即如同一只断开的开关,三个电极失去联系,使电路开路,信号不能通过,如图 2.2.40(c)所示。

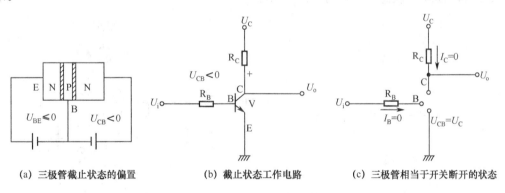

(a) 三极管截止状态的偏置　　(b) 截止状态工作电路　　(c) 三极管相当于开关断开的状态

图 2.2.40　三极管的截止状态

(2) 饱和状态

如图 2.2.41(a)所示,三极管工作在饱和区的工作条件是发射结正偏($U_{BE}>0$),集电结零偏或正偏($U_{BC} \geq 0$),这时 U_{BE} 使电子正常发射,可是 $U_{BC} \geq 0$ 使集电结没有一个大的反偏电压去拉电子,所以造成了电子在基区和集电结的堆积,如同吃得太饱不消化,故称为饱和,如图 2.2.41(b)所示。

饱和状态的特点是 I_B 很大(120μA 以上),$I_B \geq I_{BS}$(I_{BS} 是饱和时的 I_B 电流),而 $I_B = I_{BS}$ 是放大与饱和状态的分界线,如图 2.2.41(c)所示;I_B 很大,I_C 也很大,$I_C \geq I_{CS}$(I_{CS} 是饱和时的 I_C);大部分电源压降落在 R_C 上,$I_C R_C$ 很大,$U_{CE} = U_C - I_C R_C$ 就变得很小,在保证 EB 结正向导通的前提下,就没有或者极少分给 CB 结,使 CB 结没有一个使电子迅速被 C 区收集的电场,没有力量去拉电子,电子就被堆积,此时 I_C 已不再随 I_B 成 β 倍比例变化了,三极管失去了放大作用。

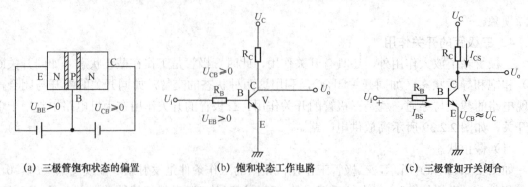

图 2.2.41 三极管的饱和状态

这里一定要记住：NPN 管作开关时，一定是高电平 V_H 导通，低电平 V_L 截止；PNP 管作开关时，一定是低电平 V_L 导通，高电平 V_H 截止。比如，一个单三极管作开关，实现倒相功能，如图 2.2.42 所示。

当 $U_i=V_H=1$ 时，V 导通，C、E 相连，C 极对地短路，电位拉低，$U_o=V_L=0$；

当 $U_i=V_L=0$ 时，V 截止，C、E 断开，此时 $I_C=0$，R_C 上无压降，$U_o=U_C=V_H=1$。

所以得到 $U_i=1$，$U_o=0$；$U_i=0$，$U_o=1$。说明三极管实现了倒相功能，所以说三极管作开关时，本身就是一个反相器，也称倒相器。

（3）手机电路中三极管开关作用的应用实例

图 2.2.43 所示为联想 V5518 手机振子电路。

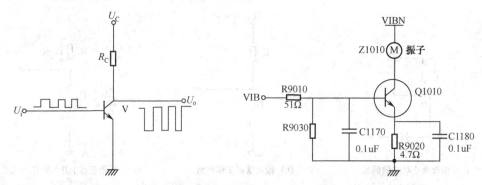

图 2.2.42　三极管的倒相作用　　　　图 2.2.43　联想 V5518 手机振子电路

① 元件作用。

Q1010：开关三极管，它是该电路中的核心元件。

R9010：控制信号限流降压电阻，为开关管提供偏置。

R9030、C1170：构成振子输入控制信号的滤波电路。

R9020：发射极降压限流电阻。

C1180：发射极控制信号中交流旁路电容。

② 电路的开关原理。

手机设置在振动状态下，来电时，微处理器 CPU 就会送出一个控制高电平 V_H 信号 VIB，通过限流电阻 R9010 后送到开关管的 B 极，使开关导通，这时在 VIBN 振子供电电压作用下就有电流经振子内部线圈，产生电磁场，使振子转动而振动起来，提示接听电话。当没有电话打入手机时，VIB 振子控制信号为低电平 V_L，开关管不导通，处于截止状态，振子不振动。

所以该电路中开关管 Q1010 是高电平时导通工作，低电平时截止，实现了手机电路中的开关作用。

（4）三极管开关电路维修技巧

该手机如果设置在振动状态，但来电时无法振动，应检查开关管是否损坏，因为它饱和导通时，电流较大，容易短路损坏。

2.2.4 手机中的场效应管

1. 认识手机中的场效应管（FET）

场效应管（FET）是在一块 N 型半导体上制作出一条 P 沟道或在 P 型半导体上制作出一条 N 沟道，通过电场效应来控制的一种器件，故称为场效应管，也称为沟道管。它是三极管的特例，原因是它也有三个电极：源极 S（相当于三极管的 E 极），栅极 G（相当于三极管的 B 极）和漏极 D（相当于三极管的 C 极），衬底称为 B 极。三极管是一种电流控制电流器件，而场效应管（FET）是一种电压控制电流的器件，它的突出优点是输入电阻非常高（10MΩ 以上），能满足高内阻的信号源对放大器的要求。此外，它还有体积小、质量轻、制造工艺简单、噪声低、便于集成以及热稳定性好等优点。因此，在手机电路中得到了广泛的应用。

（1）场效应管的分类

根据其内部结构的不同，场效应管可分为结型场效应管（JFET）和绝缘型场效应管（MOSFET）两大类。结型场效应管又分为 N 沟道结型场效应管和 P 沟道结型场效应管；绝缘栅型场效应管（MOSFET）又分为增强型绝缘栅型场效应管与耗尽型绝缘栅型场效应管两类，它们分别都有 N 沟道和 P 沟道两种，如图 2.2.44 所示。

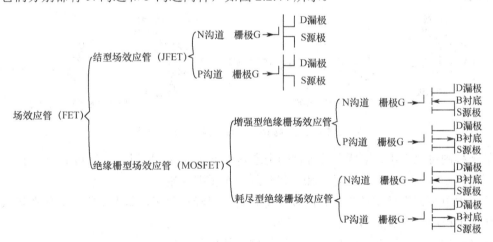

图 2.2.44 场效应管的分类

场效应管可以看成有与三极管相对应的工作状态，如图 2.2.45 所示，从图形看，对结型场效应管来说，若箭头方向向内，即对应的三极管箭头也向内，相似于 PNP 三极管；若箭头向外，即对应的三极管箭头也向外，相似于 NPN 管。对绝缘型场效应管来说，其箭头方向与三极管箭头方向相反，即箭头向内时，对应的三极管箭头就向外，相似于 NPN 三极管；箭头向外时，对应的三极管箭头就向内，相似于 PNP 管。这里一定要记住它们之间的对应关系，这对以后的电路分析很有帮助。场效应管在模拟电路中通常作为放大元件，在数字电路中通常作为开关元件。

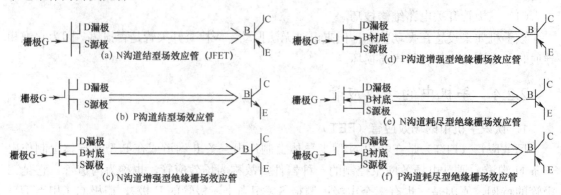

图 2.2.45 场效应管对应于三极管的符号

（2）场效应管的结构、外形及符号

① 结型场效应管的结构、外形及符号。

结型场效应管是在一块 N 型半导体两侧分别扩散一个高掺杂浓度的 P 区，形成两个 PN 结。两侧 P 区引出两个电极并连在一起，称为栅极 G；在 N 型半导体上、下两端各引出一个接触电极，分别称为源极 S 和漏极 D。如果把场效应管和普通三极管相比，则源极 S 相当于发射极 E，栅极 G 相当于基极 B，漏极 D 相当于集电极 C。两个 PN 结中间的 N 型区域称为导电沟道，所以这种以 N 型区域为导电沟道的结型场效应管称为 N 沟道结型场效应管，如图 2.2.46（a）所示。如果在 P 型半导体两侧各扩散一个高掺杂浓度的 N 型区，就成为 P 沟道结型场效应管了，如图 2.2.46（b）所示。

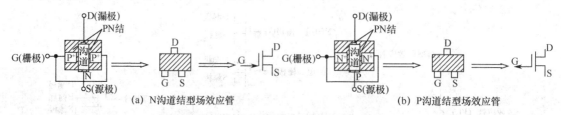

图 2.2.46 结型场效应管的结构、外形及符号

从结构图可以看出，结型场效应管的沟道是上下对称的，所以它的漏极 D 和源极 S 可互换使用而不影响工作状态，这是它和三极管的一个重要区别。

手机中单独使用结型场效应管的控制电路目前已经很少了，基本上都是制作在集成电路中，作为手机的功率放大器。

② 绝缘栅型场效应管（MOS 管）的结构、外形及符号

它的栅极和漏极、栅极和源极以及沟道都是绝缘的，故称为绝缘栅型场效应管。实质上是因为它的栅极加了一层二氧化硅（SiO_2）作为绝缘层，其引线分别为金属（M）、绝缘层二氧化硅 SiO_2（O）、衬底为半导体材料（S），被称为金属 M-氧化物 O-半导体 S 场效应管，简称 MOSFET 管或 MOS 管。同时，由于所用半导体材料不同，可分为 P 沟道和 N 沟道，分别称为 P 沟道场效应管（即 PMOS 管）和 N 沟道场效应管（即 NMOS 管）。在电路中经常组成互补电路结构，称为 CMOS 管。此外，绝缘栅型场效应管又根据它们的导电能力，可分为

增强型与耗尽型两类。当然，无论是什么类型的场效应管，它们都有三个电极：栅极（C）、漏极（D）和源极（S），其漏极与源极之间都有一个导电沟道。

增强型绝缘栅型场效应管的结构、外形及符号如图 2.2.47 所示。图（a）中，P 是衬底，箭头是指向里边的，称为 N 沟道。同时，沟道 N 是断开的，表示没有沟道，要加电增强形成沟道，因此称为 N 沟道增强型绝缘栅型场效应管，简称 NMOS 管。图（b）中，N 是衬底，箭头是指向外边的，称为 P 沟道。同时，沟道 P 是断开的，表示没有沟道，要加电增强形成沟道，因此称为 P 沟道增强型绝缘栅型场效应管，简称 PMOS 管。

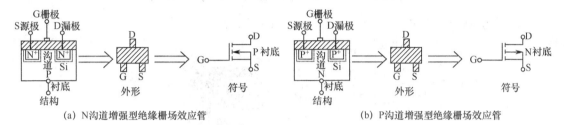

图 2.2.47　增强型绝缘栅型场效应管

耗尽型绝缘栅型场效应管的结构、外形及符号如图 2.2.48 所示。图（a）中，P 是衬底，箭头是指向沟道 N 的，故称为 N 沟道。同时，沟道 N 是连接了的，表示已经有沟道，只要加电就导通工作且耗尽，因此称为 N 沟道耗尽型绝缘栅型场效应管，简称 NMOS 管。图（b）中，N 是衬底，箭头是反指向沟道 P 的，故称为 P 沟道。同时，沟道 P 也是连接了的，表示已经有沟道，只要加电就导通工作且耗尽，因此称为 P 沟道耗尽型绝缘栅型场效应管，简称 PMOS 管。

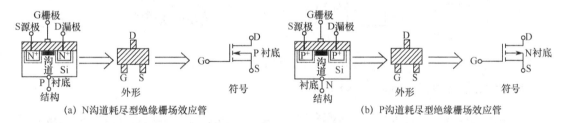

图 2.2.48　耗尽型绝缘栅型场效应管

2．手机中场效应管的结构及其外形分类

由于手机 PCB 上的 FET 场效应管多为黑色，外观与三极管相似，有的是单个场效应管，有的是复合场效应管，因此只能根据电路原理图来识别是场效应管还是三极管。在手机电路原理图中，场效应管有以下几种。

① 普通 FET 单场效应管（如图 2.2.49 所示）。

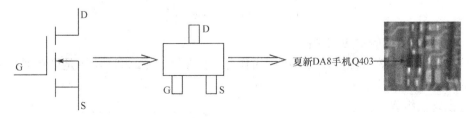

图 2.2.49　普通 FET 单场效应管

② 带有保护二极管的 FET 单场效应管（如图 2.2.50 所示）。

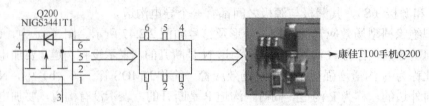

图 2.2.50　带有保护二极管的 FET 单场效应管

③ 8 个引脚的 FET 单场效应管（如图 2.2.51 所示）。

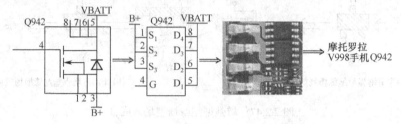

图 2.2.51　8 个引脚的 FET 单场效应管

④ 6 个引脚的 FET 单场效应管（如图 2.2.52 所示）。

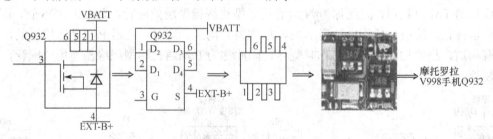

图 2.2.52　6 个引脚的 FET 单场效应管

⑤ FET 双场效应管（如图 2.2.53 所示）。

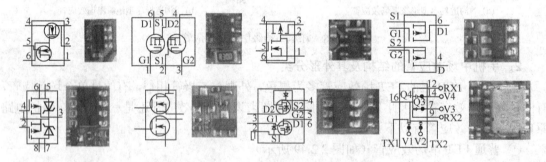

图 2.2.53　FET 双场效应管

3．手机中场效应管的应用举例

下面举例分析场效应管在开关电路中用作开关控制管。图 2.2.54 所示是摩托罗拉 V60/66 手机中的电源切换控制电路。

（1）电路的组成

该电路由电源 IC U900、双 PMOS 开关控制管 Q945 及 8 脚 PMOS 电子开关 Q942 等组成。

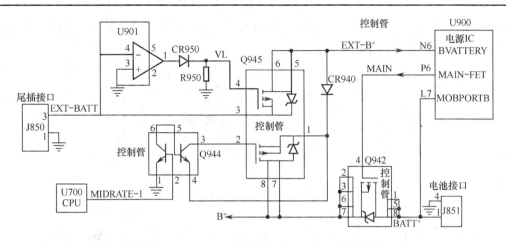

图 2.2.54 摩托罗拉 V60/66 手机中的电源切换控制电路

(2) 开关切换工作过程

当供电 EXT-BATT 没有接上、机内电池 BATT+为手机供电时，U900 的电源检测电路从 N6 脚检测出低电平，通过 P6 脚送出低电平给 8 脚开关管 Q942-4 脚（正极），使 Q942 导通，来自电池触片 J851-1 脚的 BATT 就通过 Q942-1 脚、5 脚、8 脚输入转换成 B+从 2 脚、3 脚、6 脚、7 脚输出。

当插上尾插后，尾插接口 J850 的 3 脚外接供电 EXT-BATT 就从双 PMOS 管 Q945 的 3 脚输入，正常工作时 1 脚与 7 脚、8 脚相连，2 脚和 4 脚均为低电平状态，双 PMOS 管均为导通状态，3 脚与 5 脚、6 脚相连，1 脚与 7 脚、8 脚相连后，将 3 脚进入的尾插供电 EXT-BATT 转换成 EXT-B+从 5 脚、6 脚分两路输出：一路使二极管 CR940 导通，通过 CR940 从 Q945 的 1 脚输入转换成 B+，从 7 脚、8 脚输出；另一路送到 U900 的 N6 脚，U900 检测到高电平，从 P6 脚送出高电平给 Q942 的 4 脚，使 Q942 截止，内部断开，电池 BATT 则不再产生 B+。

当两路同时供电时，尾插优先供电。EXT-BATT 最高为 6.5V，当超过该门限电压时，U901 的 1 脚将输出高电平，通过 CR950 到 Q945-4 脚，使 Q945 夹断，相当于开关断开，即切断手机电源，保护手机的安全。

4. 手机中场效应管的测量方法

(1) 引脚判别和好坏测量

由于结型场效应管的漏极与源极可以互换使用，所以只要判断栅极即可。同时可以把它看成是两个背靠背的二极管，去测量它们的正向电阻 $R_正$ 和反向电阻 $R_反$。判断方法与判断三极管基极的方法一样，可以用指针式万用表 R×1k 挡进行，先碰触一个电极假定为 G 极，黑表笔正极依次碰触另外两个电极，若两次测出的阻值都很大，则说明测的是反向电阻 $R_反$，表明是 PN 结正偏，为 P 沟道结型管，而且假定黑表笔接的是栅极；反之，若两次阻值都很小，则表明是 N 沟道结型管，黑表笔接的也是栅极；若测得的正向电阻 $R_正$ 和反向电阻 $R_反$ 中有阻值为 0 或者 $R_正$ 无穷大时，说明该管有短路或者开路损坏。由于场效应管的 D、S 极是对称的，可以互换，所以就不用测量判断了，若测量，其 R_{DS} 为几千欧，测量方法如图 2.2.55 所示。

(2) 放大能力的估测

用指针式万用表估测结型场效应管的放大能力的电路如图 2.2.56 所示。先用红、黑表笔分别接场效应管的漏极和源极，再用手捏住栅极后，发现表针会向左摆动（或向右摆动）。只要有明显摆动就可以说明此管有放大能力，摆动幅度越大，放大能力越强；反之，放大能力越弱。由于栅、源极之间结电容上充有少量电荷,所以每次测量后需将栅、源间短路一下,否则再次测量时指针可能不摆动。

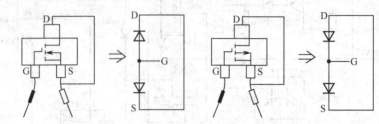

图 2.2.55 结型场效应管的引脚判别和好坏测量

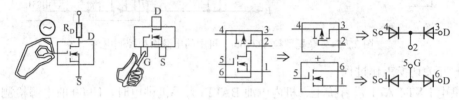

图 2.2.56 结型场效应管放大能力的估测

2.2.5 手机中的耦合器

1. 耦合的含义

顾名思义,"耦合"就是结合,把本来不相连接的两个事物通过一个媒介联系起来。耦合有以下多种方式:

- 电容元件耦合(即耦合电容);
- 电感直接耦合(即手机中的平衡电感耦合器);
- 直接耦合(即导线耦合);
- 变压器耦合(即互感耦合);
- V 带耦合(即手机印制电路板上的微带电感)。

(1)电容耦合方式

电容耦合在电子电路中的应用较为广泛。在图 2.2.57 所示电路中,C651、C629、C656、C639、C652、C635、C636、C638、C641 等电容元件都起到耦合作用,主要是对信号进行耦合。

如何判断该耦合电容的好坏呢?很简单,既然是信号耦合电容,就可以用短接法来判断其好坏。比如,手机无信号,短接该电容后信号正常,则说明该电容有开路,更换即可;当然也可以用万用表测量,看两端点有没有虚焊。有很多维修人员不知道电容什么时候可以短接,什么时候不能短接。实际上,在电容的输入、输出都有信号的情况下,维修时就可以将其短接。

如何判断主板上的耦合电容呢?只要看到主板上电容两端均为非地,如图 2.2.58 所示,一般可考虑是耦合电容(当然这不是绝对的),主要是根据原理图来判断的。

(2)电感耦合方式

在手机电路中,电感直接耦合的电路也较为广泛,一般电感直接耦合时都有电容元件配合,起到选频作用。

(3)直接耦合方式

直接耦合一般用于三极管放大电路之间。这种耦合构成的三极管称为复合管,在前面介绍三极管的相关内容中已有详细介绍。

第 2 章 手机元器件介绍及检测技巧

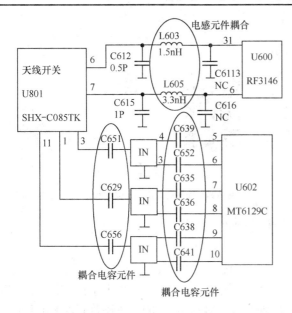

图 2.2.57 MTK 手机射频部分电路

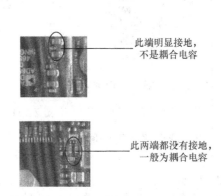

图 2.2.58 手机中耦合电容与非耦合电容

(4) 变压器（互感）耦合方式

这种耦合方式在手机电路也是常见的，一般用于射频振荡电路或发射电路中，主要是进行平衡或者不平衡转换以及防止信号传输中出现衰减。应用变压器的互感特性，其输入线圈中电流、电压的变化就会使输出线圈中产生相应的电流、电压变化，保证了信号在传输中的稳定。互感耦合器有图 2.2.59 所示的几种形式。

采用 V 带形式的耦合器，目的是让耦合器体积更小、耦合效果更好，能够承受发射时通过的大电流，具有不容易损坏、断线等优点，常用于摩托罗拉、诺基亚手机中。手机中的发射 V 带耦合器外形如图 2.2.60 所示。

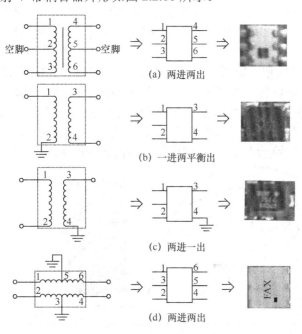

图 2.2.59 手机中互感耦合器的符号及形式

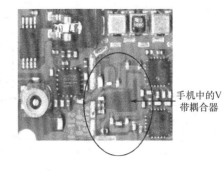

图 2.2.60 发射 V 带耦合器外形

2. 耦合器的外形结构

手机中耦合器的外形结构如图 2.2.61 所示。

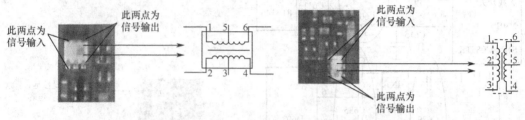

(a) 输入端与输出端相通的耦合器

(b) 输入端与输入端相通、输出端与输出端相通的耦合器

图 2.2.61　手机中耦合器的外形及符号

3. 耦合器的工作原理

耦合器是通过电感线圈的互感作用来实现信号传输的。当输入端有信号电流通过时,就有相应的感应电动势产生,也就有相应的输出信号电流产生,从而达到信号耦合的作用。不过耦合是使有用的信号得到耦合,无用的信号就要排除掉,所以在耦合的同时还兼有滤波的作用。

4. 判断手机中耦合器的好坏

从耦合器的外形一般很难判断它的输入端、输出端,当然也无法识别哪些引脚相通,哪些引脚不相通。比如,在图 2.2.61 中,如果没有符号图,根本无法判断其输入端、输出端;即使有了符号图,也不能确定外形图中引脚 1 是哪一个脚。手机中耦合器的体积很小,一般都是六个引脚,如果用数字万用表测得有两组三个引脚互通,而且与另三个引脚不相通,则说明耦合器是好的;如果测得两组三个引脚,其中一组只要有一个引脚不通就说明是坏的。

对于图 2.2.61（a）所示的耦合器,可以用短接 1、6 脚或者 2、4 脚的方法来修复。这样的耦合器一般用在手机送、受话电路中,所以可以短接,对电路没有多大影响。对于图 2.2.61（b）所示的耦合器,1、2、3 脚相通,4、5、6 脚相通,但 1、2、3 脚是不能短接的。因为 2 脚通常是接地脚,若短接则信号被接地;若 1、3 脚短接,则失去了线圈的自感作用,不能产生感应电动势,也就不能将输入信号传输到输出端。所以若图 2.2.61（b）图所示的耦合器损坏,就只能更换了。

手机中的耦合器基本上都是可以互换的,但一定要对应其原有的输入、输出脚。图 2.2.62 所示为互感耦合器的测量方法。测量时,可以将 1 脚表笔不动,另一表笔去测量 5、6 脚,如果都和 1 脚相通,说明 1、5、6 脚线圈正常;再将 2 脚表笔不动,另一表笔去测量 3、4 脚,若都和 2 脚相通,说明 2、3、4 脚线圈正常。然后再测量 1、2 脚或 3、5 脚或 4、6 脚有无相通,若不通说明整个耦合器正常;若有一组相通,就说明耦合器内部有短路,是坏的;

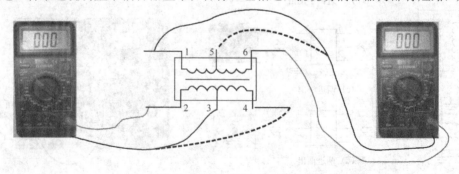

图 2.2.62　手机中互感耦合器的简易测量

若测得1、5、6脚或者2、3、4脚有不通的,说明耦合器内部有断路,也是坏的。因此,判断耦合器好坏的方法可总结为一句话:"该通的要通,该不通的则不能通。"

2.2.6 手机中的滤波器

1. 手机中滤波器的分类及电路符号

滤波器是由电阻、电容、电感组成的滤波电路。电阻对信号来说,阻值越大,阻碍就越强;电容的特性是"通高频,阻低频",所以高频信号容易通过电容,低频信号不容易通过;电感特性是"通低频,阻高频",所以低频信号容易通过电感,高频信号不容易通过电感。由元器件各自不同的特性即可组成不同的滤波器。

(1) 按滤除信号频率的高低分类

可以把滤波器分为低通滤波器、高通滤波器、带通滤波器和带阻滤波器四种。

① 低通滤波器:是指只允许某一频点以下的信号通过的滤波电路,其符号是"⌐"或"≋",英文表示为 LPF。

② 高通滤波器:是指只允许某一频点以上的信号通过的滤波电路,其符号是"⌐"或"≋",英文表示为 HPF。

③ 带通滤波器:是指只允许某一频段内的信号通过的滤波电路,其符号是"⌒"或"≋",英文表示为 BPF。

④ 带阻滤波器:是指不允许某一频段内的信号通过的滤波电路,其符号是"⌣"或"≋",英文表示为 BEF。

例如,手机电路中的 GSM(900MHz)接收频率范围是 925~960MHz,如果只允许 925MHz 以下的信号通过,则该滤波器为低通滤波器;若只允许 960MHz 以上的信号通过,则该滤波器为高通滤波器;若只允许 925~960MHz 范围内的信号通过,则该滤波器为带通滤波器;若不允许 925~960MHz 范围内的信号通过,则该滤波器是带阻滤波器,如图 2.2.63 所示。

图 2.2.63 滤波器的频率轴线

(2) 按电路的组成结构分类

可分为 T 形滤波器、半节 T 形滤波器、π 形滤波器等。

① 由 R、C 组成的 T 形低通、高通滤波器电路如图 2.2.64 所示。

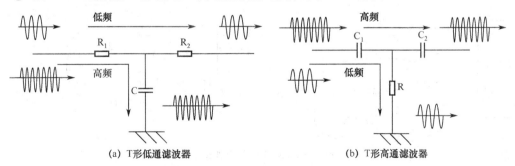

图 2.2.64 由 R、C 组成的 T 形滤波器

② 由 R、C 组成的半节 T 形低通、高通滤波器电路如图 2.2.65 所示。

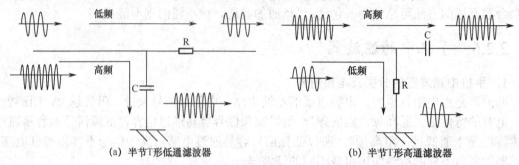

图 2.2.65 由 R、C 组成的半节 T 形滤波器

③ 由 R、C 组成的 π 形低通、高通滤波器电路如图 2.2.66 所示。

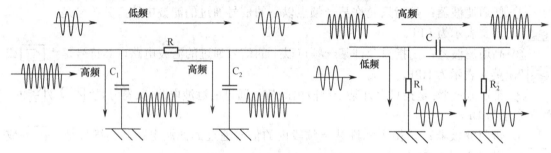

图 2.2.66 π 形低通、高通滤波器

从图 2.2.64～图 2.2.66 中可以看出，低频信号是指图中波形稀疏的信号，它们都是通过电阻 R 的，高频信号是指波形密集的信号，它们都是通过电容 C 的，这些 C 如果接地，那么就是滤波电容，所以该电路是低通滤波电路；如果高频信号通过电容 C，低频信号通过电阻 R 接地，这样的电路就是高通滤波电路。图 2.2.67 所示是 π 形、T 形高通、低通滤波器电

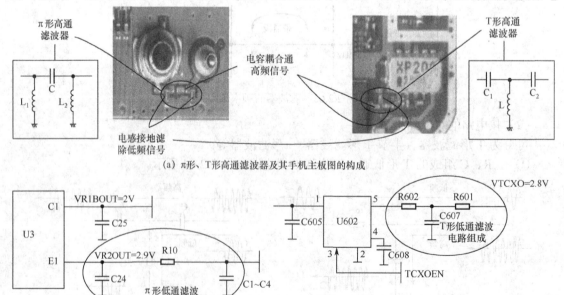

图 2.2.67 π 形、T 形高通、低通滤波器电路

路结构及其手机主板图的构成。RC 低通滤波器在手机频率合成电路中是必须有的，它主要滤除信号中的高频成分，防止高频成分对其他电路造成干扰；RC 高通滤波器在手机接收射频电路的高放输入电路中较为常用。

④ 由 L、C 组成的 T 形低通滤波、高通滤波、半节 T 形低通滤波、高通滤波器及 R、C 组成的 π 形低通、高通滤波与 R、C 组成的电路是相同的，只是把 RC 电路中的 R 换成了 L。

⑤ R、L、C（电阻、电感、电容）一起可组成多种功能电路，如图 2.2.68 所示的 RLC 低通滤波器，该电路用在手机的频率合成电路中，由 R161、C163、C165、R163、L161 等组成。

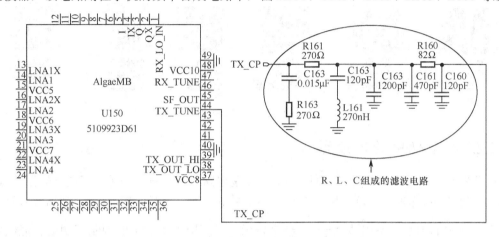

图 2.2.68　手机中 R、L、C 组成的低通滤波器

2. 手机中滤波器的外形及其组成结构

如图 2.2.69 所示为滤波器手机主板上的外形及其电路符号。

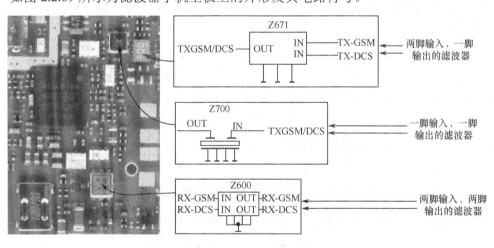

图 2.2.69　滤波器在手机主板上的外形及其电路符号

3. 手机中滤波器好坏的判断方法

手机中的滤波器一般不能用测试方法来判断好坏，因为其内部电路结构不同，有的是低通滤波器结构，有的是高通滤波器结构。如果是低通滤波器，测出来的是电阻值；如果是高通滤波器，测得的阻值应为无穷大，万用表显示为"1"。如果知道滤波器的内部结构，当然可以测量，否则只有通过代换法，根据故障变化来判断其好坏。比如，手机不能接收信号，根据电路分析，是滤波器损坏，更换后，手机能接收信号，说明原滤波器是坏的；如果更换

后手机仍无信号,说明原滤波器并没有损坏。当然,在手机维修中,更多使用的是短接法来判断滤波器的好坏,具体如图 2.2.70 所示,每个结构图对应一个实物图,实物图中的黑线就是短接线。实际维修中主要根据主板上滤波器的外接电路来分析其输入、输出引脚。

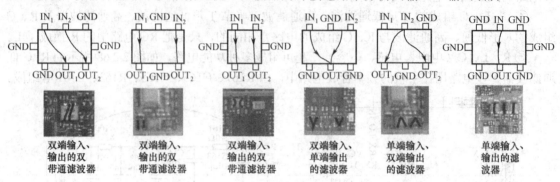

图 2.2.70　手机中常用滤波器的电路符号及外形

2.2.7　手机中的振荡器

振荡器是产生信号的电路或器件,如 LC 振荡电路、RLC 振荡电路、石英晶体振荡器等。振荡电路包括 LC 串联、并联电路,RLC 串联、并联电路,主时钟振荡器、实时时钟振荡器。振荡电路产生的中心频率用 $f_0 = \dfrac{1}{2\pi\sqrt{LC}}$ 来表示,主要用于手机中的调制解调器、混频器、耦合器、滤波器,这里重点讲解 RLC 振荡电路、石英晶体振荡器。

1. RLC 振荡电路

RLC 电路主要用来产生振荡频率,其电路结构主要有 RLC 串联电路、RLC 并联电路,如图 2.2.71 所示。

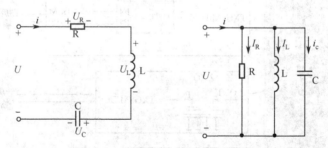

图 2.2.71　RLC 串、并联电路

当 RLC 电路呈阻性时,其电路产生谐振,谐振频率(即中心频率 f_0)的计算公式为

$$\varpi L = \frac{1}{\varpi C} \Rightarrow 2\pi f L = \frac{1}{2\pi f C} \Rightarrow f = \frac{1}{2\pi\sqrt{LC}}$$

若电路中已知电感、电容,就可以求出其通过的频率大小,这在手机电路分析中是常用的。比如手机的滤波电路,当电容一定时,电感量越大,通过的频率 f 就会越小,频率低的信号就容易被滤除,频率高的信号就传到下一级电路,起到了选频作用;反之,电感量越小,通过的频率 f 就越高,会产生高频信号被滤除,低频信号就传到下一级电路,也实现了选频滤波的作用,所以振荡电路产生的频率可以是一个范围,也可以是一个固定频率。频率范围常用于手机的滤波器,在一定范围内选择所需要的频率,滤除频率范围以外的干扰。

在手机接收与发射电路中,由此就会产生通频带的问题。

手机中的通频带现象,如图 2.2.72 所示,中心频率 f_0 =942.5MHz;f_0' 是 f_0 左边偏移的频率,称为向左频偏,明显是频率偏小;f_0'' 是 f_0 的右边偏移的频率,称为向右频偏,明显是频率偏大。无论是向左还是向右偏频,都会影响手机的接收或发射,使手机不能接听或者不能拨打电话。因此,必须保证接收或发射的频率在 $f_1 \sim f_2$

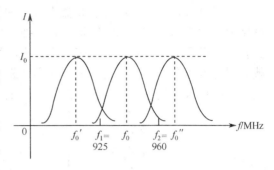

图 2.2.72 手机中的通频带、频偏现象

之间,手机才能正常接收或发射信号,$f_1 \sim f_2$ 的宽度就是通频带,可以用 BW 表示。

2. 手机中的石英晶体振荡器

由于 RLC 振荡器所产生的振荡频率不是很稳定,同时振荡频率都比较低,不能满足手机中高频信号的需要,所以需要石英晶体振荡器,它不但可以产生较高的信号频率,而且产生的频率非常稳定,具有抗外界干扰能力。

(1)什么是石英晶体

石英是 SiO_2 的化合物,其化学成分是 SiO_2,硬度大,只比金刚石小些,同时耐高温,受外界压力和温度的影响非常小。正因为石英有这样的特殊性质,所以在手机中常用。比如说,用手机打电话时,有时可以打出去,有时打不出去,这是有些元器件性能不稳定造成的。由于手机中元器件性能的要求非常高,信号要求也高,所以需要石英晶体振荡器来实现。

(2)手机中石英晶体的外形结构

天然石英是六棱状的结晶体,在进行加工时,石英晶体可以按不同的方位和角度切割成片状,称为石英晶片,如图 2.2.73(a)所示;切割方式不同、角度不同,晶片的性能也就不同,再在这些石英晶片的表面上涂上银层,装上一对金属板,引出两根电极引线,用外壳封装,就构成了石英晶体,如图 2.2.73(b)所示;封装外壳有的是金属的,有的是塑料的,也有的是玻璃的,手机中采用金属封装,如图 2.2.73(c)所示。

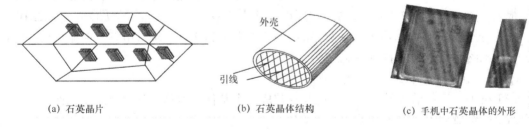

(a)石英晶片   (b)石英晶体结构   (c)手机中石英晶体的外形

图 2.2.73 石英晶片、石英晶体结构及其在手机中的外形

(3)石英晶片的压电效应

简单来说,压电就是压力产生电,或者电产生形变;具体来说,就是给石英晶片加上电压时,晶片就会产生形状变化,或者给晶片外力作用时,晶片就会产生电压,这种现象称为压电效应。切割后的石英晶片,在其两侧施加压力时,晶片两侧平面上就会出现数量相等的正、负电荷,即压力产生电;在其两端施加拉力时,也会在其两侧平面上出现数量相等的正、负电荷,即拉力产生电,只是方向正好与施加压力时相反,分别如图 2.2.74(a)、(b)所示。

给石英晶片两个电极加上直流电源 E 时，晶片就会产生形状的改变，比如压缩或者膨胀，分别如图 2.2.73（c）、（d）所示。就像弹簧压缩后又弹开一样，如果快速地压弹簧，那么弹簧就反弹得更快，就好像在振荡一样。也就是说，如果给晶片两个电极加上交流电源，晶片就会跟随电压变化，一会儿压缩，一会儿膨胀，好像弹簧的伸张和压缩一样，交流信号变化越快，晶片振荡就越快，这就是晶片的压电效应产生的效果。由此就可以制作石英谐振器。

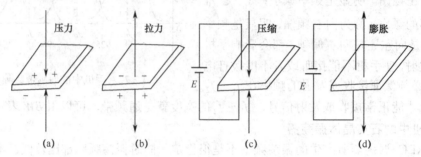

图 2.2.74 石英晶片的压电效应

（4）压电谐振和石英谐振器

① 压电谐振：在外加交流电源的频率等于晶片的固有频率时，晶片的振动幅度会急剧增大，并且比其他频率高得多。这种特性称为石英晶片的压电谐振。

② 石英谐振器：也称为石英晶体振荡器，简称石英晶振或晶振，实际上是在石英晶片的两个侧面喷涂金属，夹在一对金属极板之间，在金属极板上引出电极而构成的。图 2.2.75 所示为石英谐振器的符号和等效电路。

从图 2.2.74（b）可以看出，石英谐振器可以等效为一个 LC 谐振电路，它的 C_0 为两金属极板间形成的静态电容，其容量由晶片的几何尺寸、介电常数及极板面积决定，一般为几皮法至几十皮法；晶片振动时，机械振动的惯性用 L 来等效，其值约为几十毫亨到几百亨；晶片的弹性用 C 等效，一般仅为 0.002～0.1pF；晶片振动时因摩擦而形成的损耗用 R 等效，一般为几欧到几百欧。

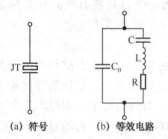

图 2.2.75 石英谐振器的符号和等效电路

因 L 很大，而 R、C 却很小，所以等效电路的品质因数 Q 值（$Q = \omega_0 L / R$）很大，可达 $10^4 \sim 10^6$，而一般由电感线圈组成的谐振回路的 Q 值不会达到几百，所以用石英谐振器组成的正弦波振荡电路可获得很高的频率及稳定度。

（5）手机中石英谐振器的应用举例

在手机中，石英谐振器基本上都已经封装成一个整体的器件，常称为晶振元件，它在手机电路中的组成如图 2.2.76 所示。

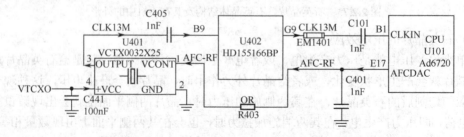

图 2.2.76 康佳 S905 多媒体功能手机中的石英谐振器

① 电路中各元件的作用。

U401：13MHz 时钟晶体振荡器，在手机中它的四个引脚是固定不变的，1 脚为 AFC 自动频率控制信号，电压为 1.2V；2 脚为接地端；3 脚为 13MHz 时钟信号输出端；4 脚为晶振供电端，一般为 2.8V。

U402：射频集成电路。

U101：中央处理器（CPU）。

C405：13MHz 时钟信号的耦合电容，如果开路手机无信号，可以短接该电容两端。

C441：晶振供电滤波电容，若短路，手机无信号，可以拆掉。

C101：13MHz 时钟信号的耦合电容，若开路手机不能开机，可以短接电容两端。

C401：AFC 自动频率滤波电容，若短路手机无信号，13MHz 频率不准，发生频偏无信号，可以拆掉。

R403：AFC 自动频率限幅电阻，与 C401 构成积分滤波器，若开路，13MHz 频率不准，频偏使手机无信号，可以短接。

② 电路工作原理：当手机按下开机键后，电源给石英晶振的 4 脚提供一个时钟供电电压 VTCXO2.8V，这时晶振开始振荡，在 1 脚 AFC 自动频率的控制作用下，产生标准的 13MHz 主时钟信号从晶振的 3 脚输出，经耦合电容 C405 耦合到射频集成电路 U402 的 B9 脚作为射频的参考时钟，这里就是利用该时钟频率的稳定性和准确性，作为参考频率。13MHz 信号频率送到射频 IC 后，一部分经放大后从其 G9 脚输出，经耦合电容 C101 送到 CPU 的 B1 脚，作为手机开机的主时钟和音频取样时钟，在 CPU 内部经比较后从 E17 脚输出 AFC 自动频率控制信号，来控制其晶振的振荡频率，使之准确稳定地输出，完成整个时钟的工作过程。

（6）如何判断手机中石英谐振器的好坏

由于石英谐振器的内部是一个 LC 谐振电路，所以不能用万用表单独测量它的好坏，只能工作时通过示波器测量输出波形来确定它的好坏。比如，13MHz 晶振的输出端应能测到有 13MHz 正弦波信号；26MHz 晶振应能测出 26MHz 正弦波信号；32kHz 晶振应能测出 32kHz 正弦波信号。图 2.2.77 所示是用示波器探头测量 13MHz 石英晶体的波形，它是一个正弦波。这在手机维修中经常要用到，可以通过测量 13MHz 的正常与否来判断手机是否可以正常开机。

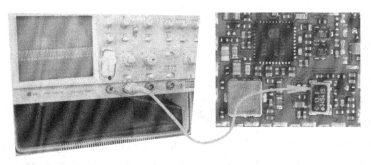

图 2.2.77　石英谐振器的测量

3. 手机中的压控振荡器（VCO）

简单来说，压控振荡器就是用电压来控制的振荡器，简称压控振荡器，英文用 VCO（Voltage Control Oscillator）表示；具体来说，是手机中的高频振荡器除了固定不变的频率之外,还有一些随外加直流或交流电压控制而快速改变频率的振荡器,称为压控振荡器,它可以是 LC 振荡器,也可以是石英晶体型振荡器。

简而言之,VCO 就是用变容二极管中电容的充放电来改变振荡器的振荡频率。当然,它的控制特性是由变容二极管本身的电容特性以及回路的耦合程度来决定的。图 2.2.78 所示是变容二极管的等效电路及其容压特性曲线。

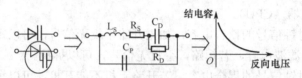

图 2.2.78 变容二极管的等效电路及其容压特性曲线

图 2.2.78 中,C_D 是 PN 结电容;R_S 是串联电阻,它与所用的材料、结面积的大小有关,一般为几欧;L_S 是引线电感;C_P 是管壳电容;R_D 是 PN 结反向电阻。变容二极管可根据工作频段、控制电压最大值、工作频率变化范围以及主要用途等要求来选用。

变容二极管在手机中的应用非常广泛,而且是一个非常重要的元件,因为它能自动控制频率的产生及稳定性。根据它的容压特性,如果给它加上不同的控制电压,它的电容量就会发生改变,使其构成的振荡电路频率发生改变,从而稳定电路的振荡频率。

(1) 手机中压控振荡器(VCO)的组成电路

图 2.2.79 所示为联想 E368 手机 13MHz 主时钟信号振荡电路。图中各组成部分具体如下。

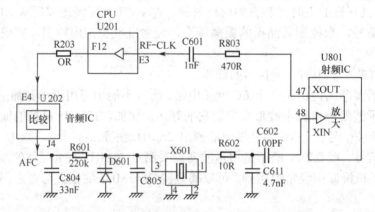

图 2.2.79 联想 E368 手机 13MHz 主时钟信号振荡电路

U801:射频 IC。

U201:微处理器。

U202:音频 IC。

X601:石英谐振器,它的 3 脚是接到电压控制端的,通过外加电压的变化其晶体振荡频率就会发生改变。

D601:变容二极管,控制电压就是通过改变它的结电容来改变石英晶体的振荡频率。

R601、C804、C805:构成控制电压电路的低通滤波器,滤除电路中的高频分量。

R602、C602、C611:构成耦合滤波电路,滤除一些干扰杂波分量。

R803、C601、R203:都是耦合元件,这些元件两端的信号是相同的。

(2) 手机中压控振荡器(VCO)的工作原理

由石英晶体 X601 的特性可知,它会因电压的改变而发生机械形状的变化,所以在手机刚加电工作时，该晶体 3 脚有一个电压输入，晶体开始振荡工作，产生一个 13MHz 时钟振荡信号，经 R602、C602、C611 构成的耦合滤波电路后，送到射频 IC 里边，经放大后一部分作为射频的参考时钟，另一部分送到 CPU 的 E13 脚，在内部进行幅度放大后作为手机开机的主时钟，并由 CPU 的 F12 脚输出到音频 IC 的 E4 脚输入，经内部电路比较后，产生一个自动频率控制 AFC 电压，经 R601、C804、C805 构成的低通滤波器得到一个变化较小的电压（一般为 1.2V）到 D601 变容二极管的结电容端，根据容压特性可得到一个微小变化的信号频率加到 X601，于是改变了石英晶体的振荡频率，使电路稳定工作。

2.2.8 手机中的贴片集成电路（IC）

1. 集成电路的概念

电路组成有两种结构：一种是分立元器件结构；另一种是集成结构。由电阻、电容、电感、半导体二极管、三极管、场效应管等按一定要求独立连接成的电路，称为分立元器件电路；分立元器件占用面积大、成本高，随着电子技术的不断发展，将这些电阻、电容、半导体二极管、三极管、场效应管及导线组成的整个电路集成在一块硅片上，且不能分割这种固体电路称为集成电路，简称 IC 或者芯片。

2. 集成电路的特点

自从有了集成电路后，更多电子产品由大体积变成小体积，为设计、制造、检测、使用、维修等都带来极大的方便，具有体积小、质量轻、成本低、功耗低、可靠性高、容量大、规模大等特点。

在集成电路中，对电阻来说，一般集成阻值在几十欧到几十千欧之间，若需要较大的电阻，多采用集成晶体管来代替；对电容来说，一般集成小容量（几十微微法）及以下的电容；对电感来说，一般集成电感量很小、作为耦合的电感，大电感以及升压作用的电感不能集成，因为电感中要产生较大的电流磁场，发热量大。当然，集成电路一般是采用直接耦合方式来完成电路的工作的。集成电路中集成的二极管一般是将三极管的基极与集电极短路和发射极构成；集成的三极管一般是硅平面型三极管，由于它的功耗低、放大系数高，便于集成。正是因为集成电路的这些优越特点，使得电子产品的体积越来越小、功能越来越强、精度越来越高，所以被广泛使用。

3. 集成电路的分类及外形结构

（1）按集成封装方式分

有直插式封装和平面型封装。直插式封装又分为双列直插式和四列直插式；平面型封装又分为外引脚平面型和内引脚平面型（BGA）封装；外引脚平面型又分为小外形封装（SOP）和四方扁平封装（QFP）。手机电路中都采用平面型外引脚和内引脚（BGA）封装形式，原因是体积小，易于安装。

① 直插式封装及引脚排列方式。如图 2.2.80 所示，它的外形特点是 IC 表面上有一个圆形或者有一端中间有一个缺口标记。在标记该 IC 引脚时要以这个圆形或中间缺口标记为准，圆形标记或者缺口左下角为第 1 脚，逆时针方向按顺序依次是 2 脚、3 脚、4 脚、5 脚、…。这种封装形式的集成电路主要用于一般电子产品中，手机中没有这种 IC，因为手机主板是多层电路（也就是在板的中间还有电路，有 3～4 层），不像一般电子产品只是单面板。

② 外引脚扁平集成 IC 封装方式。如图 2.2.81 所示，这种封装方式的集成 IC 主要用于手机中的电源电路、电子开关、频率合成电路、功率放大器、CPU、中频电路、蓝牙电路、

GPS 电路、WiFi 电路等，以及其他较为细小、精度要求高的电子产品中。其引脚都排列在两边或者四周，从左下角的一个小圈或者一个小坑位置开始计数，同样是沿逆时针方向依次为1脚、2脚、3脚、4脚、5脚、……。

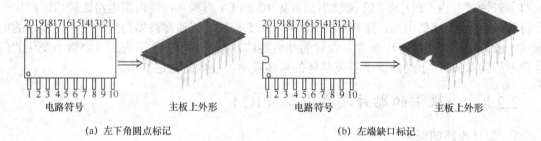

(a) 左下角圆点标记　　　　　　　　　(b) 左端缺口标记

图 2.2.80　双列直插式封装及引脚排列

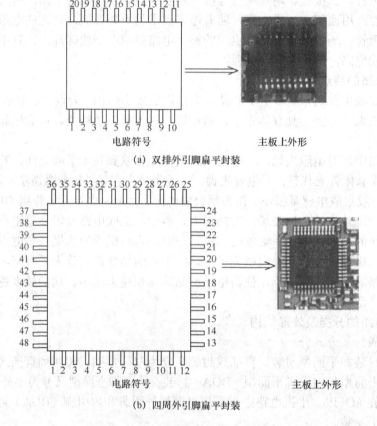

(a) 双排外引脚扁平封装

(b) 四周外引脚扁平封装

图 2.2.81　外引脚扁平封装及引脚排列

③ 球栅型内引脚封装方式（简称 BGA 封装）。如图 2.2.82 所示，BGA 是一个多层封装，引脚在芯片的底部，按阵列形式排列，且不用引脚而用植锡球，整个底部直接与 PCB 连接，因此称为内引脚，引脚数目很多，远远超过了外引脚 IC。由于芯片周围的引脚消失，既缩小了在 PCB 上安装的面积，从而使手机体积随之缩小，又减小了封装厚度，可节省主板上 70% 的占位。BGA 封装 IC 是目前手机生产中使用最多的，特别是大规模集成逻辑电路（LOG）均采用了这种封装，不过给维修者带来了一定难度，因此需要熟练掌握其焊接技术。这种 BGA IC 的植锡有专用植锡工具，只要下工夫练习，都是可以掌握的。

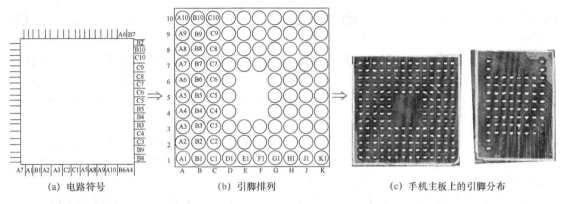

(a) 电路符号　　　　(b) 引脚排列　　　　(c) 手机主板上的引脚分布

图 2.2.82　球栅型内引脚（BGA）封装

从图 2.2.82 中可以看到，BGA 封装 IC 在电路图中的符号和其他外引脚 IC 是一样的，不过引脚序号不只是 1、2、3、4、…，而是用大写英文字母 A、B、C、D、E、F、G、H、J、K、L、M、N、P、Q、R、S、T、U、V、W、X、Y、Z（其中 I、O 没有作为引脚标示）和数字 1、2、3、4、…进行组合来标示的，分别是 A1、A2、A3、…，B1、B2、B3、…，C1、C2、C3、…，或者双层芯片引脚 AA1、AA2、AA3、AA4、…，AB1、AB2、AB3、AB4、…，AC1、AC2、AC3、AC4、…。

④ 手机维修中 BGA 引脚方向的判断。很多维修人员在维修时，总是快速地用热风枪把 IC 拆下来，而忘了 IC 引脚在主板上的方向，导致植锡后不知道怎么安装，给维修带来了不必要的麻烦，所以在吹焊 BGA IC 时一定要记住方向，一般选择一个 IC 周围的大元器件作为参考点，记住 IC 上的型号与它是正对、斜对还是反向的，这样安装时就不会弄错。很多维修人员都会遇到一个相同的难题，那就是到底 IC 的 A1、A2、A3、…从哪一个方向开始数？有以下几种方法，如图 2.2.83 所示。

图 2.2.83　判断 BGA IC 引脚 A1 的方法

A. 先看 IC 上有没有一个小坑，如果有，就可以从这个小坑左下角开始数，依次为 A1、A2、A3、…。

B. 看 IC 上的型号标记，一般可以把型号标记字体正面向着自己，左下角依次为 A1、A2、A3、…。

C. 看 IC 的某一个角上是否有一个 "⌐" 这样的标记，如果有，就可以从这里数，依次为 A1、A2、A3、…。

D. 根据原理图，看外围元器件连到哪一个引脚，然后测几个引脚就可以判断它的方向了。

（2）按集成功能作用来分

有模拟集成电路和数字集成电路。模拟集成电路又有线性集成电路和非线性集成电路，线性集成电路是对输入信号进行线性放大，主要有集成运算放大器、手机中集成功率放大器

（简称功放）、音频放大器等；非线性集成电路包括集成电压比较器、集成乘法器、集成模拟开关等。

在手机中，由于功能较多，常常是模拟与数字集成的混合，如电源集成 IC、中频 IC、和弦音乐 IC、摄像 IC、中央处理器、存储 IC、蓝牙 IC、多媒体 IC、GPS IC 等，都是根据 IC 在电路里的功能作用来区分的，具体功能将在后面章节中讲解。

4．判断集成电路的好坏

判断集成电路的好坏，不是简单的仪器可以完成的，在手机维修中一般采用代换法来确定。假如手机不开机，判断与不开机相关的元件，一般是电源 IC 损坏，于是更换，若手机可以开机，说明原来的电源 IC 已损坏，否则就是好的。

集成电路在手机中损坏的现象有以下三种：一是虚焊，此现象一般在摔坏的手机中较为多见，维修方法就是将它用热风枪加焊或吹下来，重新植锡再装上去即可；二是引脚短路或漏电，一般是手机进水了，引脚之间因水分引起发霉而短路或者漏电，维修方法是将 IC 取下来，清洗手机主板，重新植锡再装上去；三是内部短路或开路，一般是 IC 本身因时间长而老化引起的，或是因外界电压过高而损坏，维修方法是更换。

本 章 小 结

1．通过手机元器件的学习，掌握了手机电路中贴片电阻、电容、电感元件的外形结构、电路符号、在电路中的作用、好坏的检测判断、损坏后的维修处理等。

2．通过本章节学习，重点掌握二极管、三极管、耦合器、滤波器、振荡器、集成电路在手机电路中的外形结构、电路符号、电路中的作用、好坏检测方法及其故障维修方法等知识，更重要的是掌握集成电路的工作条件、内部集成电路的分析方法等知识。

3．通过本章学习，还需要掌握手机电路中元器件的故障现象。比如，三极管在手机电路中的放大作用，需要什么条件，需要如何理解放大的实际意义等。通过这样的思路对元器件知识进行理解，提高问题的综合分析能力，熟练掌握手机维修中的数字万用表的使用方法。

习 题 2

2.1 手机电路中电阻外形中部颜色有_____、_____、_____三种，都采用_____方式安装。

2.2 如果手机电路中的电阻符号数值标示为 $\frac{R}{220V}$，那么这个电阻的阻值为_____Ω；如果标示为 $\frac{}{2R2}$，那么这个电阻阻值为_____Ω；如果标示为 $\frac{}{.22}$，那么这个电阻阻值为_____Ω。

2.3 手机电路中，电阻元件的检测方法有哪两种？请分别举例说明检测步骤。

2.4 手机电路中，如何判断电阻是限流电阻？如果该电阻损坏，应采用什么方法进行维修处理？

2.5 在手机电路中，电容元件最常用的参数单位是_____、_____、_____。

2.6 手机电路中，按电容结构分类，可将电容分为_____、_____、两种类型，其外形颜色分别是_____、_____。它们均采用_____安装方式。

2.7 手机电路中，电容元件的主要作用有_____、_____、_____等，应该如何判断？

2.8 电容元件在电路中的损坏现象有哪几种？如何检测电容元件的好坏？电容具有什么特性？

2.9 手机中电感元件的外形颜色有_____、_____、_____、_____四种，均采用_____安装方式。

2.10 手机电路中，电感元件的主要作用有_____、_____、_____、_____、_____等，应该如何判断？

2.11 电感元件在电路中的损坏现象有哪几种？如何检测电感元件的好坏？电感具有什么特性？

2.12 手机电路中，二极管的外形是_____，与电阻元件外形的区别是_____。

2.13 二极管在电路中具有什么特性？什么是二极管的正偏和反偏？

2.14 在手机主板上，如何判断二极管的正极 P 端、负极 N 端？

2.15 手机中电路中，二极管主要有_____、_____、_____、_____等作用。如何检测二极管的好坏？

2.16 请画出贴片安装方式三极管外形的两种结构，并标示三个电极。

2.17 三极管主要有_____、_____两种类型，应该如何区分？

2.18 请详细说明如何检测手机中贴片三极管的好坏。

2.19 三极管在电路中主要起放大和开关作用，其中起放大作用时，电路必须满足什么条件？

2.20 什么是三极管放大电路的正偏、反偏？

2.21 场效应管有六种类型，请分别画出它们的电路原理表示符号。

2.22 什么是耦合？在手机电路中，有哪几种耦合方式？

2.23 如何检测判断手机电路中耦合器的好坏？

2.24 在手机维修中，应该如何判断滤波器的好坏？如果损坏，通常用什么方法进行维修？

2.25 画出手机中石英晶振的电路符号，并画出石英晶振在主板上的外形及其引脚标示，并说明石英晶振输出信号的检测方法。

2.26 手机中常用的集成电路有两种，分别是_____、_____。

2.27 手机维修中，BGA 芯片引脚非常密集，数量庞大，应该如何定位 BGA 芯片的引脚序号？并说明如何判断集成芯片的好坏。

本章实训　手机元器件认识及检测

一、实训目的

1. 认识贴片电阻、电容、电感元件的结构。
2. 认识贴片二极管、三极管、场效应管、滤波器、耦合器、振荡器、集成电路等器件的结构。

3. 熟练使用数字万用表检测贴片电阻、电容、电感元件。

4. 熟练使用数字万用表检测贴片二极管、三极管。

二、实训器材及材料

1. 普通手机多部，诺基亚、三星、苹果智能手机多部（也可以是学生自用的手机）。

2. 普通手机主板、智能手机主板。

3. 数字万用表 1 台。

三、实训内容

1. 根据电路原理图标示，检测贴片电阻元件阻值，需要采用开路测量和在路测量两种方式，并记录测试参数。

2. 根据电路原理图标示，检测贴片电容元件，需要采用开路测量和在路测量两种方式，并记录测试参数。

3. 使用数字万用表蜂鸣挡检测手机中的电感元件，只需在路测量即可，并记录测试参数。

4. 使用数字万用表检测手机中的贴片二极管、三极管，并记录二极管的开启电压数值，判断三极管属于何种材料组成，以及属于何种类型。

5. 认识手机中的耦合器、滤波器，分辨其外接电路的连接方式。

6. 认识石英谐振器的结构，其中 1 脚为自动频率控制 AFC（电压幅值为 1.2V），2 脚为接地端，3 脚为时钟信号输出端（用示波器检测有标准正弦波形），4 脚为时钟晶振供电端（幅值为 2.8V）。

7. 认识手机不同的集成电路类型，掌握其安装方式及安装方向，掌握引脚排列序号的标示方法，分别以一个 QFP、BGA 芯片完成标示。

四、实训报告

1. 通过对手机贴片元器件的认识，掌握手机贴片元器件的安装方式，了解高科技电子产品新技术。

2. 通过对手机贴片元器件的检测，熟练使用数字万用表的检测功能，以及贴片元器件的好坏判断方法。

3. 通过手机集成电路的认识，掌握手机中集成电路的安装方式，及其 BGA 大规模集成与双层芯片的引脚排列与安装方法。

第 3 章　手机维修焊接工具及元器件拆装

手机维修除了掌握最基本的元器件外，还需要掌握维修中常用焊接工具的使用。焊接技术是手机维修中的基本技术，必须熟练掌握。本章主要介绍手机维修基本工具和焊接工具，以及手机维修中元器件的拆装方法。其中，基本工具主要介绍镊子、植锡台、植锡网，防静电设备，螺丝刀，手术刀，吸锡带，无感拆机工具，带灯放大镜，超声波清洗器，常用助焊剂、阻焊剂、清洗剂以及苹果手机吸盘的使用等；焊接工具主要介绍手机维修中的电烙铁和普通热风枪及旋转风热风枪的使用方法，包括使用电烙铁拆焊贴片电阻元件、电容元件、电感元件、二极管、三极管、场效应管、滤波器、耦合器、振动器、BGA 芯片及其他 SIM 卡座、屏蔽罩、内联座接口、耳机接口、USB 通信接口、摄像头接口、振子、多媒体卡接口、电池接口、显示屏接口、飞线等的技巧，重点掌握 BGA 芯片及双层芯片的拆装、植锡方法。

3.1　手机维修工具介绍

基本工具与焊接工具均是手机维修技术必须掌握的，是本节学习的重点内容，包括镊子、植锡台、植锡网、防静电设备、螺丝刀、手术刀、吸锡带、无感拆机工具、带灯放大镜、超声波清洗器、苹果手机吸盘等。本节介绍这些基本工具的类型与功能，以及常用助焊剂、阻焊剂、清洗剂等焊剂的使用等知识。

3.1.1　手机维修基本工具及焊剂

1. 镊子

手机维修中常用的镊子外形有直型和弯型，两种类型都是常用的，可根据维修人员自身的习惯进行选择，如图 3.1.1 所示。手机维修中，镊子主要用来拾取小元器件和焊接时固定小元器件以及帮助散热等。

2. 植锡台、植锡网

植锡台主要用来固定手机主板，以保证稳定拆装主板上的元器件，如图 3.1.2 所示。植锡网是常用的植锡工具，主要用来对球栅格阵列 BGA 芯片进行植锡。植锡网有多种类型，选择时主要看网孔种类，越多越好，因为现在手机芯片的，引脚分布多种多样，如图 3.1.3 所示。从数字手机开始，主要集成电路都采用 BGA 封装，由于 BGA 封装特点，手机故障中，较多是由于 BGA 封装 IC 损坏或虚焊导致的，BGA 封装 IC 的拆装就显得非常重要。对手机维修人员来说，是不得不掌握的新技术。具体焊接技巧将在介绍热风枪使用时详细讲解。

 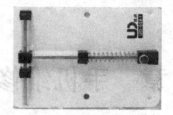

图 3.1.1　手机维修常用的镊子　　　　图 3.1.2　手机维修中的植锡台

3. 防静电设备

防静电设备是放在维修工作台上的橡胶垫，如图 3.1.4 所示。它既可以防元器件滑落，也可以防止静电的干扰；还有就是防静电工作服、手套，防止手机元器件因静电而击穿损坏。

图 3.1.3　植锡网　　　　　　　　图 3.1.4　防静电橡胶垫

4. 螺丝刀的种类

手机维修中常用的螺丝刀有多种，最常用的是一字、十字及 T 系列梅花型螺丝刀。其中，T 系列梅花型常用的有 T4、T5、T6 等型号。螺丝刀的常用类型如图 3.1.5 所示，市场一般有套装或单个销售，购买时一定要注意螺丝刀是无感带磁性的，要有 DIN 工业标准质量鉴定，即材质必须是 S2 合金锣钼钢，硬度是 HRC58.62，目前符合该标准的生产厂有思麦特、卓越、威必克等。

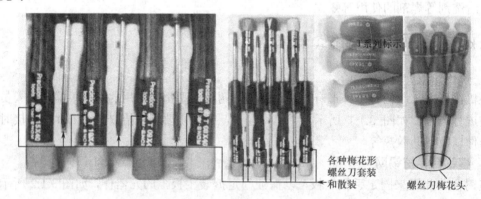

图 3.1.5　手机维修中的常用螺丝刀

5. 手术刀、吸锡带

手机维修中也常用医用手术刀来刮胶和去除元器件上的氧化物等，如图 3.1.6（a）所示。手术刀主要用来刮去导线和元器件引线上的脏物，还用于 BGA 芯片的除胶（刮胶），使之易于上锡。吸锡带主要用于外引脚集成电路的拆焊，在早期的手机维修中经常使用，如图 3.1.6（b）所示，而现在大多数手机都是内引脚 BGA 封装形式，已很少使用，

(a) 手术刀　　　　　　　　　(b) 吸锡带

图 3.1.6　手机维修中的手术刀、吸锡带

6．无感拆机工具

无感拆机工具就是用橡胶制作的，有高强度绝缘的硬体工具，常用的有无感夹具和前面所讲的无感螺丝刀等，如图 3.1.7 所示，主要用于拆卸手机。手机外壳有很多不是用螺钉、螺母连接的，而是直接用两个外壳扣合，拆机时不能用金属螺丝刀来拆开外壳，而需要用无感橡胶拆机工具来完成，否则会损坏手机外壳。

7．带灯放大镜

带灯放大镜就像平时家用的台灯一样，不同之处是在台灯光圈支架上装有一个放大镜。手机维修使用带灯放大镜是很有必要的，因为手机主板很小，元器件也很小，而且排列非常紧密，所以在进行手机维修时，使用带灯放大镜可以清楚地看见腐蚀的元器件或者短路、断路、发霉等故障点，如图 3.1.8 所示的放大镜头。

图 3.1.7　无感专用拆机工具

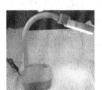 

图 3.1.8　带灯放大镜及放大镜头

8．超声波清洗器

超声波清洗器有多种类型，有思麦特系列、德森系列、天目系列、宝工系列，常用的是天目和思麦特系列清洗器，如图 3.1.9 所示。超声波清洗器主要用于清洗进水后发霉和有污渍或长时间使用而脏污的手机主板。使用时，将脏污的手机主板放入超声波清洗器，再倒入天那水，插上电源进行清洗，清洗后必须用热风枪吹干，手机才能加电开机，否则不能看清楚手机主板上虚焊、短路、断路、漏掉的元器件。使用结束后，要将其断电，同时把其中的天那水倒掉。

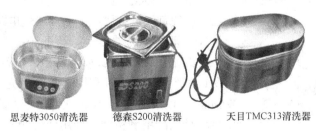

思麦特3050清洗器　　　德森S200清洗器　　　天目TMC313清洗器

图 3.1.9　超声波清洗器

9. 常用助焊剂、阻焊剂、松香

助焊剂是焊接时常用的辅料，主要有焊宝乐、焊锡膏、松香等；绿油是常用的阻焊剂，如图 3.1.10 所示。助焊剂的作用是帮助焊接，并在焊接加热时包围金属的表面，使之和空气隔绝，防止金属在加热时氧化，可降低焊锡的表面张力，有利于焊锡的湿润，会使元器件焊点光滑，而且不易使主板损坏。如果没有助焊剂，焊点不易焊好，易导致元器件虚焊。常用的助焊剂是天目公司的"焊宝乐"，呈类似黄油的软膏状，助焊效果极好，对 IC 和 PCB 没有腐蚀性。

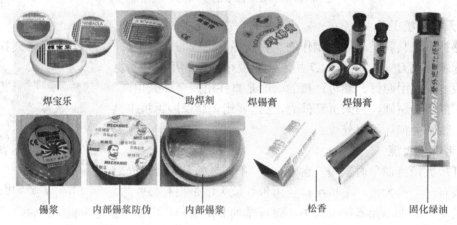

图 3.1.10 助焊剂与阻焊剂

锡浆是一种焊接剂，购买时要选用瓶装的进口锡浆，常用的是香港维修佬公司产品，颗粒细腻均匀，稠度适宜。应急使用时，锡浆也可自制，即将熔点较低的普通焊锡丝用热风枪熔化成块，用细砂轮磨成粉末状，然后用适量助焊剂搅拌均匀后使用。锡（Sn）是一种质地柔软、延展性大的银白色金属，熔点为 232℃，在常温下化学性能稳定，不易氧化，不失金属光泽，抗腐蚀能力强，它能使元器件引线与印制电路板的连接点连接在一起。铅（Pb）是一种较软的浅青白色金属，熔点为 327℃，高纯度的铅耐腐蚀能力也很强，化学稳定性好，但对人体有害。在焊锡中加入少量的铅和其他金属，就可以制成熔点低、流动性好、对元器件和导线附着力强、机械强度高、导电性好、不易氧化、抗腐蚀性好、焊点光亮美观的焊料。

阻焊剂是"绿油"，也就是印制电路板上绿色的绝缘层，如果被破坏，焊锡就会使铜箔之间短路或者虚焊。因此，如果遇到线路板焊盘绝缘漆脱落，可以用绿油来补救。绿油的作用是限制焊料只能在需要的焊点上进行焊接，把不需要焊的印制电路板板面部分或者大片的板面覆盖起来，保护面板使其在焊接时受到的热冲击小，不易起泡。同时，还可防止主板上元器件的短路、虚焊、开路等，常用于手机 BGA IC 焊盘掉点的阻焊。

使用焊剂时，必须根据被焊接元器件的面积大小适量应用，用量过少会影响焊接质量；用量过多，焊剂残渣会腐蚀元器件或使电路板绝缘性能变差。

10. 清洗剂的种类

清洗剂主要有天那水、酒精、清洁剂、洗板水等，如图 3.1.11 所示。天那水常用来清洗手机主板，但不能清洗橡胶物品。因为天那水具有腐蚀性，所以清洗手机外壳、按键、显示屏时只能用酒精或者专用清洗剂。

图 3.1.11 手机维修中常用的清洗剂

天那水对松香、助焊剂等有极好的溶解性，主要用于清洗手机主板长久使用引起的发霉。酒精主要用来清洗手机主板、键盘或其他有脏污的地方，一般采用工业酒精。清洗剂在市场上有很多品牌，质量好的有思麦特、维修佬、卓越公司、飞利浦等，购买时要认准商标，以防买到假冒或劣质产品。

11．苹果手机吸盘

吸盘主要是针对目前苹果 2G、3G 手机而言的，用于拆卸显示屏，如图 3.1.12 所示。操作时，首先卸下苹果手机机身下部的两颗螺钉，把吸盘吸在手机下部，然后慢慢提起，注意不要拔得太用力，以免连排线一起拔断，卸下吸盘，翻开屏幕，拆除排线可完成屏幕拆卸。

图 3.1.12　苹果手机吸盘

3.1.2　手机维修焊接工具

1．电烙铁

（1）手机维修中烙铁的选用

电烙铁分外热式、内热式、调温式、双调温式、恒温式，有的带数显，有的不带数显。电烙铁主要由电烙铁头、发热芯子、外壳手柄、电源线等组成。其中易坏的是发热芯子，损坏更换即可。发热芯子实际上是电阻丝，其长度和材料不同，功率也就不同，如图 3.1.13 所示。手机维修中常选用天目、安泰信、思麦特、速工、卓越、亨科系列普通电烙铁和调恒温电烙铁。普通内热式电烙铁的功率一般为 15W、20W、25W、30W、40W、50W 等，通常选用 25W 或 30W，具有质量轻、体积小、发热快和省电等优点，适合焊接小型电子元器件、BGA 引脚焊盘、外引脚集成电路焊点及引脚处理。

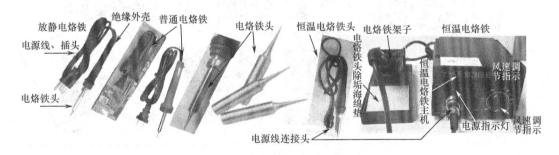

图 3.1.13　手机维修常用的电烙铁

（2）手机维修中电烙铁的使用

普通内热式电烙铁头温度是不能改变的，要想提高烙铁头温度，只有更换大功率电烙铁。而调温式电烙铁内部附加有一个晶闸管调节的功率控制器，烙铁头温度是可以调节的，功率最大是 60W，使用时可改变输入功率来控制温度为 100～400℃ 的范围。普通电烙铁的使用方法非常重要，新购买的电烙铁在使用前必须进行加工处理，其方法是将电烙铁通电，用木工用的细砂纸或者小锉刀将正在加热的电烙铁头表面的氧化层去掉，一边去除一边将其放在助焊剂松香中，当发热熔化时，再将电烙铁头尖部放在锡浆中上锡，使尖部都沾上一层光亮的焊锡，此时将尖部向下，有焊锡自然滴下，说明已上锡完全，马上拔掉电源插头，等待冷却后使用，此时电烙铁会非常好用，很容易上锡。

焊接时，将电烙铁通电等待几分钟，分别将温度调节为200℃、250℃、300℃、350℃、400℃、450℃去触及松香和焊锡，观察电烙铁的温度情况。达到可焊接温度时，先在被焊元器件的焊点加上小点助焊剂，如松香或焊锡膏，再把焊盘和元器件引脚用细砂纸打磨干净，涂上助焊剂，然后用电烙铁头蘸取适量焊锡接触焊点，待焊点上的焊锡全部熔化到整个焊点后，将电烙铁头沿着元器件引脚轻轻往上拖离焊点。若看起来是很光滑的焊点，说明元器件已经焊好。焊接时间不宜过长，一般每个焊点在1.5~4s内完成，否则容易因过热而损坏元器件，必要时可用镊子夹住引脚帮助散热。焊接后，焊点应呈正弦波峰形状，表面应光亮圆滑，无锡刺，锡量要适中。

（3）手机维修中电烙铁的保养技巧

电烙铁完成焊接后，要用酒精把线路板上残余的助焊剂清洗干净，以防碳化后的助焊剂影响电路正常工作。在使用完电烙铁后，一定要在余热时将电烙铁头尖部黑色污垢用加水的海绵垫擦干净，再上锡，起到保护尖部的作用，这样电烙铁头就不会被腐蚀，可持久耐用。电烙铁使用空闲期间一定要放在电烙铁架上，以防烫伤自己或他人；使用结束后要拔掉电源，不要长时间通电，否则既损坏电烙铁头，又耗电。

2．热风枪

（1）热风枪的种类

热风枪是一种用来拆卸、焊接贴片元器件和贴片集成电路的必备工具。热风枪的种类繁多，生产厂家也很多，有带数显的，有不带数显的，如图3.1.14所示。

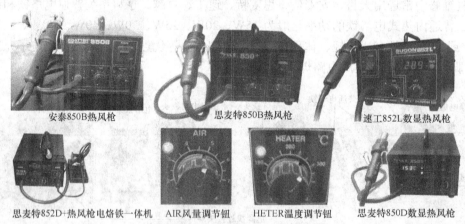

图3.1.14 热风枪的外观

（2）手机维修中热风枪的功能与焊接

无论是什么类型的热风枪，其基本结构和功能都一样。焊接是用焊锡将电路中的元器件或线路按一定要求连接起来的方法，分为拖焊、点焊和风焊。拖焊常用于焊接外引脚集成电路，是将焊锡用电烙铁一边加热，一边沿着集成电路引脚拖动的焊接方法。拖焊时，手机主板一定要呈40°~60°倾斜，方便焊锡向下流动。点焊是用电烙铁在主板元器件上一个点一个点地焊接的方法，其焊接方法稳定，焊接质量很高。风焊是用热风枪焊接贴片元器件的方法，是手机维修中最重要的方法。

(3) 手机维修中的无铅焊接技术

手机维修中,用高熔点的无铅焊料对手机中的贴片元器件进行焊接的方法,称为无铅焊接技术。需要注意的是,无铅焊料的熔点非常重要,熔点的高低决定了手机维修时调节热风枪温度的范围,一般调到300~400℃高温吹焊。无铅焊接需要使用风速均匀旋转的热风枪进行焊接,比如快克858D型热风枪,其焊接质量、湿润强度、湿润速度、稳定性都较好。

(4) 热风枪的面板功能及选购

热风枪主要由气泵、线性电路板、气流稳定器、外壳、手柄等组成,其面板功能标示如图3.1.15所示。

性能较好的安泰信和思麦特850、850D、850D+或快克858D热风枪,具有噪声小,气流、风量、热量均匀稳

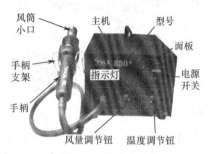

图3.1.15 热风枪的功能标示

定的特点;手柄组件采用消除静电材料制造,可以有效防止静电干扰。热风枪的热风筒上可以装配各种不同的热风嘴,用于拆除不同尺寸、不同封装形式的芯片。

(5) 热风枪在焊接前的准备工作

将热风枪风嘴头安装在手柄风口上,接上电源,打开电源开关,在热风枪风口前10cm处放置一纸条,调节风量至2~4挡,观察风力情况到适当风量;调节温度为200~350℃,观察温度情况到适当温度。

调节完毕后,关闭热风枪电源开关,此时热风枪将继续向外喷气,当喷气结束后再将热风枪的电源插头拔下。

3.2 手机中贴片元器件的拆装技巧

表面贴片式安装技术(SMT)已经成为现代智能手机或其他电子产品的常规技术,掌握贴片元器件的拆装技术已是手机维修及其他电子产品维修必须掌握的。本节重点讲解使用调温电烙铁和热风枪进行贴片元器件及BGA芯片等的拆装技术,BGA芯片拆装技术既是重点也是难点,必须加强实践训练,才能真正掌握。

3.2.1 手机中贴片小元器件的拆装技巧

1. 使用电烙铁拆焊贴片小元器件

贴片元器件包括电阻、电容、电感、二极管、三极管、场效应管、滤波器、耦合器、振动器、集成电路等。贴片小元器件在工厂生产时,不论是采用自动化安装还是人工安装,都严格按照点胶→贴片→热固化→焊接的工艺顺序,大密度地贴焊在印制电路板的焊盘上,因此,在维修拆卸或焊接时,应采用25W左右电烙铁,电烙铁头尖端要小,尖端温度应保持在240℃左右。

贴片小元器件的拆焊方法有两种,一种是电烙铁焊接,另一种是热风枪焊接。焊接贴片小元器件时,最好用恒温电烙铁,若使用普通电烙铁,其金属外壳应接地,以防感应电压损坏贴片小元器件。因贴片小元器件体积小,电烙铁头需要采用尖形的。焊接时要注意保持电烙铁头的清洁;焊接时间要短,一般不超过10s,待焊锡开始熔化就立即抬起电烙铁

图 3.2.1 用电烙铁拆焊贴片电容元件

头；焊接过程中，电烙铁头不要碰到其他元器件；焊接完成后，要用带灯放大镜检查焊点是否牢固或虚焊。若被焊件要镀锡，应先将电烙铁头接触待镀锡处 1s，然后再放焊锡，待焊锡熔化后立即撤回电烙铁。图 3.2.1 所示为焊接贴片电容元件。如果要更换新贴片小元器件，焊接时需要在焊盘上镀锡，此时电烙铁不要离开焊盘，保持焊锡处于熔化状态，再立即用镊子夹着小元器件放到焊盘上，待元器件浸润后，撤离电烙铁，焊好一个焊端，再焊另一焊端，直到此小元器件焊接完成。在焊接钽电解电容器时，要先焊好正极，再焊负极，以免损坏电容器。

2．使用热风枪拆焊手机中的贴片小元器件

（1）拆卸贴片小元器件前需要准备的工具及辅料

① 已调好的热风枪一台：用于拆卸和焊接小元器件。

② 镊子一把：用于拆卸时将小元器件夹住，焊锡熔化后将小元器件取下，焊接时用于固定小元器件。

③ 带灯放大镜：用于观察小元器件是否焊好。

④ 手机维修主板夹具：用以固定手机主板，维修平台应可靠接地。

⑤ 防静电手腕带：戴在手上，用于防止人身静电损坏手机元器件。

⑥ 小刷子、吹气球：用于将小元器件周围的杂质、灰尘刷掉或吹掉。

⑦ 助焊剂：可选用焊宝乐助焊剂或松香，将助焊剂加入小元器件周围便于拆卸和焊接。

⑧ 无水酒精或天那水：用于清洁手机主板。

⑨ 焊锡或焊锡膏：焊接时使用。

（2）拆卸和焊接贴片小元器件的技巧

由于手机体积小、功能强大，电路比较复杂，元器件都采用贴片安装。贴片式元器件与插件元器件相比，安装密度高，减小了引线分布的影响，增强了抗电磁干扰和射频干扰能力。对小元器件，一般使用热风枪进行拆卸和焊接，也可使用电烙铁。用热风枪拆焊时一定要掌握好风量、风速和风向，若操作不当，不但会将小元器件吹跑，还会将周围的其他小元器件也吹成虚焊、移位。

① 拆卸方法：一定要将手机线路板上的备用电池拆下，否则，备用电池很容易受热爆炸，对人身造成伤害。将线路板固定在手机维修平台上，打开带灯放大镜，仔细观察要拆卸的小元器件位置。调节热风枪温度为 200～350℃，风量调节为 2～5 挡，使热风枪温度和风量适中，元器件大的，风量与温度可适当调高一点。左手握住已经安装好细嘴风口的热风枪，右手用镊子夹住小元器件，使风口离焊接的小元件保持 60°～90°倾斜度，距离为 1cm 左右，不要触碰小元器件，沿小元器件均匀加热 2～5s，看到元器件焊点焊锡有熔化流动的状态时，即可用镊子取下该元器件；待焊锡冷却后移开镊子，再用天那水将小元器件周围的残留助焊剂清理干净，即完成小元器件的拆卸操作，如图 3.2.2 所示。

提示：调节热风枪时，若热风的温度过低，势必会增加熔化焊点的时间，这样反而会让过多的热量传到芯片内部，容易损坏元器件；若热风的温度过高，则可能会烤焦印制电路板或损坏元器件；若风量过小，会使加热时间明显延长；若风量过大，则可能会使周围元器件受到移位影响，甚至被吹跑。初学者在使用热风枪时，应把温度调节为 200～380℃，风量置于 2～5 挡。若担心周围元器件被吹跑，可用屏蔽罩盖住旁边的元器件加以保护。

握热风枪的手势　　　拆卸小元器件的操作

图 3.2.2　用热风枪拆卸小元器件的技巧

② 焊接方法：用镊子夹住焊接的贴片小元器件，放置到需要焊接的位置，注意要放准，不可偏离焊点。若焊点上焊锡不足，可用电烙铁在焊点上加注少许焊锡。调节热风枪温度为200～350℃，风量调节为 2～5 挡，使热风枪温度和风量适中，元器件大的，风量与温度可适当调高一点。左手握住已经安装好细嘴风口的热风枪，右手用镊子夹住小元器件并对位，不要移动，热风枪风口保持 60°～90° 倾斜度，距离为 1cm 左右，不要触碰小元器件，沿小元器件均匀加热 2～5s，看到焊点焊锡有熔化流动的状态后移走热风枪，等 5～10s 焊锡冷却后再移开镊子，待完全冷却后，用天那水将元器件周围的焊油清洗干净，即完成焊接操作，如图 3.2.3 所示。

若发现用电烙铁焊接的微型元器件有引脚连接短路或焊接质量不好的情况，也可用热风枪进行修整。

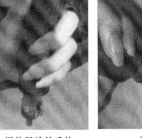
图 3.2.3　用热风枪焊接小元器件的技巧

修整时，先在焊盘上涂上助焊剂，用热风枪加热焊点，使焊料熔化，短路点会在助焊剂作用下分离，使焊点表面变得光亮圆润。

对于有些手机主板，因为使用时间太久，主板上元器件的焊点已完全老化，此时需要在元器件周围添加助焊剂，再吹焊才能拆下；焊接时，需要清理主板氧化层，添加助焊剂和焊锡，再进行焊接。

3.2.2　手机中四方扁平（QFP）芯片的拆装技巧

在智能手机中，除了大多采用 BGA 芯片安装外，还有部分采用四方扁平（QFP）芯片安装，对这种芯片的补焊、拆卸、焊接相对 BGA 芯片来说都要容易一些，下面介绍具体的拆焊方法。

1. 拆卸四方扁平（QFP）芯片的技巧

（1）使用前需要准备的工具及辅料

① 热风枪：用于拆卸和焊接贴片集成电路，温度调节为 300～400℃，风量可调到 1～3 挡（小气流风口）或者 3～5 挡（大气流风口）。

② 电烙铁：用于补焊贴片集成电路虚焊的引脚和清理余锡。

③ 镊子：焊接时便于将贴片集成电路固定。

④ 带灯放大镜：便于观察贴片集成电路的方向与位置。

⑤ 手机维修主板夹具：用于固定线路板，维修平台应可靠接地（可不用）。

⑥ 防静电手腕带：戴在手上，用于防止人身上的静电损坏手机元件器。
⑦ 小刷子、吹气球：用于吹掉贴片集成电路周围的杂质。
⑧ 助焊剂：可选用焊宝乐或助焊剂。
⑨ 无水酒精或天那水：用于清洁线路板。
⑩ 焊锡：用于焊接时补焊。

（2）拆卸的技巧

第一步：开启热风枪并调节热风枪的气流与温度，一般温度调节为200~380℃。风量根据风口来决定，如果是小风口，风量调节为1~3挡；如果是大风口，风量调节为4~6挡。使用小风口时，温度不可调得太高。

第二步：由于QFP芯片引脚有多有少，芯片大小各异，且较为密集，在拆卸时，一定要记下待拆卸芯片的位置和方向或做好标记，否则焊接安装时，不记得拆下时的方向，将导致无法安装。

第三步：手持热风枪手柄，使风口对准芯片各脚焊点来回移动加热，风口同样不可触及集成电路引脚，一般距离芯片引脚上方2cm左右，如图3.2.4所示。

第四步：当芯片引脚焊锡点熔化时，用镊子移开，如图3.2.5所示。

图3.2.4 拆卸QFP芯片的技巧　　　　　　图3.2.5 用镊子移开芯片

第五步：清理取下芯片后的余锡及焊剂杂质，可用无水酒精或天那水来清除处理，用电烙铁把电路板上的焊盘整理平整，如图3.2.6所示，至此拆卸工作全部完成。

 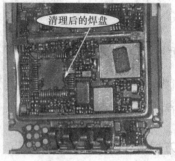

图3.2.6 清理芯片的焊盘

提示：①在拆卸QFP芯片时，一定要等待全部引脚的焊点均被热风充分熔化，并用镊子轻推芯片，发现有移动的感觉时，才能用镊子取出芯片，以免损坏印制电路板上的焊盘或使印制导线焊点脱落。

② 无论是拆卸还是焊接，热风枪风口都不能直接接触元器件引脚，也不能过远，应保持在1cm左右。

2. 焊接四方扁平（QFP）芯片的技巧

第一步：将拆卸下来的 IC 用无水酒精或天那水进行清洗，用电烙铁将脚位焊平整，并放在带灯放大镜下检查脚位有无移位或焊锡短路，如有则重新进行处理，若是新买回的芯片则无须处理。

第二步：将整理好引脚的 IC 按原标志放回到电路板上，检查所有引脚是否与相应的焊点对位，如有偏差，可适当移动芯片或整理有关的引脚。

第三步：把助焊剂涂在 IC 各引脚上，用少量焊锡焊住芯片四个角，使芯片准确地固定，然后给其他引脚涂上助焊剂。

第四步：用热风枪在芯片外围引脚处来回移动，逐一吹焊牢固，吹焊时要控制好风量，防止把芯片吹移位，如发现芯片位置稍有偏差，可待四周焊锡完全熔化后，用镊子轻推一下，即可复位，然后用镊子在 IC 上面轻轻压一下，使其与电路板接触良好，如图 3.2.7 所示。

图 3.2.7 用热风枪焊接 QFP 芯片

第五步：清洗助焊剂，检查电路板上有无锡点、锡丝引起的短路现象，待 IC 冷却后才可通电试机。

焊接时，也可以不用热风枪而用电烙铁焊接，具体方法是：先用电烙铁把芯片四个角焊接定位，然后用电烙铁加足焊锡和焊剂，温度调到 450℃，电烙铁头接触 IC 引脚并顺着往同一个方向快速拖动，用拖焊的方法把 IC 焊牢，如图 3.2.8 所示。

3. 工业生产中的焊接

手工焊接只适用于小批量生产和维修，大批量生产、质量标准要求较高的电子产品的电子线路生产就需采用自动化焊接系统，尤其是集成电路、超小型的元器件和复合电路的焊接，只有通过自动化焊接加工，才能保证焊接质量，提高产品的稳定性和可靠性，保证产品质量。

图 3.2.8 用电烙铁焊接 QFP 芯片

3.2.3 手机维修中 BGA 芯片的拆装技巧

BGA 是指球栅型阵列。手机中使用的大多是 BGA 芯片，且采用 SMT 封装技术，特别是智能手机中，普遍采用双层 BGA 芯片封装，维修难度更大，所以掌握其焊接方法非常重要。

1. 手机维修中 BGA 芯片的拆卸技巧

（1）BGA 芯片的定位

拆卸 BGA IC 之前一定要弄清 IC 的方向以及 IC 外围元器件的相对位置、间距大小，可以外围作为安装时的参考物，以便焊接时安装，这对初学者来说特别重要。有些手机的线路板上印有 BGA IC 的定位框，安装定位时比较容易。如果线路板上没有定位框，拆卸前则需自己去定位，具体方法可用目测参照法定位，即对于同一种型号的手机，如果经过多次焊接，可凭经验和目测法定位。具体方法是：拆卸 BGA IC 前，先将 BGA IC 竖起来，就可以同时看见 BGA IC 和线路板上的引脚，先横向比较一下焊接位置，再纵向比较一下焊接位置，记住 BGA IC 的边缘在纵、横方向上分别与线路板上的哪条线路重合或与哪个元器件平行，目测 IC 与外围元器件的相对位置、间距大小，然后根据目测的结果按照参照物来定位 BGA IC，这是最安全的方法。

（2）拆卸 BGA 芯片的技巧

第一步：在拆卸前一定要做好元器件的保护工作，要注意观察拆卸时是否会影响到周边的元器件，比如在拆卸时旁边有 SIM 卡座，此时最好将卡座用屏蔽罩盖好，以免拆卸 IC 时将 SIM 卡座吹坏。有些手机的字库、暂存、CPU 靠得很近，在拆焊时，可在邻近的 BGA IC 上放上浸有水的棉团以防止高温影响其他 IC。很多塑料功放和软封装的字库耐高温能力较差，吹焊时温度不宜过高，否则很容易将其吹坏。

第二步：在待拆卸的 IC 上面加适量的助焊剂，并尽量吹入 IC 底部，这样可帮助芯片下的焊点均匀熔化。

第三步：调节热风枪的温度和风力，一般温度调至 300~400℃，风量调至 2~3 挡，风嘴在芯片上方 3cm 左右处移动加热，直至芯片底下的锡球完全熔化，用镊子夹起整个芯片。图 3.2.9 所示为使用安泰 850 热风枪拆卸 CPU 的操作图。注意：加热 IC 时要吹 IC 的四周，不要吹 IC 的中间，加热时间不要过长，否则易损坏电路板。

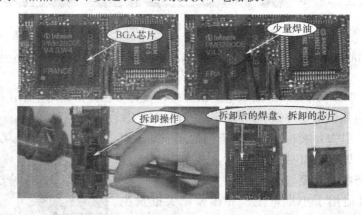

图 3.2.9　拆卸 BGA IC 的技巧

第四步：BGA 芯片取下后，芯片和手机主板焊盘上均有余锡，此时，应用电烙铁将多余的焊锡去除，并且可适当上锡使线路板的每个焊脚都光滑圆润，如图 3.2.10 所示，然后用天那水将芯片和机板上的助焊剂洗干净。除焊锡时应特别小心，否则会刮掉焊盘上的焊点。

图 3.2.10　用电烙铁清洁主板芯片焊盘

2. 手机维修中 BGA 芯片的焊接技巧

（1）BGA 芯片的植锡技巧

第一步：做好准备工作，先把拆下的 IC 表面的焊锡清除干净，在 BGA IC 表面加上适量的助焊剂，用电烙铁将 IC 上过大的焊锡去除，如图 3.2.11 所示；然后把 IC 放入天那水中洗净，洗净后检查 IC 的焊点是否光亮，如部分氧化，需用电烙铁加助焊剂和焊锡，使之光亮，以便植锡。

 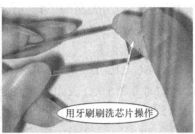

图 3.2.11 清除 IC 表面上的焊锡

第二步：上锡浆。如果锡浆过稀，吹焊时就容易沸腾导致成球困难，因此锡浆越干越好，只要不是硬块即可。如果太稀，可用餐巾纸压一下吸干一点。当然平时可挑一些锡浆放在锡浆瓶的内盖上，让它自然晾干一点，再用手术刀挑适量锡浆到植锡板上，用力往下刮，边刮边压，使锡浆均匀地填充于植锡板的小孔中，如图 3.2.12 所示。

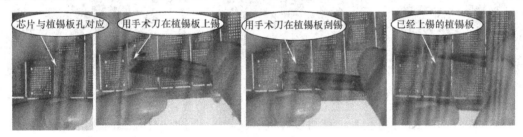

图 3.2.12 芯片上锡技巧

第三步：植锡球。先把热风枪风量调小至 2 挡，晃动风嘴对着植锡板缓缓均匀加热，使锡浆慢慢熔化。当看见植锡板的个别小孔中已有锡球生成时，说明温度已经合适，这时应当抬高热风枪的风嘴，避免温度继续上升，如图 3.2.13 所示，当全部小孔都有锡球时，移开热风枪，等待 3~6s，将植锡板平行向上抬起，IC 会自动脱离植锡板。植锡板向上抬起时，一定不能左右摆动，否则会将锡球移位而植锡失败。植锡球时，过高的温度会使锡浆剧烈沸腾，造成植锡失败，严重的还会使 IC 过热损坏。如果锡球大小还不均匀，重复上述操作直至理想状态。重植时，必须将植锡板清洗干净并擦干。取植锡板时，趁热用镊子尖在 IC 四个角向下压一下，这样 IC 就容易取下了，如图 3.2.14 所示。

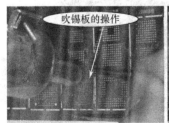  

图 3.2.13 BGA IC 植锡技巧　　　　　　　图 3.2.14 用镊子尖轻压 IC 的四个角

提示：对于初学植锡者或在锡浆质量不太好的情况下，可采用薄的植锡板。因为植锡板薄，锡球小，用热风枪加热时就不会溢出来。植好后，用厚的植锡板刮浆，再用热风枪加热，这样又大又均匀的锡球就植好了。如果植锡不是很成功，个别锡球没植上或较小，可用很尖的镊子挑少部分锡浆（多少可根据锡球的大小而定）放到没植锡的焊盘或较小的锡球上，将锡浆固定好后再用热风枪吹成球，这样锡球就均匀了。当然对于做完锡浆后出现个别点相连的，也可在带灯放大镜下用尖利的工具将其划开，吹锡球时就不会连在一起了。如果还不能成功，就要将原来的锡球用电烙铁吸掉，清洗焊盘，重复上述植锡操作。

(2) BGA 芯片安装步骤

第一步：先将 BGA IC 有焊脚的那一面涂上适量助焊剂，将热风枪风量调到 2 挡轻轻吹一吹，使助焊剂均匀分布于 IC 表面，从而定位 IC 的锡球，为焊接作准备，此过程称为锡球复位，如图 3.2.15 所示。然后将热风枪风量调到 3 挡，先加热机板，吹熔助焊剂（这样放上 BGA IC 后较平整，吹焊时移位小一些，有利于 IC 的定位）。再将植好锡球的 BGA IC 按拆卸前的位置放到线路板上，同时用手或镊子将 IC 前后左右移动并轻轻加压，这时可以感觉到两边焊脚的接触情况。由于之前在 IC 引脚上涂了一点助焊剂，所以有一定黏性，IC 不会移动。如果 IC 对偏了，要重新对位，如图 3.2.16 所示。

图 3.2.15 BGA IC 植锡前准备　　　　　　图 3.2.16 BGA IC 的定位

第二步：BGA IC 定好位后，就可以焊接了。和植锡球时一样，调节热风枪至合适的风量和温度，让风嘴的中央对准 IC 的中央位置，缓慢加热。当看到 IC 往下一沉四周有少量助焊剂溢出时，说明锡球已经和线路板上的焊点熔合在一起，这时可以轻轻晃动热风枪来均匀加热，并用镊子轻轻推移 IC 一边（注意力度要很轻），若发现 IC 微动后有回位的感觉，说明 IC 已经焊接好，如图 3.2.17 所示。由于 BGA IC 与线路板的焊点之间会自动对准定位，因此在加热过程中一定不要用力按住 BGA IC，否则会使焊锡外溢，造成内部锡球或焊点短路。焊接完成后，待 IC 与主板完全冷却后（注意：一定要冷却，热时清洗，IC 会损坏），再用天那水将主板清洗干净即可，如图 3.2.18 所示。

图 3.2.17 BGA IC 的焊接技巧　　　　　　图 3.2.18 焊接并清洗后的 BGA IC

(3) 带封胶的 BGA 芯片的拆卸方法

目前不少手机的 BGA 芯片都有封胶，拆卸时就更加困难。市面上有许多品牌的溶胶水都可以用，经多次试验发现用天那水浸泡带封胶的 CPU 芯片，去胶效果较好，一般浸泡 3～4h，封胶就很容易被去掉了。不过一定要注意有些手机的字库是软封装的 BGA（玻璃封装形状的）芯片，不能用天那水等溶胶水浸泡，浸泡时需要拆下此类字库芯片，否则会使封胶膨胀导致芯片损坏。如果没有溶胶水，也可直接拆卸，因为封胶耐温低、易软化，只要注意方法，也可成功拆卸。

① 先调节热风枪的风量及温度，一般风量为 1～3 挡，温度为 300～400℃，可根据不同热风枪品牌自行调整，再将主板固定在平台夹具上，如图 3.2.19 所示。

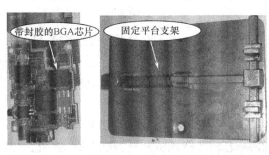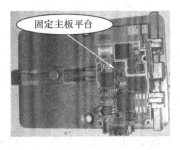

图 3.2.19 用平台固定主板拆胶

② 将热风枪在芯片上方 5cm 处移动加热，大约 30s 后，用小刀在芯片的外围轻轻敲胶，一边吹，一边敲胶，注意热风不能停，慢慢除胶，然后慢慢将芯片撬起来，如图 3.2.20 所示。

图 3.2.20 拆卸封胶 BGA IC

③ CPU 拆下后，接下来就是除胶，用热风枪一边吹，一边用小刀小心地、慢慢地一点一点地刮，直到焊盘上干净为止。当然也可以用电烙铁头尖部除胶，轻轻刮动即可，如图 3.2.21 所示。

总之，焊接功夫不是一朝一夕就可练成的，要经过多次实践和总结，只有胆大心细，不断操作，不断总结，才能成为焊接高手。

（4）吹焊 BGA 芯片断脚时的处理技巧

维修人员在 BGA 芯片植锡时，没有相应的植锡板，怎么办？吹焊 BGA 芯片时，如何做好其他 IC 的防护工作？拆卸手机元器件时，很容易造成电路板焊盘翘起、阻焊层脱漆、焊盘掉点、电路板起泡等。如何解决这些焊接中的实际问题，把损失降到最小呢？下面介绍相关处理技巧。

① 吹焊 BGA 芯片前的防护工作。吹焊 BGA 芯片时，热风枪的高温常常会影响到旁边的 IC，可采用加盖保护罩的方法，如图 3.2.22 所示。

图 3.2.21 除胶技巧　　　　　　　　图 3.2.22 防护技巧

② 没有相应植锡板时，BGA 芯片的植锡方法。对于有些机型的 BGA 芯片，很难找到同一类型的植锡板时，可先试试现有的植锡板中有没有与该 BGA 芯片焊脚间距一样的，如果能够对应上植锡板的位置，即使植锡板上有一些空点也没关系，只要能将芯片的每个脚都植上锡球就可以了。

③ 线路板断线、脱漆的处理方法。在拆卸 IC 时，一不小心就可能使 BGA 焊盘绝缘漆脱落，重新装上的 IC 就容易发生短路故障。怎样才能预防和补救呢？有的手机 CPU 有封胶，一般拆卸前要用溶胶水浸泡。在拆卸时一定要掌握好温度，把 IC 焊脚下的焊锡全部吹熔化时才能撬起 IC，否则线路板很容易断线。另外，拆卸时，一边用热风枪吹，一边要用镊子在 CPU 的表面轻按，这样可防止线路板脱漆和线路板焊点断脚。

如果出现了脱漆的情况，可用天那水把焊盘清洗干净，用热风枪吹干，再用牙签蘸上少量绿油，把焊盘上原有绝缘漆的地方描上，描好后用热风枪吹几分钟，停几分钟，再吹几分钟，再停几分钟，连续多次，当用手摸绿油已不再粘手即可。

④ 焊点断脚的处理方法。手机由于摔跌或拆卸造成 BGA 芯片线路板焊点断脚时首先将线路板放到显微镜下面观察，确定哪些是空脚，哪些是断脚。如果只看到一个底部光滑的小窝，旁边没有线路延伸，说明是空脚，可不去理会；如果断脚的旁边有线路延伸或底部有扯开的毛刺，则说明是断脚，可按下面的方法进行处理。

A．连线法。对于旁边有线路延伸的断点，可用小刀将旁边的线路轻轻刮开一点，用上足锡的漆包线（漆包线粗细要适当，如太细，则重装 BGA 芯片时漆包线容易移位）一端焊在断点旁的线路上，另一端延伸到断点的位置；对于往线路板夹层去的断点，可在显微镜下用针头轻轻地掏挖断点，看到根部亮点后，再仔细地焊出一小段连线，如图 3.2.23 所示。将所有断点连好线后，小心地把 IC 焊接到位。

图 3.2.23　焊盘连线技巧

注意：焊接的过程中不可拨动 IC。

B．飞线法。对于采用连线法有困难的断点，可参考电路图来确定该点与线路板上哪个点相通，然后用一根细漆包线焊接到 BGA IC 对应的锡球上。焊接的方法是将 IC 有锡球的一面朝上，用热风枪吹热后，将漆包线的一端插入锡球，接好线后，将线沿锡球的空隙处引出，翻到 IC 的反面用耐热的贴纸固定好，再把 IC 焊上，再将引出的线焊接到预先找好的位置就可以了。

C．接边法。有些 BGA IC 的边缘有一道薄薄的边，上面有许多金黄色的细脚，这是厂家生产 IC 时留下的痕迹，这些细脚和 BGA IC 下面的脚有一一对应的关系，可利用这些细脚飞线来解决线路板及 IC 本身的断脚、脱脚问题。具体可根据资料查出是 BGA IC 的第几脚出问题，就可从 IC 的边缘引线修复，免除了拆焊 BGA IC 带来的风险。

D. 植球法。对于那种周围没有线路延伸的断点，可在显微镜下用针头轻轻掏挖，看到亮点后，用针尖挑少许锡浆放在上面，再用热风枪轻吹成球。用小刷子轻刷锡球不掉或经测量确定已经接好即可。

注意：板上的锡球要植大一些，如果太小，焊接 BGA IC 时，板上的锡球会被 IC 上的锡球吸引过去而使植锡失败。

（5）BGA 芯片虚焊的维修技巧

通常用热熔胶枪在芯片的四边和主板之间灌上一层稍厚的热熔胶，使芯片四边与底板黏附上，最好黏附的面稍大一些，必要时热熔胶可覆盖在芯片的表面，如图 3.2.24 所示。由于热熔胶在冷却固化后会有一定的收缩，因此，待灌在芯片四周与底板之间热熔胶冷却后，会使芯片更加贴紧底板。此法对于那些虚焊现象不十分严重，用力压紧芯片或加热后就不出现故障，或振动时出现故障的手机，十分见效。有一点需要注意的是，在灌注热熔胶之前一定要将芯片四周和附近的底板清洗干净，避免因底板上有污渍而使热熔胶冷却固化后脱落。这种方法不会对手机产生不良后果。

图 3.2.24　用热熔胶固定芯片的技巧

3.2.4　手机中双层 BGA 芯片的拆装技巧

在拆卸较大的元器件或塑料器件时，一般采用旋转风热风枪，因其旋转风散热均匀，不会损坏元器件。图 3.2.25 所示为快克 858D 热风枪或安泰信（AT858A）旋转风热风枪。AT858A 热风枪采用高品质发热器、传感器闭合回路，单片机过零触发控温，功率大，升温迅速，风量可调，风量大且出风柔和，温度调节方便且精确稳定，不受风量影响；采用手柄感应开关，只要手握手柄，即可迅速进入工作模式，手柄放归手柄架，自动进入待机状态；实时操作方便，特别是吹、焊手机振铃器、尾插、内联座等带塑料的器件不会变形，吹焊线路板不起泡，吹屏蔽盒不变色，拆解带胶 BGA IC 不易断脚，安全可靠，真正实现了无铅拆焊。快克 858D 热风枪采用无刷电动机，噪声极小，风量线性调节，风量大且出风柔和，功率大，升温迅速，温度不受出风量影响，精确稳定，采用手柄自动感应开关，实时操作方便，同样具有吹焊带塑料的器件不变形，吹焊线路板不起泡，拆屏蔽罩不变色，吹 BGA 芯片不易折断等优点。

1. 拆卸操作

第一步：调节热风枪温度为 280～320℃，如图 3.2.26 所示的温度指示；然后用主板固定夹具固定好手机主板，拆卸前一定要记住芯片方向，否则无法装回或带来不必要的麻烦；再在双层芯片上下周围注入助焊剂，如图 3.2.27 所示。

图 3.2.25　快克 858D 热风枪和安泰信 AT858A 旋转风热风枪

图 3.2.26　调节热风枪温度　　　　图 3.2.27　在双层芯片周围注入助焊剂

第二步：左手握住热风枪，右手拿镊子，以便于操作，用热风枪风口对准芯片四周循环加热，待上层芯片周围有焊锡溢出或芯片周围冒出烟雾时，用镊子轻轻移动上层芯片，直到取出芯片为止，如图 3.2.28、图 3.2.29 所示。

图 3.2.28　风口对准芯片四周循环加热　　图 3.2.29　用镊子轻轻取出上层芯片

第三步：取出上层芯片后，再用风枪加热下层芯片，同样直到有焊锡溢出或芯片周围冒出烟雾时，用镊子轻轻移动下层芯片并取出，如图 3.2.30 所示，此时双层芯片都已取出，如图 3.2.31 所示。

第四步：用电烙铁稍微蘸上松香，然后轻轻清理主板焊盘（如图 3.2.32 所示）与下层芯片正反面焊盘，以防止焊点脱落。电烙铁要能很好地吸焊锡，并用蘸有天那水的棉球清洗主板焊盘和芯片焊盘，如图 3.2.33 所示。

第 3 章　手机维修焊接工具及元器件拆装

图 3.2.30　用镊子轻轻移动下层芯片

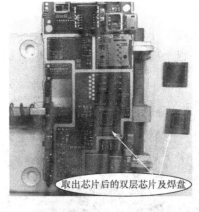

图 3.2.31　取出芯片后的双层芯片及焊盘

图 3.2.32　清理主板焊盘

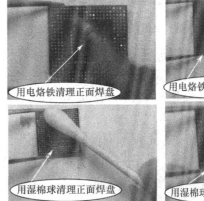

图 3.2.33　清理下层芯片焊盘

2．植锡操作

第一步：寻找下层芯片正面引脚焊点对应的植锡板，将芯片正面向上，再将对应的植锡板放到芯片正上方，必须使每个引脚焊点都能清楚地与植锡板孔相对应，如图 3.2.34 所示，这一步要特别注意，只要对应好，就必须用左手按住，不能再移位，否则要重新对位；然后用手术刀涂刮上锡浆，如图 3.2.35 所示。

图 3.2.34　引脚焊点与植锡板孔对位

图 3.2.35　用手术刀涂刮上锡浆

第二步：右手用镊子压住已涂刮上锡浆芯片的两边，固定其植锡板不能移位，这一步非常关键，如果移位，锡浆将全部移位，且必须清理芯片和植锡板后再对位，所以一定要用镊子压住，不能移动，再用纸巾擦干净植锡板上多余的锡浆，查看是否每个板孔都填满锡浆，但也不能太多，如图 3.2.36 所示；然后用热风枪加热涂刮锡浆的位置，如图 3.2.37 所示。

图 3.2.36　擦干净植锡板上多余锡浆后　　　　图 3.2.37　用热风枪加热涂刮锡浆的位置

第三步：待锡浆已加热成锡球时，移开热风枪，等待 3～5s 后平行抬起植锡板，此时芯片与植锡板分离，锡球形成，如图 3.2.38 所示。注意一定不能超过 5s，否则芯片不能从植锡板分离下来。待芯片冷却之后，在锡球面注入助焊剂，再用热风枪微风加热，使锡球复位，均匀光亮，如图 3.2.39 所示。

图 3.2.38　锡球面注入助焊剂　　　　　　　　图 3.2.39　锡球复位操作

第四步：反面植锡。首先清理反面残留焊锡，并用湿棉球清洗焊盘，如图 3.2.40 所示，使得每个焊点清晰可见，不能有掉点，否则芯片损坏，飞线才能修复。之后，对芯片反面植锡，寻找对应的植锡板孔，同样正对，使每个焊点都在板孔里边，再对其涂刮锡浆，如图 3.2.41 所示。

图 3.2.40　清理反面焊盘

第五步：涂刮锡浆均匀后，擦干植锡板上残留的锡浆，注意不能移动植锡板，一点要按住不动，否则又要重新对位涂刮锡浆，再用热风枪加热，如图 3.2.42 所示。加热到锡球成形，移开热风枪，等待 5s 后平行向上抬起植锡板，芯片与植锡板分离，向反面锡球注入助焊剂，使锡球复位，如图 3.2.43 所示。到此芯片正、反面植锡已完成，如图 3.2.44 所示。

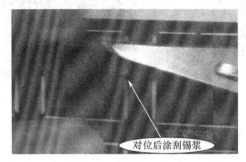

图 3.2.41　芯片反面涂刮锡浆

图 3.2.42　锡浆反面加热植锡

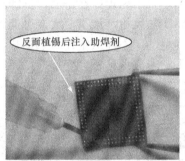

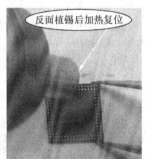

图 3.2.43　反面锡球复位

3. 安装操作

第一步：安装下层芯片。首先向主板焊盘注入助焊剂，用热风枪加热助焊剂使其均匀分散，如图 3.2.45 所示。再将植好锡的芯片放到主板焊盘位置，注意方向不能错，很好对位后，用热风枪加热，同单面芯片安装一样，用镊子轻轻拨动，感觉已固定，说明正面已经焊好，如图 3.2.46 所示。

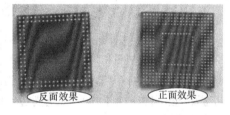

图 3.2.44　芯片正反面植锡后的效果

图 3.2.45　主板焊盘加热助焊剂均匀分散

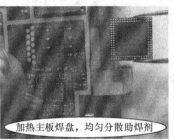

图 3.2.46　正面芯片已焊好

第二步：安装上层芯片。首先在下层芯片上面注入助焊剂，如图 3.2.47 所示，再用镊子将上层芯片放上，注意方向并对位，如图 3.2.48 所示。对位后加热，同样用镊子轻推，感觉已固定时，移开热风枪，待冷却后清洗芯片。至此上层芯片已安装好，如图 3.2.49 所示。

图 3.2.47　在下层芯片上面注入助焊剂　　图 3.2.48　加热并固定上层芯片　　图 3.2.49　已安装好后清洗芯片

3.2.5　手机中其他元器件的拆装技巧

1. SIM 卡座的焊接技巧

手机卡座有不同的安装结构，比如有的手机卡座焊脚在下面，拆卸时就比较困难，需要采用安泰信 AT858A 旋转热风枪或快克 858D 热风枪，风量要大，可调到 7 挡，温度调到 5 挡，加热时风口对准卡座脚位处，并小幅度晃动，不能只定住一点加热，否则易吹坏卡座；同样用镊子夹住卡座轻轻往上抬，这样取下的卡座保证不会变形，如图 3.2.50 所示。

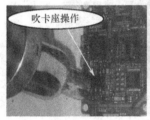  

图 3.2.50　SIM 卡座的拆卸技巧

焊接时，先用镊子把焊脚往上挑一挑，抬高焊脚，如图 3.2.51 所示，然后再给卡座的几个焊脚加上助焊剂和焊锡，把主板上的焊盘也加足焊锡，这样有利于焊接，防止虚焊。把热风枪温度调高到 6 挡，先给主板加热，等焊锡熔化时放上卡座，继续吹焊，热风枪要晃动着吹脚位处，同时镊子压住卡座侧边，防止卡座移位。卡座定位后用镊子轻压卡座脚位处，确保焊接良好。

图 3.2.51　SIM 卡座的焊接技巧

有些手机卡座的焊脚露在外面，拆焊就比较方便。

2. 内联座接口

手机内联座，有的引脚较多，有的引脚较少，有的引脚间距小且两边都有焊脚，拆卸时仍用旋转风热风枪吹。首先取下排线压片，然后给内联座加助焊剂，把热风枪风量调到 3～5

挡，温度调到 4~5 挡，对准内联座两边焊脚加热，风嘴要晃动着吹，加热时间要控制好，焊锡熔化时立即夹起内联座即可拆卸，如图 3.2.52 所示。不过对于有些手机内联座，不够耐热，风量调大到 5 挡，温度调到 3 挡即可，如图 3.2.53 所示。

图 3.2.52　拆卸内联座操作技巧　　　　　图 3.2.53　三星手机内联座的焊接技巧

3. 尾插的焊接技巧

塑料尾插用热风枪拆卸时可从主板的背面去吹。首先在尾插正面焊脚处加焊油，然后固定机板，从背面吹，热风枪温度调高到 4~5 挡，风量调到 3~5 挡，吹尾插的焊脚位置，同时用镊子向下压尾插，如图 3.2.54 所示。吹到焊锡熔化时，再用镊子尖向下顶两个定位脚，这样尾插就很容易取下了。另外，镊子向下用力压时，焊锡要足够熔化，否则焊盘易掉点。

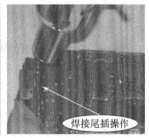

图 3.2.54　尾插的焊接技巧

4. 按键的焊接技巧

（1）侧键的焊接技巧

侧键内有塑料部分不耐热，一般用电烙铁拆卸。具体操作是：用镊子或刀片插入侧键下面，在侧键焊脚处加焊锡并把焊脚连起来，两边焊脚同时轮流加热，一边加热，一边用镊子轻轻地撬，当焊锡熔化时，侧键就可撬起了，如图 3.2.55 所示。

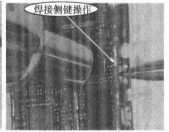

图 3.2.55　侧键的焊接技巧

（2）其他特殊按键的焊接技巧

比如，手机导航键易失灵，需要更换，但导航键背面又紧挨着电源管理模块和 CPU，吹焊时就要特别小心，一不小心就可能把本来只是导航键失灵的手机修成自动关机或不开机故障。下面就详细介绍导航键的拆焊操作。

第一步：调节热风枪温度至 3 挡，风量也为 3 挡。

第二步：在导航键各焊脚处涂上少量助焊剂，然后用热风枪沿着导航键绕圈吹，预热机板。

第三步：把风嘴正对导航键焊脚处加热，多吹地线脚，把镊子插入导航键下面，一边吹焊脚，一边往上撬，一个焊脚一个焊脚地撬，最好先从靠近地线的脚位开始，动作要快，焊锡一熔化，就快速把该脚撬起。热风枪吹的时候要小幅度晃动，不要固定在一点吹，时间也不能过长，否则容易吹坏后面的 CPU 或电源模块。另外，导航键的中间有一个发光二极管，它不耐热，最好不要吹到它，如图 3.2.56 所示。

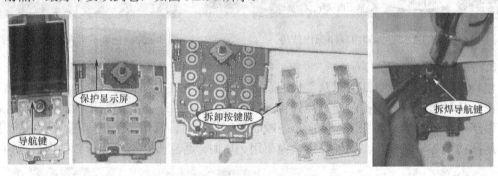

图 3.2.56 导航键的焊接技巧

第四步：用电烙铁把焊盘上多余的焊锡吸掉，然后用无水酒精清洗焊盘，再在焊点处加上适量的焊锡，焊锡不宜太多，否则新装上的导航键可能会高于原位，装机后也会出现导航键失灵的情况。

第五步：把导航键按原来的位置放好，注意焊脚位于焊盘的中间，一定要对准，否则装机后的导航键按起来很不灵活。先用电烙铁焊上对角线的两个脚，再观察一下焊脚的位置，如有偏差及时校正，然后焊剩余的脚位，最后焊上接地脚。焊接时要注意，焊脚上的焊锡不可与导航键外壳连在一起，否则会出现不开机的故障。

5. 振铃器的焊接技巧

对于有四个焊脚的振铃，拆卸难度比较大，可使用电烙铁拆卸。首先在振铃下面插入刀片或镊子，用电烙铁给振铃器的四个脚加热，并用力撬刀片，撬高一点，刀片插入一点，同时刀片的位置也要改变，四个角都要撬。当三个脚都撬起来后，刀片要换到最后一个脚去撬，否则最后一个脚的铜箔易翘起来。当焊锡开始熔化时，一边加热，一边把刀片插入到焊脚处，用刀片把焊脚与主板切分开，焊上两条连接线即可。

6. 电池接口座的焊接技巧

电池接口座仍要用旋转风热风枪拆卸，风量调到 8 挡，温度调到 5 挡，缓慢移动着吹焊脚处，风嘴距焊脚上方 1 cm 左右，当焊锡熔化时，用镊子快速夹起即可，如图 3.2.57 所示。

图 3.2.57 电池接口的焊接技巧

7. 塑料功放的焊接技巧

塑料功放需用旋转风热风枪焊接。焊接时，要先给塑料部件焊脚加锡、加焊油，并小幅度地晃动热风枪加热，不要让风嘴停在一处不动，以避免塑料部件因受热不均而损坏。下面就这类功放的焊接总结几点经验性的方法。

方法一：①给新功放焊脚加上适量的焊锡和助焊剂，如图3.2.58所示；②把主板上的焊盘加足焊锡，尽量堆饱满一些（中间接地的大焊盘除外），如图3.2.59所示；③把热风枪风量调到3挡，温度调到4挡，对准主板上已做好的焊盘加热，当焊锡熔化时放上功放，然后继续加热，注意要吹功放的四周，当看见功放轻轻动一下时就立即撤风枪。

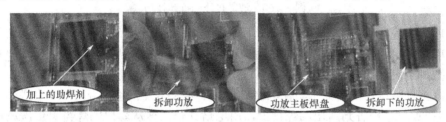

图3.2.58 给塑料功放加适量的焊锡和助焊剂

图3.2.59 主板焊盘加足焊锡

方法二：按照方法一的①、②步操作后，用镊子夹起功放放在焊盘位置，然后用镊子将功放一端抬起与主板呈80°左右的夹角，用热风枪对着主板和功放同时加热，当主板上的焊锡熔化时，快速放下功放，在功放的上方继续加热3～5s即可。

方法三：按照方法一的①、②步操作后，把功放放到处理好的焊盘上，并对好焊脚的位置，找一个与该功放相同大小的IC（大一些的也可）盖在该功放上，然后在此IC上面吹，这样就不容易吹坏要焊接的功放了。当然，如果一时找不到合适的IC，也可以用盖屏蔽罩的方法，即给功放做一个屏蔽罩，厚度是功放的一半，也就是盖好屏蔽罩后功放的一半露在外面，在屏蔽罩的一个角钻一个小孔作标记，最好是在功放的三角符号上，同时还有散热的作用，这样吹焊功放的损坏率就大大降低了。

方法四：连线法，即取若干条漆包线，用电烙铁把功放上的焊脚分别与主板上相对应的焊点一一连起来。这种方法不使用热风枪，因此焊接绝对安全，不会焊坏功放，但操作起来难度较大。连线要尽量短，以便固定功放，另外焊接地线时要加足焊锡，这样焊接才容易些。若连线太长，会导致手机信号弱或无信号故障。

8. 液晶排线的拆卸和焊接技巧

（1）拆下旧排线

可用热风枪对着排线焊点加热（注意保护好液晶屏），同时用手轻轻拉排线，待排线焊锡熔化后，即可取下。注意有些排线下面有不干胶粘着，看到焊锡已熔化，就要稍微用力一些才能使胶脱离，把排线取下，也可以在排线上放些松香，用电烙铁带一个较大的锡球在排线一边引脚上移动，用手随着锡球的移动轻轻掀起排线即可，如图 3.2.60 所示。

图 3.2.60　液晶排线的拆卸技巧

（2）安装排线

对于引脚露出的排线，用电烙铁把排线引脚依次直接焊接即可；对于引脚在绝缘层下面的排线，把排线对准焊盘，并露出焊盘 1mm（如果排线过长，用剪刀剪掉一点）；用一张厚纸皮靠边缘把排线压住，使其平贴在电路板上（不要让排线翘起，否则焊锡会进到排线下边引起短路）；加适量松香到露出的焊盘上，用电烙铁带锡球从露出的焊盘上依次滚过，通过锡球的热量传导，就会把排线下边引脚与 PCB 焊盘焊好，如图 3.2.61 所示。也可用小风嘴的热风枪对着排线引脚加热焊接，不过温度只能调到 2~3 挡，风量也只能是 2~3 挡。

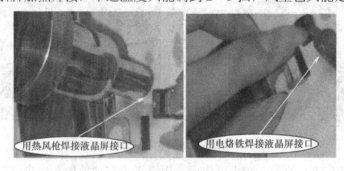

图 3.2.61　焊接液晶排线的技巧

9. 耳机接口

拆焊耳机接口、SIM 卡接口、USB 通信接口、多媒体卡接口等带有塑料的接口都必须用快克 858D 旋转风热风枪加热，否则容易损坏塑料部分，温度调节一般在 280~320℃之间；如果遇到主板发霉老化的主板，温度可适当调高到 350℃加热，但不能超过 350℃。

（1）拆卸耳机接口

先调节好热风枪温度，固定好手机主板，再在耳机接口各焊点处注入助焊剂，如图 3.2.62 所示。再用热风枪在各引脚焊点上循环加热，此时若温度低，可以适当调高，直到用镊子轻推有移动的感觉，说明焊点已熔化，可用镊子将耳机接口移除，如图 3.2.63 所示。

图 3.2.62　耳机接口焊点　　　　图 3.2.63　加热与拆卸后的耳机接口

（2）安装耳机接口

先用电烙铁清理耳机接口焊盘各焊点，再注入助焊剂，如图 3.2.64 所示，然后将拆卸后或新购买的耳机接口对位并加热安装，如图 3.2.65 所示，直到轻推已不动时，移开热风枪，待冷却后安装完成。

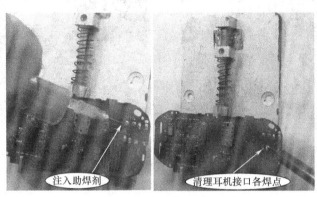

图 3.2.64　清理耳机接口焊盘各焊点

图 3.2.65　加热到安装完成

10. USB 接口

（1）拆卸 USB 接口

先固定待拆 USB 接口的主板，在接口周围注入助焊剂，再用热风枪沿 USB 接口外围加热，如图 3.2.66 所示；用镊子轻推 USB 接口，待焊锡全部熔化后移除 USB 接口，再清理接口焊盘，如图 3.2.67 所示。

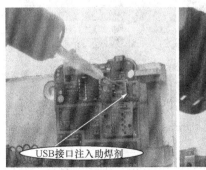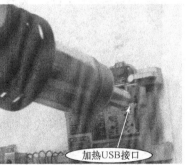

图 3.2.66　注入助焊剂并加热 USB 接口

（2）安装 USB 接口

清理焊盘后，将 USB 接口对位并加热，直到固定冷却，安装完成，如图 3.2.68 所示。

图 3.2.67　移除 USB 接口并清理焊盘　　　图 3.2.68　加热接口完成安装

11．存储卡

（1）拆卸存储卡

先调节好热风枪温度，固定好手机主板，再在存储卡各焊点处注入助焊剂，如图 3.2.69 所示；再用热风枪在各引脚焊点上循环加热，此时若温度低，可适当调高，直到用镊子轻推有移动的感觉，说明焊点已熔化，可用镊子将存储卡移除，如图 3.2.70 所示。

图 3.2.69　给存储卡接口注入助焊剂

图 3.2.70　加热并移除存储卡

（2）安装存储卡接口

先用电烙铁清理存储卡焊盘各焊点，再注入助焊剂，然后将存储卡对位并加热安装，如图 3.1.71 所示，直到轻推已不动时，移开热风枪，待冷却后安装完成。

图 3.2.71　注入助焊剂并加热完成安装

12．屏蔽罩

（1）拆卸屏蔽罩

根据屏蔽罩大小适当调高热风枪温度，调好温度后固定手机主板，在屏蔽罩外围注入助焊剂，然后在其外围加热并拆除，如图 3.2.72 所示。

图 3.2.72　加热屏蔽罩并拆除

（2）安装屏蔽罩

先用电烙铁清理屏蔽罩焊盘各焊点，再注入助焊剂，然后将拆卸后的屏蔽罩对位并加热，如图 3.2.73 所示，直到各引脚都焊好后，移开热风枪，待冷却后安装完成。

图 3.2.73　屏蔽罩安装完成

本 章 小 结

1．本章的内容操作性很强，体现了手机维修中实际动手的重要性。首先是手机维修中各种工具的介绍，包括常用的镊子、植锡台、植锡网、防静电胶、螺丝刀、手术刀、吸锡带、无感拆机工具、带灯放大镜、超声波清洗器、助焊剂、阻焊剂、松香、清洗剂以及苹果手机专用吸盘等基本知识。

2. 本章还重点讲解了手机维修中焊接工具的使用，包括电烙铁、普通热风枪、旋转风热风枪等的使用，介绍了常用贴片小元器件的拆装技巧，以及常用贴片式外引脚芯片、内引脚芯片的拆装操作，难点是现代智能手机双层的芯片的拆装。

3. 本章还详细讲解了各种常用器件的拆装操作，如SIM卡座、内联座、尾插、按键、振铃器、电池接口座、塑料功放、液晶排线、耳机接口、USB接口、存储卡、屏蔽罩等带有塑料的器件，也是维修人员最容易吹坏的器件。

4. 本章内容的重点是实训操作，通常安排10课时，以保证掌握拆装的操作技能。

习 题 3

1. 手机维修常用的工具和辅助材料各有哪些？
2. 简述手机维修常用电烙铁的保养技巧。
3. 手机维修中，天那水的主要作用是什么？使用时的注意事项是什么？
4. 手机维修中的热风枪选用什么品牌最好？其风量和温度应该如何调节？
5. 手机维修中，塑料功放吹焊时容易起泡，应如何处理？
6. 手机维修中，焊接BGA芯片时，应采取哪些保护措施？
7. 简述手机维修中BGA芯片的植锡和焊接技巧。
8. 简述手机维修中双层BGA芯片的拆装步骤。
9. 简述智能手机USB接口的拆装技巧。
10. 简述智能手机耳机接口的拆装技巧。

本章实训 手机元器件的拆装操作

一、实训目的
1. 熟练掌握用热风枪焊接贴片元器件。
2. 熟练掌握焊接中常用的工具及其辅助材料。

二、实训器材
1. 专用手套、专用拆机工具、专用螺丝批，每人1套。
2. 手机主板，每人1~2块。
3. 植锡板多用板，每两人组1套。
4. 热风枪、电烙铁，每人1台。
5. 焊锡膏、焊锡、锡浆，每两人组1套。
6. 酒精瓶、天那水，每两人组1瓶。
7. 主板固定支架，每人1台。
8. 带灯放大镜，每两人组1台。
9. 手术刀，每人1把。
10. 棉球、纸巾若干。

三、实训内容
1. 使用热风枪拆卸和焊接贴片元器件。
2. 使用热风枪拆装双层 BGA 芯片和带塑料器件。

四、实训方法及步骤
1. 维修工具的使用步骤。
2. 贴片元器件的拆装步骤。
3. 电烙铁的使用步骤。
4. 热风枪的使用步骤。

第4章 手机整机结构介绍

了解手机整机结构，对手机故障分析、故障判断至关重要，只有对手机的整机结构、主要元器件分布、元器件作用有深入的了解，才能更好地检测和排除故障。本章重点讲解手机整机主板结构、整机电路结构。其中，整机主板结构主要讲解主板上不同手机芯片的组合，包括最新国产杂牌手机芯片组合、最新智能手机芯片组合，以及主要芯片标示讲解；整机电路结构主要讲解手机整机电路图特点、手机整机供电电路、手机射频电路及其他界面功能接口电路的组成结构与信号流程分析。

4.1 手机整机结构及芯片组合

本节介绍手机整机电路框图结构和整机主板上的电路分布。

4.1.1 手机整机结构组成

掌握手机整机结构组成，可为分析电路原理提供清晰的思路；掌握其每个单元组成，可为故障判断提供分析依据。本节介绍主板结构中的不同标示并简单分析各单元的故障现象、故障原因及故障排除方法。

1. 手机整机框图结构

从整个系统来说，手机实际上就是一个单片机，也可以看作一部袖珍计算机。它主要由两大系统构成：硬件系统和软件系统。硬件系统包括逻辑系统、电源系统、射频系统、界面接口系统四大部分。逻辑系统包括CPU、字库、暂存器、逻辑三总线（地址总线ADDBUS、数据总线DATABUS、控制总线CBUS）及输入/输出（I/O）设备等；电源系统包括电池供电电路、电源IC、开机线路、组电压输出电路等；射频系统包括接收射频电路、发射射频电路；界面接口包括SIM卡接口、LCD显示接口、LED指示灯接口、摄像头接口、键盘矩阵接口、耳机接口、扬声器接口、话筒接口、振铃器接口、振子接口、USB接口、GPS接口、WiFi接口、指南针COMPASS接口、ACCELEROMETER GYRO陀螺仪接口等电路。软件系统是指在CPU和字库、暂存器之间运行的程序，手机中常称为资料。图4.1.1所示是手机整机结构框图。

从图4.1.1中可以看到，一部手机的所有功能部件都是以CPU为核心，以字库、暂存器作为存储器件，以三总线作为逻辑工作的连接来构成逻辑电路的工作系统。当CPU得到供电、时钟、复位三大条件后，通过内部电路运行程序。如果是用外接仪器向手机内部写入资料，就需要通过CPU内部的寄存器、暂存器和逻辑单元控制后，经三总线把资料送到字库存储起来；反之，也可以读出资料送到外接仪器中，完成手机的读/写（R/W）控制，从而实现手机的多种功能。

2. 手机整机主板结构

由手机整机框图结合手机整机主板结构，可真实了解手机主板上的电路分布，为手机电路原理分析及故障维修打下基础。图4.1.2所示为中天Z458双卡双待手机整机主板结构图，首先可以看到的是有两个 SIM 卡座接口（SIM 卡座 1、SIM 卡座 2），得知该手机一定是双卡手机。双卡单待手机是指有两个 SIM 卡接口，但只有一套微处理器 CPU 构成的逻辑系统和射频系统，双卡双待手机是指有两个 SIM 卡接口，又有两套微处理器 CPU 构成的逻辑系统和射频系统。从主板上的微处理器 CPU 和射频电路看，图 4.1.2（a）中，有一个主 CPU、主存储器、主射频 IC、主功放 IC；图 4.1.2（b）中，有一个副 CPU、副存储器、副射频 IC、副功放 IC，由此可知该手机是双卡双待手机。

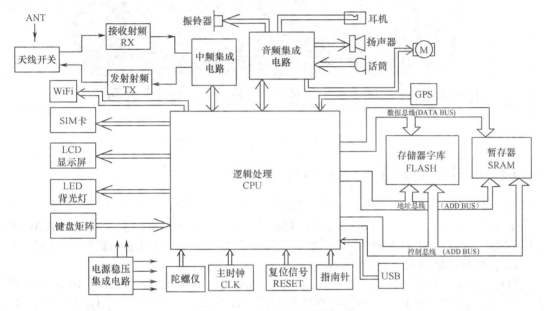

图 4.1.1 手机整机结构框图

图 4.1.2（a）中从左至右还有话筒焊点、主 26MHz 时钟、触屏控制 IC、后备电池、听筒焊点等；图 4.1.2（b）中从左至右，从上至下还有天线接口 1、按键接口、触摸屏接口、天线接口 2、内存卡接口、音乐扬声器焊点、电池接口、音乐 IC、摄像头、USB 接口等电路。

在手机主板上，不同手机的主板结构是不同的，同一类型不同型号的手机，其主板结构也有差异，下面以国产手机芯片组合来讲解手机主板结构。

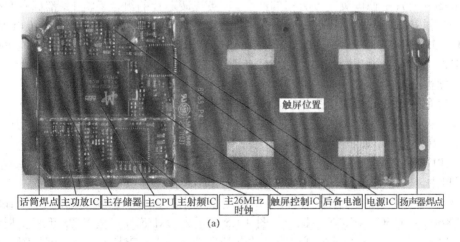

图 4.1.2 中天 Z458 双卡双待手机主板结构图

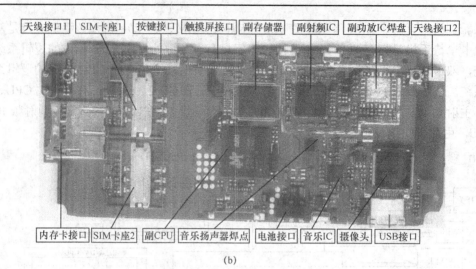

图 4.1.2 中天 Z458 双卡双待手机主板结构图（续）

4.1.2 最新国产手机芯片组合

国产杂牌手机主要有八大芯片系列，都是按 CPU 生产厂家的型号来分类的，分别是美国模拟器件 ADI 芯片、英飞凌 Infineon 芯片、飞利浦 OM 芯片、科胜讯 SKY 芯片、美国杰尔 AGERE 芯片、中国上海展讯 SPREADTRUM 芯片、美国德州仪器 TI 芯片、中国台湾联发 MTK 芯片等。

1. 美国模拟器件 ADI 芯片组合手机

ADI 芯片是美国模拟器件公司（Analogy Devices Inc.）的产品，在国产杂牌机中的应用非常广泛。ADI 芯片手机的主要芯片型号都带有"AD"英文标示。对于 ADI 芯片组合的手机，目前使用更多的是将 AD6527 与 AD6535 集成在一起，合成为一个单独的芯片，就是 AD6720，支持多媒体功能，之后又发展成 AD6758 芯片，在其匹配的芯片组合中，一般射频处理芯片为 AD6523，频率合成器为 AD6524。其主要机型有 TCL、夏新、海尔、南方高科、康佳、波导、星王、东信、中兴、联想、多普达、喜多星、金立等。图 4.1.3 所示是中兴 A810 手机 ADI 芯片组合的主板实物图。

2. 英飞凌 Infineon 芯片组合手机

Infineon 芯片是德国英飞凌公司的产品。在英飞凌芯片的组合手机上，都标有"Infineon"，只要在主要芯片 CPU 上看到有该英文标示，就是英飞凌芯片组合的手机。其 CPU 型号主要有 PMB7850、PMB7870、PMB6850、PMB6851、PMB2800；电源芯片型号主要有 PMB6510、PMB6810；射频芯片型号主要有 PMB6250、PMB6253、PMB6256；其代表机型有波导、康佳、天时达、金立等。图 4.1.4 所示为康佳 C808 英飞凌芯片组合手机的主板实物图。

3. 飞利浦 OM 芯片组合手机

OM 芯片是飞利浦公司的产品，主要应用于迪比特、CECT、三星手机中，常见的 CPU 型号有 OM6354 和 OM6353、OM6357 三种，常见芯片配套组合有以下两种。

① CPU 为 OM6354、电源为 PCF50601、射频为 OM5178：本套芯片组应用于迪比特 2037、2039 手机中。其中，电源模块属于 PCF 系列，该系列还包括 PCF50604、PCF50732 两种。

② CPU 为 OM6353、电源 UBA8073：应用于迪比特 2017、2029 手机，三星 E108、E708、X108、X608 及 CECT V50 等手机中。图 4.1.5 所示为 OM 芯片三星 X608 手机主板实物图。OM 系列 CPU 均集成了音频处理电路，数据处理功能强大，支持 GPRS，可与照相处理芯片交换数据。PCF 系列电源模块负责整机供电，内有 SIM 卡接口电路。OM5178 射频模块集成

了接收前端、中频、频率合成及功率控制等功能，使射频电路十分简洁。

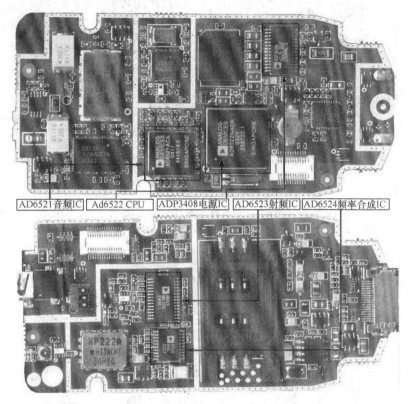

图 4.1.3　中兴 A810 手机 ADI 芯片组合的主板实物图

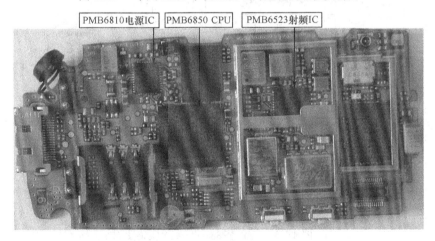

图 4.1.4　康佳 C808 英飞凌芯片手机的主板实物图

4．科胜讯 SKY 芯片组合手机

SKY 芯片是美国科胜讯公司生产的系列产品，其芯片标示有"Conexant"。SKY 是 SKYWORKS 的缩写，其 CPU 采用 M4641、CX805、CX80501；射频芯片采用 CX74017，主要机型有三星、桑达、康佳、波导、联想、西门子等。SKY 芯片组包含 CPU、音频、电源三大模块，与 AD 系列芯片组对应，CX74017 集成了手机中频、前端及频率合成等射频电路中的主要功能部分，从而大大简化了射频电路。常用的芯片组有以下两种。

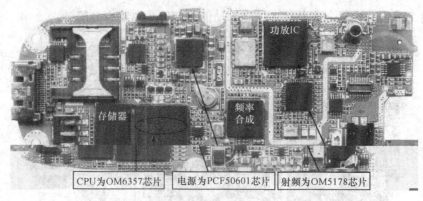

图4.1.5 三星X608手机OM芯片主板实物图

① CPU 为 M4641、音频为 20420、电源为 20436：本套芯片组在三星 A188、A388、A308、A408 等手机中采用。图 4.1.6 所示为三星 A188 手机主板电路实物结构。

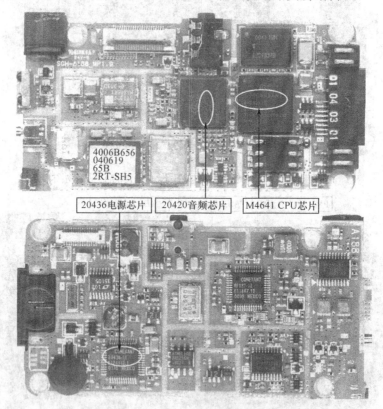

图4.1.6 三星A188手机主板实物图

② CPU 为 CX805、音频为 CX20505、电源为 CX20460、射频为 CX74017：本套芯片组在三星 T208 手机中采用。

5. 美国杰尔 AGERE 芯片组合手机

AGERE 芯片是美国杰尔公司（Agere Sytems）系列产品。它的芯片组合有两种，一种是中央处理器 CPU 为 TR19WQTE2B、数字处理芯片为 CSP1093CRI、电源芯片为 PSC2006HRS、音频芯片为 CSP1093CR1 等组合；另一种是中央处理器 CPU 为 TR09WQTEB2B、数字处理芯片为 CSP1093CRI、电源芯片为 CSP1099、音频芯片为 PSC2010B。杰尔 AGERE 芯片主要用于三星、夏新、东信、康佳等手机，如三星 Q100、Q208、S100、S105、S108、S300、S308、V200、V205、V208 等。图 4.1.7 所示为杰尔 AGERE 芯片三星 V208 手机主板实物图。

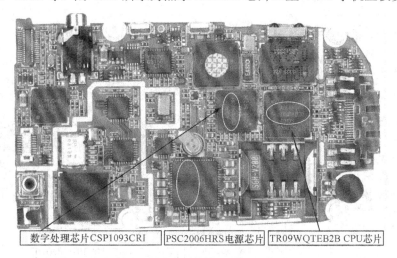

图 4.1.7　杰尔 AGERE 芯片三星 V208 手机主板实物图

6. 中国上海展讯 SPREADTRUM 芯片手机

SPREADTRUM 芯片是中国上海展讯公司开发生产的产品，其微处理器 CPU 型号主要有 SC6600、SC6800、SC8800。该系列芯片功能强大，主要集成了四频段功能处理、MIDI 和弦功能处理、内置 MP3、百万像素拍照、USB、MMC\SD 卡、蓝牙等处理功能，常用于金立、波导、CECT、南方高科、托普等手机。图 4.1.8 所示为展讯 SC6600 芯片天宇 K.Touch Q722 手机主板实物图。

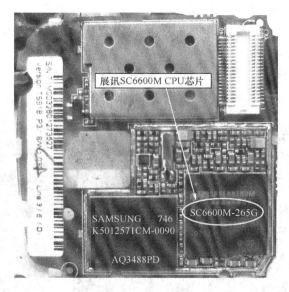

图 4.1.8　展讯 SC6600 芯片天宇 K.Touch Q722 手机主板实物图

7. 美国德州仪器 TI 系列芯片手机

TI 系列芯片组是美国德州仪器公司的产品，其芯片上都标有"i"。常见的芯片组合有 CPU 为 ULYSSE 系列、电源为 OMEGA 系列。其中，CPU 常用型号有 HERCROM200、

XF741529AGHH、D741979BGHH；OMEGA 系列电源 IC 常用型号有 TWL3011、TWL3012B、TWL3014B 等。图 4.1.9 所示为 TI 芯片康佳 C689 手机主板实物图。

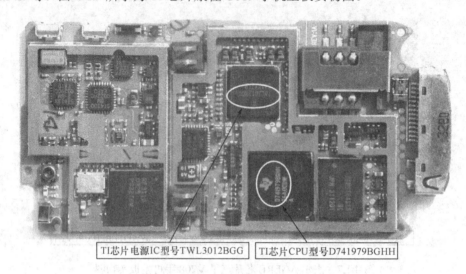

图 4.1.9　TI 芯片康佳 C689 手机主板实物图

8．中国台湾联发 MTK 芯片系列手机

MTK 芯片是台湾联发科技公司（Media Tek Inc.）的系列产品，应用于大部分国产杂牌手机中。MTK 芯片系列手机 CPU 主要有 MT6205、MT6217、MT6218、MT6219、MT6226、MT6227、MT6228 等；电源管理芯片主要有 MT6305 和 MT6305B；射频芯片主要有 MT6119、MT6129；功放芯片主要有 RF3140、RF3146、RF3146D、RF3166 等，其内部结构和工作原理都相同，只是进行不同层次的升级功能。

国产市场杂牌手机大都采用 MT 系列芯片，如联想、天阔、普天、三新、三盟、南方高科、诺科、康佳、科健、采星、迷你、波导、CECT、TCL、奥克斯、东信、长虹、托普、吉事达，以及各山寨系列手机。图 4.1.10 所示为 MTK 芯片波导 M08 手机主板实物图。

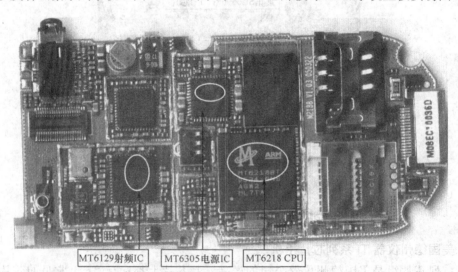

图 4.1.10　MTK 芯片波导 M08 手机主板实物图

4.1.3 最新智能手机芯片组合

本节主要介绍智能手机处理器、现代智能手机芯片组合及生产厂商、芯片架构及芯片型号，包括常见智能手机芯片组合功能、其他智能手机芯片组合功能及普通手机芯片组合等知识。

1. 单核、双核、四核处理器

智能手机处理器有单核、双核、四核等。单核是指在一块芯片上集成 1 个 CPU，双核是指在一块芯片上集成 2 个 CPU，四核是指在一块芯片集成 4 个 CPU。通俗地说，单核好比一个人的头里只有一个大脑，双核好比有两个大脑，但并不是有两个大脑的人就聪明，有的人一个大脑也很聪明，因此有些单核手机的处理速度比双核手机快，比如苹果单核比部分双核手机的速度更快。总之，高端的单核比双核快，但就整体性能而言，双核具有一定的优势。

对于处理器的处理速度，比如 1.4GHz，就是指一个 CPU 能计算 14 000 000 000 次/秒，双核就能计算 14 000 000 000 次×2/秒，四核就是 14 000 000 000 次×4/秒。严格地说，手机双核和计算机双核的概念不完全一样，计算机双核处理器可以同时处理相同的软件，是两个并行的个体封装在一起的，互相配合，互相协作；而手机的双核通常是指程序处理器（手机的主控微处理器 CPU）和移动通信基带处理器（BB），两者具有完全不同的分工，通常情况下 CPU 负责手机开机，BB 负责手机射频及其他功能的处理，基本都是分工完成各自的功能，而有的则是将这两个处理器集成在一起。从单核、双核到四核处理器，现代集成电路的制作工艺水平越来越高，处理速度非常快。

双核处理器又分为双核双线程、双核四线程处理器；四核处理器又分为四核四线程、四核八线程处理器。

智能手机中，单核 CPU 采用 Cortex.A8 架构，双核 CPU 采用 Cortex.A9 架构。"架构"是指 CPU 线程速度。双核相对于单核的最大优势就是多线程任务处理速度更快，是单核 CPU 不能达到的，但在处理单线程时，双核和单核没有区别。这就好比计算机同时运行几个应用程序，双核就体现了较强的优势，处理速度比单核快；如果同一时刻计算机只运行一个应用程序，则单核和双核的差别就不是很大了。

2. 智能手机芯片生产商

传统处理器生产商只有 Intel 和 AMD 两大巨头，而在手机处理器领域则有多家厂商相互竞争，包括苹果、高通（Qualcomm）、德州仪器（TI）、英伟达（nVIDIA）、三星（Sumsung）等公司，其中高通、德州仪器、英伟达的规模和影响力最大，具体如表 4.1.1 所示。

表 4.1.1 智能手机 CPU 资料汇总

架构	厂商	CPU 型号	主频	图形处理器 GPU	代表机型
Cortex.A8	高通	QSD8250	1GHz	adreno 200	HTC Desire
		MSM8255	1GHz	adreno 205	HTC Desire S
	德州仪器	OMAP3430	720MHz	PowerVR SGX530	MOTO 里程碑
		OMAP3630	720MHz（1GHz）	PowerVR SGX530	MOTO 里程碑 2.ME811
	三星	S5PC110	1GHz	PowerVR SGX540	三星 I9000
	苹果	A4	1GHz	PowerVR SGX535	iPhone 4、iPad
Cortex.A9	英伟达	Tegra 2	双核 1GHz	Geforce ULV	ME860、XOOM
	高通	MSM5260	双核 1GHz 以上	adreno 220	HTC Sensation
	德州仪器	OMAP4430	双核 1GHz 以上	PowerVR SGX540	黑莓 Playbook
	三星	Exynos	双核 1GHz	ARM Mali 400MP	GALAXY SII
	苹果	A5	双核 1GHz	PowerVR SGX543MP	iPad 2

表 4.1 中，高通公司在手机硬件方面采用了具有强大 ARM 微处理内核、多媒体、3D 图形、GPS 引擎功能的 Cortex.A8 架构与业内领先的 3G/4G 移动宽带技术，生产了 MSM7227、MSM7230、QSD8250、MSM8255 等不同型号的微处理器，应用在众多热门的智能手机上，使之成为市场焦点；而德州仪器（TI）也推出了较多 Cortex.A8 架构的手机微处理器，为数字信号处理（DSP）提供创新技术，包括传感与控制技术、教育产品与数字光源处理技术，其中 OMAP3430 与 OMAP3630 是主要的微处理器型号；苹果系列手机中，iPhone 3GS 也采用了 ARM Cortex.A8 架构技术，主频为 660MHz，iPhone 4 同样也采用了 45nm 工艺的 Cortex.A8 架构，是苹果公司自行设计的 A4 单核处理器，主频为 1GHz，iPhone 5（4S）采用的 Cortex.A9 双核架构也是苹果公司自行设计的 A5 双核处理器，主频为 1.2～1.5GHz。

随着智能手机的不断发展，英伟达公司也由专门的显示芯片与主板芯片组设计技术，转变为游戏机内核设计与移动终端领域的研发技术，其中最为熟悉的产品就是 Tegra 2 双核处理器。

三星公司一直致力于移动终端领域的技术研发，CPU 型号更多，技术力量更为雄厚。

3. CPU 型号及手机介绍

① 高通 QSD8250：是高通 Snapdragon 核心的代表产品。QSD 是高通第一代产品，它采用 65nm 工艺，主频最高为 1GHz；运算处理能力较强，基本上不用担心在浏览网页方面的流畅度；图形性能方面集成了 adreno 200（GPU），在 3D 加速性能上效果更佳。由于高通芯片使用率较高，游戏厂家基本会针对其进行优化。视频播放功能集成了 QSDP6000 视频子系统，最高支持 720P 视频硬解码和 480P 软解码，视频性能较好。其代表机型有 HTC Desire、索爱 X10 等。

② 高通 MSM8255：MSM 为第二代产品。MSM 系列处理器采用 45nm 生产工艺，就像 Intel 酷睿一样低频高效，MSM 系列产品很多主频不到 1GHz，但性能超过了 QSD 的 1GHz 处理器，也有效延长了手机电池的待机时间。MSM8255 搭载了更为强大的 adreno205 图形处理器，比 QSD8250 搭载的 adreno200 性能能强大了 4 倍。其代表机型有 HTC Desire S、Incredible S、索爱 LT15i、MT15i、夏普 SH8158U 等。

③ 高通 MSM8260：是 A8 双核总线结构双核芯片。由于每个 CPU 都有单独的 256KB 二级缓存，使得 adreno220（GPU）速度变慢，因此 MSM8260 俗称胶水双核，性能劣于同频率的 cortex.A9 架构，除了数据流处理方面稍快，其他方面同 A9 架构的双核有着较大差距。

④ 高通 MSM5260：是高通公司研发的主频达到 1.2GHz 的双核处理器，处于手机处理器的最高性能领域，应用于 HTC 发布的首款双核 Sensation 智能手机。

⑤ TI OMAP3630：是上一代 OMAP3430 的升级版，采用了 45nm 工艺制造，除性能表现出色外，在功耗方面更具特色。OMAP 3630 的频率为 720MHz，它基于 Cortex.A8 架构，集成了 OMAP3430 相同的 PowerVR GX530 图形处理器，与 iPhone 4 相同。其代表机型有摩托罗拉 ME722、ME811、三星 I9003 等。

⑥ 德州仪器 OMAP4430：是 Cortex.A9 架构的双核处理器。具备多重处理能力，运算速度是 Cortex.A8 的 1.5 倍，具有流畅的界面切换速度；采用 45nm 工艺，耗电量更低；支持单核和双核运行模式切换。目前采用该处理器的终端设备有黑莓 PlayBook 平板计算机。

⑦ 三星 S5PC110：俗称蜂鸟，采用 45nm 工艺的 Cortex.A8 架构，内置 PowerVR GX540 图形处理器芯片，支持复杂的 3D 以及大型游戏，结合 32KB 资料及 32KB 指令缓存，配备

512KB 缓存，处理器有快速的反应时间，可即时而顺畅地执行应用程序。S5PC110 通过各种低功耗技术确保了标准大小电池的使用时限，延长了电池的使用寿命。目前主要应用于三星自行设计的手机上的如 I9000 系列中 I9000、i897、T959 和谷歌定制的 I9020。

⑧ 三星 Exynos：是目前三星最新旗舰级机型盖世 GALAXY SII 系列 I9100 上使用的双核处理器平台，首款主频为 1GHz，比 SGX540 更强大，其机身厚度达到了惊人的 8.49mm。

⑨ 苹果 A4：于 2010 年 1 月 27 日发布，2010 年 3 月投产。该 CPU 是 ARM Cortex.A8 结构，经过 Intrinsity 和三星修改，其核心在同样的频率下与 ARM 标准的 Cortex.A8 结构相比，可以处理更多指令，缓存也被加大，运算速度更快。

⑩ 苹果 A5：采用 1GHz 双核心架构，运算性能提升 2 倍，内置 SGX543MP 图形处理器，绘图性能比上一代提升 9 倍，并且一样具备低功耗的特性。目前，苹果 A5 处理器仅搭载在 iPad 2 上。

⑪ 英伟达 Tegra2：是英伟达推出的一款双核处理器，它采用多核架构设计，40nm 工艺制造，由 8 个独立处理器组成，分别是 2 个 ARM Cortex.A9 处理器、1 个 8 核 Geforce GPU 处理器以及高清视频解码器、音频解码器、图像处理器和 ARM7 控制核心。其内置的 ARM Cortex.A9 处理器和 GeForce 处理核心是最大的亮点，8 个独立的处理器让 Tegra2 在上网、音视频播放、图像处理以及 3D 游戏、Flash 加速方面都能快速反应，代表机型有摩托罗拉 ME860、LG Optimus 2X 等。

4. 其他芯片系列智能手机

① 小米手机 CPU：小米手机是小米公司专为发烧友手机控全心打造的一款高品质智能手机，采用了高通 MSM8260 双核处理器（Snapdragon S2），小米 2 采用高通 APQ8064 四核处理器。其中，MSM8260 双核处理器与 HTC G14 的 CPU 相似，主频为 1.5GHz，存储器为 1GB RAM 和 4GB ROM，完全能够满足应用需求。目前最新青春版 CPU 仍为高通 MSM8260 1.5GHz 双核处理器，主频为 1.2G，拥有 768MB 的 RAM 和 4GB 机身内存。图 4.1.11 所示为其外形及主板 CPU。

图 4.1.11　小米手机外形及其主板 CPU

② 小辣椒 CPU：北斗小辣椒手机是北斗小辣椒科技发展有限公司自行研发生产的手机。小辣椒手机以智能双核、四核为主，采用高通 MSM8225 CPU，主频为 1GHz，内置 500 万像素摄像头，运行 Android 4.0 智能操作系统。小辣椒 Q1 手机采用的是英伟达 Tegra3 四核 CPU 处理器。图 4.1.12 所示为北斗小辣椒手机外形及其主板 CPU。

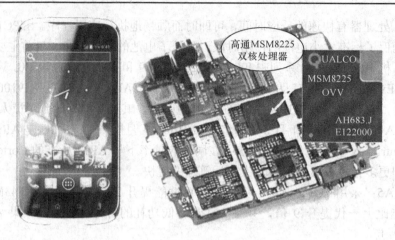

图 4.1.12　北斗小辣椒手机外形及其主板 CPU

③ 天语小黄蜂 CPU：天语小黄蜂 W619 是由中国天语集团（K.Touch）于 2012 年 4 月 25 日联手阿里巴巴和中国联通发布的一款 Android 智能手机。该手机最初搭载了阿里巴巴最新的阿里云 2012 操作系统，使用 512MB 双内存和 800MB 高通骁龙 Snapdragon 7225A（ARM V7）单核处理器，内置高通超频 Adreno200 图像处理芯片，是 Android 手机中性价比最高的手机之一。天语小黄蜂的主要机型有 W619 及 W719，还有天语大黄蜂等型号。天语小黄蜂 W619 支持 WCDMA+GSM 双卡双待（中国联通+中国移动，但不支持中国电信），天语小黄蜂 E619 支持电信 CDMA+GSM 双卡双待。图 4.1.13 所示为小黄蜂手机外形及其主板 CPU。

图 4.1.13　小黄蜂手机外形及其主板 CPU

4.2　手机整机电路组成及其流程分析

手机整机电路主要是指手机供电电路、手机接收射频电路、手机发射射频电路、手机界面功能接口电路等，本节主要讲解其电路组成、电路原理、电路流程分析等知识。

4.2.1　手机整机供电电路组成

对手机维修者来说，看整机电路是维修的重点，也是难点。只有看懂电路原理图才能快速而准确地完成故障分析与排除。

首先要了解手机整机电路图具有的功能：

① 它表明了整部手机的电路结构、各单元电路的分布形式和连接方式，从而表达了整机电路的工作原理，这是最复杂的电路图。

② 它给出了电路中各元器件的具体参数，如型号、标称值和其他一些重要数据，为检测和更换元器件提供了依据。

③ 许多整机电路图中还给出了有关测量点的直流工作电压，为检修故障提供了方便。

④ 它给出了与识图相关的元器件名称和元器件分布图中的所在位置，以便于找到主板对应的位置，从而进行有效的分析与检测维修。

1. 手机整机电路图特点

在手机整机电路图中，不同型号手机的整机单元电路变化十分复杂，给分析电路造成了不少困难，要求有全面的电路分析能力。同类型手机其整机电路图部分有相似之处，不同类型之间则相差很大。各部分单元电路在整机电路图中的分布有一定规律，多以英文标注作为分析依据，从而找到其相关电路。比如手机的核心部件CPU是整个电路中体积最大的，引脚也是最多的，因此只要看到引脚最多、芯片最大的基本就是CPU了；找到CPU，旁边一定有存储器，这样就找到了手机的逻辑电路；然后再找手机的电源电路，只要看到标有"VBATT"或很多"V"开头的英文标注，或其中一个引脚标有"poweron"（或PWRKEY、PWRON），那一定就是电源IC了；寻找射频电路首先要找到天线符号或英文标注"ANT"；其他功能电路只要找到对应的英文标注，整机电路分析就不是难题了。

2. 手机整机供电电路组成

手机整机供电电路由电池接口供电电路、开机信号线路、电源芯片、逻辑供电、时钟供电等组电压输出电路、升压电路组成，如图4.2.1所示。

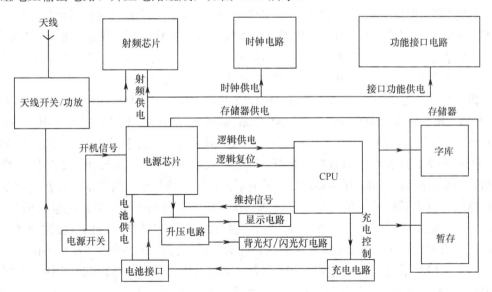

图 4.2.1　手机整机供电电路结构

分析整机电路的方法是找到起点，再看通过哪些元器件到达终点。图4.2.1中整机供电的起点就是电池接口，从电池接口开始，将电池电压送到电源芯片，通过开机键产生开机信号控制电源芯片输出不同的组电压，分别为逻辑供电、存储器供电、射频供电、时钟供电、接口功能供电以及产生升压为显示屏供电和背光灯/闪光灯供电等。

3. 手机整机供电电路流程分析

若将整机供电电路的去向对应到主板图来看，如图 4.2.2 所示，图中电池接口触片就是整机供电电源的起点，从电池正极 VBATT=3.6V 开始出发，该电压直接送到电源芯片内，经控制后输出不同的供电，分别将不同的供电送到 CPU、存储器、射频芯片、时钟电路、接口功能电路、天线开关/功放电路以及升压送到显示/背光灯接口电路，完成整机的供电。

图 4.2.2　主板上供电去向流程

4.2.2　手机射频电路组成及流程分析

手机射频电路包括接收射频和发射射频电路。手机装上 SIM 卡后，按下电源开关键，手机首先发射信号到基站，与基站联系进行 SIM 卡登记注册，然后通过接收通道将基站信息送到手机，完成手机入网过程，所以手机射频电路包括接收和发射两大部分，接收用 RX 表示，发射用 TX 表示。实际上，手机显示屏上的信号强弱显示就已经表示了手机接收和发射信号的强弱，如果手机信号与基站的同步，则信号就很强，反之则很弱。

手机信号是电磁波信号，频率很高，按频段来分，有高频段和低频段。其中，高频段有 DCS、PCS，频率分别为 1800MHz 和 1900MHz；低频段有 GSM、CEL，频率分别为 900MHz 和 850MHz。如果按网络来分，有 GSM 网络和 CDMA 网络。其中，GSM 网络包括 GSM、DCS、PCS 频段；CDMA 网络包括 2.4GHz 高频段、2.2GHz 频段、850MHz 低频段。通常采用的都是 GSM 网络，频段为 900MHz。无论手机是发射信号还是接收信号，都是靠电离层反射传播的。打电话时手机信号传到最近的基站（即中国移动或中国联通的信号塔），由基站把高频信号频率降低，在基站和基站之间直线传播（遇到高的建筑物信号会被挡住，所以基站的信号塔都建得很高），传到对方手机附近的基站，再转成高频信号发给手机。中国移动采用的是 GSM 系统，手机在哪个地区，会自动对最近的基站进行跟踪。中国联通采用的是 CDMA 系统，属于第二代移动通信系统，收发原理与移动相似。

1. 手机接收电路的组成

手机接收就是将外来信号通过手机天线接入到手机进行一系列处理的过程。手机接收是一个下变频过程，是指手机将基站接收来的高频信号通过手机内部频率合成转变成低频信号的过程。用手机接收信号时有一个接收信号频率，发射信号时有一个发射信号频率。比如，

GSM 网络由早期的单频段 GSM 发展到双频段 GSM 和 DCS,然后发展到今天的四频段 GSM、DCS、PCS、CEL 等多频段,其频率分配 RXGSM（900MHz）为 925~960MHz,RXDCS（1800MHz）为 1805~1880MHz,RXPCS（1900MHz）为 1930~1990MHz,RXCEL（850MHz）为 869~894MHz。

为了实现接收信号的处理,手机接收射频电路又分为天线输入电路、天线开关电路、接收滤波电路、接收射频放大电路、变频电路、接收中频滤波电路、接收中频放大电路、接收解调电路、DSP 数字处理电路、CPU 控制电路、A/D 或 D/A 变换电路、显示电路、扬声器电路等,如图 4.2.3 所示。

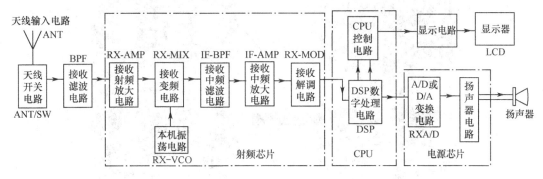

图 4.2.3 接收射频电路组成结构

2. 手机接收信号流程分析

手机加电开机后,开始搜索信号,从基站接收来的信号通过天线输入电路匹配滤波后,通过天线开关切换后到接收滤波电路,耦合后送到接收射频放大电路,经放大后再送到接收变频电路,将接收来的高频信号变换成中频信号,经中频滤波电路后,再到接收中频放大电路,进行中频放大,然后解调出接收 IQ 基带信号到 DSP 处理电路,经 A/D 转换转变成接收数字信号送到 CPU,经 CPU 控制后送到显示电路再到显示屏,显示信号的强弱。同时经 CPU 控制后,再经 D/A 转换电路,转变成模拟音频信号经扬声器电路放大送到手机扬声器还原出对方的声音,完成整个手机接收射频电路的工作流程,如图 4.2.4 所示为手机主板上接收信号的流程。

3. 手机发射电路的组成

发射就是将声音信号通过话筒转换成音频信号,再通过一系列处理由天线辐射出去的过程。手机发射是接收的逆过程,接收是下变频,发射则是上变频。手机发射时仍有发射频率,分别为四个频段 GSM、DCS、PCS、CEL,其频率分配 TXGSM（900MHz）为 880~915MHz,TXDCS（1800MHz）为 1710~1850MHz,TXPCS（1900MHz）为 1850~1910MHz,TXCEL（850MHz）为 824~849MHz。

分析手机发射电路原理时,只要看到"TX"与其他英文标注的组合,就说明它一定与发射电路有关,这是分析发射电路的关键点,对查找手机发射电路故障起着非常重要的作用。手机发射电路与接收电路的工作刚好是一个相反的过程,接收是从天线到扬声器的电路,而发射则是话筒到天线的电路。手机发射电路由天线开关、功放 IC、发射 VCO、射频 IC、CPU、电源 IC（音频集成在电源 IC 中）组成,如图 4.2.5 所示。

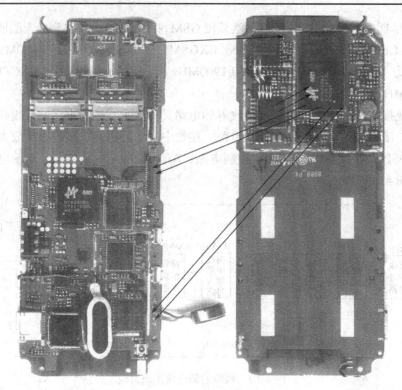

图 4.2.4　手机主板上接收信号的流程

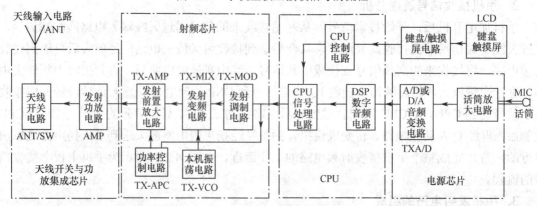

图 4.2.5　发射电路组成结构

4. 手机发射信号流程分析

　　从发射射频电路结构看，手机发射就是通过话筒将声音信号转变为模拟话音电信号，经电源芯片内部音频放大、A/D 或 D/A 变换、PCM 编码调制，转变成数字语音信号，送到 CPU 内部进行数字音频处理及信道编码、均衡、加密、TXIQ 基带信号分离，将分离后的 TXIQ 信号送到射频芯片经发射调制电路调制后，送到发射变频电路，与本机振荡电路 TXVCO 送来的振荡频率进行差频比较，得到一个包含发射 IQ 信号的脉动直流信号电压，去控制 TXVCO 工作，从而得到最终的发射信号，再经前置放大和发射功放电路进行功率放大，由天线开关切换后从天线辐射出去，通过最近的基站将其降频处理，再通过基站与基站的直线传播，到对方手机上接收，完成手机发射信号的完整过程。图 4.2.6 所示为手机主板上发射信号的流程。

5. 手机音频电路的组成结构

手机传送的主要是音频信号,其传送过程与接收和发射电路密切相关。音频信号的接收和发射电路又分为四大部分,即天线开关与功放集成芯片部分、射频芯片部分、CPU 部分、电源芯片部分。可以看出,天线开关与功放是集成在一起的,由一个芯片来完成。射频芯片部分包括了接收射频的接收滤波电路、接收射频放大电路、接收变频电路、接收中频滤波电路、接收中频放大电路、接收解调电路与发射射频的发射变频电路、发射功率控制电路等,同时接收本振和发射本振采用一个本机振荡电路来完成,并都集成在射频芯片内部。由此可以看出,现代手机的射频电路集成度相当高,如果将图 4.2.3 所示的接收射频电路与图 4.2.5 所示的发射电路合二为一的话,更能明显看出射频与逻辑音频处理电路的组成结构,如图 4.2.7 所示。

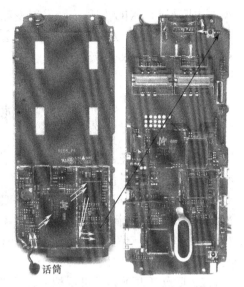

图 4.2.6 手机主板上发射信号的流程

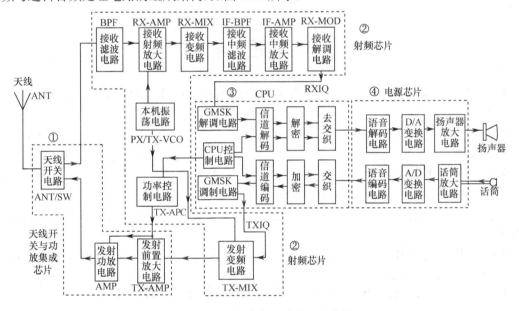

图 4.2.7 手机音频电路的组成结构

(1) 接收音频信号流程

从天线接收的射频模拟信号经接收滤波电路到射频低噪声放大器进行放大,再通过接收变频电路到接收中频滤波、放大到接收解调电路,经解调得到 67.707kHz、67.708kHz 的 RXIQ 信号送到 CPU 内部 GMSK 解调电路解调得到数字基带 RXIQ 信号,经信道解码、解密、去交织处理后,再送到电源芯片内进行语音解码、D/A 变换电路转变成模拟音频信号,经扬声器放大电路放大后,送到扬声器还原出声音,完成手机接收音频信号的过程。

(2) 发射音频信号流程

话筒将声音信号转变成音频电信号送到电源芯片话筒放大电路进行音频放大,再经 A/D 转换电路转换成音频数字信号,进行语音编码送到 CPU 内进行交织、加密、信道编码、GMSK

调制电路得到 TXIQ 信号，经发射变频电路调制到 880.915MHz 的调制信号，经发射前置功率放大电路、发射功放电路放大后，送到天线开关电路切换后经天线发射出去，完成手机发射音频信号的过程。

本 章 小 结

1. 通过手机整机结构的学习，掌握手机整机主板结构元器件分布、整机电路结构组成与流程分析方法，特别是掌握现代智能手机主板结构与芯片组合及最新国产杂牌手机芯片组合。比如，智能手机中常见的单核、双核、四核芯片应用及其结构与 Cortex.A8、Cortex.A9 架构的认识。在最新国产杂牌手机芯片中，掌握常见的 MTK 芯片和展讯芯片组合，它们是构成现代多功能手机的主要芯片，不但要掌握其分布情况，还要掌握每个芯片的功能作用以及内部集成的单元电路。

2. 重点掌握不同手机主板元器件的认识，比如如何判断主板上电源 IC、微处理器 CPU、射频 IC 或其他功能接口等。

习 题 4

4.1 从手机整个系统看，一部手机主要由两大系统组成，分别是_____和_____。

4.2 手机硬件系统主要包括_____、_____、_____、_____四大部分。逻辑系统又包括_____、_____、_____、_____及_____等。

4.3 手机电源系统包括_____、_____、_____、_____等，射频系统包括_____、_____等；界面接口包括_____、_____、_____、_____、_____、_____、_____、_____等电路（列举 10 个即可）。

4.4 手机软件系统包括_____、_____之间运行的程序，手机中常称为_____。

4.5 CPU 作为手机的核心器件，其工作必须满足三大条件，分别是_____、_____、_____。

4.6 最新国产杂牌手机芯片有八大组合系列，分别是_____、_____、_____、_____、_____、_____、_____、_____。

4.7 什么是现代智能手机的单核、双核、四核处理器？主要采用哪两种形式架构？分别有哪些生产厂商？

4.8 现代三星最新旗舰级智能机型盖世（GALAXY SII）系列 I9100 上使用的双核处理器是什么型号？主要采用什么架构形式？

4.9 iPhone5（4S）手机采用的 A5 双核处理器采用什么架构形式？其主频频率为多少？

4.10 小米手机是北京小米科技有限责任公司生产的产品，它采用的双核微处理芯片是_____公司生产的，型号是_____；其最新的四核处理器型号是_____，应用在_____机型上。

4.11 小辣椒手机是北斗小辣椒科技发展有限公司自行研发生产的手机，它采用的微处理芯片是_____公司生产的，型号是_____，采用的系统是_____。

4.12 天语小黄蜂是中国天语集团联手阿里巴巴和中国联通发布的最新 Android 智能手机，它采用的微处理芯片是_____公司生产的，型号是_____，采用的系统是_____，主要机型有_____和_____。

4.13 手机整机供电电路主要由_____、_____、_____、_____等组电压输出电路、升压电路组成。其整机供电的起点是_____接口。

4.14 手机射频电路包括_____和_____电路，分别用_____和_____英文标注表示。

4.15 手机接收和发射有高频段和低频段之分，其高频段主要有_____和_____，频率分别为_____和_____；低频段主要有_____和_____，频率分别为_____和_____。如果按网络来分，有_____和_____，分别有_____、_____、_____和_____、_____频段。

4.16 在手机射频电路中，手机接收射频电路主要由几大部分组成？发射电路呢？

4.17 在现代手机中，音频电路基本都是集成在哪两大芯片内？

本章实训　手机整机结构介绍

一、实训目的

1. 认识手机整机主板元器件分布结构。
2. 掌握手机整机电路组成结构及流程分析。
3. 熟练掌握现代智能手机常见的芯片组成及其功能。

二、实训器材及材料

1. 普通手机多部，诺基亚、三星、苹果智能手机多部（也可以是学生自用的手机）。
2. 普通手机主板、智能手机主板各 1 块。
3. 直流稳压电源 1 台。
4. 手机拆机工具 1 套。

三、实训内容

1. 根据普通手机主板、智能手机主板上元器件分布结构，能初步判断电源 IC、CPU、存储器、射频 IC、天线开关、功放以及其他功能芯片与接口的作用，并以自己实训的主板为例，简单画出主板结构。
2. 根据整机电路结构认识整机电路组成，能简单画出手机整机供电电路框图、射频电路框图，并标示其功能作用。
3. 与同学交换手机，分别观察同学的手机整机主板结构与自己实训手机的差别，并进行分析。
4. 认识普通手机与智能手机主板，熟练记住芯片及其型号。

四、实训报告

1. 通过对手机整机主板结构的认识，掌握手机主板上元器件的分布状况。
2. 通过对手机整机电路结构的认识，熟练掌握手机整机主要由整机供电电路、逻辑电路、射频电路、界面接口功能电路组成，并熟练掌握其电路流程分析。

第 5 章　手机开机电路原理及故障检修

本章主要讲解手机开机电路工作原理与故障检修，重点学习手机开机的五大条件，以及电路的组成结构、元器件作用、常用英文标注、工作原理、电路故障的检测方法、维修处理技巧等。同时本章内容涉及手机开机电路常见故障的检测与维修方法，需要使用维修仪器进行检测，因此重点讲解手机中直流稳压电源、频率计、示波器、超声波清洗器等常用仪器的使用技巧等知识。在手机不开机故障中，还讲解手机维修中常用的电流法、飞线法及故障排除等。以诺基亚 2730c 智能手机为例，讲解手机开机电路的知识系统结构与电路分析方法。选择诺基亚 2730c 智能手机，是因为该手机具有早期诺基亚手机电路结构与现代智能手机双层芯片新技术的结构特点，学习了 2730c 手机开机电路原理，也就掌握了其他手机开机电路原理的分析方法，同时也掌握了现代智能手机双层芯片的拆装与维修新技术。

5.1　手机开机电路结构

手机开机必须满足五大条件，即供电、时钟、复位、软件、维持，因此需要手机供电路、时钟电路、复位电路、逻辑电路、维持电路正常工作才能实现手机开机。不过要注意，手机开机是指手机完全开机后可以正常接打电话，如果出现手机开机但松手就关机，那不是正常的开机，出现这种情况一般都是逻辑电路不正常工作、维持信号不正常导致的。

5.1.1　手机开机电路组成及原理分析

1. 手机供电电路组成及原理分析

在手机整机供电电路组成及流程分析中讲解过，手机供电由手机电池接口电路、开机线路、电源 IC、组电压输出电路、组电压滤波电路、升压电路及其他供电电路等组成，如图 5.1.1 所示。电源是手机工作的能源，没有电源，手机不能开机，也就不能拨打电话。图 5.1.1 中，A 表示电源 IC；B 表示电池接口；C 表示开机线路；D 表示组电压输出；E 表示组电压输出滤波电路；F 表示升压电容构成的升压电路；G 表示 SIM 卡接口电路。下面介绍如何区分这些电路。

(1) 判断手机整机电路中的电源 IC

判断整机电路中的电源 IC，首先必须看它引脚上有没有表示电池供电的"VBATT"英文标注，如图 5.1.1 中 A 部分的 4 脚；其次必须看它有没有"ON/OFF"或者"POWER"英文标注，如图 5.1.1 中 A 部分的 1 脚；再次必须看它有没有很多以"V"开头表示组电压输出的英文标注，及其每组是否都有滤波电容，如图 5.1.1 中 A 部分的 41 脚、25 脚、23 脚、22 脚、42 脚、14 脚等引脚。只要满足这三个基本条件，即可判断该 IC 就是电源 IC 了，也称为电源管理器或电源模块。

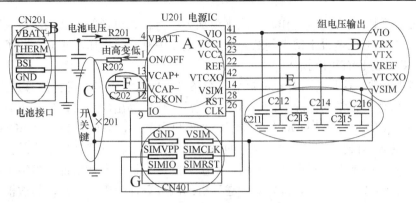

图 5.1.1 手机供电电路的组成结构

（2）判断手机主板上的电源 IC

手机主板上有很多集成 IC，前面讲解了判断电源 IC 的方法，就是在电源 IC 引脚上有很多滤波电容，因此可以观察主板上哪个 IC 周围大电容最多，就说明该 IC 是电源 IC，如图 5.1.2 所示。

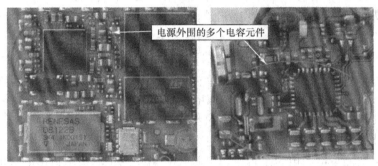

图 5.1.2 手机主板上的电源 IC

（3）手机供电电路正常工作的必要条件

手机供电电路能正常工作，必须满足电池供电 VBATT（3.6V）正常、开机线路正常、电源 IC 本身正常、电源 IC 外围电路及控制正常这四个条件，电源 IC 即可正常工作，输出组电压。

① 判断电池供电。只要在电源 IC 引脚上有"VBATT"英文标注，就表示电池供电，有多个"VBATT"则表示电源 IC 有多路电池供电，也说明内部有很多稳压电路，每个稳压电路都需要电池供电。

② 判断手机开机线路。很简单，只要在电源 IC 引脚上看到有"ON/OFF"、"KEYON"、"SW"或"POWER"的英文标注，同时相连的电路上连接有一个开机键或通过内连接口连接到开机键，就说明该电路是开机线路，如图 5.1.1 中的 1 脚相连的电路就是开机线路。

判断开机线路正常工作的方法有两种：一是用稳压电源加电，按下手机开机键，如果电流表的指针摆动，就说明开机线路是正常的，如果无电流反应，则说明开机线路不正常；二是用示波器测量开机键上的电压，用镊子短接开机键的两个触点，如果示波器显示有电压跳变，则说明开机线路是正常的。

如果开机线路不正常，首先检查开机键；其次检查开机线路中有无电阻元件开路或者虚焊、断线；再次检查开机键连接的接口是否有虚焊或接触不良；最后检查电源 IC 或重植、更换试机。通过这四个步骤，即可修好开机线路。

③ 判断电源 IC 是否正常工作。一般采用加焊、重植、更换的方法来试机判断，也可以通过测量输出的组电压是否正常来判断。如果组电压中有一组电压不正常，除了外围电路不良外，电源 IC 本身也有可能损坏。

④ 控制要正常。这是手机开机的最后一个条件，即维持信号。维持信号是指开机供电、时钟、复位、软件都正常的情况下，逻辑系统正常工作后输出的信号，也称为看门狗信号，通常用 Watchdog 的简写"WDOG"来表示。在手机电路中，只要看到有"WDOG"这个英文标注，基本就表示维持信号。维持信号的作用就是维持手机持续开机工作。在维修时，如果没有维持信号，按下手机开机键松手后，手机会立即关机。也就是说，当手机出现松手关机时，说明没有维持信号。此时首先要考虑开机的四大条件是否都正常，其次检查维持信号电路是否有开路，具体检查方法将在后面详细讲解。

2. 手机供电电路原理分析

手机电源电路有外引脚电源 IC 组成的电源电路、供电管分立元器件组成的电源电路、BGA 封装的电源电路，下面重点讲解外引脚电源 IC 组成的电源电路与 BGA 封装的电源电路，供电管分立元器件组成的电源电路目前很少用，故不作介绍。

（1）外引脚电源 IC 组成的电源电路（如图 5.1.3 所示）

分析电源电路时，主要从电源 IC 工作的四大条件来分析，关键看主要的功能引脚。

① 电池供电的引脚。5 脚、6 脚、14 脚、40 脚、45 脚、47 脚、48 脚、53 脚、58 脚等引脚外接有"VBATT"英文标注，表示这些引脚都是由电池电压供电 3.6V 送到电源 IC 作为供电的。同时，在供电线上还接了一个滤波电容 C120（2.2μF），从电容的容量参数来看，在手机中是一个比较大的。因为手机中电容的容量都比较小，一般为 nF 级，而作为电池供电的滤波电容都比较大，只要看到比较大的电容都可以先把它判断为电池供电的滤波电容。手机主板上，如果要测量电池电压是否送到电源 IC，就是通过测量主板上的大电容来判断的，这是手机维修中常用的方法之一。

② 开机线路的判断。在电源 IC 中，一定要找到带有"ON/OFF"或"POWER.ON"、"KEY"、"SW"等标注的引脚，结果发现 51 脚、50 脚分别标有"POWER.SW1"和"POWER.SW2"，都表示电源开关，相连的电路一定就是连接到开机键的。为什么是两个呢？因为手机开机有三种方式：一是加电池开机；二是加稳压电源开机；三是尾插充电开机。而图 5.1.3 中的两个引脚 POWER.SW1 和 POWER.SW2 分别表示加电池开机和尾插充电开机。POWER.SW1 表示连接开机键，手机加电池后按开机键即可开机；POWER.SW2 是连接到尾插供电的检测脚，实现尾插充电开机。通过图中的英文标注，即可找到开机线路。

③ 组电压输出电路。在电源 IC 中，只要引脚前面带有"V"开头的英文标注，一般都表示组电压输出。比如图 5.1.3 中的 13 脚、15 脚、19 脚、40 脚、44 脚、49 脚、52 脚，在 IC 内部都用"VLDO"表示，具体供电名称可通过外接电路上的标示来看。其中，13 脚的 VCC_1.8V，与 CPU 电路上引脚的英文标注相同，因此可判断它是 CPU 的供电，简称逻辑供电；40 脚的 VRF 与射频 IC 电路上的英文标注相同，所以判断它是给射频 IC 的供电，即射频供电，在以后的电路图中，VRF 都表示射频供电；44 脚的 VPAC，也是送到射频集成电路中，因此可判断它是手机的鉴相供电。关于鉴相将在第 6 章讲解，通常"VAPC"或"VPAC"表示鉴相供电；19 脚的 VOSC，"OSC"表示自由振荡器，通常用来表示手机主时钟振荡，所以加了"V"即表示主时钟振荡器供电，该供电是送到主时钟晶振上的，所以称为主时钟供电；12 脚的 VRTC 表示实时时钟供电。

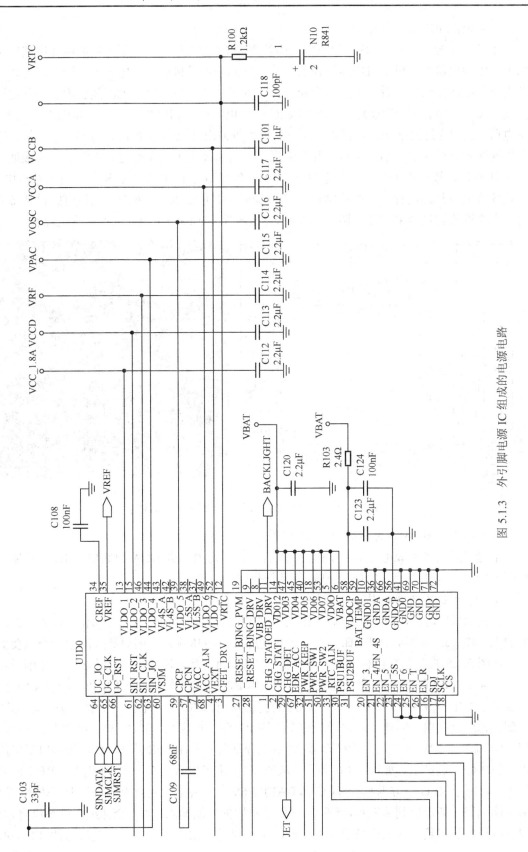

图 5.1.3 外引脚电源 IC 组成的电源电路

(2) 电源电路的工作原理

了解了电源 IC 与开机有关的引脚功能及电源 IC 的工作条件,下面讲解电源电路的工作原理。电源电路是手机整机电路工作的开端,拿到一部手机的整机电路原理图,就可以从电源电路的电池接口开始看,以此作为起点。找到了电池接口,电池电压就会通过一些电阻元件或直接送到电源 IC 引脚上,作为电源 IC 的供电,用"VBATT"表示。电源 IC 得到这个供电后,立即通过内部变换电路,从其中一个引脚输出开机高电平 V_H,通过一个开机电阻或直接连接到开机键的一端。当按下开机键后,一端的高电平就会通过开机键另一端接地而变成低电平 V_L,该低电平又回送到电源 IC 内部,触发电源 IC 内部的稳压电路输出各路电压,而且各路电压都连接有一个滤波电容,它们都安装在电源 IC 的外围,这给电路设计带来方便,也给维修测量带来方便。图 5.1.4 所示为元器件分布图与主板实物的对应元器件。

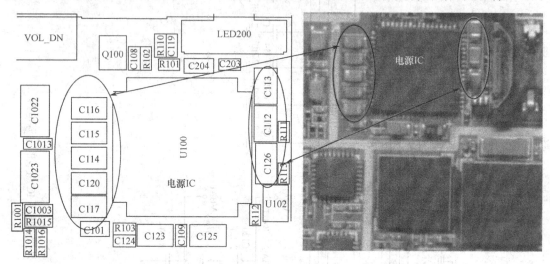

图 5.1.4 元器件分布图与主板实物的对应元器件

(3) 内引脚 BGA 电源集成 IC 的工作原理

学习了外引脚集成电源 IC 的工作原理后,再学习内引脚 BGA 封装电源 IC 工作原理,如图 5.1.5 所示,以掌握它们的区别及其功能作用。

① 电源 IC 主要功能引脚的英文标注。

先找到供电起点,即电池接口,电池接口的电池电压送到电源 IC,作为供电输入。图 5.1.5 中的 H3 脚、J3 脚都标有"VBATT",表示电池供电电压输入。同时还要注意一个重要的地方,在图 5.1.5 的左上方和右下方,都有一个"VCC4"英文标注,这是什么呢?仔细看右下角 VCC4 是 VBATT 经过一个供电限流保护电阻 R25(0Ω)转换而来的,所以该 VCC4 实际上也是电池电压 VBATT 3.6V。该电压送到左上角电源 IC 的其他供电引脚,仍作为电源 IC 内部的稳压器供电。因此,可以看到整个电源 IC 的供电引脚除了 H3 脚、J3 脚外,还有 M9 脚、L11 脚、L2 脚、L1 脚、R9 脚。这些供电分别与组电压输出引脚一起,为输出组电压的内部稳压器提供供电,如图 5.1.6 所示。从图 5.1.6 中可以看到 7 个 REG 电路。REG 就是稳压电路,每个 REG 小方框都有 VCC4/VBATT 3.6V 供电输入,也都有一个控制端输入,这里为了简化用一条总控制端表示,实际上它们是不同的控制输入。如果全部组电压都没有输出,很多维修人员都是加焊或更换电源 IC,此时更应该考虑图中一个关键的电阻元件 R25(0Ω),

它起保护作用。如果没有这个 0Ω 电阻,电池电压过高时,电源 IC 就会损坏;有了这个电阻保护,电压过高时该电阻最先开路损坏,从而保护了电源 IC。而且每组电压都有一个滤波电容,其对应的编号可以通过图 5.1.5 查看。因此,主板上电源 IC 外围有多个大电容,这就是判断手机主板上电源 IC 的方法。也就是说,只要在手机主板上看到一个 IC 外围的电容元件又大又多,这个 IC 就一定是电源 IC 了。

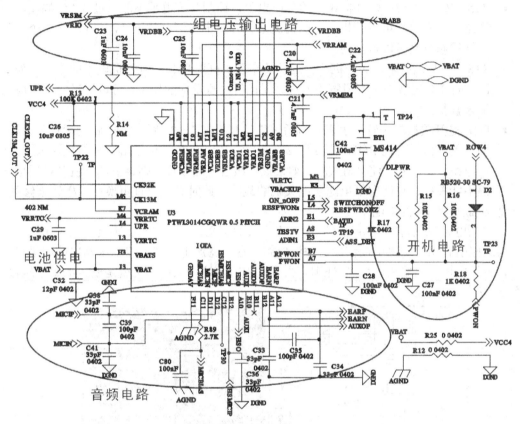

图 5.1.5 内引脚 BGA 电源集成 IC 原理图

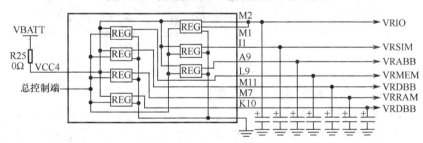

图 5.1.6 内部稳压电路结构简图

② 判断图 5.1.5 中的开机线路。

先查看有没有 "ON/OFF" 或 "POWER.ON"、"KEY"、"SW" 等相关的英文标注,结果在 A7 脚、B7 脚内部看到有 "RPWON"、"PWON" 英文标注,即开关之意,说明这两个引脚连接的一定是开机线路。其他英文标注及元件的说明如下:
- DLPWR:是开机延迟信号。

- ROW4：是连接 CPU 的按键控制线。
- TP/TP23：是开机高、低电平测量点。
- PWON：是连接手机的开机键。
- C27、C28：是开机线上的滤波电容，如果这两个电容漏电或短路损坏，都会使手机出现按开机键不开机，无任何电流反应的故障。
- R15、R16、R17：是开机线上的分压电阻，控制开机电平不能超过 3V 的幅度，如果开路，手机仍然可以开机。一般情况下，开机电平不会超过 3V，所以这 3 个电阻在正常维修时是可以拆掉的。
- R18：是开机电阻，即开机线上连接的电阻，同时也起限制开机电平的作用。如果开路，同样会出现按下开机键不开机，无任何电流反应的现象，可以通过短接该电阻两端来修复。
- D2：是开关机二极管。手机开机后，长按开机键 2～3s 后，CPU 就会运行关机程序，输出关机信号通过 ROW4 送到 D2 二极管，再送到电源 IC 内部，控制电源 IC 内部稳压电路停止工作，使手机关机。如果该二极管开路损坏，则会出现手机开机后按开机键不能关机，只能取下电池才能关机的故障，此时必须通过更换该二极管来修复。

③ 判断电源 IC 的组电压输出。

只要在电源 IC 引脚上看到有多个 "V" 开头的英文标注，这些引脚就是组电压输出。同时，与这些引脚相连的输出端都接有滤波电容，这些滤波电容就是组电压输出的测量点。同样，在手机主板上只要在一个 IC 外围有很多大电容，这些大电容上就是要找的组电压输出，如图 5.1.7 所示。

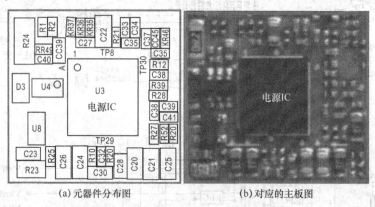

(a) 元器件分布图　　　　(b) 对应的主板图

图 5.1.7　电源 IC 及其外接电容

④ 判断电源 IC 内部是否集成了音频电路。

首先必须了解手机中表示音频电路的主要英文标注，包括手机扬声器、手机话筒、手机振铃、耳机、耳机话筒以及多功能手机 MP3 等，只要这些英文标注在电源 IC 引脚上能找到，就说明该电源 IC 集成了音频电路。其中，表示手机扬声器的英文标注有 SPEAKER、SPK、EARP、EARN、AUDIOP、AUDION、AUXI；表示手机话筒的英文标注有 MICP、MICN、MICBIAS（话筒供电）；表示耳机扬声器的英文标注是在扬声器英文标注的前面加上 HS，如 HSSPEAKER、HSSPK、HSEARP、HSEARN、HSAUDIOP、HSAUDION、HSAUXI 等；表示耳机话筒的英文标注有 HSMICP、HSMICN、HSMICBIAS（耳机话筒供电），表示手机振铃的英文标注有 ALEART、ALRT。根据这些英文标注的意义，即可判断图 5.1.5 中电源 IC 是否集成了音频电路，下面是图中音频引脚的具体说明。

- A12：EARP 表示扬声器信号输出，说明音频放大电路集成在电源 IC 内部。
- A11：EARN 也表示扬声器信号输出，说明音频放大电路集成在电源 IC 内部。
- B12：AUXOP 表示外接音频信号输出，比如手机尾插音频接口信号输出，也说明电源 IC 集成了音频电路。
- B10：AUXI 表示外接音频信号输入，它是指手机尾插可以连接带有话筒的音频线，就相当于外接话筒一样，因此也说明电源 IC 内部集成了音频电路。
- A10：HSO 表示耳机音频信号输出，即将电源内部的音频信号输出到耳机，同样说明电源 IC 内部集成了音频电路。
- B12：HSMICIP 表示耳机话筒信号输入，即将耳机话筒信号送到电源 IC 内部处理，也说明电源 IC 内部集成了音频电路。
- C12：HSMICMBIAS 表示耳机话筒供电电压输出，因为手机话筒将声音信号转变为话筒音频信号时，话筒必须有供电才能工作。如果话筒没有供电，则拨打电话的对方不能听到声音，因此要更换电源 IC 或在其他地方引入一个相同的电压。
- D12：MICIP 表示本机话筒信号输入，在电源 IC 内部进行音频处理，也说明电源 IC 内部集成了音频电路。
- D11：MICIN 也表示本机话筒信号输入，同样在电源 IC 内部进行音频处理，也说明电源 IC 内部集成了音频电路。
- C11：MICBIAS 表示本机话筒供电，从电源 IC 内部输出到手机话筒，这也说明电源 IC 内部集成了音频供电电路。如果手机话筒没有这个供电，同样是拨打电话对方不能听到声音，因此要更换电源 IC 或在其他地方引入一个相同的电压。

⑤ 电源 IC 开机部分的工作原理。

首先，手机开机必须满足五大条件，即供电、时钟、复位、软件、维持都必须正常。工作原理是手机加电后，电池供电直接送到电源 IC 的 H3 脚、J3 脚，此时通过电源 IC 内部转换电路，使得电源 IC 的 A7 脚输出一个开机高电平 V_H，通过外接的开关机二极管 D2、开机电阻 R18 连接到手机的开机键。当按下手机开机键时，高电平 V_H 就会变成低电平，再返回到电源 IC 的 A7 脚，触发电源 IC 内部的稳压电路，产生不同的组电压输出。

⑥ 判断电源 IC 输出的组电压是否工作正常。

如果某一组电压输出不正常，则需检查其供电 VCC4 是否正常，可在 C26 上测到，如果有就说明供电正常，如果没有则必须检查电阻 R25 是否开路损坏，否则短接该电阻即可。再仔细测量组电压输出电容上的电压，看输出是否完全正常，如果某一组不正常，可检查外接的滤波电容或相连的负载是否短路，拆下滤波电容一个一个试，即可判断故障点所在位置。

3. 手机时钟电路组成及原理分析

（1）手机中的时钟

时钟就是时间，就像上下班的铃声，有了铃声，我们就知道上下班的时间，且每天都会按这个时间规律来工作，这个有规律的行为就是由时钟来决定的。手机中的时钟也一样，是有规律的，它控制手机逻辑电路进行有序的工作，若没有时钟，整个逻辑系统就会出现程序错乱而不能正常运行，因此掌握手机时钟是非常重要的。

（2）手机时钟的作用

手机时钟用来控制 CPU 内部程序计数器、指令寄存器、指令译码器、时序产生器、操作控制器及运算器进行有序的工作。

(3) 手机中具体有多少个时钟

手机电路中的时钟主要有三个，分别是开机主时钟、射频参考时钟、实时时钟。

(4) 手机主时钟电路组成及原理分析

① 手机主时钟的概念。

手机主时钟就是手机的开机时钟，用于手机开机时逻辑电路的有序控制和运算。主时钟常用"CLK"来表示，由于机型不同，表示也不完全相同，如三星手机表示为"CLK13M.TR"，诺基亚手机表示为"RFCLK"，摩托罗拉手机表示为"CLK.13MHz"，但都有一个"CLK"英文标注，所以只要有"CLK"，就是主时钟。图5.1.8所示为手机电路中的时钟表示方法，在F12引脚上可看到英文标注"CLK13M"，这就是主时钟信号。

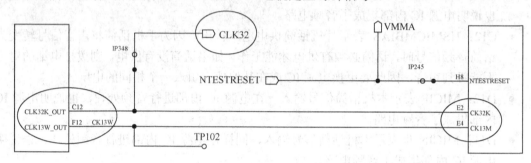

图5.1.8 手机电路中的时钟表示方法

② 手机主时钟的产生。

手机主时钟是由时钟晶振产生的，时钟晶振用 ⊣├ 符号来表示，主时钟晶振用 来表示，一般是26MHz，也有13MHz，其表示结构相同，频率不同。主时钟晶振是一个组件，有固定不变的四个引脚，1脚为自动频率控制AFC；2脚为接地；3脚为26MHz信号输出；4脚为供电VTCXO，这四个引脚的功能一定要记住，因为在测量时非常重要。

③ 主时钟晶振的外形结构。

如图5.1.9所示为主时钟晶振的外形结构，金黄色封装，贴片安装方式。

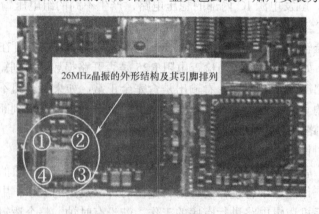

图5.1.9 主时钟晶振的外形结构

④ 主时钟晶振的工作条件。

主时钟工作的条件是供电VTCXO=2.8V、自动频率AFC=1.2V、接地三者都必须正常，如果没有供电，晶振不工作，没有主时钟信号产生，手机不能开机。如果三个条件均正常，但无主时钟信号输出,应为晶振本身损坏,更换即可。

⑤ 主时钟电路工作原理。

主时钟电路的组成如图5.1.10所示。同样,分析工作原理时,必须先了解电路的组成结构及其引脚功能。

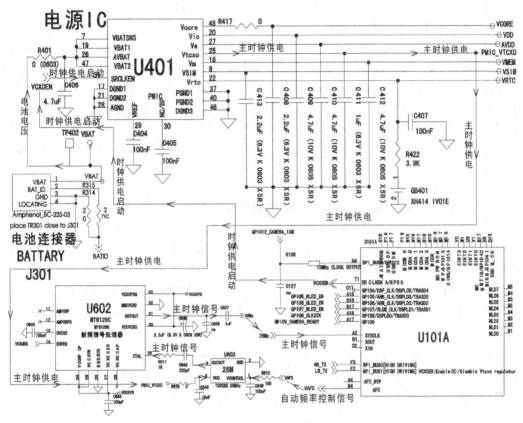

图 5.1.10 主时钟电路的组成

A. 图中主要组成元器件如下。

U603:是26MHz晶振,它是产生主时钟信号的主要器件,引脚功能分别是:1脚为AFC自动频率控制信号;2脚为接地脚;3脚为OSCOUT主时钟信号输出;4脚为VCC供电脚。外接英文标注PMIC-VTCXO表示时钟供电之意,只要有"VTCXO"都表示时钟供电。

U602:是射频IC,在主时钟电路中,主要对晶振送来的信号进行幅度放大,然后输出到CPU U101A为开机做准备。因此,在主时钟信号测量时,如果在晶振3脚测量,其信号幅度较小,不容易看出波形;如果在射频IC放大后的线路上测量,能明显看到正弦波信号。

U101A:是CPU,它需要主时钟信号才能工作。它的T1脚标有"VCXOEN",表示主时钟供电启动。该启动信号送到电源IC控制电源IC 25脚内部的稳压器,输出主时钟供电PMIC-VTCXO,送到主时钟晶振供电。若没有这个启动信号,则无主时钟供电。

U401:是电源IC,其25脚为主时钟供电。

B. 主时钟电路的工作原理:手机加电,按下开机键,电源IC的48脚、18脚瞬间输出逻辑供电VCORE、VMEM给CPU,CPU产生一个主时钟供电启动信号VTCXO_EN,从CPU的T1脚输出回送到电源IC的31脚,控制电源IC内部稳压器工作,然后从电源IC的25脚输出PMIC_VTCXO主时钟供电电压,通过滤波电容C410、R619、C645组成的滤波电路送到主时钟晶振的 4 脚作为供电。26MHz 晶振得到供电后,开始振荡工作,在 AFC 控制下,产生准确而稳定的 26MHz 时钟信号,从晶振 3 脚输出,经 C642、R611、C655 滤波电路后,送到中频 IC 的 29 脚(XTAL 表示振荡信号),经内部放大后从 31 脚(REFOUT 表示射频参考信号)输出,再经耦合电容 C637 后送到 CPU 的 A2 脚(SYSCLK 表示系统时钟,即开机时钟)输入,启动 CPU 内部的开机程序运行,控制手机开机。

⑥ 主时钟电路故障现象及维修方法。

主时钟不正常,会导致手机不开机,表现为手机加电按开机键,电流表指针有 10mA 左右的电流变化。维修时,首先用示波器检测主时钟晶振的 4 脚是否为 2.8V 左右的供电电压,如果没有,应为电源输出不正常,这时应检查电源 IC 供电电路。如果供电正常,应用示波器或频率计检测晶振 3 脚有无 26MHz 信号输出,若无,则一定是晶振损坏,更换即可;如果 26MHz 不准,只有 25MHz,说明发生了偏频现象,此时应检测 1 脚 AFC 自动频率控制电压是否为正常的 1.2V,若不正常,应检测 AFC 自动频率控制电路,否则为晶振本身损坏,仍然更换处理。

(5)手机的参考时钟

参考时钟也称为参考频率、基准时钟或基准频率。参考频率主要用于射频锁相环电路中,与其他频率比较得到一个误差信号去控制本机振荡器产生准确而稳定的频率信号。参考时钟由 26MHz 或 13MHz 晶振产生,与主时钟晶振是同一个振荡器,只是振荡信号输出后分两路不同的去向,一路到射频 IC 进行放大后送到 CPU 作为开机主时钟,另一路到射频频率合成电路中,与本机振荡器产生的信号进行比较,产生误差控制电压去控制本机振荡器的振荡频率。若参考时钟不正常,将导致手机出现无信号或无发射等故障。图 5.1.11 所示为参考时钟电路及其信号流程。

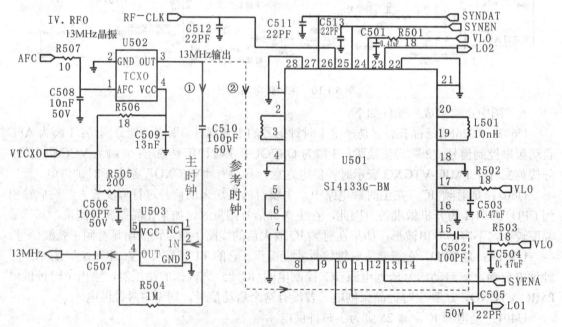

图 5.1.11 参考时钟电路及其信号流程

A. 图 5.1.11 中各元器件的作用如下。
- U501:是频率合成器(频率合成器将在第 6 章讲解),它的 15 脚标有 XIN,其中,"X"表示时钟振荡信号,"IN"表示输入,所以"XIN"表示时钟振荡信号输入。

- U502：是 13MHz 主时钟晶振，其 4 脚为 VCC 表示供电；1 脚为 AFC 自动频率控制信号，正常工作时电压为 1.2V；3 脚 OUT 为 13MHz 信号输出，如图中线路①（实线）标示。
- U503：是 13MHz 主时钟信号放大管，经放大后的 13MHz 主时钟信号送到 CPU，图中线路②（虚线）标示，作为手机开机的第二大条件。
- C510、C507：主时钟信号电路中的耦合电容，如果开路将导致手机不开机。
- R507、C508：组成滤波元件。其中，R507 为降压限流电阻，C508 为滤波电容，组合成积分滤波电路。如果 R507 开路，会出现手机无信号，可以短接或更换。
- R505、R506：是供电限流保护电阻，如果其中一个开路，手机将不能开机，可进行短接或更换处理。
- C506、C509：主时钟晶振供电滤波电容，若开路对手机影响不大，若漏电或短路，会导致手机不开机，可拆下或更换处理。
- R504：主时钟信号输出反馈电阻，阻值很大，由于反馈的是交流信号，所以阻值相对大一些，开路对手机无影响。

B．电路工作原理：当 VTCXO 主时钟供电电压通过滤波电路 R506、C509 到时钟晶振 U502 的 4 脚后，晶振开始振荡工作，产生 13MHz 信号从 3 脚输出，分两路去向，一路（图中线路①标示的箭头去向）通过 C510 耦合到 U503 放大管的 2 脚放大后，从 4 脚输出经 C507 耦合送到手机 CPU，为手机开机做准备；另一路（图中线路②标示的箭头去向）通过耦合电容 C502 直接送到频率合成器的 15 脚输入，为频率合成器内部提供一个基准频率。

C．手机主板上时钟信号流程：如图 5.1.12 所示，从 U502 的 3 脚输出分两路去向，图中线路①、②的标示与原理图中的电路结构是相同的。

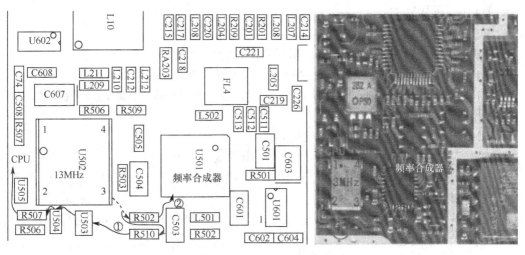

图 5.1.12 手机主板上参考时钟信号流程

（6）手机中实时时钟

① 实时时钟。

实时时钟是指显示手机时间，包括年、月、日、时的时钟。手机的闹钟功能就是由实时时钟来提供的。手机开机后如果不接打电话，耗电很少，这是因为手机在不接打电话时，实时时钟控制手机处于待机状态，因此把这个控制待机时的实时时钟称为待机时钟或休眠时钟。实时时钟和主时钟一样，也是由一个时钟晶体产生的，其频率为 32.768kHz，通常称为 32kHz。

② 实时时钟电路组成及工作原理。

实时时钟电路有的是 32kHz 晶体与电源 IC 一起构成的电路,有的是 32kHz 晶体与 CPU 一起构成的电路。这里是 32kHz 晶体与 CPU 内部的 OSC 振荡电路构成的电路分析。如图 5.1.13 所示,实时时钟电路由 32.768kHz 晶体 X101、后备电池 GB401、电源 IC U401、CPU U101、C101、C102、C125、C407、R422、R104、R401 等组成。32kHz 实时时钟信号的产生必须满足供电条件,供电有两种方式:一是后备电池供电,二是电池供电。当手机装上电池时,电池除了为电源 IC 供电外,还为后备电池充电。当手机电池取下后,后备电池开始放电为 32kHz 晶体供电,使 32kHz 一直不停地工作,这就是手机时钟一直走时的原因。

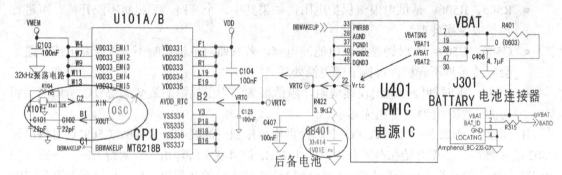

图 5.1.13　实时时钟产生电路

A. 电路中主要元器件的作用如下。
- U101A/B:是微处理 CPU,型号为 MT6218B,内部的 OSC 表示振荡器,该振荡器与外接 32kHz 晶体一起构成实时时钟振荡电路,产生频率为 32.768kHz 的实时时钟信号。
- U401:是电源 IC。
- J301:是电池接口。
- GB401:是后备电池,它是实时时钟电路中的一个主要器件。
- X101:是 32.768kHz 实时时钟晶体,是实时时钟电路中的关键器件。
- C101、C102:是实时时钟的振荡电容,与 32.768kHz 晶体一起构成手机的实时时钟振荡电路。
- C103、C104:是 CPU 供电滤波电容。
- C125、C407:是 32.768kHz 实时时钟供电的滤波电容。
- R422:是后备电池的充放电限流电阻,若损坏,手机将无时间显示、无走时等,可以进行短接处理。
- C406:是电池供电滤波电容,如果漏电会导致手机出现加电大电流故障,可以进行拆除或更换处理。
- R315:是电池接口类型检测电阻,若开路将导致手机出现"非认可电池"故障,可短接排除故障。
- R401:是电池供电限流电阻,若开路,手机将不能开机,可以进行短接处理。

B. 实时时钟电路工作原理:手机加电池时,电池电压通过电池接口 J301、R401、C401 限流滤波后,为手机电源 IC 供电。当按下手机开机键后,电源 IC 的 22 脚输出一个实时时钟供电电压 V_{rtc}=1.5V 并分两路,一路经 R422 电阻到 GB401 后备电池正极,为后备电池充电;另一路经 C407、C125 滤波电容滤波后,送到 CPU 的 B2 脚 AVDD.RTC,为 CPU 内部的实时时钟振荡器与外部实时时钟晶体 X101 振荡电路供电,使 CPU 内部的振荡器工作,将振荡输出的信号从 CPU 的 B1 脚输出(XOUT 表示振荡输出),经 C101 滤波后送到 32.768kHz 晶体 X101,使 X101 也开始起振工作,将振荡产生的 32.768kHz 控制信号送到 CPU 的 C2 脚输入(XIN 表示振荡输入),控制内部振荡器振荡在 32.768kHz 频率状态,使之产生准确稳定的 32.768kHz 振荡频率为 CPU 提供实时时钟和待机工作时钟,控制手机时间准确无误。

C. 手机主板上 32kHz 振荡信号流程:图 5.1.14 所示为手机主板上实时时钟的信号流程。手机维修就是通过主板上的信号流程分析,查找故障点,对流程中每个元器件进行检测,最终将故障手机修复。

③ 32kHz 晶体与电源 IC 构成的实时时钟电路。除了 32kHz 晶体与 CPU 构成实时时钟电路外,还有 32kHz 晶体直接与电源 IC 内部 OSC 振荡器构成的实时时钟电路,如图 5.1.15 所示。无论是哪一种组成电路,其电路工作都需要供电,工作原理也类似,这里不再重复。

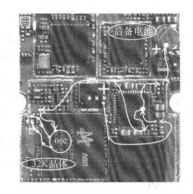

图 5.1.14 主板上实时时钟的信号流程

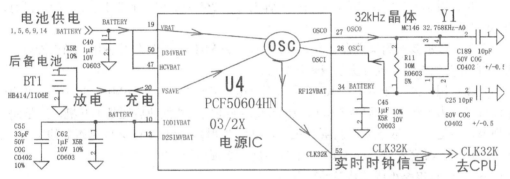

图 5.1.15 32kHz 晶体与电源 IC 构成的实时时钟电路

(7) 手机时钟电路故障现象及维修技巧

① 手机主时钟电路不正常的故障现象。

手机主时钟电路不正常导致的故障现象是手机不开机。当手机加上电池后,按下开机键,发现稳压电源上的电流表指针摆动很小,一般为 20mA 左右,说明手机主时钟电路没有正常工作。图 5.1.16 所示为该故障的检测步骤及维修流程。

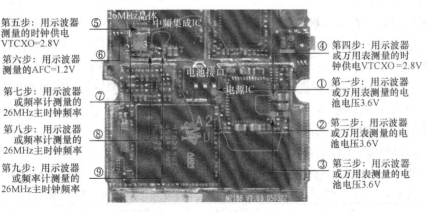

图 5.1.16 主时钟电路的测量方法

第一步：用示波器或万用表测量电池接口电压，应为 3.6V。若无电压，按下手机开机键，电流表无一点电流反应，这时重点检查电池触片是否良好接触。

第二步：用示波器或万用表测量 R401 供电限流电阻上是否有电池电压 3.6V。如果这点没有电池电压，而电池接口有电压，应为电池接口到 R401 电阻之间断线，可飞线连接。

第三步：用示波器或万用表测量 R401 供电限流电阻输出端是否有电池电压 3.6V。如果这点没有电池电压，而输入端有电压，那就是这个电阻开路损坏，应更换或短接。

第四步：用示波器或万用表测量电源 IC 输出的滤波电容 C410 上主时钟供电电压 VTCXO 是否为 2.8V。如果这里没有 2.8V 电压，而电池电压又是进入电源 IC 的，那就是电源 IC 本身损坏或虚焊导致无主时钟供电输出，应加焊或更换处理。

第五步：用示波器测量 C645 或 26MHz 晶振 4 脚上有无 2.8V 主时钟 VTCXO 供电。如果没有，而 C410 上有电压，那就是这两点之间有断线，可飞线连接处理。

第六步：用示波器测量 26MHz 晶体 1 脚有无 1.2V 自动频率控制 AFC 电压。如果没有，应为 CPU 不良，因为 AFC 来自 CPU 内部音频处理电路，所以应该加焊 CPU 或重植或更换处理。

第七步：用示波器测量 26MHz 晶体 3 脚上有无 26MHz 主时钟信号输出。如果没有，应更换 26MHz 晶振。

第八步：用示波器测量耦合电容 C642 上有无 26MHz 主时钟信号输出。如果没有，应为 C642 电容开路或虚焊，进行更换或短接处理。

第九步：用示波器测量中频 IC 输出的耦合电容 C637 上有无 26MHz 主时钟信号输出。如果没有，应为中频 IC 虚焊或损坏，加焊或更换处理。若处理后还是不开机，还是同样的电流现象，应把 CPU 取下来，测量 CPU 的 A2 脚与耦合电容 C637 之间是否断线，若断线，应飞线处理；若没有断线，应为 CPU 本身不良，必须更换 CPU。

4．手机逻辑电路组成结构及原理分析

（1）手机逻辑电路组成结构

逻辑电路是手机工作的核心，主要运行手机开机及其他工作程序。其组成如图 4.1.1 所示，主要分为两大部分：一是硬件部分，二是软件部分。其中，硬件部分是指组成逻辑的各个元器件，包括 CPU、字库、暂存器、逻辑三总线（三总线是指地址总线 ADDBUS、数据总线 DATABUS、控制总线 CBUS）等；软件部分是指在 CPU 与字库、暂存器之间运行的程序（手机中常称为资料）。

一部手机就是一个单片机系统，所有功能都以 CPU 为核心，字库、暂存器作为存储器件，以三总线作为逻辑工作的连接纽带来构成逻辑电路的工作系统。当 CPU 得到供电、时钟、复位后，通过内部电路运行程序。如果是用外接仪器向手机内部写入资料，那就要通过 CPU 内部的寄存器、暂存器和逻辑运算单元控制后，经三总线把资料送到字库里存储起来。反之，可以读出资料送到外接仪器，完成手机的读/写（R/W）过程。

（2）手机逻辑电路原理分析

① 手机逻辑电路工作的必要条件。

手机逻辑电路工作的必要条件是组成逻辑电路的 CPU、字库、暂存器、逻辑三总线等硬件及供电、时钟、复位必须正常。当 CPU 满足硬件和供电、时钟、复位等条件后，即可启动内部程序正常工作，然后输出一个维持手机持续开机的维持信号，使手机持续开机。因此，手机的供电、时钟、复位、软件、维持称为手机开机的五大条件。

手机逻辑供电常用"VDD"表示，接地用"VSS"表示，通常称为逻辑供电和逻辑接地（简称为逻辑地），如图 5.1.17 所示，图中的供电都是在"VDD"后面加了一个"CORE"，刚好和外接的"VCORE"相同，意为"核心供电"。"核心"就是指 CPU，所以这里的核心供电实际上就是 CPU 供电。外接的"VIO"标注中"IO"表示 CPU 输入/输出接口，所以该供电就是 CPU 内部接口供电，也称为逻辑供电。

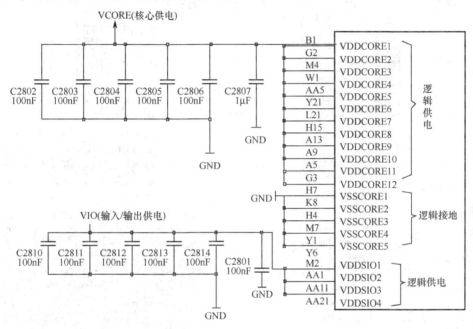

图 5.1.17　手机 CPU 的部分供电引脚

② 手机逻辑电路原理分析。

手机逻辑电路满足工作条件后，CPU 启动工作，对整机进行控制，包括手机的开机、接收、发射、拨打电话、MP3、MP4、照相、摄像、上网等所有功能。图 5.1.18 和图 5.1.19 所示分别为手机逻辑电路中的 CPU 与存储器原理图。

从图 5.1.18 中可以看出，虽然 CPU 引脚功能较多，但已是进行分类的，每部分功能都是相对应的，下面根据图中的序号顺序来分析讲解。

- 第①部分：都是 CPU 的供电，而且每组供电都有滤波电容，这些滤波电容是检测 CPU 是否供电正常的测量点。很多维修人员，遇到手机不开机时只知道更换 CPU，而不知道去测量 CPU 供电是否正常，这都是错误的维修方法。VCORE 表示逻辑的核心供电；VMEM 表示逻辑供电；VSIM 表示 SIM 卡供电；VRTC 表示后备电池供电。

- 第②部分：是 CPU 的地址总线，分别为 ADD01～ADD22，共 22 条。在数字电路中，我们学习过译码器，地址线就是信号输入端，在选通信号的控制作用下输出数据信号。也就是说，如果逻辑电路中没有地址总线，逻辑电路则无法实现数据交换，也就不能输出数据信号，因此地址总线是逻辑电路工作的必要条件，它是 CPU 与存储器之间的总线。维修时，一定要保证这些地址线相通。

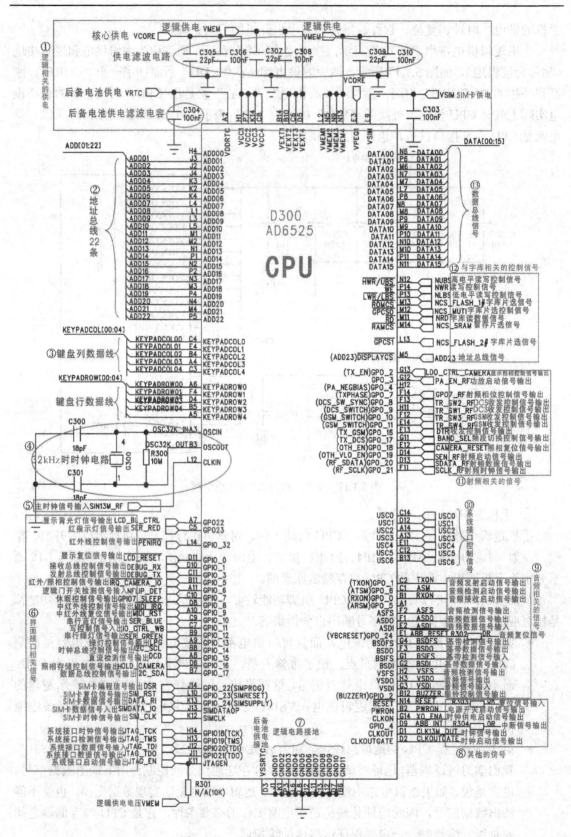

图 5.1.18 手机逻辑电路中的 CPU 原理图

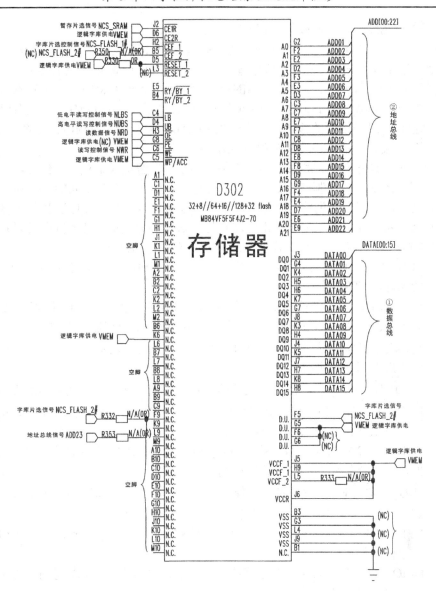

图 5.1.19　手机逻辑中的存储器原理

　　如何判断手机中 CPU 与存储器之间地址线相通呢？首先要看 CPU 的地址线对应引脚与字库地址线对应引脚的关系，也就是相应引脚的地址线标注必须相同，否则无法测量其通断。比如，CPU 的 J3 脚是地址线 ADD01，J2 脚是 ADD02，它对应的存储器引脚就是图 5.1.19 中的 G2 脚和 F2 脚，因为 G2 脚和 F2 脚分别也是 ADD01、ADD02 地址线，所以可判断 CPU 的 J3 脚与存储器 G2 脚相通，J2 脚与 F2 脚相通。掌握 CPU 与存储器之间地址线的对应引脚连接，是维修逻辑电路的关键。很多进水手机经常会出现引脚断线，若要飞线处理，则必须知道飞线的关联点，其他地址线可以此类推。

- 第③部分：是手机键盘列数据线和键盘行数据线。手机键盘上的每根数据线都连接到 CPU，如果某一根线断，则会导致手机部分按键失灵。手机按键电路是一个行列矩阵电路，由行数据线和列数据线组成，图 5.1.18 中的 KEYPADCOL 是键盘列数据线，KEYPADROW 是键盘行数据线。因此，如果手机出现按键失灵故障，必须根据原理图找到这个失灵按键是连接到 CPU 的哪一个引脚，是行线断还是列线断，找到断线点后进行飞线连接，故障即可修复。
- 第④部分：是32kHz实时时钟振荡电路，前面已经讲解过，这里不再叙述。
- 第⑤部分：是主时钟13MHz信号输入端。先看CPU引脚L12上的英文标注CLKIN，它表示时钟信号输入，而相连的SIN13M_RF表示射频13MHz，虽然看不出它是主时钟，但可以看出这个13MHz与射频有关，也就是说，这个13MHz是来自射频IC的，所以它是主时钟信号的输入端。若无此13MHz，需要检查射频电路是否有13MHz输出，如果没有，应加焊或更换射频IC。
- 第⑥部分：是界面接口相关信号，它包括显示屏部分的控制信号、红外线、SIM卡控制信号、系统接口控制信号、指示灯信号等，它们都是送到不同的界面功能接口电路中，具体送到哪一个电路，永远要记住一个方法就是看其英文标注和其他界面接口电路中哪一处的英文标注相同，那它就是送到那一部分电路，具体将在后面介绍界面电路时进行详细讲解，这里只需要知道这些英文标注的意义。
  ✧ LCD_BL_CTRL：表示显示、背光灯控制信号输出。LCD表示显示屏，BL表示背光灯，CTRL表示控制。
  ✧ SER_RED：表示红色指示灯信号输出。SER表示指示灯，RED表示红色。
  ✧ $\overline{PENIRQ}$：表示红外线控制信号输出。IRQ表示红外线。英文标注上方有一条横线，表示"非"，就是说"PENIRQ"不加横线时，表示控制信号高电平有效，加横线后表示低电平有效。
  ✧ $\overline{LCD\_RESET}$：表示显示屏复位信号输出。LCD表示显示屏，RESET表示复位。
  ✧ DEBUG_RX：表示接收总线控制信号输出。DEBUG表示总线信号，RX表示接收，所以合起来表示接收总线控制信号。
  ✧ DEBUG_TX：表示发射总线控制信号输出，DEBUG表示总线信号，TX表示发射，所以合起来表示发射总线控制信号。
  ✧ $\overline{IRQ\_CAMERA\_IO}$：表示红外线、照相控制信号输入/输出切换信号。IRQ表示红外线，CAMERA表示照相机，IO表示输入输出。
  ✧ NFLIP_DET：表示逻辑门开关检测信号输出。NFLIP表示逻辑门开关信号，DET表示检测信号。
  ✧ GPIO7_SLEEP：表示第7根线为休眠控制信号输出。GPIO7表示控制线第7根，SLEEP为休眠控制信号。
  ✧ $\overline{MIDI\_IRQ}$：表示中部红外线信号输出。MIDI表示中部，IRQ表示红外线。
  ✧ $\overline{MIDI\_RST}$：表示中部复位信号输出。MIDI表示中部，RST表示复位信号。
  ✧ SER_BLUE：表示蓝色指示灯信号输出。SER表示指示灯，BLUE表示蓝色。
  ✧ IO_CTRL_WB：表示写控制信号输入/输出。IO表示输入输出，CTRL表示控制，WB表示写数据线。
  ✧ SER_GREEN：表示绿色指示灯信号输出。SER表示指示灯，GREEN表示绿色。
  ✧ LPG：表示绿灯控制信号输出。
  ✧ I2C_SCL：表示串行总线时钟信号输出。I2C表示串行总线，SCL表示时钟信号。
  ✧ DCD：表示直流检测信号输出。DC表示直流电；D是DET的简写，表示检测信号。
  ✧ HOLD_CAMERA：表示照相存储控制信号输出。HOLD表示存储控制信号，CAMERA表示照相机。
  ✧ I2C_SDA：表示串行总线数据信号输出。I2C表示串行总线，SDA表示数据信号。

- ◇ DSR：表示 SIM 卡编程信号输出。单从"DSR"不好理解，要看 CPU 引脚上的英文标注为 SIMPROG，SIM 是表示 SIM 卡，PROG 表示编程信号，合起来则表示 SIM 卡编程信号输出。因此在分析 IC 引脚功能时，如果外面的英文标注无法理解，可看引脚上的英文标注来理解；反过来，如果引脚上的英文标注无法理解，可看外接的英文标注来理解。这也是原理分析的一种技巧。
- ◇ SIM_RST：表示 SIM 卡复位信号。
- ◇ DATA_RI：表示 SIM 卡供电线控制信号输出。单从"DATA_RI"也不好理解，要从引脚上"SIMSUPPLY"来分析，SUPPLY 表示供电线控制信号，所以与"SIM"合起来表示 SIM 卡供电线控制信号输出。
- ◇ SIMDATA_IO：表示 SIM 卡数据输入输出控制信号。DATA 表示数据信号，IO 表示输入输出。
- ◇ SIM_CLK：表示 SIM 卡时钟信号。
- ◇ JTAG_TCK：表示系统接口时钟信号输出。JTAG 表示系统接口，TCK 表示时钟信号。
- ◇ JTAG_TMS：表示系统接口检测信号输出。JTAG 表示系统接口，TMS 表示检测信号。
- ◇ JTAG_TDI：表示系统接口数据信号输入。JTAG 表示系统接口，TDI 表示数据信号输入。
- ◇ JTAG_TDO：表示系统接口数据信号输出。JTAG 表示系统接口，TDO 表示数据信号输入。
- ◇ JTAG_EN：表示系统接口启动信号输出。JTAG 表示系统接口，EN 表示启动信号。

  通过以上的英文标注分析，即可了解这部手机大概的界面接口功能电路了。为什么大多数都表示输出呢？因为 CPU 是中央处理器，任何一个控制信号都是由它输出的，所以只要是控制信号就都由 CPU 输出。在进行手机维修时，如果发现某一个控制信号没有输出，那一定要检测该信号相连的 CPU 引脚是否断线，如果断线必须进行飞线连接。CPU 输出的控制信号都是脉冲方波信号⎍⎍，电平幅值一般就是 CPU 的供电电压值。如果 CPU 的供电为 2.8V，那么它输出的控制信号脉冲幅值也就是 2.8V 或者稍低。

- 第⑦部分：表示 CPU 接地。手机接地有两种方式，一种是 GND，表示模拟接地；另一种是 VSS，表示数字接地。这里的 GND 都表示模拟接地，而 VSSRTC 则表示后备电池供电的数字接地。在其他手机逻辑电路分析时，也要知道这两种接地。不过它们都是接地，在手机中也是同一个参考点，都是 0 电位，不同的表示是为了电路分析的方便，也为了区分是模拟电路还是数字电路部分。
- 第⑧部分：是其他信号，都是单一的信号，既有输出也有输入。
  - ◇ CLKOUTGATE：表示时钟启动控制信号输出。CLKOUT 是时钟信号输出，GATE 是门开关。
  - ◇ CLK13MOUT：表示 13MHz 时钟信号输出。这里要说明一下 13MHz 信号为什么还要送到电源 IC。前面讲过 13MHz 主时钟晶体有四个引脚，其中 1 脚是自动频率控制信号 AFC，也就是 13MHz 送到电源 IC 内部与音频处理信号进行比较输出的误差控制信号（有的是 CPU 控制输出的），所以称这里的 13MHz 信号为音频参考时钟信号。如果 13MHz 输出不准确，就可能是 AFC 不正常，维修时除检查电源 IC 外，还要看电源 IC 或 CPU 输出的音频参考时钟 13MHz 是否断线，维修时要重点检查，否则手机无信号。
  - ◇ ABB_INT：表示音频中断请求信号输出。ABB 表示音频总线信号，INT 表示中断信号。
  - ◇ CLKON：表示时钟供电启动信号输出。ON 启动信号。该信号用来控制主时钟的供电，若主时钟供电不正常，除了检测电源 IC 供电电路外，还需检测主时钟供电启动信号线是否断线，否则会导致手机不开机。
  ◇ PWRON：表示电源开关启动信号输出。PWR 表示电源，ON 表示开启。
  ◇ RESET：表示复位信号输入。
- 第⑨部分：表示 CPU 与电源 IC 内部音频处理信号电路，说明该手机音频电路集成在电源 IC 中，其音频处理由 CPU 控制。
  ◇ BUZZER：表示振铃控制信号输出，用来控制手机来电铃声。若无该信号，将导致手机来电无铃声，因此来电无铃声要检测 CPU 是否输出 BUZZER 脉冲控制信号。
  ◇ VSDI：表示音频数据信号输入，是指手机送话音频信号送到 CPU 进行数字处理，即音频编码、调制等处理。若断线，手机将出现无送话故障。
  ◇ VSDO：表示音频数据信号输出，是指手机受话音频信号从 CPU 送到电源 IC 中进行数模转换及音频放大处理。若断线会导致手机出现无受话故障，即扬声器无声。
  ◇ VSFS：表示音频检测信号输出，是控制电源 IC 内部的音频处理。
  ◇ BSDI：表示音频基带数据信号输入。
  ◇ BSIFS：表示音频基带检测信号输入。
  ◇ BSDO：表示音频基带数据信号输出。
  ◇ BSOFS：表示音频基带检测信号输出。
  ◇ ABB_RESET：表示音频复位信号。
  ◇ ASDI：表示音频数据信号输入。
  ◇ ASDO：表示音频数据信号输出。
  ◇ ASFS：表示音频检测信号输入。
  ◇ RXON：表示音频接收启动信号输出。
  ◇ ASM：表示音频检测启动信号输出。
  ◇ TXON：表示音频发射启动信号输出。若断线，手机将出现无受话故障。
- 第⑩部分：表示系统接口控制信号，即 USB 接口控制信号，共有 7 条线，若手机连接软件仪数据线时不能读/写资料，就要检查这些线是否有断线，如果有断线或虚焊，可飞线连接，直至修复。
- 第⑪部分：表示射频相关的信号，也就是连接到手机射频 IC 或者射频其他控制电路。
  ◇ SCLK_RF：表示射频时钟信号输出，是控制射频 IC 内部的频率合成电路，因此通常把这个信号称为射频频率合成时钟信号。若该信号不正常，会导致手机无信号，应进行飞线处理。
  ◇ SDATA_RF：表示射频数据信号输出，仍是控制射频 IC 内部的频率合成电路，因此通常把这个信号称为射频频率合成数据信号。若该信号不正常，会导致手机无信号，应进行飞线处理。
  ◇ SEN_RF：表示射频启动信号输出，仍是控制射频 IC 内部的频率合成电路，因此通常把这个信号称为射频频率合成启动信号。若该信号不正常，会导致手机无信号，应进行飞线处理。
  ◇ CAMERA_RESET：表示照相复位信号输出。如果没有这个信号，手机将不能实现照相功能。
  ◇ BAND_SEL：表示频段切换控制信号输出。若该信号不正常，手机会出现无接收故障，以下引脚均是相同故障现象。
  ◇ DTR：表示收发控制信号输出。

- ◇ TR_SW4_RF、TR_SW3_RF：表示 GSM 收发控制信号输出。
- ◇ TR_SW2_RF、TR_SW1_RF：表示 DCS 收发控制信号输出。
- ◇ TXPHASE：表示发射射频相位控制信号输出，若该信号不正常，手机会出现无发射故障，以下引脚均是相同故障现象。
- ◇ PA_EN_RF：表示功放启动信号输出。
- ◇ TX_EN：表示发射启动信号输出。
- ◇ $\overline{\text{DISPLAYCS}}$：表示显示屏片选控制信号输出。若该信号不正常，手机会出现无显示故障。
- 第⑫部分：表示与字库相关的控制信号。
  - ◇ NCS_FLASH_2#：表示字库片选信号输出，若该信号不正常，手机会出现不能开机的故障，以下引脚均是相同故障现象。
  - ◇ NCS_SRAM：表示暂存片选信号输出。
  - ◇ NRD：表示字库读数据信号输出。
  - ◇ NCS_MUTI：表示字库片选控制信号输出。
  - ◇ NCS_FLASH_1#：表示字库片选信号输出。
  - ◇ NLBS：表示低电平读/写控制信号输出。
  - ◇ NWR：表示读/写控制信号输出。
  - ◇ NUBS：表示高电平读/写控制信号输出。
- 第⑬部分：表示手机逻辑电路中数据总线信号，DATA00～DATA15 共 16 条数据总线。
  - ◇ DATA00：表示数据 00 序号总线。如果这些数据线断线，手机不能开机，检查方法与地址总线相同。
  - ◇ DATA01：表示数据 01 序号总线，与其他数据总线意义相同，可以此类推，这里不再列举。

通过以上引脚英文标注的分析，基本可以了解逻辑电路中 CPU 和存储器的工作原理了。实际上，只要满足第①部分的供电、第⑤部分的时钟、第⑧部分的复位正常后，CPU 逻辑系统开始通过数据线、地址线、控制线运行逻辑程序；当这些程序运行正常后，又会通过第⑧部分的 PWRON 启动信号控制，电源 IC 一直处于工作状态，使手机一直开机，所以这里的 PWRON 信号就是手机的维持信号了。

（3）手机复位信号

复位信号在手机中通常用 "RESET" 或 "RST" 来表示，只有诺基亚手机用 "PURX" 表示，如图 5.1.20 所示。在同一部手机中，不同功能电路表示复位的英文标注也不完全相同。比

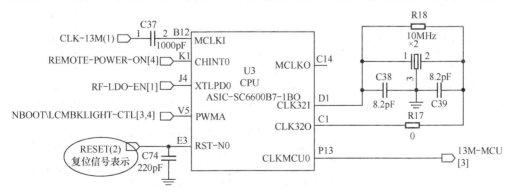

图 5.1.20 手机中复位信号的表示

如，SIM 卡复位表示为"SIMRST"，照相复位表示为"CAMRST"，显示复位表示为"LCDRST"。由此看来，对手机的功能电路来说，其复位就是用该功能的英文标注加上"RST"来表示的。

在手机中，复位信号是由电源 IC 内部稳压器产生的低电平矩形波信号，经放大与脉冲变换电路转变成近似于直流的控制电平，送到逻辑系统使之复位，所以用示波器测量是近似直流的电压。如果没有复位信号，手机逻辑电路不能进入初始状态，将导致逻辑电路工作不正常，手机不能开机。

（4）判断手机中逻辑芯片 CPU 的好坏

由于手机功能的增加，判断 CPU 的好坏就更加不容易。手机中 CPU 损坏的形式有虚焊、短路或内部单元电路损坏。维修时，应首先检查 CPU 工作的必要条件，再检查其数据、控制输出的脉冲信号是否正常。如果是摔坏的手机，虚焊的可能性较大，可加焊或重植安装排除。如果是进水的手机，短路的可能性较大，需采用更换的方式来判断 CPU 的好坏。比如，手机不能照相，除了更换摄像头外，还可判断为 CPU 照相功能损坏，这时就需要采用更换的方法来判断。

（5）手机逻辑电路常见故障及维修技巧

手机逻辑电路工作不正常，会导致手机出现各种各样的故障现象。因为逻辑电路是整个手机工作的核心，所以它的损坏是多种多样的，可以分成两大类来考虑，一类是硬件导致的故障，另一类是软件导致的故障。具体的故障现象有不开机、无接收、无发射、无显示、无送话、无受话、来电无铃声、无背光灯、按键失灵、不能充电、不能播放 MP3/MP4、不能照相、蓝牙功能失效、无 WiFi、无 GPS、无游戏等，检修原则是"先简单、后复杂，先软件、后硬件"。

5.1.2 手机开机电路常见故障分析与维修

1. 手机开机电路常见故障现象

电源电路工作不正常，最突出的故障就是手机不开机、开机死机、开机定屏，具体现象有：①加电大电流不开机；②加电无电流反应而不开机；③加电有一点电流反应而不开机；④加电按开机键有几十毫安稳定电流而不开机；⑤加电按开机键有几十毫安摆动电流而不开机；⑥加电有几十毫安漏电流而不开机；⑦加电按开机键有 100mA 左右摆动电流而不开机；⑧加电有 100mA 左右摆动电流后定屏死机。这些故障都是针对用稳压电源给手机加电时电流表上的电流变化来描述的。在实际维修中，会遇到更多不开机故障电流现象，这里列举了主要的八种。

2. 手机维修中的电流法

电流法是指用稳压电源给手机加电，然后根据稳压电源上电流表指针的摆动来判断手机故障的方法。图 5.1.21 所示为根据故障电流的不同范围来判断故障点。这是一种非常有效的方法。

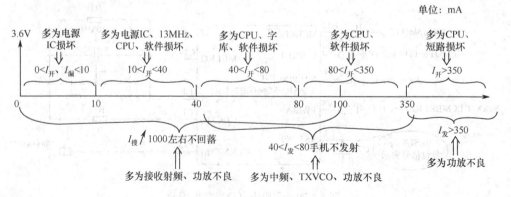

图 5.1.21 电流法的分区

图 5.1.21 中,把电流分为 10mA、40mA、80mA、100mA、350mA 等区域,每个区域都有不同元器件导致的手机不同的故障现象,当然这只是作为一个参考,读者要学会举一反三,掌握原理来理解故障原因与故障点位置。根据电流现象可将电流分为大电流、漏电流、小电流三种情况。

(1) 大电流

大电流是指稳压电源的电流表指针摆到 500mA 左右时的电流,有加电大电流、开机大电流、发射大电流三种情况。

(2) 加电大电流

加电大电流是指用稳压电源为手机加电,不用按开机键就能看到的电流表指针摆到 500mA 左右的电流。加电大电流故障一般是电源 IC 或功放 IC 短路损坏引起的,因此只要手机出现加电大电流故障,不用考虑其他,直接更换电源 IC 或功放 IC,基本可排除故障。

(3) 开机大电流

开机大电流是指手机加电后按下开机键才出现的大电流。一般开机大电流都是 CPU 或电源 IC 短路引起的。遇到开机大电流情况,一定要先换 CPU 或电源 IC,基本可排除故障。

(4) 发射大电流

发射大电流是指手机正常开机后,拨打电话时出现的大电流。手机出现发射大电流故障时,只需更换功放即可解决,这是手机的通病。

(5) 常用电流法的维修技巧

① 加电大电流不开机。

手机维修时,经常会遇到加电大电流手机不开机的现象,也就是用稳压电源为手机加电时,刚把正、负极加上,就看到电流表指针跳到 500mA 以上。这说明手机内部电池直接供电的电路有短路。比如,图 5.1.22 所示的功放 IC、电源 IC、MP3 音频放大器等都是电池直接供电器件。

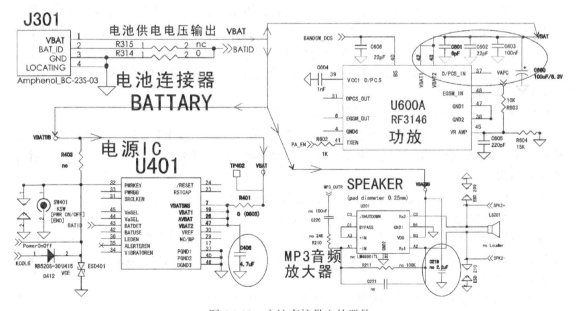

图 5.1.22 电池直接供电的器件

首先看一下该电路电池电压供电的去向。电池电压通过 J301 电池接口的 1 脚，将 VBAT 电池电压输出分三路到不同的地方：第一路是经过滤波电容 C660、C601、C602、C603 滤波后，送到功放 U600A 的 42 脚、43 脚，作为功放供电；第二路是经过一个 0Ω 电阻 R401 到电源 IC 的 7 脚、19 脚、26 脚、47 脚，作为电源 IC 供电；第三路是经过一个滤波电容 C219 送到 MP3 放大器 U201 的 B3 脚，作为音频放大器供电。通过电路的供电原理可知：一般情况下，如果加电就有大电流现象，首先要考虑的就是功放 IC，因为功放 IC 直接连接到电池接口，直接由电池电压供电，同时，在长时间用手机拨打电话时都有较大电流流过功放，易使功放受热而短路损坏，需更换功放 IC；其次，考虑音频放大器，因为很多用户听音乐时的声音很大，易导致放大器高热而短路损坏；再次，考虑电源 IC，因为电源 IC 也是电池直接供电器件，性能不良都会短路损坏，更换电源 IC；最后，考虑电池供电电路上电容元件，如图 5.1.22 中的 C660、C601、C602、C603、C219 等，因为电容元件在电池供电电路中起滤波作用，长时间使用或因为外电压变化都会使滤波电容击穿短路损坏，维修时必须一个一个拆下试机，不能全部拆下再加电试机，否则会因为没有滤波电容而导致峰值电压损坏电源 IC。

除了以上情况，还要注意的是，由于供电电路设计不同，除了供给电源 IC、功放 IC、音频放大器外，有的手机电池电压还要直接为射频 IC、功能 IC 或其他供电管供电，所以维修时一定要根据电路原理图进行分析，只要看到有 "VBATT" 标注的地方，基本都是电池电压直接供电的地方，也是容易短路的地方，也是加电就大电流损坏的地方，维修时要重点考虑。

② 加电按开机键无电流反应而不开机。

加电按开机键无一点电流反应，说明手机好像没通电一样。维修方法很简单，主要查找电池触片、电源 IC 或供电管，即可排除故障。比如图 5.1.22 中，应该检查电池接口 J301 是否接触良好。接着用示波器或万用表检测电源 IC 的 7 脚、19 脚、26 脚、47 脚是否都有 3.6V 电池供电电压，如果有 3.6V，说明电池供电正常；若无，测量供电限流电阻 R401 是否开路损坏，如果开路，短接即可。如果电源 IC 的 7 脚、19 脚、26 脚、47 脚供电都正常，再测量电源 IC 的 32 脚是否有一个开机高电平，如果没有开机高电平，电源 IC 供电又正常但无输出，说明电源 IC 内部损坏，因此要更换电源 IC；如果有高电平输出，但按开机键无电流反应，应该是开机键与电源 IC 的 32 脚之间断线，可从电源 IC 的 32 脚飞线到开机键上解决。其检修流程如图 5.1.23 所示。

③ 加电按开机键有一点电流反应而不开机。

按开机键有一点电流反应说明开机线路是正常的，同时电源 IC 有高电平输出，也就说明电源 IC 供电是正常的，更进一步说明电池接口、限流电阻 R401 都正常，问题出在主时钟电路不正常上。

④ 加电按开机键有几十毫安稳定电流或摆动而不开机。

加电按开机键有几十毫安稳定电流，也说明开机线路是正常的，有可能是电源 IC 的组电压没有输出或主时钟、CPU 不正常所致。到底是哪一个引起的只能通过测量组电压来判断，如果正常，问题就在主时钟或 CPU 上；如果主时钟正常，那就是 CPU 故障，不过还需要通过测量才能判断。

⑤ 加电就有几十毫安漏电流而不开机。

加电就有漏电流，即加电后没有按开机键电流表指针就有摆动，这表示加电就有漏电故障。此故障应是电池直接供电器件引起的,主要有电源IC、功放、滤波电容等,要重点检查。此故障一般都是手机进水或长时间使用后手机内部有发霉导致的,维修前最好先用超声波清洗,再进行下一步操作。

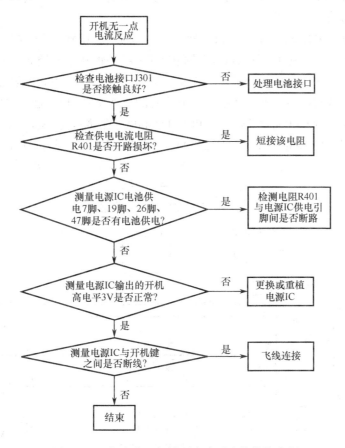

图 5.1.23　加电按开机键无电流反应的检修流程

⑥ 加电按开机键有 100mA 左右摆动电流而不开机或定屏死机。

加电按开机键有 100mA 左右摆动电流,说明电源 IC 已经工作,组电压或主时钟都是正常的,问题出在手机程序上,即软件运行不良,此时可用智能软件仪连接手机和计算机,重新刷新系统软件,即可排除故障。如果是智能手机,可以直接连接手机与计算机重新刷写系统程序即可排除故障。刷机操作将在第 9 章详细讲解。

5.2　诺基亚 2730c 智能手机开机原理实例分析

诺基亚手机主要有 DCT.1、DCT.2、DCT.3、DCT.4、DCT.L、BB5 六种类型。其中,2730c 智能手机属于诺基亚 BB5 系列手机。BB5 是诺基亚第五代硬件基带产品,它拥有百万像素,支持多媒体卡,支持扩展功能,其中具有代表性的还有 N73、N75、N90、N93、N95 等手机,它们的工作原理基本相同,但与 DCT3、DCT4 系列手机相比却有很大的区别。

5.2.1 2730c 智能手机开机电路结构原理

本节详细讲解 2730c 手机是如何开机的，手机开机后主要完成什么工作，如果手机不开机应如何分析维修等。

2730c 手机电源采用两个复合电源管理器：型号为 AVILMA 的 N2200 芯片、型号为 BETTY 的 N2300 芯片。其中，N2200 芯片包含开关机逻辑及复位控制、充电检测、电池检测、32kHz 振荡及 A/D 变换单元及数字音频接口 CBUS 电路；N2300 提供数字内核电压调节器、充电控制、USB/FBUS 电平转移电路，电流检测及数字接口 CBUS 电路。该手机的开机电路主要由电源 IC（N2200）、N2300、CPU（D2800）、存储器（D3000）、接收信号处理 IC（N7505）、实时时钟 32.768kHz 晶体（B2200）、主时钟 38.4MHz 晶振（G7501）等组成，如图 5.2.1 所示。

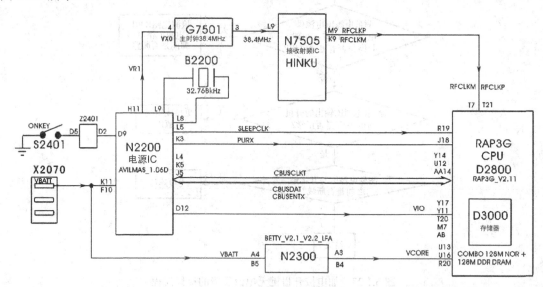

图 5.2.1 2730c 手机开机电路框图

1. 元器件的作用

- N2200：复合电源管理器，即电源 IC，是手机供电的主要能源。
- X2070：电池接口，提供电池电压 VBATT=3.6V 到电源 IC。
- S2401：手机开机键，它的一端接地，说明是低电平触发开机。
- G7501：主时钟晶振，这里主时钟采用的是 38.4MHz，与以往的主时钟 26MHz 不同，不过工作原理是相同的。
- B2200：实时时钟晶体，其工作原理与以往手机的 32.768kHz 时钟相同，如果损坏会导致手机开机死机、定屏、白屏、开机后自动关机等故障。
- N7500：射频 IC。开机电路中，射频 IC 主要是将主时钟信号进行放大处理，然后送到 CPU，作为 CPU 工作的逻辑时钟。
- N2300：复合电源管理器，通常也称为副电源 IC，通过内部电压调节器产生核心供电 VCORE 1.8V 为 CPU 供电。维修时，若手机不开机，测量组电压时，需测量这里的 VCORE，若没有 1.8V，应重点检测 N2300 是否损坏，更换或加焊试机即可。

- D2800：数字基带处理器，内部集成 SIM 卡控制电路、USB 接口电路、射频信号处理、照相功能控制、多媒体接口控制等电路，在手机中主要起控制作用。手机的一切故障都与它有关，是维修时重点检查的器件。
- D3000：存储器，该手机采用双层逻辑芯片安装结构，如图 5.2.2 所示。维修时焊接具有一定的难度，所以不能随意拆下（第 3 章已讲解了双层芯片的拆装方法）。

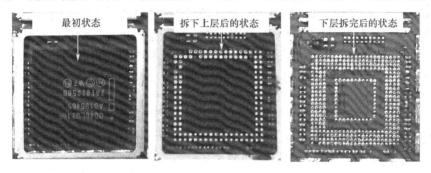

图 5.2.2 双层逻辑芯片安装结构

2. 英文标注的含义

- VBATT：电池电压 3.6V 供电。一看到这个英文标注应立即想到电池接口或电池直接供电的元器件。若短路，将导致手机加电大电流不开机，稳压电源立即保护。
- ONKEY：开关键。一看到这个英文标注就应想到是开机线路，同时要知道是低电平触发开机，还是高电平触发开机。
- VXO/VR1：主时钟供电。一看到"XO"应立即想到时钟振荡，其供电由电源 IC 输出的 VR1 来提供，幅值为 2.8V，所以在该电路上有"VR1"的英文标注。
- RFCLKP：射频输出到 CPU 的正极性时钟信号，即主时钟信号。
- RFCLKM：射频输出到 CPU 的负极性时钟信号，即主时钟信号。
- SLEEPCLK：实时时钟信号，也是待机信号，由电源 IC 与 32kHz 晶体组合产生，再由电源 IC 输出到 CPU。
- PURX：复位信号。这是诺基亚手机的特殊标示，其他手机中用 RESET 表示，也是由电源 IC 输出的。
- CBUSCLKT：CPU 送到电源 IC 作为维持的时钟总线。其他手机用 WDOG 表示。
- CBUSDAT：CPU 送到电源 IC 作为维持的数据总线。
- CBUSENTX：CPU 送到电源 IC 作为维持的启动控制信号线。
- VIO：电源 IC N2200 输出的逻辑供电，其值为 1.8V。
- VCORE：电源 IC N2300 输出的核心供电，其值为 1.4V。

3. 框图工作原理

实际上，手机开机工作原理就是 CPU 满足供电、时钟、复位工作条件后调用存储器中开机程序，控制手机开机的工作过程。

（1）供电

给手机装上电池后，电池接口 X2070 的电池电压 VBATT 3.6V 送到电源 IC N2200 的 F10 脚、K11 脚为电源 IC 供电；同时还送到 N2300 的 A4 脚、B5 脚作为副电源 IC N2300 的供电。当电源 IC N2200 和 N2300 得到供电后，电源 IC N2200 的 E12 脚就会输出一个开机高电平

3V 到开机键一端，按下开机键时，输出的开机高电平转变成低电平，低电平返回到电源 IC N2200 的 E12 脚，触发电源 IC N2200 内部调压电路工作，从 D12 脚输出 VIO 1.8V 到 CPU，为 CPU 提供一组供电。同时，电源 IC N2300 输出的 VCORE=1.4V 核心供电也送到 CPU，为 CPU 提供另一组供电，满足 CPU 的供电条件。

（2）时钟

电源 IC 输出 VIO 和 VCORE 供电的同时，电源 IC N2200 的 H11 脚也输出 VXO/ VR1 2.5V 的主时钟供电到主时钟晶体振荡器 G7501 的 4 脚，作为主时钟晶振的供电。振荡器得到供电后，立即开始振荡工作，产生 38.4MHz 的主时钟信号，从 3 脚输出到射频 IC（N7505）进行放大与极性变换后，分别从射频 IC N7505 的 M9 脚、K9 脚输出 RFCLKP、RFCLKM 到 CPU 的 T7 脚、T21 脚输入，成为 CPU 工作的第二条件。

（3）复位信号

电源 IC N2200 的 K3 脚输出到 CPU 的 J18 脚，为整个逻辑系统提供复位信号，成为 CPU 的第三个工作条件。

当 CPU 满足以上三个条件后，开始启动逻辑系统工作。目前智能手机和多功能手机逻辑系统启动还需要另一个时钟，即实时时钟 32.768kHz（SLEEPCLK）。如果没有实时时钟信号，逻辑电路中的部分程序不能工作，所以需要两个时钟来启动逻辑工作。CPU 得到供电、复位和两个时钟后，才能调用并运行存储器里的开机程序。程序运行正常后，就会从 CPU 的 Y14 脚输出总线时钟、U12 脚输出总线数据、AA14 脚输出总线启动信号作为开机维持信号送到电源 IC 的 L4 脚、K5 脚、J5 脚输入，持续控制电源 IC N2200 内部调压器不断输出组电压，使手机持续供电，完成手机开机工作过程。

5.2.2　2730c 智能手机实际开机电路原理分析

了解了开机框图后，实际的开机电路原理分析就不难了，下面进行具体分析。

1. 电源 IC 供电电路工作原理

电源 IC N2200 供电电路原理如图 5.2.3 所示（见书后插页），右边有音乐扬声器、振动器、SIM 卡接口电路，左边有扬声器、话筒、电池接口、充电接口等电路，可见该电源 IC N2200 包括了音频处理电路。

首先找到电池接口，与前面讲解的框图结构类似。电池接口一定是标示有"VBATT"的接口，仔细查看，在图 5.2.3 左边有一个标有 VBATT、BSI、GND 的接口，就是电池接口，其序号为 X2070。其中，VBATT 表示电池接口正极供电端 3.6V；BSI 表示电池类型检测。这里一定要注意，用稳压电源为手机加电时，一定要将该脚与电池负极一起夹住接地，才能开机，否则会出现开机工程模式；GND 表示接地。

找到了电池接口，就要看电池正极供电电压的去向。沿着该电路寻找，有两个 C2070、C2071 的滤波电容，同时 C2070 还有"+"号，表示该电容是电解电容，且容量是 150μF，很大，所以该电容就是电池供电 3.6V 的测量点，如图 5.2.4 所示。经 C2070 滤波电容后，3.6V 电压经接口下面的 L2070、C2074 限流滤波后转变为 VBAT 供电，再通过 C2229、L2202、C2225、C2226、C2215、C2227、C2228、C2232、L2205、C2231 滤波变换元件后，分别变成 VBAT1、VBAT2、VBAT3、VBAT4、VBAT5、VBATCP、VBATH 等电池供电 3.6V 送到电源 IC N2200 的 F11 脚、K11 脚、A8 脚、F10 脚、C11 脚、D11 脚、B3 脚作为电源 IC 内部的供电。同时，VBAT 还送到副电源 IC N2300 的 F7 脚作为副电源 IC 的供电。图 5.2.5 所示为元器件分布电池供电流程，图 5.2.6 所示为主板实物电池供电流程。

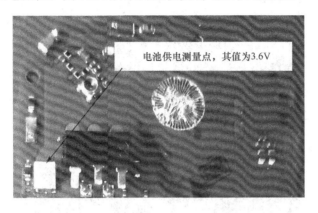

图 5.2.4　电池供电滤波电容测量点

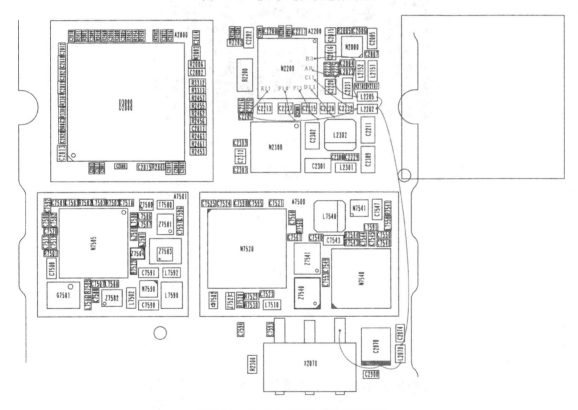

图 5.2.5　元器件分布图电池供电流程

从图 5.2.5 和图 5.2.6 可以看出，它们和原理图中的流程是相同的，所以在分析电路原理时，更为重要的是在手机主板上根据原理图找到对应的电路，这样才能真正达到维修手机目的。

当电源 IC 得到供电后，就会产生一个开机触发高电平信号。只要标有"ON/OFF"、"Pwronx"、"Onkey"，就表示开机脚，由此可找到电源 IC 左边中间的 D9 脚上标有"Pwronx"，这就是开机脚，也就是开机触发高电平输出脚。从该脚往外寻找，一直到找到整机图中有一个标有"Pwronx"的地方，就能找到开机键了。经仔细查找电路，在图 5.2.7（见书后插页）

所示的电路中,在按键耦合滤波器 Z2401 的 D5 脚处找到了"Pwronx",通过耦合器 D2 脚连接到开机键 S2401,由此说明开机线路找对了。再看图 5.2.8 和图 5.2.9 所示的元器件分布图和主板上开机线路去向。

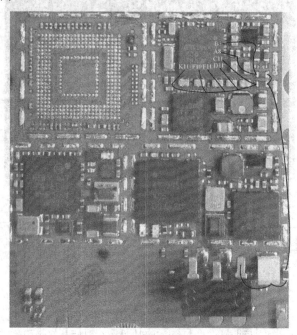

图 5.2.6　主板实物图电池供电流程

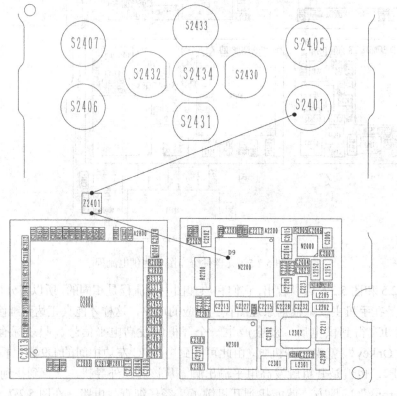

图 5.2.8　元器件分布图上开机线路去向

找到开机键后按下，电源 IC E12 脚的高电平转变成低电平，返回到 E12 脚，触发电源 IC 内部调压器工作，输出不同的组电压。

前面学习过，寻找组电压的方法是找电源 IC 上标有"V"开头的引脚，且与该引脚相连的电路上都接有一个滤波电容。从图 5.2.3 可以看到，在电源 IC 右边中间的 L10 脚、H11 脚、G11 脚、G9 脚、H10 脚、E10 脚、C9 脚、B9 脚、A7 脚分别输出 Vref、VANA、Vaux、VDRAM、VIO、VR1、VRFC、VSIM2、VSIM1、VRCP1 组电压。这些组电压有的是按下手机开机键即可产生的，有的是需要通过控制才产生的，有的是升压电路产生的，具体说明如下。

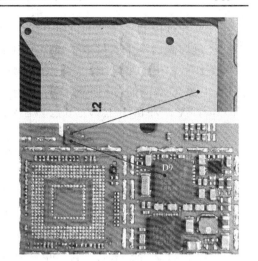

图 5.2.9 主板上开机线路去向

（1）按下开机键即可产生的供电

- E1 脚：VANA=2.5V 是音频供电。由于电源 IC 内部集成了接收和发射音频处理电路，因此该电压实际上是直接送到电源 IC 内部的。

提示：只要在诺基亚手机电路原理图中看到"VANA"英文标注，就一定是表示音频供电。

- L10 脚：VDRAM=1.8V 是存储器供电，为数字基带处理器 D2800 内部存储器 D3000 供电。如图 5.2.10（见书后插页）所示，为数字基带处理器 D2800 右下角标有"SDRAM"，就是 D2800 内部存储器 D3000 的供电。同时在 IC 右下边还可看到 VDRAM 连接了 C2816、C2817、C2818、C2812 三个滤波电容，是为存储器供电的滤波电容。可以测量这三个电容的电压来判断存储器供电是否正常。

- G11 脚：VIO=1.8V 是逻辑供电。其中的"IO"表示输入/输出接口，而输入/输出在逻辑电路中才有，因此是逻辑供电，从图 5.2.10 中的 CPU 引脚看，其左边和右下角的 M7 脚、AB4 脚、Y11 脚、Y17 脚、T20 脚、R17 脚、H17 脚、C21 脚、D12 脚、D4 脚、G3 脚都连接到"VIO"的英文标注处，说明这就是给基带处理器 CPU 的供电。同时，在基带处理器 CPU 底部也有"VIO"，并且连接了滤波电容 C2810、C2811、C2813、C2814、C2819、C2820、C2821、C2822，由此可以说明是通过这些滤波电容后再送到 CPU 作为逻辑供电的，而这些滤波电容刚好也可以作为 CPU 供电的测量点。

- H11 脚：VR1=2.5V 是主时钟供电，送到主时钟晶体振荡器。在前面讲过，寻找主时钟晶体振荡器的方法就是找标注有"AFC"的器件，同时主时钟信号要经过射频放大，一般都在射频 IC 旁边。由图 5.2.11（见书后插页）所示的射频电路原理图可见右上边有一个"TXCCONV（2:0）"英文标注处连接到"AFC"，它经过一个电阻 R7509 连接到器件 G7501 上，说明 G7501 就是主时钟晶体振荡器，频率为 38.4MHz。其 4 脚上标有"VCC"，从这条线路寻找，到右上边连接一个"VR1"的英文标注。由于 VR1 是直接送到主时钟晶体振荡器，因此把 VR1 叫作主时钟供电，与 VXO 相同，只是不同的表示而已。

- N2300 的 B4 脚、A3 脚：VCORE=1.4V，表示核心供电。是 B4 脚、A3 脚通过电感 L2302 连接的 VCORE。"核心"理解为 CPU，即数字基带处理器 CPU 的供电。该电压是在按下手机开机键后经副电源 IC 控制输出的，同步送到逻辑 CPU，作为 CPU 供电。

(2) 经过控制后产生的供电

经过控制后产生的供电是指逻辑电路运行正常后,通过维持总线控制主电源 IC N2200 持续工作后输出的组电压,多是给射频和一些功能电路的供电。在图 5.2.3 所示的电路原理图中,电源 IC 右侧的 G9 脚、E10 脚、H10 脚、A7 脚、B9 脚分别输出 VREF=1.35V、VAUX=2.8V、VRFC=1.8V、VSIM1=1.8V/3.0V、VSIM2=1.8V。具体如下。

- VREF=1.35V:表示射频供电,送到射频电路。由图 5.2.11 可见,在射频 IC N7505 的右上侧有一个 "VREF" 英文标注,经降压限流电阻 R7503、滤波电容 C7518 滤波后直接送到接收射频 IC 的 E2 脚,作为射频 IC 的供电。维修中,若该电压不正常,必然导致手机无信号。

- VAUX=2.8V:表示外部音频接口供电。仔细查看图5.2.12(见书后插页)的界面功能接口电路,接口 X1001 的 9 脚连接了 VAUX,为手机的显示屏供电。为什么是送到显示接口,而不是送到音频接口呢?因为在以往的诺基亚手机中,VAUX 是送到手机的话筒、受话器、耳机接口供电,因此称为音频供电,不过这里是将此音频供电作为显示供电了。

- VRFC=1.8V:表示射频基带控制电路供电,其射频基带控制电路又是集成在基带处理器 CPU 内,因此该电压应该是送到 CPU 的。仔细查看图 5.2.10 在 CPU 右侧中间有一个"VRFC"的英文标注,连接到 CPU 的 E20 脚、K3 脚。E20 脚上标有"VDDARX",表示接收射频控制供电;K3 脚上标有"VDDATX",表示发射射频控制供电。如果该电压不正常,会导致接收或者发射不正常,应检查电源 IC,一般加焊或者重植更换处理即可。

- VSIM1=1.8V/3.0V:表示 SIM 卡 1 的供电,它与其他手机相同,在开机瞬间产生,并只能在不插 SIM 卡的开机瞬间用示波器测量为 1.8V 跳变到 3.0V。也就是说,在诺基亚 BB5 系列手机中,采用的是 1.8V 或 3.0V 供电的 SIM 卡。既然是 SIM 卡供电,那该电压一定是送到 SIM 卡电路的,仔细查看图 5.2.3,右侧有一个 X2700 接口,它就是 SIM 卡接口。它的 3 脚经电容 C2700、电感 L2704、电容 C2702 连接到 VSIM1,由此可以说明 VSIM1=1.8V/3.0V 是为 SIM 卡接口供电的。如果该电压不正常,必然导致手机不认 SIM 卡,必须检查电源 IC 和 SIM 卡接口。

- VSIM2=1.8V:表示 SIM 卡供电,但这里的 VSIM2 不是为 SIM 卡供电的,常用于为多媒体 MMC 卡供电。不过,这里是预留的供电,暂时没有去向。

(3) 经过升压后产生的供电

手机射频电路中有一个频率合成电路,该电路中又有一个鉴相器 PD 需要 5V 左右的供电才能正常工作,升压电压就是为其 PD 提供供电的。如果该供电不正常,会导致手机无信号或白屏死机等故障。在诺基亚 BB5 系列手机中,升压电路非常特殊,也沿用了以往 DCT3、DCT4 系列手机的方法,用"VCP"表示,电压值为 5.0~5.2V,经过电源 IC 内部稳压后变成 4.7V 的 VRCP1,送到射频电路中的频率合成电路。图 5.2.3 中,电源 IC 的 A10 脚、B10 脚、A11 脚及外接电容 C2232 就是 VCP(5.0V)的产生电路,产生的 5V 电压经电源 IC 内部变换后,产生 4.7V 升压供电 VCP1 送到射频 IC N7505 的 M2 脚、K12 脚,为射频 IC 供电。

手机维修中,可在电容 C2232 的两侧用示波器测量其升压波形。正常情况下,两侧都会测到交流升压振荡波形,幅值为 5.0~5.2V。VCP(5.0V)不升压、升压偏高、升压偏低都不正常,会导致手机死机、白屏、定屏、不读卡、无信号等一系列故障。在 BB5 系列手机中,开机死机、定屏、白屏等故障大多由 VCP(5.0V)故障造成。

通过以上组电压输出原理的讲解，读者可以掌握组电压的输出去向和作用。手机维修中经常会因为组电压输出不正常导致手机不开机、开机后无信号或其他故障，此时要对相应的组电压进行测试，具体的供电测量点如图 5.2.13 所示。

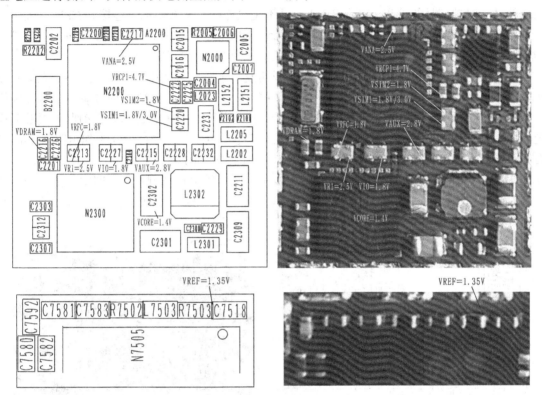

图 5.2.13　2730c 手机组电压供电测量点

2. 时钟电路工作原理

在 BB5 系列手机中，有两个与开机有关的时钟，分别是主时钟和实时时钟。主时钟启动 CPU 内部时序电路工作，实时时钟为逻辑系统提供持续的时钟，逻辑系统必须有这两个时钟才能正常运行。

（1）主时钟 38.4MHz 的产生电路

前面讲解过，寻找主时钟电路，必须找到主时钟晶体振荡器，也就需要找到英文标注"AFC"。同时主时钟信号基本都要经过射频 IC 进行放大处理，所以主时钟电路基本都与射频 IC 有关，因此，寻找射频电路才能找到主时钟晶振。仔细查看图 5.2.11，找到 G7501 就是主时钟晶体振荡器。

主时钟晶体振荡器要正常工作，必须满足两个条件：一是供电 VTCXO；二是 AFC。图 5.2.11 中 G7501 的 4 脚 VCC 为 2.5V 直流供电，由电源 IC VR1 提供。晶体振荡器得到供电后立即开始振荡工作，产生 38.4MHz 的时钟信号，从 3 脚输出（3 脚的英文标注为 OUT）。输出的时钟信号分为两路：一路直接送到射频 IC N7505 的 L9 脚，英文标注"OSCIN"表示振荡信号输入；另一路经过 C7416 耦合到 WLAN_BT 的时钟放大管 V7400，经放大后作为 WLAN_BT 的工作时钟。

不过要注意的是，去射频 IC 的时钟信号并没有到 CPU，所以必须找到射频 IC 输出到

CPU 的时钟信号线。表示 CPU 时钟信号线的英文标注为"RFCLK",经仔细查看,在接收射频 IC 的引脚上没有"CLK"标注,但在引脚相连的外接电路上能找到"RFCLK",再由此反向到射频 IC,结果是连接到射频 IC 的 M9 脚、K9 脚,分别标注为"REFP"、"REFN",说明这就是主时钟信号的输出。再看 RFCLK 是不是已连接到 CPU,如果连接到 CPU 则表示是送到 CPU 的主时钟。在图 5.2.10 的左上角找到"RFCLK",该时钟线连接到 CPU 的 G4 脚、H4 脚输入作为 CPU 的工作时钟,由此完成了主时钟电路的工作过程。

如果主时钟信号不是准确的 38.4MHz,说明发生了频率偏移现象,将导致手机无信号故障,是 AFC 自动频率控制信号不正常所致。AFC 信号由电源 IC N2200 内部音频信号经采样后从 J11 脚输出到主时钟晶体振荡器 G7501 的 1 脚,从而控制主时钟晶体振动器产生准确稳定的振荡频率。如果主时钟发生频偏现象,应检查电源 IC 以及 AFC 电路中的电阻 R7509 是否开路或虚焊,可将其飞线连接或加焊电源 IC 与电阻 R7501。

图 5.2.14 所示为手机元器件分布图及主板上的主时钟电路及测量点。图中的主时钟晶体振荡器分布结构及去向是一致的,根据主板图上的去向,可以通过测量供电、AFC 的输入及主时钟信号的输出来判断主时钟电路是否正常,从而进行维修。

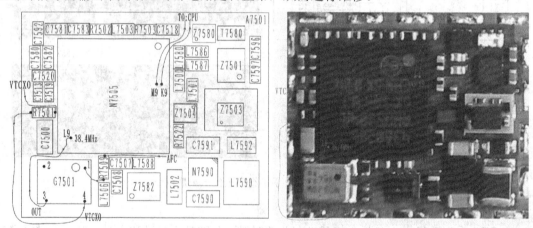

图 5.2.14　手机元器件分布图与主板上的主时钟电路及测量点

(2) 实时时钟 32.768kHz 信号电路原理

32kHz 信号产生电路常见的是由电源 IC 内部 OSC 振荡器与 32kHz 晶体构成,也有的是 32kHz 实时时钟晶体与 CPU 内部的 OSC 振荡器构成,所以寻找实时时钟电路应该在电源电路和 CPU 电路中查找。仔细查看图 5.2.3,电源 IC 左边有一个标示序号为 B2200、频率标示为 32.768kHz 器件,就是实时时钟晶体。它直接与电源 IC 的 L8 脚、L9 脚相连,分别标注有"CrI"、"CrO"。CrI 表示振荡信号输入,CrO 表示振荡信号输出,说明电源 IC 内部有一个 OSC 自由振荡器,只要电源得到供电后,其内部振荡器就产生一个自由振荡信号从电源 IC 的 L9 脚输出,到实时时钟 32.768kHz 晶体的输入端,经过 32.768kHz 晶体固有频率控制后,从晶体一端输出到电源 IC 的 L8 脚输入,在电源 IC 内部经放大与时钟信号波形变换后,从电源 IC 右侧中间的 L5 脚输出实时时钟信号 SlClk,经 R2202 限幅后与复位信号合成总线 PUSL (7:0) 到 CPU 的 D7 脚,作为 CPU 工作的实时时钟。

若手机出现开机死机、时间不准、开机后自动关机故障,应用示波器或频率计测量实时时钟晶体的输出端,若能测得标准正弦波信号,说明实时时钟工作正常,否则说明实时时钟晶体损坏或电源 IC 局部损坏。图 5.2.15 所示为元器件图与主板上的实时时钟电路及测量点。

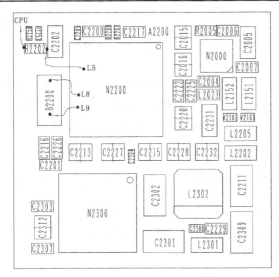
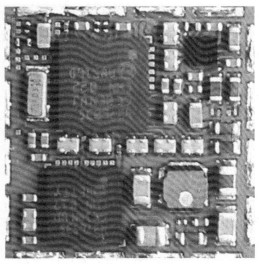

图 5.2.15　手机元器件图与主板上的实时时钟电路及测量点

3. 复位电路工作原理

复位电路是指为逻辑系统提供复位信号的电路。复位信号都是从电源 IC 输出到 CPU 的，常用 RESET 表示，诺基亚手机用 PURX 表示，所以要在电源电路中寻找复位电路。查看图 5.2.3，电源 IC 右侧中间的 K3 脚标注有 "PURX"，说明复位信号是从这里输出的，与实时时钟构成总线 PUSL（7:0）后送到 CPU。从图 5.2.10 的左上角可看到有一个 "PUSL"，沿着这条总线到 CPU 的 C4 脚标注有 "PURX"，说明复位信号是从这里输入到 CPU 的。在这个电路中，可看到一个测量点 J2216，在手机维修时可通过测量该点的电压值来判断复位信号是否正常工作，如果正常，幅值应为 2.5V；如果没有，说明复位电路不正常，应为电源 IC 虚焊或损坏，需加焊或更换处理。图 5.2.16 所示为手机元器件图与主板上的复位信号电路及测量点。

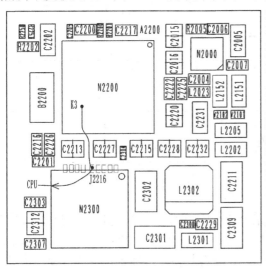
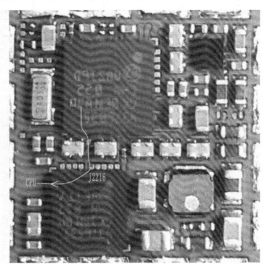

图 5.2.16　手机元器件图与主板上的复位信号电路及测量点

4. 软件运行及其维持信号电路工作原理

手机软件必须在满足 CPU、存储器及其相连的总线等硬件正常，且供电、时钟、复位也正常的情况下才能正常运行。对 2730c 手机来说，CPU 内部集成了存储器，且 CPU 采用双层封装方式（见图 5.2.2），在 CPU 下层将存储器封装起来，维修时需要有很好的焊接技巧。

手机总线包括数据总线、地址总线、控制总线。存储器已集成在 CPU 内部,所以没有单独的外部连接总线电路。集成存储器的好处是减少逻辑故障的出现,故障判断也只能通过更换 CPU 的方法实现。

当以上硬件和软件都正常后,CPU 就会输出作为控制电源 IC 持续工作的总线信号 CBUS (3:0)及待机时钟控制信号 Sleepx 到电源 IC。查看图 5.2.10,CPU 左上方的 Y14 脚(Cbusclk 总线时钟)、U12 脚(CbusDa 总线数据)、AA14 脚(CbusEn1x 总线启动)等信号分别送到电源 IC 的 L4 脚、K5 脚、J5 脚输入,控制电源 IC 内部调压器持续输出组电压,完成手机开机。

5.2.3 2730c 智能手机开机电路故障维修方法

诺基亚手机中,电源电路不正常导致的故障有加电按开机键大电流不开机、开机白屏、开机灯闪亮后马上熄灭不开机、开机 100mA 电流定住死机等,这些都是诺基亚 BB5 系列手机常见的故障。下面介绍 BB5 系列手机故障的维修思路与步骤。

第一步:看电池电压输入电源 IC 的情况。

如图 5.2.17 所示,电感 L2070、L2202 都是电池供电的限流元件,若开路,电源 IC 无供电,不能正常工作,都会出现加电按开机键无任何电流反应,此时必须测量电感上的供电 3.6V 是否正常,均可短接试机,如图 5.2.18 所示。若其中任一个滤波电容短路都会导致手机加电大电流不开机,或漏电导致手机耗电快,均可拆除滤波电容。

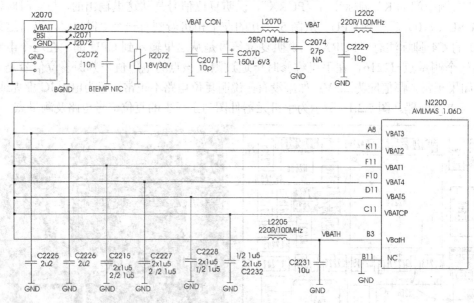

图 5.2.17 电池电压输入电源 IC 供电

第二步:如果电池电压供电正常,但开机无电流反应,那一定是电源 IC 或开机线路开路引起的。先更换电源 IC,如果还是无电流反应,则检查开机线路。2730c 手机的开机电路,除了开机键、一个耦合器 Z2401 和一个电源 IC 外就没有其他元器件了,因此只要检查这三个器件及相连的电路即可。若都正常,按下开机键一定有电流反应,如图 5.2.19 所示。

第三步:如果电池供电与开机线路都正常,那就看组电压输出情况。如图 5.2.20 所示,组电压共有 11 路输出,分别是 VREF 1.35V、VR1 2.5V、VANA 2.5V、VAUX 2.8V、VDRAM 1.8V、VIO 1.8V、VRFC 1.8V、VSIM1 1.8V/3V、VSIM2 1.8V、VRCP1 4.7V、VCORE 2V。各组电压输出测量点及其电压值如图 5.2.21 所示。它们分别是逻辑、总线及其他接口的供电,如果没有这些供电，必将导致手机不开机或其他故障。

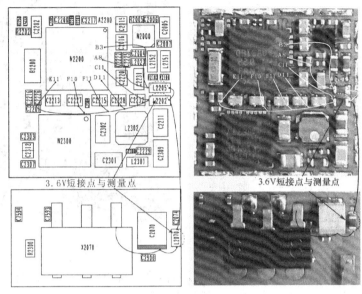

图 5.2.18　电池供电电感的短接及其测量

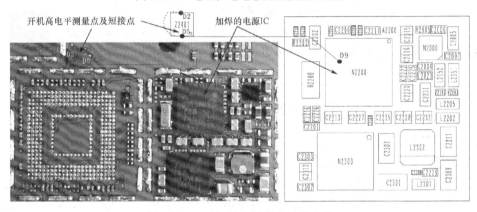

图 5.2.19　开机线路测量点及其飞线

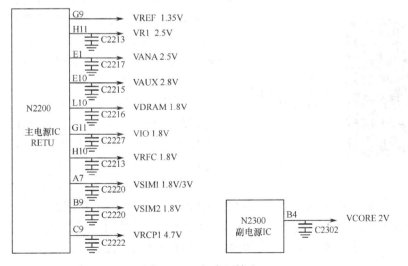

图 5.2.20　组电压输出

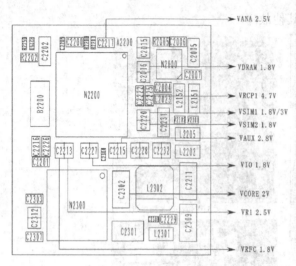 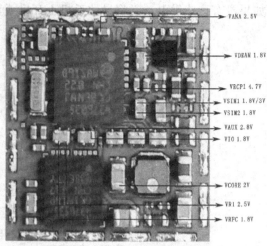

图 5.2.21 组电压输出测量点及其电压值

第四步：如果以上组电压都正常，那就要看两个时钟电路了，前面已经讲解过时钟的产生原理及其测量；若时钟正常，就要检查逻辑电路了。

第五步：检查逻辑电路，不但要考虑硬件问题，还要考虑软件问题。软件故障的处理方法需要用仪器刷机完成。对于硬件，主要通过逻辑测量点和电流现象来判断故障，常见的是电源 IC、CPU、字库损坏导致逻辑电路工作不正常，可用加焊、重植、更换等方法来处理。

5.2.4 2730c 手机不开机故障维修实例

实例一：2730c 手机开机出现"NOKIA"后就死机。

故障维修：开机后死机故障常见为逻辑系统硬件或软件导致，32kHz 晶体损坏也会导致开机后死机。根据故障现象，先测量 32kHz 实时时钟信号，有正常的正弦波波形，说明 32kHz 电路工作正常。再联机刷写软件，能写入，但加电试机还是开机后死机，说明故障不在软件，而是逻辑硬件故障。首先考虑 CPU，拆下 CPU，发现是双层 CPU，没有封胶，此类大体积的 CPU 容易出现虚焊而导致手机不开机或开机后死机。将双层 CPU 重新植锡后小心慢慢装上，加电试机，手机能正常开机，说明故障就是 CPU 虚焊导致的，如图 5.2.22 所示。

图 5.2.22 双层 CPU 结构

实例二：2730c 手机进水后加电自动开机。

故障维修：进水手机一般会有短路或漏电，导致各种不同的故障。该手机出现加电自动开机故障，经分析是开机键短路，使手机一直处于按下状态，于是用数字万用表蜂鸣挡测量开机键，按下状态才有蜂鸣声，没有按下时则无蜂鸣声，说明开机键并没有损坏。再仔细查看电路，开机键经按键耦合 IC Z2401 后连接到电源 IC 的 D9 脚。根据经验，按键 IC 漏电短路会导致手机加电自动开机故障，于是更换 Z2401，再次加电，没有自动开机，按下开机键手机开机正常，故障排除。

5.3 手机维修中的维修仪器

手机维修中常见的仪器有稳压电源、示波器、频率计、万用表、智能软件仪、综合测量仪以及射频测量仪、频谱仪等。对于单一的维修，很少使用射频测量仪、频谱仪等，因此这里不再详细介绍，重点讲解稳压电源、示波器、频率计等。万用表的使用已经在第 2 章讲解过，智能软件仪的使用将在第 9 章详细讲解，这里也不再叙述。

5.3.1 手机维修中的直流稳压电源

1. 直流稳压电源的种类及功能作用

（1）手机维修中直流稳压电源的类型

手机维修中的直流稳压电源有指针式和数显式两种，如图 5.3.1 所示。维修中常用的是指针式。指针式直流稳压电源方便观察故障手机中电流的变化情况，常常可以根据电流法来寻找故障点，以实现快速维修；数显式直流稳压电源，不能直观反映电流变化，但使用时不用仔细观察，只需看数显就知道电流大小，可根据自己的需要来购买。

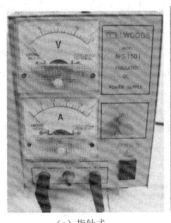

（a）指针式　　　（b）数显式

图 5.3.1　直流稳压电源类型

（2）手机维修中直流稳压电源的作用

目前市售的直流稳压电源功能基本相同，都是为手机提供稳定的直流供电电压，以便于手机的测试和维修。它可以直接连接手机的尾插，也可以通过电池接口为手机供电。

（3）手机维修中直流稳压电源的面板功能

直流稳压电源的面板功能作用如图 5.3.2 所示。

① 电源开关：用于直流稳压电源的开和关。由于输出端无开关，所以在接入手机之前，应先了解这种手机所用电池的电压范围，打开电源，调好电压值之后再接入手机。

② 直流电压表盘：用"V"标示，用于观察输出电压值。给手机加电时，一般调节为 3.6～4.2V。

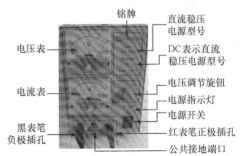

图 5.3.2　直流稳压电源功能标示

由于稳压电源电压表精度不高，而且使用时间长了后，电压表会指示不准确，所以最好在使用前用万用表测试输出电压值，看电压表的指示误差有多大，否则会产生因指示不准造成输出电压过高或过低的误判断，导致连上手机后损坏手机。

③ 直流电流表盘：用"A"标示，常用于观察维修手机时电流值的大小。表盘上电流的指示是手机维修中电流法常用的。电流法就是通过观察这个直流电流表上指针的变化状况来判断手机故障点所在位置。

④ 电压调节旋钮：用于调节输出电压的大小。

⑤ 红表笔正极插孔：将电源与手机接通，该端口输出直流电压到手机。

⑥ 黑表笔负极插孔：负极端口与手机的接地相连，手机内部各个直流电压都是以该负极作为参考点来测量的。

⑦ 公共接地端口：稳压电源接大地的端口，为防静电干扰而设。

2. 直流稳压电源的使用技巧

（1）直流稳压电源中电流表和电压表的读数

稳压电源上直流电压表和直流电流表的读数非常重要，下面分别讲解如何读取表盘上的数值。

① 读取直流电压表表盘上的数据。如图 5.3.3（a）所示，整个表盘刻度最大输出值为 20V，每个小格表示 1V，所以图 5.3.3（b）中指针的指示数值为 4V。

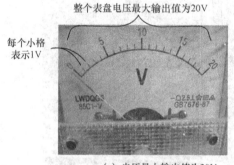 

(a) 电压最大输出值为20V   (b) 电压输出值为4V

图 5.3.3　读取直流电压表表盘上的数据

② 读取电流表表盘上的数据。图 5.3.4 所示是 1A 直流电流表表盘，它的最大输出值为 1A。这是手机维修中最常用的电流表，如果最大输出值太大，电流变化就不明显了，所以选最大量程为 1A 的较为好用。从图 5.3.4（a）中可看出，输出最大值为 1A，那么每个小小格表示 0.05A，每个大小格表示 0.1A。在手机维修中都以毫安为单位，这里的 0.05A 就说成 50mA，0.1A 就是 100mA。在以后的手机资料中也都以毫安为单位来判断手机故障。

（2）直流稳压电源输出接口连接线的功能作用

如图 5.3.5 所示，稳压电源输出接口连接线有红色夹子的，也有红色带钩的，有黑色夹子的，也有黑色带钩的，用于手机不同电池接口加电。现代智能手机只需要用正极红色和负极黑色两根线即可，但诺基亚手机仍要将黑色线同时连接类型检测脚和负极才能实现开机。

（3）直流稳压电源的使用技巧

① 打开稳压电源开关，在打开电源开关前不能连接手机。

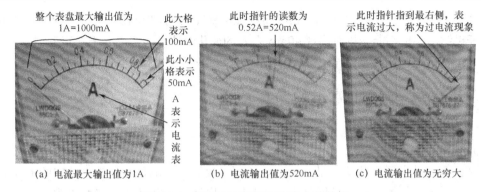

图 5.3.4　读取直流电流表表盘上的数值

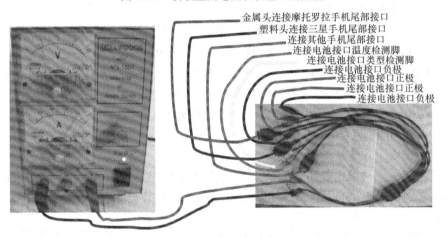

图 5.3.5　稳压电源输出接口连接线

② 调节电压调节旋钮，使电压值为 3.6～4.2V，观察电压表和电流表的指示情况，并用万用表检测输出电压是否为显示的 3.6～4.2V，偏高或偏低都不能加电到手机。

③ 将其连接到手机电池接口或者手机尾部供电接口。

3. 手机维修中常见的故障电流

电流法是手机维修中经常用到的方法，是判断手机故障最简单、最直接的方法。手机中的电流包括正常电流和故障电流两种，正常电流又分为开机电流、搜网电流、待机电流、发射电流四种。开机电流是指加电后，按下手机开机键时的电流，不同手机的正常开机电流是不同的，一般为 0～100mA～180mA。搜网电流是指手机开机后，进入搜网时的电流，不同手机的搜网电流也是不同的，一般在 180mA 左右摆动，然后回落到 10mA 左右，表明手机已搜到网络。待机电流是指手机搜到网络后，回落到 10mA 左右微微摆动的电流。发射电流是指手机在拨打电话时的电流，一般为 350mA 左右。

在手机维修中常见的电流故障主要有加电就有漏电流、加电大电流、开机大电流、发射大电流、软件故障电流等。漏电流是指手机加上稳压电源，但没有按下手机开机键，电流表就显示有上升的电流指示，一般为几毫安到 10mA 以上。出现此漏电流一般是由于电源集成内部引脚短路，维修时将其拆下重植后装上即可。加电大电流是指手机加上稳压电源，但没有按开机键，电流表指针立即摆到 500mA 以上。故障一般是由于功率放大器短路损坏或电源集成短路损坏。开机大电流是指手机加电后，按下开机键出现 500mA 以上的大电流，一般是由于 CPU 短路或电源集成短路损坏，需要更换来排除故障。发射大电流是指手机在拨打电话时出现

500mA 以上的大电流，一般是由于功放集成短路损坏，更换即可排除故障。软件故障电流是指按下开机键，手机不能开机时出现 40mA 左右的变化电流，一般需要重新写入字库资料。

总之，故障电流现象有很多种，这里就不再一一列举。

5.3.2 手机维修中常用的频率计

1. 频率计的种类及其功能作用

（1）频率计的种类

频率计是一种电子计数器，是一种基础的测量仪器，其测量结果都以数字的形式显示，如图 5.3.6 所示。频率计具有扩展测量频率范围、提高测量精度和稳定度的特点。下面讲解频率计的具体功能和测量技巧。

频率计具有频率测量、脉冲计数、4 挡时间闸门、5 挡功能选择、8 位 LED 高亮度显示及晶体测量等功能，它有频率范围（1MHz～1GHz，1MHz～2.4GHz）之分。下面以中国台湾生产的 HC.F1000L 1Hz.1000MHz（1GHz）多功能智能频率计为例来讲解频率计的使用技巧。它有两个通道，其中 A 通道为 1Hz.100MHz，B 通道为 100Hz.1000MHz；灵敏度有 1～2Hz/35mV，20Hz～1000MHz/20mV，100～1000MHz/20mV；最大输入电压 A 通道为 250V，B 通道为 3V；测量周期为 1s～0.01μs。

（2）手机维修中频率计的作用

频率计在手机维修中主要用来测量几个关键的频率：主时钟信号频率 13MHz（26MHz）、休眠时钟（实时时钟）信号频率 32.768kHz 及其他本振信号频率。

（3）频率计的外形及面板功能

图 5.3.7 所示为 HC.F1000L 频率计的外形及面板功能，其具体功能说明如下。

- 显示窗（LED）：8 位 LED 高亮度数字显示。

图 5.3.6 频率计外形

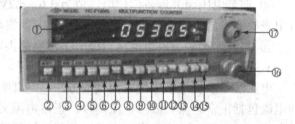

图 5.3.7 HC.F1000L 频率计的外形及面板功能

- POWER（电源开关钮）：按下电源开关，频率计显示屏点亮，显示 8 位数字"000000000"。
- HOLD（锁住示数钮）：每次选择好闸门、挡位后再按下"HOLD"钮，频率计立即开始工作，每次开机或按"挡"钮后，仪器自动进入上次按"HOLD"钮后的工作状态。
- RESET（复位钮）：当仪器出现非正常状态时，按一下该钮，仪器可恢复正常工作。
- 0.01S（闸门时间钮）：用于设置 0.01s 计数周期（产生相应的分辨率）。闸门时间短，测频率速度快，但分辨率低；闸门时间长，测频速度慢，但分辨率高。
- 0.1S（闸门时间钮）：用于设置 0.1s 计数周期（产生相应的分辨率）。
- 1S（闸门时间钮）：用于设置 1s 计数周期（产生相应的分辨率）。
- CHECK（校验钮）：信号频率稳定性的校正。
- ATOT（累计计数钮）：按下后即开始累计计数。

- APERI（状态记忆钮）：与累计计数钮一起使用。
- 挡位 1 钮：1MHz 由 A 端口输入。
- 挡位 2 钮：100MHz 由 A 端口输入。
- 挡位 3 钮：1000MHz（1G）由 B 端口输入。维修 GSM/DCS 射频通路可以由 B 端口输入进行测试。
- XT（晶振钮）：用于测量晶振振荡频率。
- EF（时基参考频率信号钮）：产生 10MHz 标频输出，作为其他仪器配合使用的参考频率。
- A.FREQ 钮（从 A 口输入的频率 10MHz/100MHz）：连接频率计高阻/低阻探头线。
- B.FREQ 钮（从 B 口输入的频率 1GHz）：连接频率计高阻/低阻探头线。

2．手机维修中频率计的使用技巧及测量举例

（1）频率计的数显提示

频率计屏幕上提示符为".0...."表示工作于计数器模式；提示符为".1...."表示工作于频率计模式；提示符为".2...."表示工作于转速表模式。选择操作时，不要使用人工退出选择状态，而要让其闪烁 10 次自动退出，并把选择状态保存入存储器。

（2）测量主时钟信号频率 13MHz（26 MHz）的技巧

在测量之前，先将频率计电源插头插上 220V 交流电源，按电源钮开机，预热 20min，以保证晶体振荡器的频率稳定；连接频率计探头于 A 口输入端（频率 10MHz/100MHz），再将频率计探头接地端与手机接地连接实现共地；然后进行操作测量。具体步骤如下。

第一步：首先按下 RESET（复位钮），让其回到起始位，显示"00000000"，如图 5.3.8 所示。

第二步：由于测量的是主时钟信号频率 13MHz，因此选择挡位按钮为 100MHz，如图 5.3.9 所示，选择闸门时间按钮为 1s。闸门时间选择越长，测频速度就越慢，因此分辨率就越高。

图 5.3.8　按下复位钮　　　　　　　图 5.3.9　选择 100MHz 挡和闸门时间 1s

第三步：用探头的探针去碰触 13MHz 主时钟信号测量点，频率计数字显示屏上显示出准确的时钟频率为 13.000000MHz，如图 5.3.10 所示，说明频率非常准确。但是往往测到的不是 13.000000MHz，如 12.776516MHz，这说明 13MHz 主时钟信号发生了频偏，此时手机可以开机，但会出现开机后无信号、不能接打电话的故障现象。出现这种频偏一般是晶体本身损坏引起的，需要更换来解决。

图 5.3.10　时钟频率为 13.000000MHz

3. 手机维修中频率计的测量举例

（1）诺基亚手机主时钟信号的测量

如图 5.3.11 所示的原理图，该手机的主时钟信号是由 26MHz 晶体振荡产生，经中频 IC 分频后输出，耦合到微处理 CPU 中，所以可在其 13MHz 信号通过的元器件上测量。

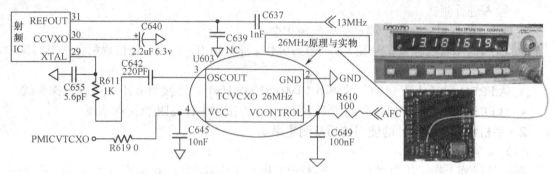

图 5.3.11　手机主时钟信号原理与测量

（2）休眠时钟（实时时钟）信号的测量

休眠时钟（实时时钟）32.768kHz 信号是频率较低的信号，其操作方法和 13MHz 主时钟的测量基本相同。

第一步：按下 RESET（复位钮），让其回到起始位，显示"00000000"状态，如图 5.3.8 所示。

第二步：选择挡位按钮为 100MHz，选择闸门时间按钮为 1s，如图 5.3.12 所示。

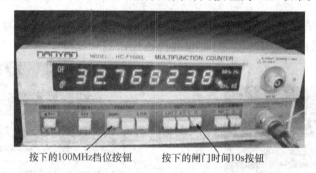

图 5.3.12　选择 100MHz 挡和闸门时间 1s

第三步：用探头的探针去碰触 32.768kHz 时钟信号的测量点，频率计数字显示屏上就显示出准确的数字"32.768238"，如图 5.3.13 所示，说明频率非常准确。如果测到的是 00.000000MHz，说明 32kHz 晶体没有工作，或已经损坏，当然也有可能是没有供电，可以更换后备电池测试。如果供电正常而无 32.768238kHz 显示，一般都是 32kHz 晶体本身损坏。

图 5.3.13　V3 手机 32kHz 测量

5.3.3 手机维修中的示波器

在手机维修中,示波器主要用来测量关键点的电压和信号波形,由此可以确定故障范围,快速找到故障点。不同的示波器虽然各旋钮位置、功能不尽相同,但使用方法基本一致。

1. 示波器的种类及面板功能简介

(1) 示波器的种类

示波器的种类、型号非常多,应用于电子行业的各个领域,常用的有手持示波器、模拟示波器、数字示波器、虚拟示波器、混合示波器等。根据其使用范围的不同,可以分为单踪双通道示波器、双踪双通道示波器、数字荧光示波器、实时存储示波器、数字单色示波器、数字彩色示波器等;按通道数可分为2通道示波器(带宽为60~500MHz)、4通道示波器(带宽为100MHz~1GHz)等。在手机维修中,常用的一般是20MHz或40MHz双踪示波器,如图5.3.14所示。

(2) 示波器的作用

下面以LG OS.5020型普通20MHz双踪示波器为例,介绍其使用方法和技巧。

图5.3.14 手机维修中的常用示波器

(3) LG OS.5020型20M双踪示波器的面板功能

示波器探头是连接到选择通道上的测试线。它是高屏蔽的信号传输线,其屏蔽线外接端子是接地端。在测量手机时,必须与手机共地,才能使测量点在同一个零电位上。线的内芯是测量信号线,连接到探头的尖端(探针),以便于测量手机中参数点,如图5.3.15所示。需要测量时,只需将调节好的示波器探头触到测量点即可。

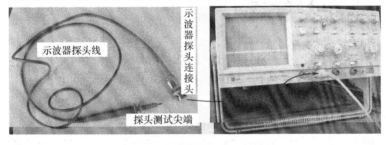

图5.3.15 示波器探头及其连接

为了更好地使用示波器,必须熟练掌握每个功能按钮,实际上就是把面板上的各个英文标注记清楚。图5.3.16所示是20MHz数字双踪示波器的面板功能标注,具体说明如下。

① 电源开关(POWER):按下开关为开启示波器,此时示波器有一条基准线在显示屏上显示出来。

② 电源指示灯:开启电源时,指示灯亮,表示示波器电源线正常。

③ 聚焦控制旋钮(FOCUS):用于调节聚焦直至扫描线最细,虽然在调节亮度时聚焦能自动调整,但有时要用手动调节以便获得最佳效果。手机维修使用过程中,调好后一般不会再动它。

④ 标尺亮度旋钮(ILLUMINANCE):此旋钮调节荧光屏后面的照明灯亮度,正常室内光线下,照明灯暗一些好;室内光线不足时,可适当调亮照明灯。

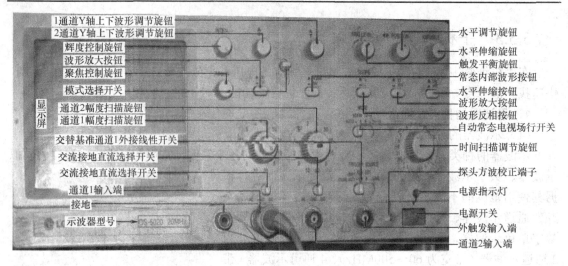

图 5.3.16　20MHz 双踪示波器面板功能标示

⑤ 基线旋转旋钮（TRACEROTATION）：用于调节扫描线使其和水平刻度线平行（水平亮线倾角），当水平亮线倾角受地磁作用影响时，可调整水平线与中央的水平轴平行。

⑥ 辉度控制旋钮（INTENSITY）：调整显示光迹到适合亮度，亮度过亮，较为刺眼，也会损坏显像管。调节它还可以使之辉度增加，无须调节电平即能自动显示稳定波形。

图 5.3.17　自校方法及其波形显示

⑦ 自校端子（PROBE）：测试时，要校准仪器，将探针插入自校端子孔内，显示屏上就会给出一个基准波形，该波形的幅度为 0.5V，周期为 1ms，即频率为 1kHz（由 $f=1/T$ 得到），如图 5.3.17 所示。如果不能满足此校准波形的周期和幅值，则仪器不准。

⑧ 熔断器盒（FUSE）：内装 1A 熔断器，以防止过高电压损坏示波器。

⑨ 电源插座（ACINLET）：插于 220V 交流插座，给示波器供电。

⑩ 通道 1 输入端（Y1、INPUT1、CH1）：被测信号由此端子接口连接探头输入 Y1（CH1）通道（即连接示波器端子的探头插孔），当示波器工作在 X.Y 方式时，输入到此端的信号作为 X 轴信号。一般在手机维修测量中选择 CH1 或者 CH2 均可，只需一个通道输入就可以了。

⑪ 通道 2 输入端（Y2、INPUT2、CH2）：被测信号由此端子接口连接探头输入 Y2（CH2）通道（即连接示波器端子的探头插孔），当示波器工作在 X.Y 方式时，输入到此端的信号作为 Y 轴信号。

⑫ 输入耦合切换开关（AC-GND-DC）：用以选择被测信号输入至 Y 轴放大器输入端的耦合方式。当选择 CH2 垂直轴输入信号时，其作用如同 CH1 的 AC-GND-DC 钮，在 X-Y 动作时则成为 X 轴的切换器。

- AC：当将开关拨至此位置时，屏幕上只显示交流分量，隔离输入信号的直流分量，使屏幕上显示的信号波形不受直流电平的影响。
- GND：当将开关拨至此位置时，输入信号接地，可用以确认其接地电位。
- DC：当将开关拨至此位置时，屏幕上只显示直流分量，即输入信号直接加到 Y 轴放大器输入端,输入信号为直流分量(维修手机时常置于 DC 挡)。

⑬ 垂直幅度扫描旋钮(VOLTS/DIV):手机测试中最重要的旋钮,分别为 CH1 和 CH2 两个通道使用,主要用于测试电压或电平,中间的小旋钮是微调钮,测量时将其顺时针调到头;外侧为幅度挡位,分 V 挡或 mV 挡,每个钮上有一条挡位线,挡位线对准哪个值,就代表显示屏上此时垂直方向一格代表的电压值,然后乘以波形所占的格数,就是波形的电压幅值,即幅值=挡位值/格×垂直格数(上下格数)。例如,校准时所测的波形幅值为 0.5V,两种不同挡位的测试值如图 5.3.18 所示。

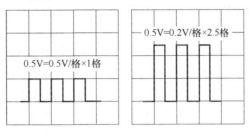

图 5.3.18 两种不同挡位的校准波形

⑭ 微调/扩展控制开关(VAR PULL×5 GAIN):当此旋钮被拉出时,波形在垂直方向的幅度扩展 5 倍,如图 5.3.19 所示。

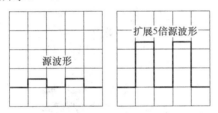

图 5.3.19 波形在垂直方向的幅度扩展 5 倍

⑮ 校准灯(UNCAL):灯亮时表示微调旋钮没有处在校准位置。

⑯ 位移/直流偏置旋钮(POSITION/PULL DC OFFSET):用于调整荧光屏上 CH1 波形的垂直位置,在 X-Y 动作时可调整 Y 轴位置,调节屏幕上 Y1(CH1)信号垂直方向的位移,顺时针旋转时扫描线上移。

⑰ 位移/拉出倒相旋钮(POSITION)(PULLINVERT):位移用于调节屏幕上 Y2(CH2)信号垂直方向的位移。拉出倒相使输入到 Y2(CH2)的信号波形翻转。实质是调整波形的水平位置,在 X-Y 动作时则成为 X 轴的位置调整钮。

⑱ 模式开关(MODE):用于选择垂直偏转系统的工作方式。

- Y1(CH1):只有加到 Y1(CH1)通道的信号能显示;Y2(CH2):只有加到 Y2(CH2)通道的信号能显示。
- 交替(ALT):加到 Y1(CH1)和 Y2(CH2)通道的信号交替显示在屏幕上,通常用于观察两个通道上信号频率较高的情况。
- 断续(CHOP):而以 150kHz 在两通道间切换显示,即加到 Y1(CH1)和 Y2(CH2)的信号受 150kHz 自激振荡电子开关控制,同时显示在屏幕上,用于观察两个通道上信号频率较低的情况。
- 相加(ADD):显示 CH1 及 CH2 通道输入信号的合成波形(CH1+CH2),但在 CH2

设定于 INV 状态时，则显示 CH1 与 CH2 输入信号之差，即显示 Y1（CH1）Y2（CH2）通道信号的代数和。

⑲ Y1（CH1）输出插口（Y1、OUTPUT1）：输出 Y1 信号的取样信号。

⑳ 直流偏置电压输出插口（DC OFFSET VOLT OUT）：当仪器置于直流偏置方式时，在此插口配接数字万用表可直接读出被测量的电压值。

㉑ 直流平衡调节控制旋钮（DCBAL）：直流平衡调节控制用于直流平衡调节，方法是置 Y1（CH1）、Y2（CH2）输入耦合开关接地，置触发方式开关为自动，然后移动扫描线到刻度中心（垂直方向），将 V/DIV 开关在 5mV 和 10mV 挡之间变换，调直流平衡，直至扫描线无任何位移即可。

㉒ 扫描时间选择旋钮（TIME/DIV）：用于选择扫描时间的旋钮，选择不同的时间来显示整个周期的波形。旋钮上的挡位线对准的值，就代表此时显示屏上一个格代表的时间值，所测得的波形周期 $T=$ 挡位值/格×水平格数（左右数），测到周期 T 后，可换算出频率 $f=1/T$。刻度从 0.2μs～0.2s/DIV 共 19 挡。例如，1ms 表示水平方向每格为 1ms，如果被测信号的一个周期占 2 个水平格，则该信号的周期就是 2ms。以自校准波形为例，当挡位数对准 0.5ms 时，则显示屏上每格表示 0.5ms，此时，波形的一个周期为 2 格，则 $T=0.5ms/格×2 格=1ms$，$f=1/T=1/1ms=1kHz$，如图 5.3.20 所示。

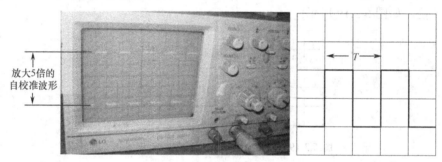

图 5.3.20 自校准波形

㉓ 扫描微调开关（SWP/VAR）：此开关在校准位置时，扫描因数从 TIME/DIV 读出；此开关不在校准位置时，可连续微调扫描因数，逆时针旋转到底时扫描因数扩大 2.5 倍以上。此开关平时应位于校正 VAR 位置。

㉔ 扫描不校正灯（SWP UNCAL）：灯亮表示扫描因数不在校正位置。

㉕ 位移/扩展旋钮（POSITION/PULL×10 MAG）：未拉出时用于水平移动扫描线，可用于调整荧光屏上 CH1 或者波形的垂直位置，在 X-Y 动作时可用于 Y 轴位置调整，拉出后波形将向水平方向延伸 10 倍，如图 5.3.21 所示。

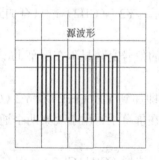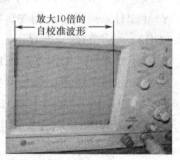

图 5.3.21 放大 10 倍水平扩展波形

㉖ 交替扩展开关（Y1 ALTMAG）：通道 1 的输入信号能以×1（常态）和×10（扩展）两种扫描方式上下交替显示。

㉗ 触发源选择开关（SOURCE）：用于选择扫描触发信号源。触发源有内触发源和外触发源，如果选择内触发源，一般选择通道 Y1（CH1）或者 Y2（CH2）；如果选择外触发源，则探头接到 EXT.TRIG 外触发端子上。

- 内（INT）：取加到 Y1（CH1）或 Y2（CH2）的信号作为触发源，平时应置于此位置。
- 电源（LINE）：取交流电源信号作为触发源，可选电源电压波形。
- 外（EXT）：取加到外触发输入端的信号作为触发源，多用于特殊信号的触发。

㉘ 内触发选择开关（INTTRIG）：用于选择不同的内触发源。

- Y1：取加到 Y1（CH1）的信号作为触发信号。
- Y2：取加到 Y2（CH2）的信号作为触发信号。
- 组合方式（DUAL/VERTMODE）：用于同时观察两个波形，同步触发信号交替取自 Y1（CH1）和 Y2（CH2），即两个通道同时使用，显示屏上出现两种波形。

㉙ 外触发输入插座（TRIG）：外触发信号的输入接口端子。

㉚ 触发电平平衡控制钮（LEVEL）：按进去为正极性触发（常用），拉出来为负极性触发。

㉛ 触发平衡旋钮（TRIGLEVEL）：当显示波形不稳定时，左右旋转，可使波形稳定。

㉜ 触发方式选择（TRIG MODE）。

- 自动（AUTO）：仪器在有触发信号时，同正常的触发扫描，波形可稳定显示；在无信号输入时，可显示扫描线，若无正确的触发信号则不会显示亮线。无信号时，有光迹，有信号时，显示稳定波形（手机维修常用）。
- 常态（NORM）：有触发信号时才产生扫描，在没有信号和非同步状态下，没有扫描线。当信号频率很低（25MHz 以下）影响同步时，宜采用本触发方式。
- 电视场（TV.V）：用于观察电视信号中的全场信号波形，用于检修电视机显示场信号波形。
- 电视行（TV.H）：用于观察电视信号中的行信号波形，用于检修电视机显示行信号波形。
- 电视场、电视行触发仅适用于负同步的电视信号。

㉝ 外增辉输入端（TBLANKING）：辉度调节信号输入端，与机内直流耦合，加入正信号时辉度减弱，加入负信号时辉度增强。

㉞ 校正方波输出端（CAL 0.5V）：0.5V/1kHz 信号输出端，为校正用电压端子。用于调整探针时，可得到 1V（峰-峰值）正极性，约 1kHz 的方波信号输出。

㉟ 接地端（GND）：测量时与手机主板相连接。

㊱ 水平伸缩旋钮（VARLABLE）：左右旋转，可使波形沿着水平方向伸缩。

2. 示波器的使用技巧

（1）示波器使用前的准备工作

手机中的信号多为脉冲波形，必须用示波器才能正常显示。下面以常见的 20MHz 双踪示波器的使用为例进行介绍。

① 基线的获得。操作无使用说明书的示波器时，首先要获得一条最细的水平基线，然后才能用探头进行其他测量，其具体方法如下。

第一步：预置面板各开关、旋钮。亮度调到适中，聚焦和辅助聚焦置适中，垂直输入耦合置"AC",垂直电压量程选择置"5mV/DIV",垂直工作方式选择置"CH1",垂直灵敏度微调校准置"CAL",垂直通道同步源选择置中间位置,A 和 B 扫描时间预置在"0.5ms/DIV",A 扫描时间微调置校准位置"CAL",水平位移置中间位置,扫描工作方式置"A",触发方式置"AUTO",斜率开关置"+",触发耦合开关置"AC",触发源选择置"INT"。

第二步:按下电源开关,电源指示灯点亮。

第三步:调节标尺亮度、聚焦等有关控制旋钮,可出现纤细明亮的扫描基线,调节使其位于屏幕中间,与水平坐标刻度基本重合。

第四步:调节基线旋转旋钮使基线与水平坐标平行。

② 显示信号。一般情况下,示波器本身均有一个 0.5V(峰-峰值)标准方波信号输出口(即校正波输出口 CAL)。当获得基线后,可将探头接到此处,此时屏幕应有一串方波信号,调节垂直幅度扫描旋钮和扫描时间选择旋钮,方波的幅度和宽窄应有变化。至此示波器基本调整完毕,可以投入使用。

③ 测量信号。将测试线接在 CH1 或 CH2 输入插座,测试探头触及测量点,即可在示波器上观察到波形。如果波形幅度太大或太小,可调整垂直幅度扫描旋钮;如果波形周期显示不适合,可调整扫描时间选择旋钮。

(2) 读取示波器上被测信号的参数值

① 读取被测信号幅值。被测信号的幅度等于被测信号在垂直方向所占的格数与垂直幅度扫面旋钮的乘积。例如,测得的某一信号波形的峰-峰值在垂直方向上占 4 格,其中,垂直幅度扫描旋钮置于 0.5V/DIV,扫描时间选择旋钮置于 0.5ms/DIV,测试探头置于 1:1。由此可计算出该信号的幅度值为 0.5V/DIV×4 格=2V。若将测试探头置于 10:1,则被测信号的幅值应乘以 10,即 2V×10=20V。

② 读取被测信号的周期和频率。示波器上显示的波形周期和频率用波形在 X 轴上所占的格数来表示。被测信号一个完整的波形所占的格数与扫描时间选择旋钮挡位的乘积,就是该波形的周期 T,周期的倒数就是频率 f,即

周期 T=扫描时间选择旋钮的挡位×被测信号一个周期在水平方向上所占的格数

频率 $f=1/T$

例如,被测信号的一个周期占用 4 格,则被测信号的周期为 0.5ms×4=2ms,频率为 $f=1/T=1/2ms=1/0.002s=500Hz$。

(3) 手机中电压的测量及其读数技巧

手机中电压的测量包括直流电压、脉冲波形电压和交流电压的测量。

① 手机中直流电压的测量方法及其读数技巧。首先设置面板控制器,使显示屏显示一条亮线(扫描基线),并上下调整,将此线与水平中心刻度线重合,作为参考电压;其次设置通道,并将耦合方式置于 DC 挡;扫描时间选择旋钮可置任意挡;垂直幅度扫描旋钮打到 1V 挡;连接探头,并将探针接到相关测量点;读出显示屏上上跳电压线(正)或下跳电压线(负)与参考电压间的格数,如图 5.3.22 所示,然后计算被测直流电压值=垂直幅度扫描旋钮挡位值/格×垂直格数。

例如,将输入耦合方式置于 AC 挡测得的信号如图 5.3.23 所示;若将耦合方式置于"DC"后,被测信号波形向上平移了 3 格。根据以上所述可知:被测点的直流电压为 3×0.5V/DIV=1.5V;若使用的是 10:1 探头,则被测信号的波形幅度为 3×0.5V/DIV×10=15V。

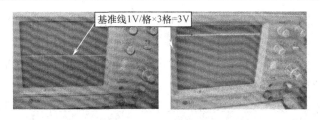

图 5.3.22　直流电压的测量及其读数

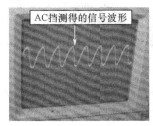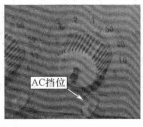

图 5.3.23　将耦合方式置于 AC 挡测得的信号

② 手机中脉冲供电电压的测量方法及其读数技巧。手机中的脉冲信号主要包括接收启动信号 RX.EN、发射启动信号 TX.EN 以及其他控制以后输出的供电脉冲等。首先将周期扫描调到 10ms 左右挡，将垂直幅度扫描旋钮调到 1V 左右挡，耦合方式置于 DC 挡，其他不动；其次将探针接触测量点，根据屏上波形计算出脉冲的幅度与周期、频率：

幅度 A=垂直幅度扫描旋钮挡位值/格×垂直格数（上下数）

周期 T=扫描时间选择挡位值/格×水平格数（左右数）

频率 $f=1/T$

具体如图 5.3.24 所示。

如何测量控制信号，如何判断该电路中哪一个点的电压是脉冲波形电压信号，这一点非常重要，同时要记住它应该有多少电压幅值。实际上，直流电压只要经脉冲控制后，其输出也是脉冲供电。

（4）示波器在手机中的测试举例

用示波器测量手机中的交流信号包括 13MHz、32.768kHz、接收 IQ 和发射 IQ 基带信号以及其他频率信号等。

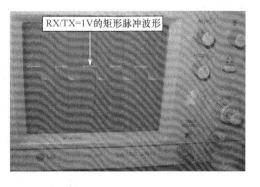

图 5.3.24　RX/TX.EN 脉冲电压的波形

① 手机中 13MHz 主时钟信号的测量技巧。13MHz 主时钟信号在手机中的测量是非常重要的，它的正常与否关系到手机整个程序的运行，只要是能开机的手机，在开机后都可以很方便地测到 13MHz 信号波形。手机不开机、不能拨打电话，测量 13MHz 主时钟信号是维修检测的关键点之一，它是手机开机的五大条件之一，具体测量步骤如下。

第一步：将示波器调到直流电压挡位，测量其主时钟供电电压是否正常。由于主时钟的供电电压大多数是从电源 IC 输出的稳定的直流供电，所以应按前面测量直流电压的方法来进行，如图 5.3.25 所示。

这里要提醒大家，测量 26MHz 晶振的供电都在它的 4 脚上进行，因为手机中的 13MHz 主时钟信号大多数都是 26MHz 晶振经过中频 IC 分频而来的。该晶振的功能引脚在生产厂家制造时就已经固定好：4 脚为直流稳压供电（VTCXO）；2 脚为接地脚（GND）；3 脚为 26MHz

信号输出脚；1 脚为自动频率控制信号（AFC）输入，其电压幅值为 1.2V 脉冲。这四个引脚功能一定要记住。

第二步：测量自动频率控制信号（AFC），将示波器置于直流 DC 挡、×10 挡，时间扫描旋钮调到 50ns 挡，如图 5.3.26 所示。

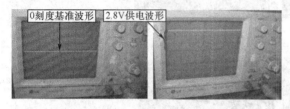
图 5.3.25　用示波器测量主时钟供电电压

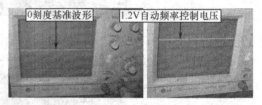
图 5.3.26　用示波器测量自动频率控制电压

第三步：测量主时钟 13MHz 信号的波形。首先将手机、稳压电源和示波器的"地"连接在一起实现共地；其次将示波器的时间扫描旋钮置于 0.2 μs 挡，垂直幅度旋钮调到 50mV 左右挡，耦合方式置于 AC 挡，辉度控制置于中间，位移/直流偏置开关置于中间位置，触发源选择开关置于"内"，触发方式选择置于"自动"，其他按钮不动；再次将交流信号从 Y1 轴输入，将探头接到 PROBE 自校端子孔，适当调节辉度旋钮，使扫描线亮度适中，调节聚焦旋钮，使扫描线最细，调节位移旋钮，使扫描线和屏幕中间的水平刻度线重合，进行基线校准示波器，预热几分钟后，示波器就可以使用了；最后接上稳压电源，将探针接触手机主板上的 13MHz 信号测量点，按手机开机键，在开机瞬间同时调整两个扫描旋钮（垂直和水平）观察显示屏是否有稳定的波形显示，如果正常，则有一条亮带波形，简称亮带，这就是 13MHz 主时钟信号的波形，如图 5.3.27（a）所示。如果把时间扫描旋钮置于 1.5ms 挡，如图 5.3.27（b）所示，其波形就为正弦波形，如图 5.3.27（c）所示。维修时要测得的是正弦波形。

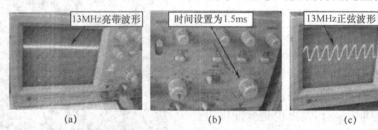
图 5.3.27　13MHz 主时钟信号的测量波形

从示波器屏幕上读出波形峰峰间所占的格数，再乘以垂直幅度扫描旋钮的挡位，即可计算出被测信号的电压值；若将扩展控制开关拉出，则再除以 5。观察屏幕上信号波形一个周期内在水平方向上所占的格数，信号周期为扫描时间选择旋钮的挡位与格数的乘积，信号频率为周期的倒数；当扩展旋钮被拉出时，周期值应除以 10。

根据经验，亮带中的上下两条亮线都是一样的亮度，说明 13MHz 是准确的；如果是一明一暗，则有频偏。如果没有 13MHz，则不要长时间测量。因为测量时信号从手机流向示波器，时间长了手机就会死机。如不甘心，可置 DC 挡再试一次，因为 13MHz 既有交流分量又有直流分量，可看是否有直流分量，若仍没有，就是 13MHz 故障了。总之，如果没有 13MHz，可在 26MHz 晶振输出端及相关的耦合元件上测量 26MHz。

② 32.768kHz 休眠时钟信号的测量技巧。如图 5.3.28 所示，首先调节示波器时间扫描旋钮、直流电压挡位，再用示波器探头测量 32.768kHz 晶体的一个引脚，操作方法与 13MHz

测量是相同的，结果也是与 13MHz 信号相同的波形。如果测量时没有正弦波形信号，手机会出现不开机、无时间显示等故障。此时可能是该时钟晶体损坏或供电不正常，应更换晶体或检查供电电路。

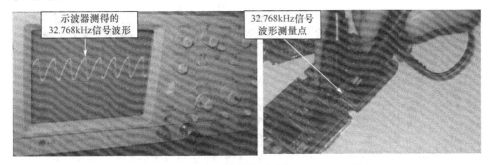

图 5.3.28　用示波器测量休眠时钟 32.768kHz 信号

（5）用示波器测量手机中控制信号的技巧

如图 5.3.29 所示，手机中的控制信号一般是逻辑电路之间才有的，如接受启动信号 RX.EN、发射启动信号 TX.EN、片选控制信号 CS、读/写控制信号 R/W 等。测量时，将示波器调节到直流电压挡位，再用示波器探头测量，此时看到的是直流波形，就是平时所说的逻辑电路的控制信号。如果不能测到这些直流波形信号，说明逻辑电路工作不正常，手机会出现不开机、无网络信号、无发射等故障。此时应重点检查逻辑电路，主要检查 CPU，通常采用加焊或者重植、更换的方法来解决。如果是进水手机，大多是逻辑控制电路断线，应检查 CPU 输出的通路是否正常。如果有断线，应飞线解决。

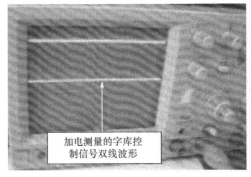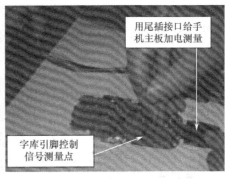

图 5.3.29　用示波器测量控制信号的技巧

（6）用示波器测量手机中地址线、数据线信号波形的技巧

如图 5.3.30 所示，手机中的地址线、数据线都是 CPU 与字库、暂存器之间通信的电路，如果这些线路有短路、断路都会导致手机不开机。测量时应该拆下 CPU、字库、暂存器，分别测量它们的通、断状况，也可以通过测量它们的测量点来判断是哪一条线路断线。测量时，先把示波器调到直流电压挡位，再用探头去测量地址线、数据线信号测量点，应都是方波脉冲信号波形。如果没有方波脉冲，应检查 CPU、字库、暂存器是否损坏，一般加焊、更换就可以解决。

（7）用示波器测量 X620/628 手机 SIM 卡信号的技巧

用示波器测量 X620/628 手机 SIM 卡信号的操作方法和前面测量时钟的操作一样，先把示波器调到直流电压挡位，再用探头去测量 SIM 卡信号的测量点，并读出其电压幅度，如图 5.3.31 所示。但要注意的是，测量手机 SIM 卡信号必须在手机开机的瞬间进行，即手机用稳压电源加电，用示波器探头触到需要测量的 SIM 卡信号测量点，然后按下开机键，这一瞬间可以看到示波器上有跳变的电压显示,这就是 SIM 卡信号波形,主要包括 SIM 卡供电、SIM 卡时钟、SIM 卡数据、SIM 卡复位、SIM 卡编程五个信号。SIM 卡共有六个引脚,除了上面的五个信号脚外,还有一个接地脚。

 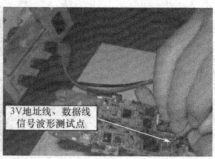

图 5.3.30 用示波器测量地址、数据信号波形

图 5.3.31 用示波器测量 X620/628 手机 SIM 卡信号的技巧

3. 示波器测量的注意事项

(1) 测量前的注意事项

应首先估计被测信号的幅度大小,若不明确,应将示波器的垂直幅度扫描旋钮置于最大挡,避免因电压过高而损坏示波器。

(2) 小信号波形测量

在测量小信号波形时,由于被测信号较弱,示波器上显示的波形不容易同步,这时可采取以下两种方法加以解决:其一是仔细调节示波器上的触发电平控制旋钮,使被测信号稳定和同步;其二是使用与被测信号同频率(或整数倍)的另一强信号作为示波器的触发信号,该信号可以直接从示波器的第二通道输入。

(3) 示波器外围的影响

使用示波器工作时,周围不要放置大功率的变压器,否则测出的波形会有重影和噪波干扰。

5.3.4 手机维修中的超声波清洗器

1. 超声波清洗器的工作原理

超声波在液体中传播时的声压剧变使液体发生强烈的空化和乳化现象,每秒钟产生数以百万计的微小空化气泡,并不断地猛烈爆破,产生强大的冲击力和负压吸力,足以使顽固的污垢剥离。图 5.3.32 所示为超声波清洗器外形结构,在手机维修中主要用来清洗进水手机主板或长时间使用而脏污的手机主板。

2. 手机维修中超声波清洗器的使用

① 首先向超声波清洗器中倒入 1/3 容量的天那水。

② 拆卸手机外壳、显示屏、按键、扬声器、话筒以及其他软性塑料器件,最终只能留

下一块完整的手机主板，如图 5.3.33 所示。

③ 将拆卸后的手机主板放入已装入天那水的超声波清洗器，改上盖子，打开电源，设置时间一般为 5~10min。清洗后取出手机主板，再用热风枪将主板吹干，即完成手机主板的清洗过程。

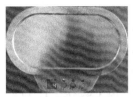
图 5.3.32 超声波清洗器外形结构

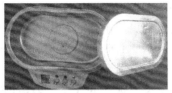

图 5.3.33 超声波清洗器的使用

3．超声波清洗器的功效

① 清晰：除污垢、除尘、除各类油脂，除积炭，功效显著。

② 杀菌消毒：经防疫站检验，超声波清洗器对具有代表性的大肠杆菌和葡萄球菌具有很好的杀菌作用，杀菌率达到 99.6%（作用 5min）。

③ 分解乳化：酒类、药剂等均可在超声波作用下加速化学反应，缩短醇化/乳化的时间。

4．超声波清洗器的使用注意事项

① 超声波清洗器禁止在没有液体的情况下开机运行。

② 超声波清洗器不能长时间连续工作，每次清洗完一般应间隔 5min，因其内部有高频率振荡电路，长时间连续工作会导致机器发热量大，影响寿命。

本 章 小 结

1．通过学习手机开机电路组成结构，掌握判断手机整机电路中电源 IC、手机主板上电源 IC 以及手机供电电路的必要条件；掌握开机电路中外引脚贴片电源 IC、内引脚电源 IC 组成的电源电路的原理分析方法与故障检测维修方法。

2．通过学习手机开机电路工作原理的知识，重点掌握手机常见故障的分析方法、常用仪器的检测方法、故障的维修方法等知识，熟练掌握 BGA 芯片的拆装技术，以及安装 BGA 芯片时导致不开机的处理技巧等。

3．通过手机维修中常用仪器的学习，掌握故障手机采用直流稳压电源对手机加电的方法，特别是诺基亚手机加电的特殊性；掌握手机维修中使用频率计和示波器检测手机主时钟信号、实时时钟信号的方法；掌握示波器检测手机维修中的直流供电、升压供电、SIM 卡供电、数据信号以及逻辑电路中地址线、数据线信号的检测方法等；掌握手机维修中超声波清洗器的使用方法。

习 题 5

5.1 手机开机必须满足的五大条件是指_____、_____、_____、_____、_____。

5.2 手机整机的供电电路主要由_____、_____、_____、_____、_____、_____、_____及_____等组成。

5.3 如何判别手机整机电路原理中的电源IC？如何判别手机主板上的电源IC？

5.4 手机供电电路正常工作的必要条件有哪些？

5.5 如何判别手机供电电路中的电池供电电路、开机线路、组电压输出电路？

5.6 什么是手机中的实时时钟？表示实时时钟供电的英文标注是什么？

5.7 如何判断电源IC或CPU内部集成了音频电路？

5.8 说明手机开机电路中下列常见英文标注的含义：VBATT、VCC4、REG、ON/OFF、POWER.ON、KEY、SW、PWON、DLPWR、SPEAKER、SPK、EARP、EARN、AUDIOP、AUDION、AUXI、HSSPEAKER、HSSPK、HSEARP、HSEARN、HSAUDIOP、HSAUDION、HSAUXI、HSMICP、HSMICN、HSMICBIAS、VDD、VSS、VCORE、VIO、ADD、VMEM、VSIM、VRTC、KEYPADCOL、KEYPADROW、CLKIN、SIN13M_RF、LCD_BL_CTRL、I2C_SCL、EN、CLK13MOUT、CLKON、BUZZER、RXON、TXON、BAND_SEL、PA_EN_RF、PURX、RESET、CAMRST、CBUSCLKT、CBUSDAT、CBUSENTX、RFCLKP、RFCLKM、SLEEPCLK。

5.9 如何判断电源IC输出的组电压是否工作正常？

5.10 如何理解手机中的时钟？手机中应有多少个时钟？

5.11 什么是手机主时钟？常见的频率有哪些？它是如何产生的？其晶振外形结构是怎样的？其工作条件又是什么？

5.12 以图5.1.10为例，简述主时钟电路的工作原理及主时钟信号的检测方法。

5.13 什么是手机的参考时钟？其作用是什么？

5.14 手机中的实时时钟指的是什么？频率为多少？如何检测？

5.15 实时时钟信号不正常，会导致手机出现哪些常见故障？应该如何维修？

5.16 手机逻辑电路主要由_____、_____两大部分组成，分别包括_____、_____、_____、_____及_____、_____运行的程序等。

5.17 手机开机电路常见故障现象有哪些？举出八个实例。

5.18 什么是手机维修中的电流法？根据电流现象，电流法有哪三种情况？

5.19 手机出现加电按开机键有100mA左右摆动电流而不开机或定屏死机，应该如何维修？

5.20 简述诺基亚2730c智能手机的开机过程，并详细说明组电压输出的三种情况。

5.21 在诺基亚BB5系列手机中，电源电路不正常导致的常见故障有哪些？

5.22 诺基亚2730c手机开机出现"NOKIA"后就死机，该如何维修？

5.23 如何使用频率计测量实时时钟信号？

5.24 如何使用示波器测量手机中的实时时钟信号与主时钟信号？

5.25 测量手机中直流电压通常采用的测量仪器有哪些？测量信号的仪器有哪些？（分别列举常用的两种）

5.26 如何用示波器测量手机中的直流电压？其准确测量值的读数技巧是什么？

5.27 如何用示波器测量手机中的脉冲供电电压？其准确测量值的读数技巧是什么？

本章实训　手机开机电路故障检测与维修

一、实训目的
（1）掌握手机开机电路常见故障检测与维修方法。
（2）掌握使用示波器、数字万用表检测手机不开机故障的测量点。
（3）熟悉掌握手机不开机的电流判断方法。

二、实训器材及材料
（1）普通手机多部，诺基亚、三星、苹果智能手机多部（也可以是学生自用的手机）。
（2）稳压电源、示波器、数字万用表、热风枪、调温电烙铁、镊子、植锡板、助焊剂、锡浆、天那水、植锡台架、超声波清洗器、刷子（牙刷也可）、松香、焊锡丝、手术刀。

三、实训内容
（1）根据不开机故障电流现象，进行电池电压供电电路的检测与维修。
（2）按下开机键，观察电流变化确定是否为开机线路损坏导致的不开机故障。
（3）按下开机键，观察电流变化确定是否为组电压输出不正常导致的不开机故障。
（4）按下开机键，观察电流变化确定是否为主时钟或实时时钟电路不正常导致的不开机故障。
（5）按下开机键，观察电流变化确定是否为逻辑电路不正常导致的不开机故障。

四、实训报告
（1）通过对手机不开机故障的检测，掌握分析不开机故障的检测方法和故障点判断。
（2）通过对不开机手机故障的电流变化，掌握手机维修中的电流法。
（3）通过对手机不开机故障的检测，掌握手机不开机故障的常见故障点判断。

第6章 手机射频电路原理及故障检测维修

早期手机与现代智能手机在射频电路结构上基本没有多大改变,都包括接收射频电路和发射射频电路。早期手机射频电路基本只有 GSM900MHz 网络的 GSM、DCS、PCS 三个频段,而现代智能手机射频都包括 GSM(2GHz)和 WCDMA(3GHz)双网络,其中 GSM 有接收和发射电路;WCDMA 仍有接收和发射电路,可自动实现 GSM(2G)和 WCDMA(3G)网络的自动切换。手机显示屏上的信号条数,表示手机信号的强度;显示屏上的网络符号表示当前的网络类型。在电路结构方面,早期手机接收射频与发射射频是各自单独的电路,现代智能手机则是将接收射频与发射射频集成在一个射频 IC 中,完成收发射频处理工作。

6.1 手机接收射频电路

手机接收电路是指从手机天线到扬声器的电路,用"RX"表示。手机接收是一个下变频过程,下变频是指手机接收到基站送来的高频信号,通过手机内部变频转变成低频信号的过程。手机接收时有一个接收信号频率,发射时有一个发射信号频率,同时还有 GSM、DCS、PCS、CEL 四个工作频段,其各自的收发频率分配如下:RXGSM(900MHz)为 925~960MHz,TXGSM(900MHz)为 880~915MHz;RXDCS(1800MHz)为 1805~1880MHz,TXDCS(1800MHz)为 1710~1785MHz;RXPCS(1900MHz)为 1930~1990 MHz,TXPCS(1900MHz)为 1850~1910 MHz;RXCEL(850MHz)为 869~894 MHz,TXCEL(850MHz)为 824~849 MHz。

6.1.1 手机接收电路原理及故障检测维修

1. 手机接收电路组成

手机接收电路由接收射频电路和接收逻辑电路组成,主要的分界点就是我们通常说的接收基带 RXI、RXQ 信号。其中,接收射频电路包括天线、天线开关、接收滤波电路、高放电路、变频电路、解调电路;接收逻辑电路包括模数转换电路、数字信号处理电路、音频解调电路、数模转换电路、音频放大电路、扬声器电路,框图结构如图 6.1.1 所示。

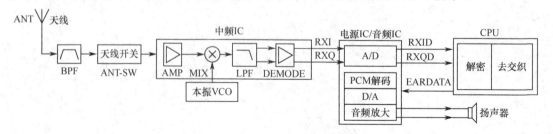

图 6.1.1 手机接收电路框图结构

在图 6.1.1 中，手机将天线接收来的信号经过带通滤波送到天线开关，经开关切换后输出接收信号，在中频 IC 中进行高放、变频、低通滤波、解调变成模拟基带 RXIQ 信号，再经电源 IC 或音频 IC 进行 A/D 转换后转变成数字基带 RXID、RXQD 信号，送到 CPU 进行信道解码、解密、去交织后，输出扬声器数据 EARDATA 信号，再返送到电源 IC 或音频 IC 中进行音频解码、D/A 转换、音频放大后输出扬声器信号到扬声器，完成整个接收过程。

射频电路中，有的手机将高放或变频分离出来，不集成在中频 IC 中，有的将解调电路集成在 CPU 中，有的将音频电路的 A/D 转换、音频解码、D/A 转换、音频放大集成在电源 IC 中，有的集成在 CPU 中，还有的是单独的音频 IC，无论怎样集成，整体结构仍不会改变。

分析手机电路时，只要看到有"RX"与其他英文标注的组合，就说明它一定与接收电路有关，这对分析电路、查找手机故障起着非常关键的作用。目前最常用的多功能 MTK 芯片手机接收射频电路结构如图 6.1.2 所示。其中，除天线开关、射频信号处理器 U602 是集成的外，其他全都采用分立元器件组成，同时天线开关和功放集成一起，编号为 U601，而接收本振、频率合成电路都集成在射频信号处理器中。必须通过各引脚英文标注含义及内部单元电路结构来分析各部分电路。

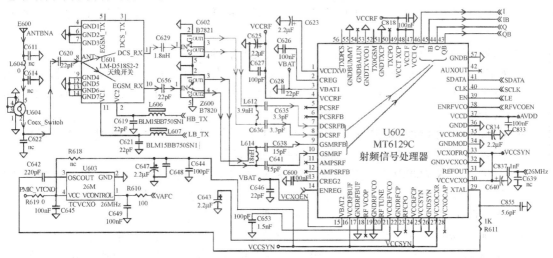

图 6.1.2　MTK 芯片手机接收射频电路结构

（1）图 6.1.2 中元器件的作用
- E600：天线接口，是手机与基站进行收发信号的转换接口。维修时，如果天线接口触点接触不良，会导致手机信号很弱或者无信号故障，必须将其加焊或清理氧化层才能排除故障。
- L604、C611、C614：天线输入滤波电路，也称为天线输入选频网络。只要其中有一个元件开路，就会导致手机在信号强的区域能拨打电话，在信号弱的区域则不能拨打电话的现象，此时加焊即可。
- U604：外接天线接口，该接口接触不良，导致手机无信号或信号弱故障，加焊或短接其输入/输出端即可。
- C622：天线信号输入滤波电容，开路对手机影响不大，可以拆除不用。
- C620：天线信号输入耦合电容，若开路，手机无信号或信号弱故障，可短接或更换处理。
- U601：天线开关，是手机收发的切换开关，若天线开关不良，会导致手机无信号或信号弱、不能发射等故障，维修时天线开关可以采用短接法或更换判断好坏。可短接其输入 8 脚和输出 10 脚来判断，如果短接有信号，说明天线开关损坏，应更换处理。图中 U601 其他的引脚功能如下。

- 1 脚：接收 DCS_RX 信号输出端，即 1800MHz 频段输出。
- 2 脚：天线开关频段切换控制信号 VC2，它外接的 HB_TX 表示发射高频段切换，一是指 HB_TX 为高电平时，手机工作在发射高频段 DCS；二是指 HB_TX 为低电平时手机工作在接收高频段 DCS。
- 11 脚：天线开关频段切换控制信号 VC1，它外接的 LB_TX 表示发射低频段切换，一是指 LB_TX 为高电平时，手机工作在发射低频段 GSM；二是指 HB_TX 为低电平时，工作在接收 GSM 低频段。从这里知道，2 脚与 11 脚都控制天线开关的工作状态，也就是说，如果 2 脚和 11 脚同时为高电平，则手机工作在发射状态；如果同时为低电平，则手机工作在接收状态。理解了天线开关控制端，即可对天线开关进行有效的维修。如果手机无信号，可以将 11 脚对地短接一下，看是不是天线开关的控制有问题，如果短接有信号，说明是控制问题，而不是天线开关本身损坏。控制信号来自 CPU，所以问题出在 CPU，此时加焊 CPU 即可排除故障。由此看来，手机维修必须思路清晰，否则会导致故障扩大。
- 3 脚、5 脚：发射信号输入端，将在介绍发射射频电路时详细说明。
- C629：DCS1800MHz 接收信号耦合电容，由于国内使用的大多是 GSM 频段，这个频段对 GSM 没有多大影响，所以不需要了解这部分电路，但要了解这是双频段手机的两个通路。
- C656：GSM900MHz 接收信号输入耦合电容，由于国内使用的大多是 GSM 频段，如果它开路，会导致手机无信号，可短接或更换处理。
- Z602：DCS1800MHz 接收信号带通滤波器，起选频滤波的作用，它只能让 1805～1880MHz 以内的信号通过，以外的信号都被滤除。如果开路，可以将输入端分别短接到两个输出端上，当然最好是更换处理。
- Z600：GSM900MHz 接收信号带通滤波器，也起选频滤波作用，它只能让 925～960MHz 以内的信号通过，其他的信号都被滤除。如果开路，会导致手机无信号，可以将输入端分别短接到两个输出端上，最好是更换处理。
- C635、C636、L612：构成 DCS1800MHz 接收信号的平衡耦合电路，其中 C635、C636 是耦合电容，L612 是平衡电感，作用是平衡分配滤波器输出的信号。
- C638、C641、L614：构成 GSM900MHz 接收信号的平衡耦合电路，其中 C638、C641 是耦合电容，L614 是平衡电感，作用是平衡分配滤波器输出的信号。由于使用的是 GSM 频段，所以这两个电容开路都会导致手机无信号，仍可短接或者更换处理。
- MT6129：联发公司专门生产的大规模集成射频 MT 芯片，也称为中频 IC。

(2) 图 6.1.2 中的英文标注含义及射频 IC 引脚功能

① 英文标注含义。

- ANTENNA：天线接口。如果手机无信号或者信号弱，要检查天线接口是否虚焊，将其加焊即可。
- EGSM_RX：900MHz 频段接收信号。
- DCS_RX：1800MHz 频段接收信号。
- IN：输入信号，有时简写为"I"。

- OUT1：输出信号 1。
- OUT2：输出信号 2。
- VCXOEN：主时钟供电启动信号。VCXO 是主时钟供电，EN 是启动信号，合起来是主时钟供电启动信号。该信号可用示波器来测量，其波形为脉冲方波，幅值为 2～2.8V。
- VCCRF：射频供电电源。VCC 表示供电，RF 是射频，合起来表示射频供电电源，它可以用示波器测量，是直流波形。
- VCCSYN：频率合成供电电源。VCC 表示供电，SYN 表示频率合成器，合起来表示频率合成供电电源，用示波器测量是脉冲方波。
- PMIC_VTCXO：表示主时钟供电电源，与 VTCXO 含义一样。
- LE：表示频率合成启动信号，它实际上是 SYNEN 的含义。
- SCLK：表示频率合成时钟信号。S 是"SYN"的简写，表示含频率合成；CLK 表示时钟，合起来表示频率合成时钟信号，可以用示波器来测量，是一个方波信号。
- SDATA：表示频率合成数据信号，S 是"SYN"的简写，表示频率合成，DATA 是数据，合起来表示频率合成数据信号，可以用示波器来测量，是一个方波信号。
- RFVCOEN：射频振荡器供电启动信号。RF 表示射频，VCO 表示振荡器，EN 表示启动，合起来表示射频振荡器供电启动信号。
- AVDD：表示音频供电电源。

② 射频 IC 引脚功能。

- 1 脚：VCCTXVCO，表示发射本振供电电源。由于是本振供电，但在射频 IC 外围看不到单独的本振，由此可得知本振电路是集成在射频 IC 内部。
- 2 脚：CREG1 是稳压电路滤波电容。C 表示电容，REG 表示稳压器，合起来表示稳压电路滤波电容。
- 3 脚：VBAT1，表示电池电压供电 3.6V。从这里可以发现，如果手机加电即大电流不开机，除了考虑更换电源 IC 和功放外，还要考虑电池直接供电的元器件，比如这里的中频 IC。较多的维修人员不考虑这点，导致维修不能更好地排除故障。
- 4 脚：VCCRF 表示射频供电电源。
- 5 脚：PCSRF 表示 1900MHz 频段射频信号输入。可说明该 IC 是射频 IC。
- 6 脚：PCSRFB 也表示 1900MHz 频段射频信号输入。可判断该 IC 是射频 IC。
- 7 脚：DCSRFB 表示 1800MHz 频段射频信号输入。可判断该 IC 是射频 IC。
- 8 脚：DCSRF 也表示 1800MHz 频段射频信号输入。可判断该 IC 是射频 IC。
- 9 脚：GSMRFB 表示 900MHz 频段射频信号输入。可判断该 IC 是射频 IC。
- 10 脚：GSMRF 也表示 900MHz 频段射频信号输入。可判断该 IC 是射频 IC。
- 11 脚：AMPSRF 表示射频放大器，空脚，表示射频放大器集成在 IC 内部。
- 12 脚：AMPSRFB 也表示射频放大器，空脚，表示射频放大器集成在 IC 内部。
- 13 脚：CREG2 表示稳压滤波电容。C 表示电容，REG 表示稳压器，合起来表示稳压供电滤波电容。
- 14 脚：ENREG 表示稳压供电启动信号。EN 表示启动，REG 表示稳压器，合起来表示稳压供电启动信号。
- 15 脚：VBAT2 表示电池电压供电 3.6V。
- 16 脚：VCCRF_BUF 表示射频缓冲供电电源。实际上就是射频供电电源，BUF 表示缓冲器。

- 17 脚：GNDRF BUF 表示射频缓冲供电接地。实际上就是射频供电接地。
- 18 脚：RFVCOP 表示射频本振供电电源，可说明本振电路集成在射频 IC 中。
- 19 脚：GNDRFVCO 表示射频本振供电接地。可说明本振电路集成在射频 IC 中。
- 20 脚：RFTUNE 表示射频调谐变化电压，实际上是射频锁相电压。很多手机电路原理图中用 CPO 来表示。这里一定要记住，在手机维修中，通常测量该锁相电压是否为 1～4V 来判断锁相环电路是否工作正常。若不是正常的 1～4V 变化电压，说明该锁相环电路工作不正常，手机会出现无信号或无发射故障。
- 21 脚：VCCRFVCO 表示射频本振供电电源。可判断射频本振集成在射频 IC 中。
- 22 脚：GNDRFCP 表示射频锁相接地端。CP 表示锁相电压，也说明锁相电路就在射频 IC 中。
- 23 脚：RFCPO 表示射频锁相输出端，说明锁相电路在射频 IC 中。
- 24 脚：VCCRFCP 表示射频锁相供电电源，说明锁相电路在射频 IC 中。
- 25 脚：VCCSYN 表示频率合成供电电源，说明频率合成电路集成在射频 IC 中。
- 26 脚：GNDSYN 表示频率合成供电接地。
- 27 脚：VCXOCXR 表示时钟供电电源，外接 VCCSYN 表示频率合成供电。
- 28 脚：VCXOCAP 表示时钟供电接地。
- 29 脚：XTAL 表示时钟信号输入，与 CLKIN 意义相同。
- 30 脚：VCCVCXO 也表示时钟供电电源，外接 VCCSYN 表示频率合成供电。
- 31 脚：REFOUT 表示参考信号输出，实际上这里表示主时钟信号 26MHz 输出，在 CPU 内部分频后提供给 CPU 的工作时钟，以满足逻辑工作的第二大条件。
- 32 脚：GNDVCXO 表示时钟供电接地。
- 33 脚：VCXOFRQ 表示时钟供电电源，外接 VCCSYN 表示频率合成供电。
- 34 脚：GNDMOD 表示调制解调电路接地端，说明射频调制解调电路集成在射频 IC 中。
- 35 脚：VCCMOD 表示调制解调电路供电，说明射频调制解调电路集成在射频 IC 中。
- 36 脚：GNDD 表示接地。
- 37 脚：VCCD 表示供电。
- 38 脚：ENRFVCO 表示射频本振供电启动信号。
- 39 脚：EN 表示频率合成启动信号。
- 40 脚：CLK 表示时钟信号，这里是指频率合成时钟信号。
- 41 脚：SDATA 表示频率合成数据信号。
- 42 脚：AUXOUT 表示外部接口信号输出，这里是空脚，未用。
- 43 脚：QB 表示基带 Q 信号。
- 44 脚：Q 也表示基带 Q 信号。
- 45 脚：IB 表示基带 I 信号。
- 46 脚：I 也表示基带 I 信号。
- 47 脚：VCCIQ 表示基带 IQ 信号解调电路供电。
- 48 脚：VCCIF 表示中频信号电路供电。有 IF 中频信号说明射频 IC 内部不仅有一次变频电路，还有二次变频电路。
- 49 脚：VCCTXCP 表示发射鉴相器供电电源，说明发射鉴相电路集成在射频 IC 中。
- 50 脚：TXCPO 表示发射锁相电压输出，说明发射鉴相电路集成在射频 IC 中。
- 51 脚：GNDTXCP 表示发射锁相电压接地，说明发射鉴相电路集成在射频 IC 中。

- 52 脚：TXOGSM 表示 900MHz 发射信号输出，发射本振电路集成在射频 IC 中。
- 53 脚：GNDTXVCO1 表示发射本振电路接地，说明发射本振电路集成在射频 IC 中。
- 54 脚：GNDBALUN 表示线路匹配器接地。
- 55 脚：GNDDUMMY 表示接地。
- 56 脚：TXODPCS 表示发射 1800MHz/1900MHz 信号输出，说明发射本振电路集成在射频 IC 中。
- 57 脚：GNDB 表示接地。

2．手机接收电路原理分析

由于手机接收电路分为接收射频和接收逻辑两部分，所以维修手机无信号或无网络故障的关键点就是找到这两部分的分界点，即基带 IQ 信号测量点。通过测量基带 IQ 信号的有无就能很容易判断故障点在哪一部分。先看接收射频部分，在图 6.1.2 所示射频电路中，集成了本振与频率合成电路，其工作原理分析如下。

（1）接收射频部分

分析接收射频电路一定要先找到接收起点天线 ANT E600。从基站接收来的信号经 L604、C611、C614 天线输入电路后，到天线测量接口和耦合电容 C620 耦合到天线开关 U601 的 8 脚，在 2 脚、11 脚切换控制作用下，使天线开关工作在接收 GSM 状态，从 8 脚进入的信号切换后从天线开关的 10 脚输出，经耦合电容 C656 到滤波器 Z600 的 1 脚，耦合后分别从 3 脚、4 脚平衡输出，通过 C638、C641、L614 平衡耦合电路，送到射频 IC 的 9 脚、10 脚输入，在射频 IC 内部经高放、一次变频、中放、二次变频、解调，然后从射频 IC 的 43 脚、44 脚、45 脚、46 脚输出模拟基带 IQ 信号。这个基带 IQ 信号就是接收射频与接收逻辑电路的分界点，也是判断接收射频电路是否正常的关键测量点，如果此处能测量到接收 IQ 信号，就说明天线触点到射频基带 IQ 信号输出的电路都是正常的，否则有故障。如图 6.1.3 所示为接收 IQ 信号正常的测量波形。

① 混频的含义。混频是指将两个频率混合实现差频变换，产生一个新频率的过程，简单说就是变换频率，用"MIX"表示，电路中的符号表示为 $\xrightarrow{f_1}\underset{f_2}{\otimes}\xrightarrow{f_0}$，它有两个输入端，一个输出端。混频也称为变频，分为下变频和上变频。下变频是指手机接收时，将天线接收来的高频信号与本振信号进行差频变成低频信号的过程。接收就是把天线接收的 925～960MHz 高频信号降下来变成中频信号，实现降频的过程。上变频是指手机发射时，将话筒信号转变成语音信号经基带调制后与发射本振进行和频变成高频载波信号的过程。发射实际就是将外界输入的信号与本振信号频率相加变成高频调制信号，实现升频的过程，此过程通常称为调制。手机发射就是把语音信号加到载波信号 880～915MHz 上实现调制，转变成高频载波信号通过天线辐射出去的过程。

图 6.1.3 接收 IQ 信号正常的测量波形

② 混频电路组成结构及工作原理。由于现代智能手机高度集成，使得手机电路结构发生从分立元器件转变到集成电路，再到大规模集成电路飞速发展。事实上，无论技术如何发展，其基本电路结构原理是不变的。比如，任何一部手机的接收电路都必须包括天线、天线开关、高放、变频、本振、频率合成、中放、解调、数字处理、音频处理等。

手机接收下变频电路又有一次变频、二次变频。一次变频是指一次差频后得到 0 中频信号的过程，也称为直接变频接收电路，因此它只有一个本振电路。如果是二次变频，它就有一中频和二中频，因此就有一本振、二本振电路。

首先，一次变频接收电路将已调的高频载波信号（925~960MHz+语音信号）与本振电路产生的本振信号（925~960MHz）直接差频后得到 0 中频+语音信号的电路，其结构如图 6.1.4 所示。

图 6.1.4 一次变频接收电路

其次，二次变频电路将已调制的高频载波信号（925~960MHz+语音）与一本振电路产生的本振信号（1325~1360MHz）进行第一次差频，得到中频信号（400MHz+语音），再与二本振信号（400MHz）进行第二次差频，得到 0 中频+语音信号的电路，其结构如图 6.1.5 所示。

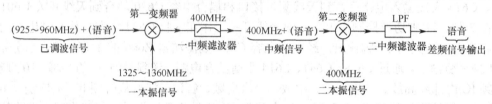

图 6.1.5 二次变频接收电路

③ 判断混频电路集成在射频 IC 中的方法。混频必须满足两个输入信号，即天线接收输入的信号 925~960MHz 与接收本振信号。如果在集成电路输入端看到有接收 925~960MHz 信号，如图 6.1.5 中的 9 脚、10 脚，就是 GSM900MHz 信号输入，说明第一个条件满足。再看接收本振输入的信号，但图 6.1.5 中并没有明显看到接收本振输入信号，这时就要看射频 IC 引脚上是否有"RFVCO"的英文标注，如果有就表示接收本振集成在射频 IC 内部。由图 6.1.5 中 19 脚的 GNDRFVCO 可以看出，它是射频本振接地，说明射频本振集成在射频 IC 中；同时 21 脚 VCCRFVCO 是射频本振供电电源，更说明本振集成在射频 IC 中，也就是要找的关键引脚。无论采用什么样的变频电路，只要通过外接电路或引脚功能来分析，都能更好地了解电路组成、原理分析与故障判断，提高解决问题的能力。图 6.1.5 中，1 脚 VCCTXVCO 表示发射本振供电电源，18 脚 RFVCOP 表示射频本振供电电源，19 脚 GNDRFVCO 表示射频本振供电接地，21 脚 VCCRFVCO 表示射频本振供电电源、38 脚 ENRFVCO 表示射频本振供电启动信号，48 脚 VCCIF 表示中频信号输出，52 脚 TXOGSM 表示发射 900MHz 表示信号输出，53 脚 GNDTXVCO1 表示发射本振电路接地，这些引脚都与本振有关，说明接收本振和发射本振都集成在射频 IC 中。

④ 锁相环电路的组成、工作原理及关键测量点

A. 锁相环电路组成及作用。锁相环电路是指将一个或多个基准频率的信号变换为另一个或多个稳定频率信号的控制环路，简称锁相环路，英文标注为 PLL。其作用是产生一个稳定的高频信号，而且一个锁相环电路只能控制产生一个高频信号。锁相环路不是一个独立的电路，而是多个电路构成的环路系统，主要由基准时钟振荡电路（XO）、鉴相器（PD）、低通滤波器（LPF）、压控振荡器（VCO）和分频器（1/N）等电路组成，其框图如图 6.1.6 所示。

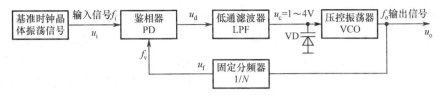

图 6.1.6 锁相环路组成框图

B. 锁相环电路框图原理。当手机开机后,电源 IC 或其他供电电路就会为压控振荡器供电,此时 VCO 产生一个固有的振荡频率输出,送到射频 IC 与接收来的信号进行混频。这必须是非常准确而稳定的频率才能让手机正常接收。比如,接收频率为 925~960MHz+语音信号,本振 VCO 也产生 925~960MHz,将两个 925~960MHz 信号进行差频即可得到准确的 0MHz+语音信号,这正是接收时需要的差频信号。如果 VCO 产生的 925~960MHz 频率发生偏移,那差频就不准确,比如本振 VCO 产生的是 800MHz,显然比要求的 925MHz 频率低,此时就不能送到射频电路进行混频处理,而是经固定分频器(1/N)进行分频得到与基准时钟晶体振荡信号相同的频率进行鉴相,得到误差电压 u_d=1~4V,经低通滤波器后,将变化电压送到变容二极管 VD,对其进行充电、放电产生频率为 125MHz 的微弱振荡信号,去控制 VCO 振荡频率 800MHz,相加后变成标准的 925MHz 信号。这就是实现锁相环路自动控制产生准确稳定频率的过程。

这里要注意,经鉴相器 PD 进行相位处理后,得到的是误差电压 u_d=1~4V,而不是输出电压。这与前面讲的混频是两个概念,如果输入两个频率,输出仍是频率,这一定就是混频;如果输入两个频率,输出是电压,这一定就是鉴相。可通过图 6.1.7 所示的波形图来理解鉴相器输出电压的过程。

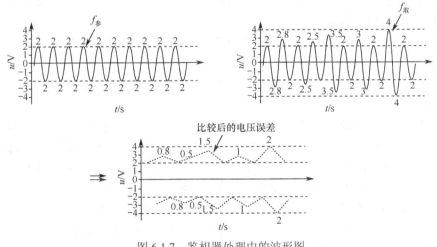

图 6.1.7 鉴相器处理中的波形图

在图 6.1.7 中,$f_{参}$=13MHz,电压幅值均为 2V,而 $f_{取}$=13MHz,但其幅值有大小变化,分别为 2.8V、2.5V、3.5V、3V、4V;将这些电压变化与 $f_{参}$ 的电压幅值 2V 进行相位比较后,输出电压误差分别为 0.8V、0.5V、1.5V、1V、2V,这些差值是变化的;将这些变化电压送到变容二极管 VD,变容二极管的结电容充放电特性将产生随这些误差电压变化的微弱的振荡信号,送到压控振动器 VCO,控制振荡器工作在标准频率上,完成自动控制频率过程。

C. 手机中锁相环电路的关键测量点。在手机中,实际的锁相环电路结构如图 6.1.8 所示,可看出本振 VCO 是单独的模块 G701,低通滤波器由图中的 C709、C710、R711、R710、C711、C712 等分立元件构成,但看不到鉴相器 PD 和取样固定分频器电路,说明这两个电路已集成在中频 IC 内部,所以该锁相环路就由中频 IC、低通滤波元件、本振 VCO 及 R730、T702 等耦合元器件组成。这种结构是大多数手机采用的锁相环电路。随着大规模集成电路和贴片 BGA 芯片的出现,又将本振 VCO 电路集成在中频 IC 中,只剩下低通滤波元件在中频 IC 外面。这为判断锁相环路是否正常提供了依据,那就是低通滤波元件中最大的电容是锁相环路中锁相电压的关键测量点。通过图 6.1.8 可以看到,C711 是最大的电容,容量为 3.9nF,只要在该点上测量有变化的电压,就说明锁相环电路工作正常。

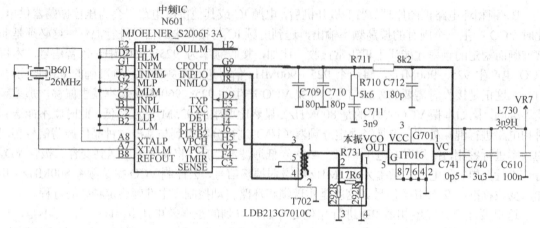

图 6.1.8 手机中的锁相环电路结构

电路中各元器件作用如下。

- G701:压控振荡器,是锁相环电路的核心。它有 8 个引脚,其中 3 脚为供电脚 VR1=2.8V,提供振荡器的能源。
- N601:射频集成电路。它集成了锁相环电路中的鉴相器 PD 和分频器 1/N,所以外围电路中没有这两部分电路。
- B601:石英晶体振荡器,用来产生 26MHz 的基准时钟(参考时钟),与 VCO 振荡器的反馈信号进行比较的电路。
- T702:电感耦合器。它将一端输入的信号耦合后分成两路平衡输出到射频电路中。
- R711、C709、C710、R710、C712:这些分立的阻容元件构成的是低通滤波电路(即环路滤波器),滤除鉴相后的交流干扰信号,得到 1~4V 的脉冲信号去控制 VCO 电路。这些元件是不能随便拆除的,否则会影响 VCO 振荡频率的稳定。
- L730、C610、C740、C741:构成 VCO 供电滤波电路,主要作用是滤除直流供电中的交流成分。这里的电感在应急维修时是可以短接的,几个滤波电容(这里也称为退耦电容)可以拆除,对电路没有多大影响。
- R731:是一个电阻构成的低通滤波电路,主要作用也是滤除干扰信号,应急时可以短接信号的出、入两端。

当手机开机后,电源 VR7=2.8V 射频供电通过 L730、C610、C740、C741 滤波电路后送到 VCO 振荡器 G701 的 3 脚(VCC 表示供电电源),为其提供能量,使 VCO 开始振荡,产生振荡频率 3840MHz 从 5 脚输出(OUT 表示输出),经 R731 滤波、T702 耦合后送到中频 IC 的 J7 脚、J8 脚(INPLO、INMLO 表示本振信号输入)输入,在中频 IC 内部一路送射频处理进行混频处理,但如果振荡频率 3840MHz 信号不准确,需要经内部取样反馈电路进行 1/N 分频得到 13MHz 信号送到内部鉴相器 PD,与中频 IC 的 A8、A7(XTALP、XTALM 表示时钟信号)外接输入的 26MHz 石英晶体产生的 26MHz 信号,经 1/N 分频仍为 13MHz 信号也送到鉴相器

PD，两路信号经相位处理输出误差电压，经 R711、C709、C710、R710、C712、C711 低通滤波后得到 1～4V 的控制电压到 VCO 的 1 脚（VC 表示控制电压），控制 VCO 内部的变容二极管，改变其输出的振荡频率，使之输出稳定的 3840MHz 信号，实现整个环路的控制。用图 6.1.9 所示框图及图 6.1.10 所示的主板上锁相环电路结构分布，就可清楚地了解锁相环电路结构、工作原理和关键测量点了。简单而言，只要测量锁相电压为 1～4V 即可判定该电路是正常的。

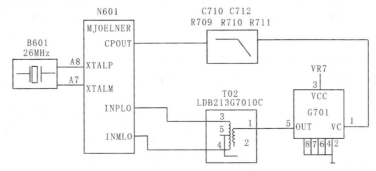

图 6.1.9　手机中锁相环电路框图

图 6.1.10　主板上锁相环电路结构分布

判断手机中锁相环电路是否正常工作的标准是用示波器测量它的锁相电压 U_c=1～4V，其测量方法是将示波器置于直流电压挡，探头接地端与手机主板的地相接，再用探头正极去测量锁相电压的测量点，若测得的锁相电压在 1～4V 之间跳变，说明该锁相环电路工作正常，如图 6.1.11 所示。表示锁相电压的英文标注常见的有 RFCPO、CP-OUT、RFTUNE 等。图 6.1.8 中，G9 脚标示的 CP-OUT 就表示锁相电压，它外接 R711、C709、C710、R710、C712、C711 低通滤波器电路到本振 VCO G701 的 1 脚，所以只要是这个线路上的元器件都可以作为锁相电压的测量点，其中最方便、最关键的点就是大电容 C711 或本振模块 1 脚。如果在大电容 C711 或本振模块 1 脚上能用示波器能测量到 1～4V 的锁相电压，就说明射频 IC 内部锁相环电路及本振工作是正常的。

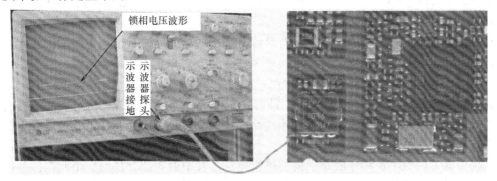

图 6.1.11　锁相电压的测量点及其波形

(2) 接收逻辑电路部分

接收逻辑电路主要是指 CPU 内部的信道解码、解密、去交织、语音解码、D/A 转换、音频放大等电路。目前智能手机与多功能手机基本都将音频集成在 CPU 中，也有的是集成在电源 IC 内部。以图 6.1.12 所示的 MTK 芯片接收射频逻辑电路就是将音频处理电路集成在 CPU 内部的。电路工作过程是从接收射频输出的基带 IQ 信号到 CPU U101C 的 A8 脚、B8 脚、C8 脚、D8 脚、A9 脚、B9 脚、C9 脚、D9 脚双通道输入，经信道解码、解密、去交织电路等接收逻辑电路处理后，再经语音解码、D/A 转换、音频放大等音频处理后从 A12 脚、B12 脚、C12 脚、D12 脚输出到显示接口 X402，再到本机扬声器还原出语音，完成手机接收的目的。电路主要由 CPU U101C、显示接口 X402、扬声器电路 LS201L 和 LS202 等组成。

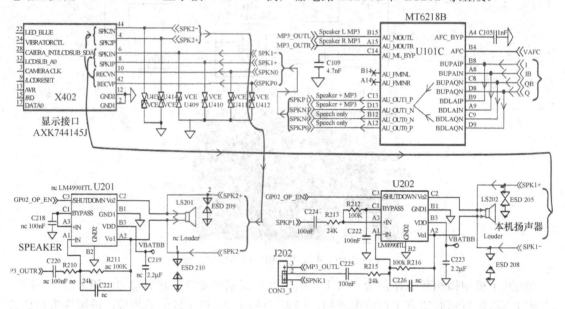

图 6.1.12 接收射频逻辑电路

在电路分析过程中，虽然没有看到关于数字处理的英文标注，但能看到 CPU 的 C13 脚、D13 脚、B12 脚、A12 脚分别标示有 "ALL_OUT1_P"、"ALL_OUT1_N"，表示音频信号输出，同时在外接连线上有 "SPKP1"、"SPKN1"、"SPKN0"、"SPKP0" 这些表示扬声器的英文标注，说明是 CPU 直接输出到手机扬声器的。由此可见，MTK 芯片手机中没有单独的音频处理 IC，也没有把音频集成在电源 IC 中，而是直接将音频处理集成在 CPU 中，直到完成音频处理后从 CPU 的 C13 脚、D13 脚、B12 脚、A12 脚输出，经显示接口 X402 的 4 脚、6 脚、8 脚、10 脚送到手机扬声器还原出声音。因此，掌握引脚英文标注的分析，是现代智能手机和多功能手机电路分析的关键，只有熟练掌握才能更好地进行射频电路的维修，包括无信号、信号弱、信号时有时无、或无法实现 WiFi、GPS、微信等上网功能。

(3) 手机主板上接收射频电路的去向

通过对图 6.1.2 和图 6.1.12 的分析，即可得出图 6.1.13 所示的元器件分布和主板实物相对应的流程去向，图中的虚线是接收射频线路，实线是接收逻辑线路，由此可以看到整个射频电路去向是连续的，所以在原理分析中，我们一定要找到接收射频的起点（天线接口）到终点（扬声器）的整个流程，就是手机的接收电路，其中射频部分任何一个元器件损坏或虚焊都会导致手机无信号故障，接收逻辑部分任何一个元器件损坏都会导致手机扬声器无声故障，因此维修时一定要重点检查。当然，每个电路都必须满足其工作条件，比如供电和控制信号等，维修时必须先检查供电，再检查控制及通路，最终排除故障。

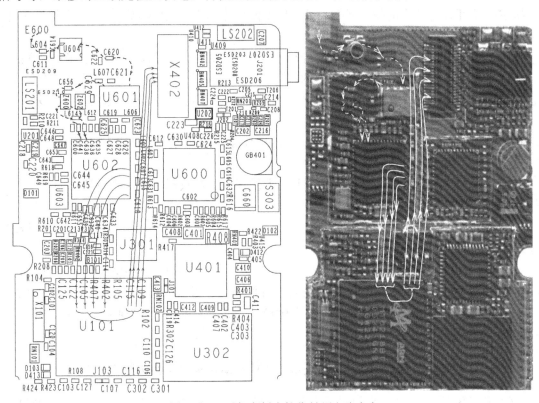

图 6.1.13　手机主板上接收射频电路去向

3. 手机接收电路常见故障维修

手机接收电路中，有两个概念需要了解：一是无信号（即无场强信号），是指手机开机后，在显示屏的天线符号旁看不到信号条；二是无网络，是指手机不入网，即手机开机后，显示屏上看不到"中国移动"或"中国联通"。因此，接收电路常见故障现象有无信号、信号不稳定（即信号跳水）、不入网等。

（1）手机无场强信号故障

常用电流法来判断手机有无场强信号，即用稳压电源为手机加电，正常开机寻找网络的同时，可发现电流表指针不停地摆动，幅度在 100~250mA，说明手机正在搜索网络，随后手机显示屏应该有信号条和"中国移动"或"中国联通"显示。如果电流表指针摆动正常，但无信号条和"中国移动"或"中国联通"显示，故障一般在本振 VCO 或功放电路不良；如果电流在 10~80mA 之间不停摆动，而手机无信号，一般是混频电路前的接收通路故障，包括射频 IC、接收滤波器、天线开关、耦合元件或本振 VCO 等；若电流表指针停在某一个位置，手机无信号，故障一般在接收通路，包括天线开关、射频 IC、接收滤波器、耦合元件、本振 VCO 或 CPU 等。

（2）手机无网络故障

无网络是指手机不入网，即无"中国移动"或"中国联通"显示，可能是接收电路不良引起的，也可能是发射电路不良引起的。不入网又分为有信号不入网、无信号不入网两种情况。有的手机只要接收通道正常，就有信号条显示，但不入网，一般是发射电路故障；有的手机必须入网后才有信号条显示，这类手机出现无网络故障时需要采用手动搜网的方法来解决。用手动方法搜寻网络，若能找到网络，说明接收通路是正常的，应该是发射通路引起的不入网故障；若手动方法不能找到网络，说明是接收通路引起的不入网故障，应检修接收通路。

（3）信号跳水故障

信号跳水是指信号不稳定，即手机开机后有信号条，但一会儿就消失，在信号较强的区域有信号，信号弱的区域完全没有信号的故障。该故障一般是接收通路元器件有虚焊所致，主要包括接收滤波器、中频滤波器、射频 IC 等，摔过的手机中易出现，加焊即可修复。

（4）手机接收电路故障维修思路

对手机不入网、无信号故障，维修方法通常是看有无搜网电流，一般搜网电流在 5~20mA 之间来回跳动，有信号时约 1s 摆动一次。

① 有搜网电流而无网络：此故障一般为天线开关、接收滤波器和中频滤波器等中的元器件虚焊或损坏，可加焊、更换或短接处理。

② 有搜网电流且电流在 100~150mA 之间不停地摆动，但无网络、无信号，此种故障多为 VCO 不正常或 13MHz 自动频率控制 AFC 不正常，可用示波器重点检测。

③ 无搜网电流且无网络：此故障多在逻辑部分，一般为 CPU 无 RX-ON 信号输出、音频 IC 无 RX-I/Q 输出，常见为 CPU 虚焊或软件资料不正常或电源 IC 输出的接收供电不正常。

④ 有搜网电流且无网络，电流超过 200mA 以上：此故障多为中频 IC 或与之相连的元器件虚焊、损坏，加焊或更换即可。

6.1.2 诺基亚 2730c 手机接收射频电路原理与故障维修

诺基亚 BB5 系列 2730c 手机射频电路与 N96 手机基本相同，包括 GSM 和 WCDMA 两个网络，因此有 GSM 射频电路和 WCDMA 射频电路。GSM 网络包括 GSM900M、DCS1800M、PCS1900M、CEL850M 四 4 个频段；WCDMA 包括了 800~900MHz、1.8~1.9GHz、2.2~2.4GHz 三个频段。

1. 2730c 手机接收射频电路原理

（1）GSM 接收射频电路原理解析

任何一部手机都具有 GSM 射频电路，都包括 GSM 接收电路和 GSM 发射电路。诺基亚 2730c 的接收与发射采用了一个射频芯片 N7505（型号为 AHNEUS204A），天线开关与功放集成在一起，采用一个 IC N7520 来完成，型号为 RF9283E4.2，图 5.2.11（见书后插页）所示为 2730c 手机射频电路原理图。

在前面介绍 MTK 芯片射频电路时已经讲解过，接收射频电路就是天线到扬声器的整个电路，因此必须先找到手机天线位置，通常表示天线的英文标注都是"ANT"。仔细查看图 5.2.11，左边中间有一个英文标注"LOW BAND ANT"，表示低频段天线；在左上角有一个英文标注"HIGH BAND ANT"，表示高频段天线。低频段是 GSM900M 频段，高频段是 DCS1800M/PCS1900M 频段，因此"LOW BAND ANT"就是要找的 GSM 射频天线起点了。找到起点，沿该线路寻找，经 R7714、C7708、C7706、C7701、R7711、R7713、Z7407、C7711、C7710、L7702、C7709 等元件组成的天线输入耦合滤波电路，选择 GSM900M 信号（925~960MHz）到外置天线接口 X7701 的 2 脚，再连接到 1 脚经耦合电容 C7524 送到天线开关+功放集成 IC N7520 的 21 脚。在 21 脚标注为"ANT"，说明它正是天线信号的输入脚。因为

N7520 为天线开关，完成手机接收和发射的切换，仔细查看天线开关引脚，如果在引脚外接电路上接有耦合电容元件，基本就可以说明这是接收信号的输出脚。仔细查看天线开关+功放集成 IC 的引脚，在 13 脚、16 脚、17 脚、18 脚、19 脚分别标有 RX5、RX4、RX3、RX2、RX1，表示是与接收有关的输出引脚，但具体是哪一个引脚输出 GSM900M 信号呢？从这几个标注难以判断，可以沿着这些引脚向外寻找。从 13 脚输出的信号，连接到滤波器 Z7540 的 ANT 端，这是天线输入信号，再从它的两个引脚 RX 寻找，在射频 IC N7505 的 A10 脚和 A11 脚标注有 INP_850、INN_850，这是 850MHz 频段信号输入，不是 GSM900M 信号线路。再从 16 脚、17 脚的 RX4、RX3 脚寻找，该输出连接到 Z7501 带通滤波器两个引脚上，但该滤波器标有 1800MHz/1900MHz 参数，说明只能让 1800MHz/1900MHz 信号通过，即 DCS/PCS 频段信号输入，也不是 GSM900M 线路。再找 18 脚 RX2 相连的线路，连接到滤波器 Z7504，其参数标为 881.5MHz，表示只能让 881.5MHz 的信号通过，这正是要找的 GSM900M 扩展频段信号，再沿着它标示的两个 OUT 引脚寻找到射频 IC N7505 的 A8 脚、A9 脚，标注了"INP_900"、"INN_900"，表示 900MHz 信号输入，说明 GSM900M 信号输出端正是天线开关+功放集成 IC 的 18 脚。所以通过引脚标注，一定能准确查找到信号的输入/输出电路。天线开关与功放集成 IC N7520 的 19 脚连接电路则是通过 Z7541 滤波切换输出到耦合器 T7580，经耦合电感 L7593、L7594 到射频 IC 的 A2 脚、A3 脚，分别标注了"INP_2150"、"INN_2150"，说明这是 CDMA 网络 2.2～2.4GHz 频段信号输入，也不是 GSM 信号，因此只有 N7520 的 18 脚才是 900MHz 输出，其接收频率为 925～960MHz 的高频载波信号。

找到了 GSM900M 信号从射频 IC N7505 的 A8 脚、A9 脚输入，到了射频 IC 中又需要经过哪些处理呢？然后又从什么引脚输出？同以往手机电路类似，天线开关输入到射频 IC 的信号，首先是经过高放、下变频、解调后输出接收基带 RXIQ 信号，射频 IC 右边中间的 M4 脚、L4 脚、L5 脚、K4 脚分别标注有"RXOUT_PQ"、"RXOUT_NQ"、"RXOUT_PI"、"RXOUT_NI"，这就表示了接收 IQ 信号输出，因此进入射频 IC 的 925～960MHz 高频载波信号经过高放、混频、解调后就是从这四个引脚输出的。

射频 IC 中是否集成了高放、混频、解调电路呢？再继续查看图 5.2.11 右下角的引脚，发现 C5 脚、C6 脚分别标注了"GNDLNA"、"GNDLNA2"，表示高放接地，由此可以说明射频 IC 内部集成了高放电路。再仔细查看 D3 脚标注有"GNDMIX"，表示混频接地，说明射频 IC 内部集成了混频电路。再看内部解调电路，仍然在射频 IC 的 J2 脚标注"GNDBB_RX"，表示接收射频供电，虽然没有直接表示 VDEMOD 的英文标注，但表示射频内部解调电路供电接地。

在射频 IC 中，还需要了解一个重要的电路，就是接收本机振荡电路 RXVCO，俗称本振。本振电路不正常将导致手机无信号，维修起来也是有难度的，很多维修人员不懂得本振电路的工作原理，导致维修时只会更换射频 IC 来处理无信号故障，但有时还是不能修复，原因是对与本振电路相连的锁相环电路不是很清楚。这里，射频 IC 的 K2 脚有一个"GNDCP"英文标注，表示锁相电压接地端；还可以看到射频 IC 右上角 M2 脚的 VCP，外接一个 VRCP1，表示升压供电 4.75V，专为射频 IC 内部的鉴相器供电，由此可说明射频 IC 内部集成了锁相环电路。锁相环电路包括了本振 VCO 电路、低通滤波器 LPF、鉴相器 PD、分频器 $1/N$ 电路四个部分。在这四个电路中，锁相电压是维修的关键点，找到锁相电压测量点，就能更好地解决锁相环路故障了。

锁相环电路中，分频器是受 CPU 控制的，在接收射频 IC 右边中间的 L6 脚、M5 脚、K5

脚、M6 脚分别标注了接收射频数据信号 SDATA、接收射频时钟信号 SCLK、接收射频启动信号 XENA、接收射频复位信号 XRESET，这些信号都是用来控制射频 IC 内部分频器分频比的，都来自于 CPU，由此可以看出，如果接收基带 IQ 信号输出不正常，不仅与射频 IC 本身有关，实际上与 CPU 也有关。

再看从接收射频 IC 输出的接收基带 IQ 信号，经射频控制总线 RFCONV（11:0）送到 CPU D2800 左上边的 J3 脚、J2 脚、K7 脚、J7 脚输入，如图 5.2.10（见书后插页）所示。为什么说从这四个脚输入呢？原因是这几个引脚上都标注有射频 IC 输出 RXIP、RXIN、RXQP、RXQN，且在外接也标注了 RFCONV（11:0），所以是从射频 IC 连接到 CPU 的。

从 CPU 输入的信号又是如何工作的呢？同其他诺基亚手机原理相同，仍是先进行模数转换成为数字 IQ 信号，再进行信道解码、解密、去交织处理变成语音数据信号从 CPU 左边中上的 AA10 脚、F23 脚输出，这里标注了表示左声道扬声器数据信号的 EarDataL、右声道扬声器数据信号的 EarDataR，由此可以说明是接收扬声器的语音数据信号。该扬声器数据信号经外接音频总线 DIG_AUDIO（5:0）送到电源 IC。如图 5.2.3（见书后插页）所示，在电源 IC N2200 左边中下 A4 脚、B4 引脚上标注有相同的"EarDataL"、"EarDataR"，说明正是从 CPU 送到电源 IC 的扬声器数据信号，其外接也标注有音频总线"DIG_AUDIO（5:0）"，说明也是连接到这里的。送到电源 IC 的左右声道扬声器数据信号 EarDataL、EarDataR 首先经过语音解码、解密、D/A 转换变成模拟扬声器信号，再经音频放大后从电源 IC 左上角的 C2 脚、D3 脚输出，因为这里标注有表示扬声器输出信号的"EarP"、"EarN"。从电源 IC 输出的模拟扬声器信号经耦合器 L2150 耦合、保护压敏电阻 R2150、R2151 后送到扬声器，还原出对方的声音，完成手机从天线到扬声器的整个接收过程。图 6.1.14 所示为元器件分布和主板上 GSM 网络接收流程。

（2）CDMA 接收射频电路原理解析

WCDMA 网络，通常简称 C 网，在国际上通行的频率范围有 800～900MHz 频段、1.8～1.9GHz 频段，2.2～2.4GHz 频段，分别适合于大、中、小三种不同的蜂窝移动通信区域。对于中国联通来说，其工作频段为 800～900MHz，接收频率为 880～884MHz，发射频率为 835～839MHz，频段间隔为 4MHz，收发间隔为 45MHz。对 2730c 手机的 WCDMA 网络来说，它采用的是 2.2～2.4GHz 频段，其射频电路与 GSM 网络射频基本相同，仍有一个单独的天线接口、天线开关、高放和混频电路。不过其高放和混频电路是集成在 GSM 同一个接收射频 IC 中的，下面进行具体的分析。

参考图 5.2.11（见书后插页），左上方的英文标注"HIGH BAND ANT"表示高频段，即 WCDMA 网 2.2～2.4GHz 频段。这里的 E7702 就是 C 网天线接触点，经耦合电容 C7702 到外接天线接口 X7701 后，再经耦合电容 C7524 到天线开关的 21 脚，切换后从 19 脚输出到双通耦合器 Z7541 和互感耦合器 T7580、电感 L7593 和 L7594 耦合后，送到射频 IC N7505 的 A2 脚、A3 脚。同样在射频 IC 中进行高频放大，然后从射频 IC 的 C1 脚、B1 脚输出，经 Z7580 带通滤波器，回到接收射频 IC 的 E1 脚、D1 脚。为什么这里要经过一个外接滤波器 Z7580 呢？因为该滤波器标注频率为 2140MHz，刚好在 2.2～2.4GHz 频段，所以需要通过外接 Z7580 带通滤波器进一步滤波得到稳定的 2140MHz 信号送到射频 IC N7505 的 A2 脚、A3 脚。并且在这两个引脚上分别标注"INP_MIX"、"INM_MIX"，都表示输入混频，经过混频后的信号与 GSM 混频后的处理是相同的，同样要经过解调，然后输出接收基带 IQ 信号送到 CPU，再送到电源 IC 完成音频处理及其放大后送到扬声器，完成 WCDMA 网接收的整个过程。图 6.1.15 所示为 2730c 手机元器件分布和主板上 WCDMA 网络的接收流程。

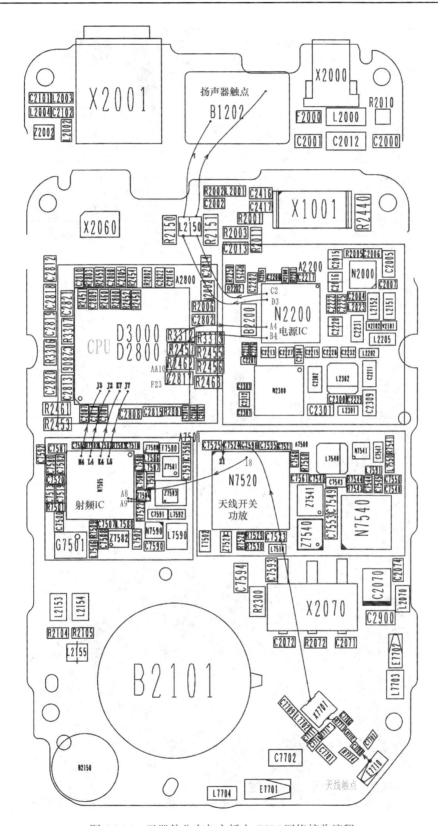

图 6.1.14 元器件分布与主板上 GSM 网络接收流程

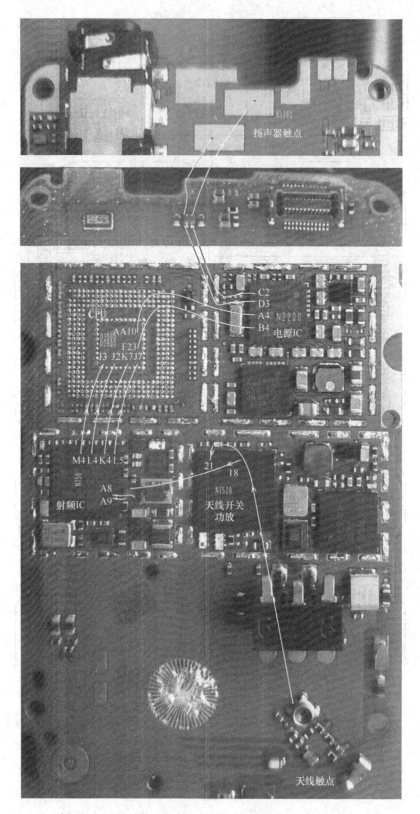

图 6.1.14 元器件分布与主板上 GSM 网络接收流程（续）

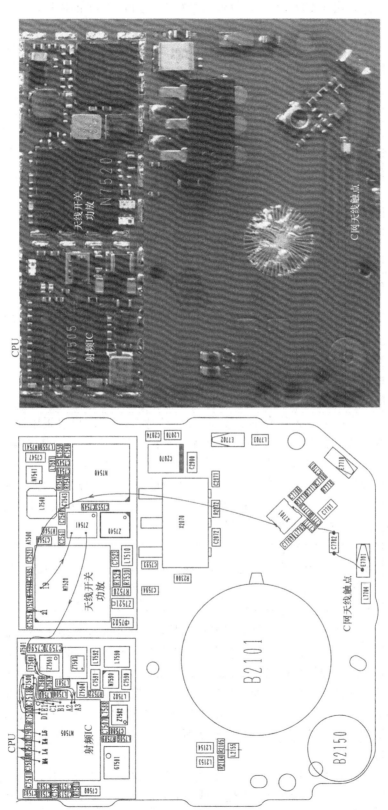

图 6.1.15 2730c 手机元器件分布与主板上 C 网接收流程

图 6.1.15 中只画出 WCDMA 接收射频信号从天线到射频 IC 的流程，其他逻辑处理电路与 GSM 网络逻辑处理相同，这里不再画出。在进行 WCDMA 射频维修时，同样要考虑这里的流程通路，不能出现断线，耦合元件不能虚焊开路，否则会导致 WCDMA 网络无信号，维修方法与 GSM 接收射频基本相同。

2. 2730c 手机接收射频电路故障分析与维修实例

（1）2730c 手机 GSM 接收射频电路故障分析

对诺基亚手机射频电路来说，最常见的故障是无信号、信号时有时无、信号跳水。无信号故障维修步骤如下。

第一步：检查天线开关与功放的集成 IC Z7520 是否正常，在天线开关输出脚测量有无接收信号输出。

第二步：检查接收滤波器 Z7504 是否正常，在其输出/输入脚接假天线进行判断。

第三步：检查 R7714、C7708、C7706、C7701、R7711、R7713、Z7407、C7711、C7710、L7702、C7709 等元件组成的天线输入电路有无开路或损坏。

第四步：检查射频 IC N7505 有无损坏，供电电压是否正常，测量射频 IC N7500 有无 RXIQ 信号输出。

第五步：检查 G7501 主时钟晶振 38.4MHz 是否损坏，在 4 脚测量有无 2.8V 供电电压，在 3 脚测量有无 38.4MHz 为时钟信号输出。

第六步：检查 CPU D2800、字库 D3000、暂存 D3001 是否正常工作。

第七步：检查电源 IC N2200 有无损坏，射频供电电压是否正常输出。

图 6.1.16 所示为故障维修流程图。

如果是信号时有时无或者信号跳水故障，说明信号不稳定，可以采用快捷的维修方法：一是加焊射频 IC、天线开关及 38.4MHz 晶体振荡器；二是短接耦合器 Z7504；三是检查射频 IC 供电；四是检查 CPU 控制射频 IC 的接收射频数据信号 RFBUSDAT、接收射频时钟信号 RFBUSCLK、接收射频启动信号 RFBUSENA、接收射频复位信号 RXRESETX 是否正常，若不正常，飞线连接即可；五是检查逻辑电路，加焊或更换 CPU 或写软件即可。

（2）2730c 手机 GSM 接收射频电路故障实例

实例一：2730c 手机出现信号跳水故障。

故障现象与维修：2730c 手机出现信号满格时接打电话正常，但有时会慢慢掉到一格或两格，拨打电话显示"连接错误"，打进电话提示"对方暂时无法接听"；宽阔地带信号满格，一旦到了高楼或建筑物多的地方则无信号。

从现象看，这是诺基亚手机常见的信号跳水故障。这不是简单地更换元器件或者刷机就能解决的，而是要仔细检查射频电路。当然，更换天线开关与功放的集成 IC Z7520、射频 IC N7505、CPU D2800 等器件是最先要处理的，因为这几个器件只能通过更换来确定其好坏，所以维修时必须更换试机。如果更换后故障仍然不能排除，必须仔细检测，步骤如下。

第一步：首先检查天线开关输入匹配元件 R7714、C7708、C7706、C7701、R7711、R7713、Z7407、C7711、C7710、L7702、C7709 是否开路，如果开路，加焊即可；如果电容的容量值有变化，必须进行更换。

第二步：用示波器测量 38.4MHz 的主时钟晶体振荡器 1 脚的 AFC 自动频率控制信号 1.2V 是否正常，如果不正常，会导致手机无信号或信号跳水故障。此时必须检查 R7509 是否虚焊开路，如果虚焊，加焊即可；如果开路，更换即可。

第三步：检测射频IC输出RXIQ信号，若IQ信号正常，说明射频IC输出前电路正常，最后重新植锡装上CPU后，试机信号正常，故障排除。

提示：以上维修步骤中的故障点不是一定都有的，而是整个射频电路以及软件等都会出现的，必须仔细检测判断。

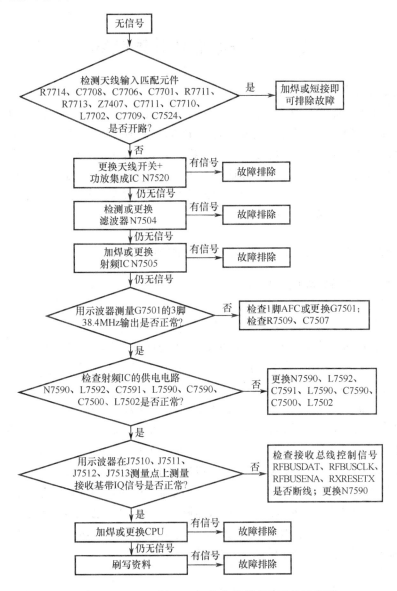

图6.1.16 2730c手机GSM接收射频故障维修流程图

实例二：诺基亚2730c手机开机出现"系统错误"。

故障现象与维修：这也是诺基亚2730c手机常见的故障现象。出现"系统错误"，一般有两种情况：一是软件运行不正常；二是设置不正常。按先简单后复杂的维修思路，先免拆机刷写资料，试机故障仍然存在，说明刷机没能正确操作。在刷机前先输入*#7780#进行格式化，如果故障不能排除，再输入*#7370#即可排除故障。

实例三：诺基亚2730c手机进水后导致信号弱故障。

故障现象与维修： 由于是进水机，必须拆开手机，检查手机主板是否腐蚀。首先清洗，吹干后加电试机，出现无信号，于是加焊功放、天线开关、接收射频 IC N7505，故障依然存在。由于只是加焊，将接收射频 IC 拆下，发现有腐蚀掉点现象，小心清理焊盘，重装接收射频 IC 后，开机信号满格，接打电话，通话正常，故障排除。

6.2 手机发射射频电路

发射电路是指手机话筒到天线的电路。发射是将声音信号转换成音频信号，再通过一系列处理后由天线辐射出去的过程，用"TX"表示。因此，在分析手机电路原理时，只要看到有"TX"与其他英文标注的组合，就说明它一定与发射电路有关，这对分析发射电路、查找手机发射电路故障点有着非常重要的作用。手机发射是接收的逆过程，接收是下变频过程，而发射则是上变频过程，所以手机发射时也有一个发射频率，分别是 TXGSM（900MHz）：880～915MHz；TXDCS（1800MHz）：1710～1850MHz；TXPCS（1900MHz）：1850～1910 MHz；TXCEL（850MHz）：824～849 MHz。

6.2.1 手机发射电路原理及故障检测维修

1. 手机发射电路组成与原理分析

（1）手机发射电路组成

手机发射电路分为发射射频和发射逻辑两部分。发射射频主要由天线开关、功放 IC、发射 VCO、射频 IC 组成，发射逻辑仍由 CPU、音频处理 IC 或集成在电源 IC、CPU 内的音频电路组成。由于逻辑处理电路看不见摸不着，只能通过其引脚功能来判断。而发射射频和发射逻辑的分界点就是发射 IQ 信号。发射 IQ 信号输出端就是发射电路维修的关键，通过测量分界点的 IQ 信号即可快速判断故障出现在发射射频和发射逻辑电路。

早期手机中，发射电路中的天线开关、功放、功控电路、发射本振 TXVCO、射频 IC 都是分立元器件组成的，现在智能手机基本都将天线开关和功放集成在一个 IC 中，功控电路和发射本振 TXVCO 都集成在射频 IC 中，所以发射射频部分就只有两大 IC 了。逻辑处理中基本都是将音频集成在 CPU 或电源 IC 中，使手机高度集成，因而出现了超薄手机、多功能手机或智能手机。如图 6.2.1 所示为发射集成电路与早期手机电路的组成融合。

从图 6.2.1 中可看出，目前的发射电路结构与早期手机是有区别的，其中实线框是早期集成 IC，点画线框是现代智能手机高集成度芯片。

（2）发射电路原理分析

首先话筒信号进入早期音频 IC 进行音频处理，产生发射音频总线信号（包括发射音频检测信号 VFSRX、发射音频数据信号 VDX、发射音频时钟信号 VCLKX）送到 CPU 进行交织、加密、信道编码，TXSPI 发射串行数据转换成基带 TXIP、TXIN、TXQP、TXQN 信号，送到射频 IC。在射频处理芯片内，早期的发射串行接口电路 TXSPI 集成在射频 IC 中，现代智能手机大多数集成在 CPU 中，但射频 IC 中的正交调制、鉴相 PD、分频器 $1/N$、频率合成接口电路没有发生变化。发射本振电路模块 TXVCO 早期是独立模块，功控也是独立模块，而现代智能手机中则都集成在射频 IC 中，如图 6.2.1 中点画线框所示。早期的功放 IC 是 GSM 和 DCS 频段各用一个 IC，有的是两个频段合成为一个功放 IC，天线开关也是独立的 IC，现代智能手机是将功放和天线开关集成在一起。在分析电路时,首先应看清电路结构,看它是怎样的集成,这样才有利于对故障进行分析和判断,从而有效地排除故障。

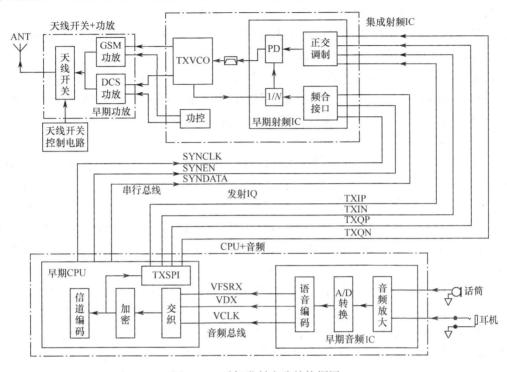

图 6.2.1 手机发射电路结构框图

分析手机发射电路首先要找到起点,就是话筒,只要找到"MIC"的英文标注,就能找到。找到起点后,再分析每个单元电路需要什么工作条件等,下面是详细的分析过程。

话筒将声音信号转变为模拟音频电信号,送到电源 IC 内部的音频处理电路。话筒要工作,必须有 2V 供电条件送到电源 IC 的音频信号在内部进行音频放大、模数转换,再进行语音编码形成语音数据流信号(VFSRX、VDX、VCLK)送到 CPU 进行交织、加密、信道编码等处理,形成发射数据流信号,送到 TXSPI 发射串行接口电路转变成发射模拟信号 TXI 和 TXP,再送到中频 IC 进行正交调制,形成发射调制 13MHz+TXI、TXP 信号,再与射频 IC 内部的发射压控振荡器 TXVCO 分频信号进行鉴相处理,输出 TXI 和 TXP 锁相电压,经低通滤波电路后到发射 VCO,控制发射 VCO 的振荡频率为 880~915MHz+TXI、TXP 的高频调制信号,再送到天线开关与功放的集成 IC 中进行功率放大,经天线开关切换输出到天线辐射出去,完成手机发射的整个过程。在功放电路中,要实现正常的功率放大,必须有功率控制,否则不能正常发射,导致手机出现发射关机、无发射、发射重拨等故障。

2. 手机发射电路故障现象及维修技巧

手机发射电路故障率比较高,因为发射时电流较大,一般为 200~400mA,常出现手机发射关机或拨打电话过程中自动关机故障,大多为功放 IC 损坏所致。

(1)手机发射电路常见故障现象

① 无发射:是指手机在拨打电话时,显示屏提示"呼叫失败"、"网络无法接通"或者"无法联系"的现象。可拨打 112 看有无发射电流,正常发射电流为 200~400mA,电话接通后会回落至 100~150mA 有规律地摆动。

② 发射弱电：是指手机在待机状态时电池电量是满的，但一拨打电话，或打几个电话后，马上显示电量不足，并出现低电告警关机的现象，也就是常说的发射弱电或低电告警关机故障，多为电池触片接口脏污或接触不良、功放本身损坏引起。

③ 发射掉信号：是指手机在待机状态时信号正常，但只要拨打电话，信号立即下掉到无信号的现象，常见原因为功放虚焊或损坏。

④ 发射关机：是指拨打电话时，按下手机发射键，手机自动关机，常见为功放不良引起，更换功放或功控即可排除故障。不过，有些是电池电压过低或电池老化引起，更换电池即可；有些是软件不良导致，可以重新刷写软件来排除故障。

(2) 手机发射电路常见故障的维修技巧

① 无发射：首先用稳压电源加电，拨打112，看有无发射电流，正常电流为200～400mA，接通后会回落至100～150mA有规则地摆动。若电流不正常，则不能正常发射，所以一般先用假天线法区分故障是在功放前还是在功放后，即在功放输入端焊一根锡丝作为假天线，看信号是否正常。如果有正常发射电流，说明故障是天线开关与功放集成IC导致的，加焊或更换即可；如果信号仍不正常，故障应在射频处理器，加焊或更换射频处理器即可排除故障。

② 有发射电流反应但不能拨打电话：现象是拨112，按发射键时电流从待机状态上升至100mA左右定住，一会儿又回落到待机电流，一般是天线开关+功放的集成IC或发射滤波器损坏所致。维修时可先拆去天线开关与功放的集成IC，在其发射信号输入端接上假天线，拨打112试机，如果有电流变化，说明天线开关+功放集成IC不良，更换即可；若仍不能拨打电话，可短接滤波器，再拨112试机，如果可以拨打电话，说明滤波器损坏，更换即可；若还是不能拨打电话，应重点检查射频IC，一般加焊或更换即可。

③ 拨打电话无发射电流：拨打112按发射键时电流没有一点变化，说明发射完全没有启动，故障一般在发射逻辑电路，多为CPU无发射启动TX.ON信号输出、音频IC没有发射语音信号输出，加焊或更换CPU、音频处理IC或重新刷写软件即可排除故障。

④ 发射电流偏大或偏小：拨打112按发射键时，有时可拨出电话，但电流为400mA以上或100mA以下，一般是功放不良所致，加焊或更换功放即可排除故障。

(3) 快速维修手机无发射故障

这是一种先简单后复杂的维修方法，即是先更换天线开关、滤波器、功放、射频IC等器件，再测量有无控制电压或功放供电电压，然后重新刷写软件试机，一般即可排除故障。

6.2.2 2730c手机发射射频电路原理与故障检修

手机发射电路是从手机话筒到天线之间的电路。实际上，手机发射的目的就是将话筒信号经手机天线发送到基站，经基站控制后转到对方手机接收，完成收发的过程，最终实现通话。因此，要先找到发射起点话筒的英文标注"MIC"。

1. 2730c手机GSM发射射频电路原理

2730c手机发射电路与诺基亚早期手机发射电路结构基本相同，仔细查看图5.2.3所示的电源电路原理图，左上角有一个表示话筒的英文标注"Microphone"，这就是发射电路的起点了。话筒将声音信号转变成电信号后，送到耦合器L2155耦合到电源IC的H1脚。电源IC的D1脚、D2脚、F5脚、E5脚、G10脚、G11脚、G2脚、G3脚上也都标注了"MIC"，因为这些都是外接话筒信号输入,如耳机信号输入等。不过,必须满足供电才能将声音信号转变成电信号,因此必须知道其供电电路。很多手机出现无送话故障,除了话筒损坏之外,就是没有供电导致。检查供电,实际上就是查找标注有"Microphone Bias"(缩写为 MICB)的电路。由于供电是由电源 IC 送到话筒,而且话筒供电输入线就是话筒信号输出线。通过话筒反向寻找,连接到电源 IC 的引脚上没能找到"MICB",但在电源 IC 右上边的 H3 脚能找到"MICB1",这正是话筒供电,但并没有直接连接到话筒,说明话筒供电是由电源 IC 内部经 H1 脚直接输出到话筒的。而在 H3 脚连接的滤波电容接地,这只是话筒供电的滤波,在这里可以测量话筒供电电压为 2.5V 左右。如果话筒没有供电,可从其他供电上接一个 2.5V 电压到话筒上,也可以实现供电而送话。

语音信号送到电源 IC 的 H1 脚后,进行音频放大、A/D 转换成数字音频信号后,再进行语音编码形成话筒语音数据信号 MicData 从电源左边中间 L2 脚输出,经测量点 J2203 到音频总线 DIG.AUDIO(5:0)后送到 CPU 左上边 AC13 脚输入,如图 5.2.10 所示。在 CPU 内部进行音频编码、交织处理、信道编码、D/A 转换后,变成发射基带 IQ 信号从 K4 脚、L4 脚、G11 脚、G12 脚输出,经射频控制总线 RFCONV_I(11:0)送到中频 IC N7505 右中间的 H11 脚、H12 脚、J11 脚、J12 脚输入,可参考图 5.2.11,同样在射频 IC 中需要进行发射上变频调制处理。

上变频过程需要一个锁相环控制本振来产生高频调制信号。这里的本振电路集成在中频 IC 中,而有的手机是中频 IC 外接一个单独的发射本振来完成。那么,如何判断射频 IC 中集成了锁相环电路呢?实际上,从射频 IC 右下角的 K2 脚、M11 脚的 GNDCP_TX、GNDCP 英文标注可知,GNDCP_TX 表示发射锁相电压接地端,因此一定有锁相环路正极在射频 IC 中,由此可知其集成了锁相环电路。

在射频 IC 内部发射 VCO 工作正常后,经分频后作为 TX 基带 IQ 的调制信号,经上变频调制后得到 880~915MHz+TXIQ 高频载波信号,从发射射频 IC 的 E12 脚、D12 脚输出,经滤波器 Z7503 后送到发射 GSM 功放 N7520 的 27 脚,经功放 IC 进行功率控制及放大和内部天线开关切换控制后,再从功放 IC 的 21 脚输出经 V7524、R7714、C7708、C7706、C7701、R7711、R7713、Z7407、C7711、C7710、L7702、C7709 等天线匹配电路后到天线发射出去,完成从话筒到天线发射的完整过程。

回过头来,看功放与天线开关的集成 IC N7520,它是手机发射射频电路的关键器件,损坏会导致手机无信号、不能发射、信号跳水等故障。所以出现这一系列故障时,首先考虑的就是功放 IC,再考虑其他元器件。实际上,功放工作必须满足以下四大基本条件。

其一是功放供电。功放供电都采用电池电压 VBATT=3.6V 来提供,只要在功放 IC 上看到有"VBATT"或"VCC"的英文标注,就表示功放 IC 的供电。仔细查看图 5.2.11 在功放 IC 的 14 脚、23 脚都分别标注了"VCC",表示功放的供电。通过引脚电路查找,供电是从电池接口经过了 L7510、C7523、C7521 供电滤波元件后为功放供电的,如果电感 L7510 开路,则会导致功放不工作、手机不能发射故障,可短接处理。如果其中的电容元件短路或漏电,则会导致手机加电就大电流或漏电流故障,可将其拆除即可。维修时要注意,如果在功放供电线路上是大电容,不能拆除,否则峰值电流会击穿功放,通常采用更换处理。

其二是功放接地要良好。在更换功放 IC 时,发现接地都是很大范围的,那是因为手机在发射时,发射电流都在 350mA 以上。由于电流较大,功放 IC 的发热就增强,就需要较大范围的接地来帮助散热，以减少功放损坏的概率。图5.2.11中没有标示接地引脚序号，通常这些引脚为功放接地端。

其三是功率控制要正常。对手机GSM900频段来说，其最大发射功率级别是5（33dBm），最小发射功率级别是19（5dBm），平均发射功率为28.9dBm（773mW）。为了保证手机达到这样的功率发射，必须实现功率控制，由射频IC检测实现。在图5.2.11中，功放IC的4脚连接到射频IC的B11脚就是功率检测信号。当射频IC检测到功放IC输出的发射功率过强时，经射频IC功率检测控制后，从B8脚输出功率控制信号经R7568到功放N7520的3脚，实现发射功率过强控制；反之，如果发射功率弱，经控制后又从射频IC的K11脚输出控制信号经R7567到功放IC的2脚对其增强，始终保证手机处于正常的发射功率状态。这就是无论在什么位置，都能正常通话的原因，但在完全没有信号的区域无法实现功率增益控制，将导致电话突然中断或无法接通的现象。这不是的手机故障，而是网络本身的区域覆盖问题，不能因此而产生故障误判，所以维修时，必须保证其他手机在正常信号工作状态，才能对故障机进行有效的判断。

其四是信号的输入和输出。功放的作用就是对输入的信号进行放大，没有信号输入，功放就失去了它应有的作用，当然也就没有放大信号输出了，所以功放信号的输入是很重要的。GSM功放输入信号通常用"GSM_RF_in"或"TX"来表示，输出信号通常用"GSM_RF_out"或"TX"来表示，因此可查看到功放的27脚和10脚有TX标注，说明这正是发射射频输入，21脚就是发射射频输出。

满足以上四个条件后，功放即可实现正常的功率放大作用。还有其他一些引脚则是DCS、PCS频段信号的输入/输出脚，由于对目前的使用频段没有影响，也就不用介绍。在手机无发射故障维修中，一定要先更换功放，再检查其四个工作条件，即可解决。图6.2.2所示为2730c手机元器件分布与主板上的发射电路流程。

2．2730c手机GSM发射射频电路故障分析

2730c手机维修中，接收射频与发射射频都会导致手机无信号、信号时有时无、信号跳水等故障，原因是手机在接收入网的瞬间，是先进行接收再发射信号与基站建立同步关系，所以接收与发射导致的手机射频故障没有严格的区别，无论是无信号还是无发射，都与功放、天线开关有关。这里具体讲解无发射的维修思路，如果是快速维修，可以采用早期的"一洗、二吹、三焊"的方法，即如果是进水机，先清洗，再加焊或者更换天线开关Z7503、功放N7502、发射射频IC N7505、CPU等器件，再重新刷写资料。如果快速方法不能解决，说明问题比较严重，应采用以下步骤进行维修。

第一步：检查天线开关与功放N7520有无损坏，可短接输入、输出端来判断。

第二步：检测功放14脚、23脚有无3.6V供电电压，27脚有无发射射信号输入，21脚有无发射射信号输出，可在输入或输出端接假天线来判断。

第三步：检查发射滤波器Z7503有无损坏，同样可在Z7503的输出脚接假天线来判断，或者短接它的输入、输出脚来判断。

第四步：检查射频IC N7505工作是否正常，可拨打112时，用示波器检测N7505有无TXIQ信号输入。

第五步：检查射频IC N7505与CPU D2800输出的TXIQ信号线路之间有无断线。

第六步：检查电源IC N2200是否工作正常，测量其各输出电压是否正常。

第七步：检查软件程序运行是否正常。

第 6 章 手机射频电路原理及故障检测维修

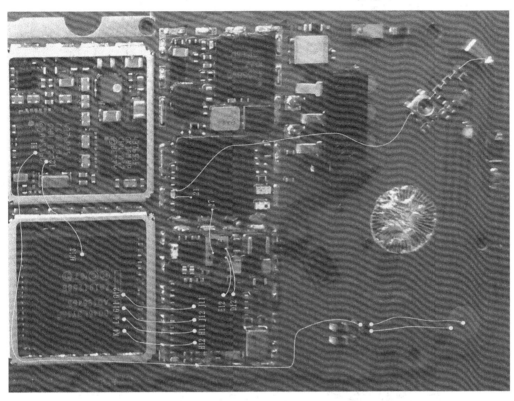

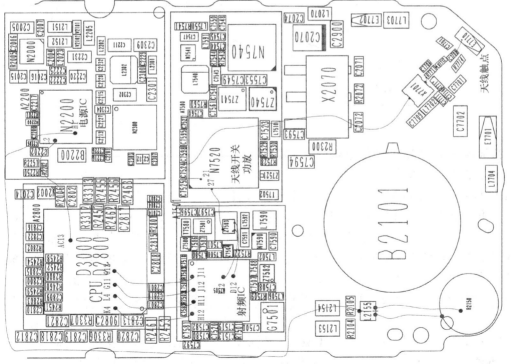

图 6.2.2　2730c 手机元器件分布与主板上的发射电路流程

图 6.2.3 所示为无发射故障的维修思路流程图。

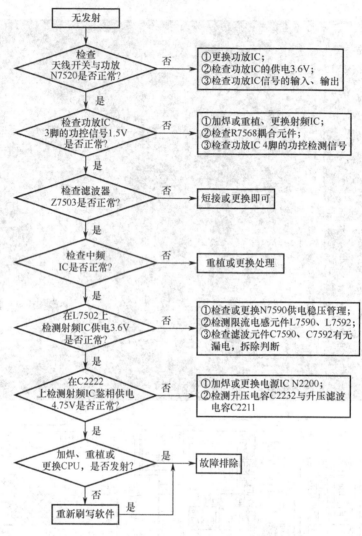

图 6.2.3 2730c 手机无发射故障的维修思路流程图

3. 2730c 手机 GSM 发射射频电路故障实例

实例一：2730c 进水手机无信号。

故障维修：由于是进水机，必须拆开手机，查看手机主板是否腐蚀。清洗、吹干后加电试机，若仍无信号，再进行仔细检查。先更换功放 G7520、射频 IC N7505、滤波器 Z7503 等器件，如果还是不能发射，再用示波器检测功放供电 3.6V 是否正常，如果不正常，检测供电元件 L7510、C7523、C7521 等，如果电感开路，可短接处理；如果电容元件短路或漏电，可将其拆除处理。经检测都是正常的，再用示波器在 L7502 测量射频 IC 供电为 0V，说明电感开路损坏，如图 6.2.4 所示，将其更换后试机，开机信号满格，接打电话正常，故障排除。

实例二：2730c 手机信号弱，信号总是不能满格，且很耗电，最多能支持 1 天时间。

故障维修：这样的故障一般是手机开机有漏电造成的。可以把稳压电源电压调高到 5V 左右，加电开机一段时间，触摸主要的 IC 器件，发现电源、功放均有发热现象，应该是功放 IC 漏电或短路引起。于是拆下功放 IC，更换后再加电试机，故障排除。不过此类故障不一定只是功放 IC 有问题，也可能是电源 IC 或 CPU 有问题。

实例三：2730c 手机信号弱。

故障维修：信号弱故障一般与接收射频和发射射频都有关。首先更换天线开关与功放的集成 IC N7520、射频 IC N7505，开机试机，信号还是很弱。于是在滤波器 Z7504 输入端接假天线，信号满格，说明故障在滤波器前端，应为天线开关与功放的集成 IC 不良，如图 6.2.5 所示。更换天线开关与功放 N7520 后开机试机，信号满格，接打电话正常，故障排除。

实例四：诺基亚 N70 手机无网络。

故障维修：无网络，是指手机开机后一直不能搜索到信号，且无天线符号出现。此时应检测射频电路，重点应检测主时钟是否准确。检查射频接收部分无明显元器件损坏，测量 38.4MHz 晶体振荡器 G7501 的 3 脚无 38.4MHz 信号输出，如图 6.2.6 所示。更换后再测，38.4MHz 信号输出正常，开机信号满格，接打电话一切正常，故障排除。

图 6.2.4　开路的电感 L7502　　图 6.2.5　天线开关与功放的集成 IC　　图 6.2.6　38.4MHz 晶体振荡器

6.3　手机维修综合测试仪

手机维修综合测试仪简称综测仪，它相当于一个简易基站，配有一个专用测试 SIM 卡，主要用来测试手机接收和发射通道信号是否正常，包括手机登记、手机主叫、基站主叫过程中，手机发射峰值功率、突发定时、功率包络、相位误差、频率误差等参数测量。学习手机维修综合测试仪能够加深对移动通信基本原理及手机电路基本原理的理解和认识，了解手机射频电路构造和工作原理，掌握手机生产、运营和维护的工作技能。本节将简单介绍 ZY801 双频移动电话综合测试仪的使用方法。

6.3.1　ZY801 双频移动电话综合测试仪介绍

ZY801 双频移动电话综合测试仪有两种测量方法，分别是手动测量和自动测量，外形如图 6.3.1 所示。

1. 外形图的按钮认识

（1）液晶显示屏：用于显示测试条件、测试结果和曲线、工作状态和功能键标签。

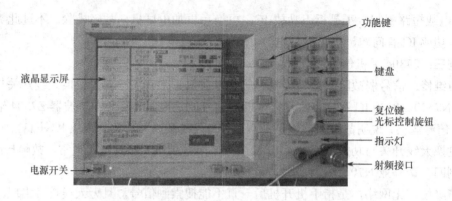

图 6.3.1　ZY801 双频移动电话综合测试仪外形

(2) 液晶显示屏右侧的五个无印字功能键: 在不同的显示界面中有不同的功能定义, 它们在不同时刻的功能与各显示界面中右侧的功能键标签一致。

(3) 光标控制旋钮: 主要有以下三项功能。

① 移动光标: 转动光标控制旋钮, 可将光标移到所需栏目, 屏幕上光标可以指到的黑底白字栏目, 其内容可修改; 不是黑底白字的栏目, 其内容不可修改。

② 修改栏目内容: 将光标移到所需栏目处, 再按光标控制旋钮会使该栏目输入区闪烁。这时转动光标控制旋钮, 可选择不同的值。当该区显示出所需的值时, 按下光标控制旋钮就可确认输入。当所选栏目输入内容为数字时, 屏幕右侧的功能键显示为数值调整倍率, 例如按 "×10" 功能键, 则光标控制旋钮每转动 1 格, 输入数值变化 10, 这样可以方便快速地输入数值。

③ 移动标记: 在显示结果曲线时, 如果选择 "标记", 则转动光标控制旋钮就可移动曲线上的三角形选点标记, 从而选择任意数据点, 查看其具体测量结果。

(4) 输入键 (ENTER): 栏目内容修改后, 可按该键确认输入, 其作用与按下光标控制旋钮确认输入相同。

(5) 复位键 (PRESET): 用于将测试仪复位, 并显示初始屏幕界面。

(6) 射频接口 (RF IN/OUT): 是 ZY801 和手机的射频连接通道。

(7) 射频指示灯: 用于指示有足够强的手机射频信号从射频接口输入 ZY801。

(8) 电流测试接口: 用于通过电缆线向手机提供直流电源。

(9) 电源开关键: 用于开关本机电源, 当按本键开机时, 按键右侧的指示灯发绿色光; 按本键关机后, 按键右侧的指示灯发红色光。

(10) "+" 和 "." 键: 用于调节液晶显示屏的亮度。

(11) 数字键: 用于方便用户输入数据字符和英文字符。

(12) 机箱背后的 "13M OUTPUT" 插座是本综测仪提供的 13MHz 时钟信号 (正弦波, 峰—峰值约为 2V) 输出口, 用于手机的调试和维修; "PC 通信口" 在打印报告时使用。

2. 测试前的准备工作

(1) 将射频信号连接到手机的天线耦合器或射频电缆, 将天线耦合器 N 形头连接到位于综测仪前部的 "RF IN/OUT" 接口上, 将手机天线插入天线耦合器即可。

(2) 将测试专用的 SIM 卡正确地装入手机中。如果使用普通 SIM 卡, 综测仪可能无法进行正常测试。

6.3.2 ZY801 双频移动电话综合测试仪的检测方法

1. 自动测试功能检测手机

第一步：打开电源开关后，等待自检结束，屏幕先显示众友公司信息约 2s，然后进入如图 6.3.2 所示的初始界面。若启动综测仪后未进行检测，可关机重启或按 PRESET 键重试。若想从任意功能模式返回到初始界面，按"返回"功能键。

提示：每次从冷态开机时，开机后请预热约 10min 后再进行正常测试

第二步：初始界面中功能键的操作。首先选择进入图 6.3.2 所示"自动测试"模式，此时综测仪在"等候"状态。手机关机，将综测仪专用测试 SIM 卡装入手机 SIM 卡槽中，再将手机射频天线与手机天线套入，按下"自动测试"旁的软按钮，进入图 6.3.1 的开始状态，按下"开始"按钮，打开手机电源开关，此时手机开始与综测仪进行"登记注册"，综测仪显示"正在测试"，如图 6.3.3 所示。测试成功后，在液晶屏左上角显示登记注册"成功"，左下角会显示手机的"国际移动用户码"和"国际移动设备码"，如图 6.3.4 所示。然后自动依次完成"手机主叫"、"通话（测试人员可以说话，此时综测仪可以回传语音）"、"射频测试（此时可以拨打电话，如 112，此时在综测仪左下角显示'紧急呼叫'，表明正在测试中）"。射频通话测试成功，表示手机发射通路正常，然后手机挂机，此时综测仪作为一个简易基站，向手机拨打电话，即"基站主叫"，等待 2s，手机铃声响起，表示手机接收射频通路正常，此时手机接听通话，然后基站挂机，自动测试完成。

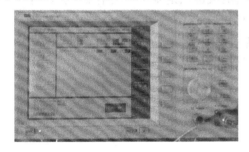   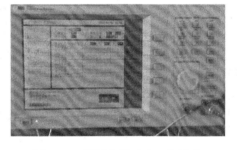

图 6.3.2 综测仪初始界面　　　　　　　图 6.3.3 综测仪显示"正在测试"

2. 手动测试功能检测手机

第一步：选择图 6.3.2 所示的"手动测试"选择按钮，综测仪进入"手机测试"状态，如图 6.3.5 所示。

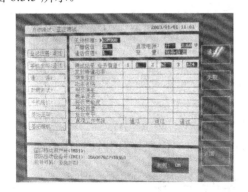   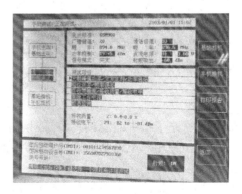

图 6.3.4 液晶屏显示用户码和设备码　　　图 6.3.5 综测仪"手机测试"状态

第二步：选择"手机主叫"，手机开始拨打电话，此时通话开始，测试人员可以说话，同样综测仪将回传说话声，说明手机发射射频通路正常，然后手机挂机。

第三步：选择"基站主叫"，此时综测仪自动向手机拨打电话，随后手机铃声响起，表明手机接收射频通路正常。接听电话，此时说话，同样综测仪将回传说话声，然后基站挂机，完成"手动测试"。

提示：这里简单介绍了综测仪的"自动测试"和"手动测试"两种简单方法，更多的测试可参考仪器说明书进行操作。测试中，可以单独移动光标来选择测试项目，进行单项测试。比如，将光标移到"发射功率峰值/突发定时/功率包络"，并按"光标控制"旋钮，可进入"发射功率峰值/突发定时/功率包络"测试界面，这时可以看到有关的测试结果和图形曲线，如图6.3.6所示。

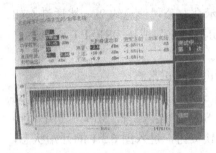

图6.3.6 "发射功率峰值"等测试界面

本 章 小 结

1. 通过对本章手机射频电路组成结构的学习，应掌握手机射频主要包括手机接收和手机发射两大部分，其中手机接收包括接收射频部分和接收逻辑部分；手机发射包括发射射频部分和发射逻辑部分；区分接收射频和接收逻辑的关键点是测量接收基带IQ信号，通过测量基带IQ信号即可判断接收射频和接收、发射射频和发射逻辑电路是否正常。

2. 通过学习手机射频电路工作原理的知识，重点掌握手机射频电路常见故障的分析方法，包括假天线法、短接法等，熟练掌握射频故障的检测技术，以及无信号、无网络、无发射故障的处理技巧等。

3. 通过对2730c智能手机射频电路的学习，掌握双模手机射频电路结构、工作原理以及常见故障维修等知识，学会使用手机综合测试仪检测手机射频通路工作状态。

习 题 6

6.1 现代智能手机射频网络主要包括_____和_____。

6.2 手机接收是一个下变频过程，其下变频是指_____。

6.3 手机接收和发射均有一个频率范围，其接收900MHz频率范围是_____，发射900MHz频率范围是_____。

6.4 手机接收射频电路主要由_____、_____、_____、_____、_____等组成，接收逻辑电路主要由_____、_____、_____、_____、_____组成。

6.5 什么是手机中的混频？如何判断混频电路集成在射频IC中？

6.6 画出锁相环电路结构框图，简要说明锁相环电路工作原理及其锁相环电路是否正常的测量方法。

6.7 简述手机接收电路常见故障现象，并说明其维修方法。

6.8 简述诺基亚2730c手机射频电路结构，并说明其接收和发射射频工作流程。

6.9 诺基亚 2730c 手机无信号，应如何维修？
6.10 诺基亚 2730c 手机开机出现"系统错误"故障，应如何维修？
6.11 手机发射电路分为发射射频和发射逻辑两部分。其发射射频主要由_____
____、_____、_____、_____等组成，发射逻辑由_____、
_____或_____、_____等组成。
6.12 简述手机发射电路常见故障现象有哪些，并简述如何维修。
6.13 简述快速维修手机无发射故障的方法。
6.14 诺基亚 2730c 手机出现信号跳水，应如何维修？

本章实训　手机射频电路故障检测与维修

一、实训目的
1．掌握手机射频电路常见故障检测与维修方法。
2．掌握使用示波器、数字万用表检测手机射频故障。

二、实训器材及材料
1．普通手机多部，诺基亚、三星、苹果智能手机多部（也可以是学生自用的手机）。
2．稳压电源、示波器、数字万用表、热风枪、调温烙铁、镊子、植锡板、助焊剂、锡浆、天那水、植锡台架、超声波清洗器、刷子（牙刷也可）、松香、焊锡丝、手术刀。

三、实训内容
1．根据射频故障现象，拨打 112，使用示波器检测射频基带 IQ 信号。
2．按下开机键，观察电流变化，确定射频电路故障点。比如，有搜网电流而无网络一般是天线开关、接收滤波器或中频滤波器等虚焊或损坏；若有搜网电流且电流在 100～150mA 不停地摆动，但无网络、无信号故障多为 VCO 不正常或 13MHz 自动频率控制 AFC 不正常；若无搜网电流且无网络故障多为 CPU 无 RX.ON 信号输出；若电流超过 200mA 以上无信号故障多为中频 IC 或与之相连的元器件虚焊、损坏等。
3．拨打 112，观察手机正常发射电流为 200～400mA，并在接通后会回落至 100～150mA 有规律地摆动，如果不是正常电流，则为射频电路故障。
4．在 Z7541 天线输入端接上假天线，观察手机接收和发射是的状态，掌握使用假天线法维修手机的技巧。
5．拨打 112，使用示波器检测手机基带 IQ 信号。学会使用示波器检测 IQ 信号的方法，以及射频故障的判断。

四、实训报告
1．通过对手机射频故障的检测，掌握分析手机无信号、无网络、无发射故障的检测方法和故障点判断。
2．通过观察手机射频故障的电流变化，掌握手机射频维修中的电流法。
3．通过对手机射频故障的检测维修，掌握手机射频电路常见故障点的判断。
4．通过操作手机综合测试仪，学会使用综测仪检测手机射频通路的技巧，包括手机入网测试、手机主呼、基站主呼、通话测试、同步测试、突发频谱测试、相位误差测试、频率误差测试、突发定时误差测试等。

第 7 章 手机接口功能电路原理及故障维修

本章主要介绍手机功能接口电路原理与故障维修方法,重点以诺基亚 2730c 手机为例,讲解现代智能手机界面功能接口的常见故障,如接口虚焊、FPC(排线)接触不良、不认 SIM 卡、按键失灵、显示屏不显示、触摸功能失灵、WiFi 功能失效、不能进行 GPS 导航、GYRO 传感器功能失效等;维修方法都是比较简单的,都具有针对性,比如显示屏不显示,常见为显示屏本身损坏或显示屏排线损坏,或排线接口接触不良等,一般不会是 CPU 或电源芯片的问题。接口功能电路是手机维修中故障率最高,也是最容易维修的部分,因此掌握本章内容对维修手机有着至关重要的作用。

7.1 手机接口功能电路结构原理及维修技巧

手机接口功能电路主要指手机 SIM 卡电路、键盘电路、多媒体卡 MMC 电路、背光灯电路、蓝牙电路、WiFi 电路、GPS 电路、摄像电路、收音机电路、重力感应电路等。界面电路又称为"人机接口电路"或"用户接口电路",下面分别讲述常见的电路结构、原理分析及维修技巧。

7.1.1 SIM 卡电路结构原理及维修技巧

1. 手机 SIM 卡电路结构

手机 SIM 卡电路很简单,它由 SIM 卡接口、卡保护管电路、卡供电、卡时钟、卡复位、卡数据、卡编程、卡接地等电路组成,如图 7.1.1 所示。

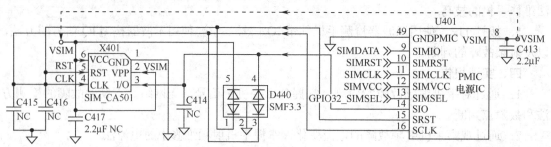

图 7.1.1 手机 SIM 卡电路结构

(1)图 7.1.1 中元器件的作用
- X401:SIM 卡接口。该接口有六个引脚,分别是 VSIM 卡供电、SIMRST 卡复位、

SIMCLK 卡时钟、SIMDATA 卡数据、SIMVPP 卡编程、GND 卡接地。在 SIM 卡电路维修时，寻找 SIM 卡六个引脚功能的方法是先找接地端，即用数字万用表蜂鸣挡，一表笔接地，另一表笔分别去碰触这六个引脚，有蜂鸣声的一脚为接地脚，与其相对的一脚则为供电脚，按逆时针方向依次是复位、时钟、数据入/出、编程等。

- C414、C415、C416、C417：分别是卡数据、卡时钟、卡复位、卡供电的滤波电容。若漏电，会导致手机不识别 SIM 卡故障，可以拆掉不用。
- D440：SIM 卡保护管。若漏电，会导致手机不识别 SIM 卡故障，也可以拆掉不用。
- U401：电源 IC，卡供电、时钟、复位、数据、编程都由电源 IC 来提供，如果手机出现不识别 SIM 卡故障，可以考虑加焊或更换电源 IC。
- C413：也是卡供电滤波电容。如果漏电，会导致手机不识别 SIM 卡故障，可以拆掉不用。

（2）图 7.1.1 中的英文标注的含义

- VSIM（SIMVCC）：SIM 卡供电。检测 SIM 卡供电的方法是手机不插 SIM 卡，用示波器在手机开机瞬间测量为 1.8V 跳到 3V，如果没有 1.8V 跳到 3V，说明电源 IC 没有输出供电，此时必须加焊或更换电源 IC。
- RST（SIMRST）：SIM 卡复位信号，检测方法与检测供电相同。
- CLK（SIMCLK）：SIM 卡时钟信号，检测方法与检测供电相同。
- I/O（SIMDATA）：SIM 卡数据输入/输出信号，检测方法与检测供电相同。
- VPP：SIM 卡编程信号，检测方法与检测供电相同。
- GND：SIM 卡接地。
- SIMSEL：SIM 选择信号，由 CPU 输出控制。若无该信号，会导致手机不识别 SIM 卡故障，需飞线连接。

2. 2730c 手机 SIM 卡电路结构原理及维修技巧

（1）2730c 手机 SIM 卡电路结构

2730c 手机 SIM 卡电路由 SIM 卡接口 X2700、电源 IC 及供电滤波元件 C2220、L2704、C2700、C2702 等组成，电路中没有保护管，其卡复位、时钟、数据、编程都直接连接到电源 IC。出现不能识别 SIM 卡故障时，只需考虑 SIM 卡本身是否损坏，SIM 卡接口各引脚触点是否接触良好、是否氧化腐蚀或变形等，最后再考虑是否电源 IC 虚焊或损坏，具体电路结构见图 5.2.3。

（2）2730c 手机 SIM 卡电路原理与维修技巧

手机插上 SIM 卡，加电开机，电源 IC 的 A7 脚输出 3V VSIM 卡供电经 C2220、L2704、C2700、C2702 滤波后送到 SIM 卡座的 3 脚。同时，电源 IC 的 B5 脚、B7 脚、C7 脚分别输出卡复位、卡时钟、卡数据到卡座接口 X2700。其中任一个参数不正常，都会导致手机出现不识别 SIM 卡故障。可采用手机不插 SIM 卡，用示波器在手机开机瞬间测量为 1.8V 跳到 3V，否则即为电源 IC 没有输出供电，此时必须加焊或更换电源 IC。再检查 SIM 卡复位、卡时钟、卡数据、卡编程信号线是否有断线，若有，都会导致手机不识别 SIM 卡，对应飞线接口可排除故障。从维修经验来说，一般是卡座弹片接触不良、电源本身 IC 损坏。维修时可先处理弹片，再更换电源 IC。图 7.1.2 所示为 2730c 手机主板上 SIM 卡接口。

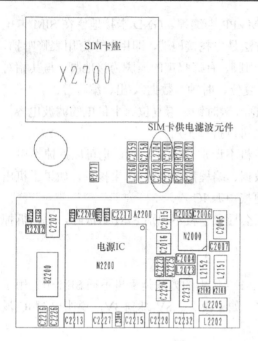
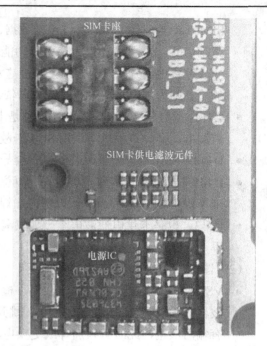

图 7.1.2 2730c 手机主板上 SIM 卡接口

7.1.2 手机多媒体卡电路结构原理及维修技巧

1. 了解手机多媒体卡

手机多媒体卡又称存储卡,外形上有大卡、小卡之分;按生产商来分,常用的有金士顿(Kingston)的 SD 卡(大卡)和 TF 卡(小卡),也有三星 TF 卡、安奇士 TF、索尼 TF 卡、东芝 TF 卡等,其外形结构基本相同,如图 7.1.3 所示。目前无论是大卡还是小卡,都具有存取速度快、稳定性强的优点,通常用于智能手机或移动盘。

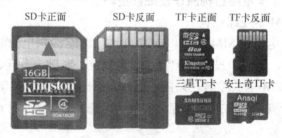

图 7.1.3 手机多媒体卡正反面结构

2. 2730c 手机多媒体卡电路结构原理及维修

(1) 2730c 手机多媒体卡接口电路结构

如图 7.1.4 所示,2730c 手机多媒体卡接口电路由卡接口 X3200、卡处理芯片 N3200、CPU D2800 等组成。卡接口 X3200 的 1 脚、2 脚、7 脚、8 脚分别为多媒体卡数据线,标示为 D0_B、D1_BD、2_B、D3_B,3 脚为多媒体卡启动控制信号,4 脚为多媒体卡供电,5 脚为多媒体卡时钟线,6 脚接地。标示 SW1、SW2 的两个引脚为多媒体卡接口的触片开关控制信号,安装在多媒体卡接口内侧旁,其他引脚均为接地。

(2) 2730c 手机多媒体卡接口电路原理及维修技巧

由于多媒体卡主要用于存储数据,它们的触点分布都相同,所以工作条件也相同,要使

TF 卡正常工作，必须满足供电 VMMC、启动信号 CMD_B、时钟信号 CLK_B 及数据线正常。供电脚都是 4 脚，无论是否插卡，都有 2V 电压；时钟线 CLK 都是 5 脚，用示波器测量有 2V 脉冲波形；接口的 3 脚都是控制线 CMD，仍为 2V 脉冲波形。满足以上条件及接地正常后，手机插入多媒体卡，开机后电源 IC 提供供电到 4 脚，同时 CPU 输出启动信号 CMD_B 和时钟信号到卡接口的 3 脚和 5 脚，启动多媒体卡工作。若此时需要存储数据，CPU 将外部数据通过数据线 D0_B、D1_BD、2_B、D3_B 传送到多媒体卡存储起来，完成多媒体卡存储功能，相反则是多媒体卡取出数据的功能。以上条件中，任一个不正常，都会导致手机不能识别多媒体卡故障，显示"存储卡无效"或"存储卡错误"等提示。

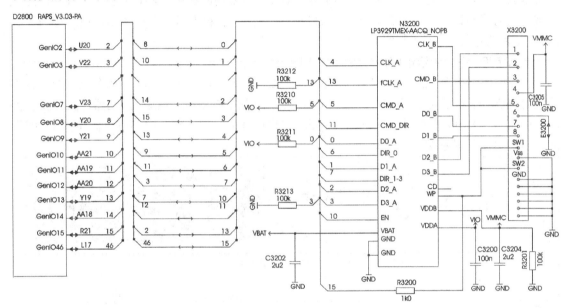

图 7.1.4 2730c 手机多媒体卡接口电路结构

维修时，首先换多媒体卡试机，如果仍不能识别，应检查多媒体卡接口 4 脚的供电，在供电滤波电容 C3205 上测量是否有 2V，如图 7.1.5 所示。若无 2V 供电，则检查电源 IC 相连的电路是否断线或虚焊，飞线或加焊电源 IC 可排除故障。再检查时钟线、控制线、接地线是否都正常。若不正常，检查卡处理芯片 N3200 及其相连的通路有无元器件虚焊断线，加焊或更换 N3200 或飞线可排除故障。如果手机能识别多媒体卡，但不能进行数据传输，这一定是数据线断线，飞线即可解决。

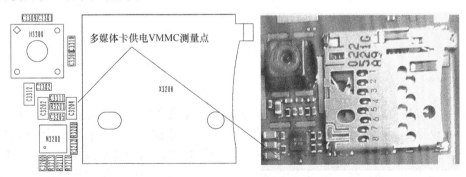

图 7.1.5 多媒体卡接口供电测量

提示：这里的元器件分布与主板实物不能完全对应，原因是主板版本不完全相同，但只要通过固定引脚 4 脚，用万用表蜂鸣挡找到其相连的电容，即可测量多媒体卡接口的供电。

7.1.3 手机显示、触摸屏电路原理及维修技巧

手机显示电路主要包括 CPU、显示译码驱动 IC、显示接口和液晶显示屏等组成，主要接收由 CPU 来的显示指令和数据，经分析、判断、存储后，按一定的时钟速度将显示点阵信息输出至行列驱动器进行扫描，在显示屏上显示出相应的内容。常见的液晶显示屏按物理结构可分为四种，分别是 TN、STN、DSTN、TFT。最常用的是薄膜晶体管型（TFT）液晶显示屏，具有高对比度和丰富的色彩，屏幕反应速度快，色彩丰富、分辨率高，通常称为"真彩"，是目前最好的 LCD 彩色显示设备之一。

1. 2730c 手机显示电路原理及维修技巧

在 2730c 整机电路原理图中很难找到看似 LCD 显示屏的英文标注，那么应该如何找到显示电路呢？首先拆开 2730c 手机，找到连接显示屏的排线接口，再通过元器件分布图找到对应的编号"X1001"，如图 7.1.6 所示。再找到图 7.1.7 所示原理图中左下角标注"X1001"的接口，这就是显示接口了。

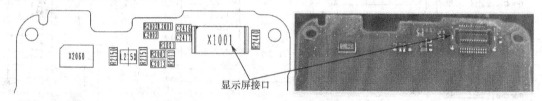

图 7.1.6　2730c 元器件分布图对应的显示接口

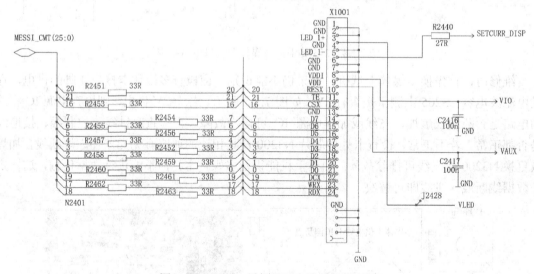

图 7.1.7　2730c 手机显示电路结构原理图

找到显示接口电路后，再看其接口各引脚功能，见表 7.1.1，包括显示屏灯供电、显示数据、显示复位信号、显示片选、显示读/写控制、显示读数据等功能。其中，除了灯供电来自灯升压 IC、显示屏供电来自电源 IC 外，其他都来自 CPU，这就说明如果手机显示不正常或无显示，只需要检查显示接口有没有虚焊或接触不良，检查限流电阻有无开路损坏，检查电源 IC 输出到接口的供电线是否开路，检查 CPU 到接口数据线是否断线等，即可排除故障。

表 7.1.1 2730c 手机显示接口各引脚英文标注及功能

引脚序号	英文标注	引脚功能	说明
1	GND	接地	
2	GND	接地	
3	LED_1+	显示屏灯供电正极	电压幅值为 12V
4	GND	接地	
5	LED_1-	显示屏灯供电负极	通过一个 27Ω 限流电阻 R2440 连接到灯升压 IC N2301 的 B3 脚
6	GND	接地	
7	GND	接地	
8	VDD1	显示屏显示供电	1.8V,将逻辑供电 VIO 作为显示屏供电
9	VDD	显示屏显示供电	2.8V,将外部音频接口供电 VAUX 作为显示屏供电
10	RESX	显示复位	经 33R 限流电阻 R2451 与 CPU D2800 的 D21 脚相连
11	TE	显示检测信号	直接连接到 CPU D2800 的 Y5 脚
12	CSX	显示片选信号	经 33R 限流电阻 R2453 与 CPU D2800 的 AC4 脚相连
13	GND	接地	
14	D7	显示数据线 7	经 33R 限流电阻 R2454 与 CPU D2800 的 Y6 脚相连
15	D6	显示数据线 6	经 33R 限流电阻 R2455 与 CPU D2800 的 AC9 脚相连
16	D5	显示数据线 5	经 33R 限流电阻 R2456 与 CPU D2800 的 AA7 脚相连
17	D4	显示数据线 4	经 33R 限流电阻 R2457 与 CPU D2800 的 AA8 脚相连
18	D3	显示数据线 3	经 33R 限流电阻 R2452 与 CPU D2800 的 U9 脚相连
19	D2	显示数据线 2	经 33R 限流电阻 R2458 与 CPU D2800 的 Y9 脚相连
20	D1	显示数据线 1	经 33R 限流电阻 R2459 与 CPU D2800 的 F21 脚相连
21	D0	显示数据线 0	经 33R 限流电阻 R2460 与 CPU D2800 的 H21 脚相连
22	DCX	显示数据控制线	经 33R 限流电阻 R2461 与 CPU D2800 的 AA4 脚相连
23	WRX	显示读/写控制线	经 33R 限流电阻 R2462 与 CPU D2800 的 AB8 脚相连
24	RDX	显示读数据线	经 33R 限流电阻 R2463 与 CPU D2800 的 AA5 脚相连

当然维修时一定要先检测显示屏供电是否正常,在接口旁边的供电滤波电容上测量,如图 7.1.8 所示,在 C2416、C2417 上分别测量 VIO、VAUX 是否分别为 1.8V 和 2.8V,否则检查其相连的线路是否断线,飞线连接即可。还要学会如何找到接口对应的引脚序号,先找到接地脚,原理图中的 1 脚、2 脚都是接地端,用万用表蜂鸣挡测量,发现接口左上角和右下角都有接地,但左上角两个都接地,右下角一个接地,显然左上角为 1 脚、2 脚。当然,也可以通过元器件分布图中接口左上角的阴影来判断。这个阴影表示 1 脚开始,依次顺时针数即可找到对应的引脚,维修时对应测量即可。这种寻找引脚接口的方法就是前面讲解的"三合一"方法。

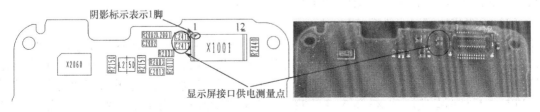

图 7.1.8 显示屏接口供电测量点

2. 手机触摸屏电路结构及触摸原理

触摸屏技术俗称"指尖上的科技"。触摸屏已普及整个手机市场，且越做越大，可实现高清晰度观看播放及快速手写输入，实现智能化功能，由此使得大屏幕手机占有很大的市场，但屏幕大就很易压坏，相应的维修市场也就很大。

（1）手机触摸屏的分类

触摸屏是一个以屏幕中心为原点的绝对坐标系，手指摸到哪里就定位哪里，不需要第二个动作。按照触摸屏的工作原理和传输信息介质，可分为四种类型：电阻式、电容感应式、红外线式和表面声波式。手机中常用的是电阻式和电容式。

（2）电阻式触摸屏结构

电阻式触摸屏的历史最长，使用最多，目前正被逐渐淘汰。电阻式触摸屏是安装在液晶显示屏表面上相匹配的多层复合薄膜，由一层有机玻璃作为基板，表面涂一层透明弱导电层氧化铟 ITO 的物质，上面再盖有一层经硬化处理、光滑防刮的柔性塑料透明层，两层透明导电层分别对应 X、Y 轴，它们之间用小于 1‰ in 的细微透明绝缘颗粒作为绝缘，其结构如图 7.1.9 所示。

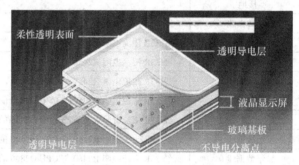

图 7.1.9　电阻式触摸屏的结构

其工作原理是当手指触摸屏幕时，相互绝缘的导电层在触摸点位置接触，产生的压力会使两导电层接通。在其中一导电层 Y 轴连接有 5V 的均匀电压场，使得接通输出与该点位置相对应的模拟电压信号，经 A/D 转换，得到触摸点的 Y 轴坐标，同理可得出 X 轴坐标，手机 CPU 快速检测这两点坐标的电压及电流，计算出触摸的位置，从而实现电阻触摸屏最基本的工作原理。

电阻屏根据其引出线数的多少，可分为四线、五线、六线等多线电阻式触摸屏。手机常用四线电阻式触摸屏，如图 7.1.10 所示。电阻式触摸屏接口有四根引线，一般排列顺序为 X+、Y+、X.、Y.，极少数排列为 X+、X.、Y+、Y.。从触摸屏四周可直观地看出线的走向，左边对应 X.，右边对应 X+，上边对应 Y.，下边对应 Y+。X+和 X.为一组，其阻值为 350～450Ω；Y+和 Y.为一组，其阻值为 500～680Ω。也就是说，X+和 X.控制左右操作的阻值为 350～450Ω；Y+和 Y.控制上下操作的阻值为 500～680Ω。

（3）电阻式触摸屏的代换与改线技巧

通过上面的走线结构与测出的 X 轴、Y 轴，即可进行屏幕的代换。代换原则是大小一致，X 轴和 Y 轴走线尽量与原屏板一致。若遇到不同的屏板，需要先测量坏掉的屏板，根据其走线进行连接。测量时，四条线中两条线间有电压，另两条间没有，有电压的两条线一般是 Y+和 Y.，另外两条就是 X+和 X.。先将 Y+和 Y.连接到主板有电压的两端，再连接 X+和 X.，然后将主板加电，看触摸屏有无反应，如果都正常，即可正常装机，校准后可正常使用；

如果出现按键错乱，就是上、下 Y 轴的两条走线接反了；如果按左出右就是 X 轴的两条走线接反了，调换过来即可；若按左下，出右上，就是四条走线都接反了；若没有任何反应，那一定是 Y 轴的两条走线接到 X 轴的走线上了。通过以上连接方法，即可进行触摸屏的代换与改线。

（4）电容式触摸屏结构与工作原理

① 电容式触摸屏结构。

电容式触摸屏是在玻璃屏幕上用 ITO 镀一层透明的横向电极与纵向电极电导层，两组电极交叉分别构成了电容的两极。再在导体层外加上一块保护玻璃，双玻璃设计能彻底保护导体层及触屏 IC（触屏数字转换器）感应器，如图 7.1.11 所示。根据触点性能电容式触摸屏可分为单点式、多点式。从使用角度看，电容式触控屏比电阻式触摸屏性能更好，由于轻触甚至不用接触就能产生感应，用户操作时无须尖锐的触控笔，可直接用手指来操作，对屏幕表面几乎没有磨损，因此电容式触摸屏的使用寿命更长。

图 7.1.10　手机四线电阻式触摸屏

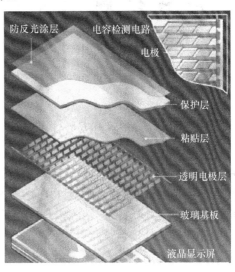
图 7.1.11　电容式触摸屏结构

目前市售的电容式触摸屏一般分为带触屏 IC 的电容屏和不带触屏 IC 的电容屏两种，如图 7.1.12 所示。带触屏 IC 的电容屏在触摸屏上会有一个正方形的电感处理 IC（即触屏 IC），目前手机普遍使用；不带触屏 IC 的电容屏在触摸屏上没有正方形电感处理 IC（触屏 IC），而是把电感处理 IC（触屏 IC）设计到了手机主板上，大大降低了触摸屏的成本。

图 7.1.12　带触屏 IC 和不带触屏 IC 的电容式触摸屏

② 电容式触摸屏的工作原理。

电容屏功能的实现取决于其结构本身及软件。由于电容式触摸屏在屏四边均已镀上狭长的电极,在导电体内形成一个低电压交流电场。当手指触摸到屏幕时,人体作为耦合电容的一极,电流从屏幕的四个角汇集形成耦合电容的另一极,通过控制器计算出电流传到触摸位置的相对距离,从而得到触摸处的坐标值。在图 7.1.13 中,透明电极层均由 M 行×N 列的矩阵电路来实现。根据电容式触摸屏的感应方式不同,可分为表面电容式和投射电容式。其中,投射电容式又分为自电容式和互电容式两种,是手机常用的触摸控制方式。自电容式又有单层和双层方式连接,如果是单层方式,就有 $M×N$ 条物理线路来计算确定触摸点坐标,也就有 $M×N$ 条数据线连接到触摸控制芯片,它是目前多点触控常用的连接方式,如图 7.1.13 所示,如果采用双层方式,就有 $M+N$ 条物理线路来计算确定触摸点坐标,即 $M+N$ 条数据线连接到触摸控制芯片,如图 7.1.14 所示。

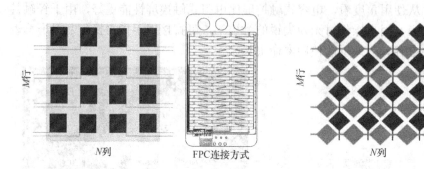

图 7.1.13 单层自电容式 $M×N$ 阵列及连接方式　　图 7.1.14 双层自电容式 $M+N$ 阵列及连接方式

当手指触摸到屏幕时,人体感应电容与四个角汇集形成的耦合电容通过数据线连接到 FPC 上的触摸屏数据转换 IC,再通过 FPC 接口连接到主板上触摸屏控制芯片,将触摸检测控制信号经双向传输总线送到 MPU 微处理器,计算触摸位置,经检测计算后再返回到触摸屏控制芯片,实现触摸屏精确定位。然后根据该位置的区域定义调用相关软件界面,由 GPU(图像处理器)处理后,将触摸信息通过 LCD 驱动输出到显示屏上显示出来,完成触摸屏的控制。图 7.1.15 所示为触摸屏控制原理结构图;图 7.1.16 所示为主板上 FPC 触摸及显示接口。

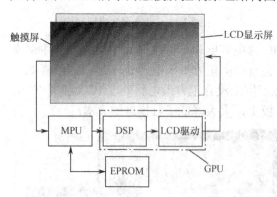

图 7.1.15 触摸屏控制原理结构图

图 7.1.16 主板上 FPC 触摸及显示接口

③ 电容式触摸屏故障现象及维修技巧。

电容式触摸屏最常见的故障现象有触摸屏失灵(有时正常,有时失灵)、触摸屏失灵但按键正常、触摸屏偏(可以校正,但校正后还是偏)、触摸失灵(拆机就正常,装机又失灵)等,一般是触摸屏本身损坏、导电层接口脱落或触控 IC 损坏、软件故障等引起的。若局部导电层接口断线,会导致触摸屏 IC 无法正常检测按键数据,致使触摸失效。因此,要修复断线或脱落的电极线，除了更换外，还可以通过以下方法维修。

首先，准备好全新且锋利的手术刀、细的漆包线、修复计算机键盘用的导电胶或小针筒装的导电漆、故障电容屏，如图 7.1.17 所示。

其次，观察有无导电层脱落的地方，如图 7.1.18 所示，脱落严重的地方用目测可以观察到。若有脱落，可用手术刀片慢慢敲下导电层接口脱落的地方，用电烙铁把漆包线的绝缘层刮掉，再把刮掉的漆包线粘满导电胶，接着用手术刀慢慢把损坏的导电层接口翘高一点点，而且要保证不出现二次断线，让沾满导电胶的漆包线塞入接触电极线脱落点，然后拿开手术刀，导电层接口自动回缩压住漆包线，此时用手术刀把多出的漆包线轻轻划断，不能移位。如果不小心影响了旁边其他电极断线，就要用相同的方法再次修复。

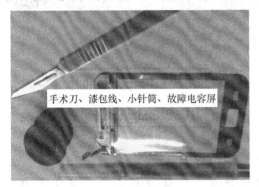 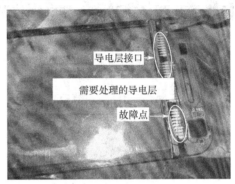

图 7.1.17　电容屏维修工具　　　　图 7.1.18　目测观察到导电层故障点

最后，让其慢慢自然晾干或用热风枪加快烘干导电漆的速度，干后导电胶会变硬。在接近干的情况下，也可以用维修用绝缘胶纸粘贴固定其位置，效果会更好。

此外，如果电容式触摸屏是物理性损坏，不能完全修复的，可采用以下方法尝试修复：一是透明胶带法，就是在开机状态下用窄胶带把屏幕多粘几下，去除静电即可；二是电击法，就是用燃气打火机的电芯，开机后在失灵屏幕上电几下，同样去除静电即可。

（5）触摸屏接口电路维修实例

实例一：中电 CECT V165 手机触摸屏失灵。

故障现象与维修：首先咨询顾客，确认是正常使用下引起的触摸屏失灵。首先检测触摸屏接口各个功能引脚，测量发现都有阻值，这说明它们与主板都没有断线；但不能测到电压，于是加焊触摸屏控制 IC，故障排除。由此可以看出，触摸屏控制 IC 损坏会导致手机触摸屏失灵的故障。

实例二：CECT V8 手机触摸屏改接代换。

故障现象与维修：该机 CPU 为 6225BA、字库为 K5L293，由于被摔过引起触摸屏失灵。拆机检查，发现触摸屏的接口四脚 X-、X+、Y-、Y+部位已断裂，如图 7.1.19 所示。此时只有更换才能排除故障，但一时又买不到相同的配件，于是决定采用改接的方法试试。如图 7.1.20 所示，经过改接试验，故障排除。

提示：目前触摸屏国产手机非常多，但不一定随时能找到自己需要的，此时就必须采用改接电路的方法来解决。图 7.1.21 所示是所有触摸屏接口已断裂的改接图，只要与触摸屏大小一样就能改线而成功替换。要学会代换触摸屏，就必须对它有初步的认识。触摸屏接口四条线的排列规律如下：一条最短，一条最长，剩下的两条一样长。经过观察后，开始用简单方法来接线：首先将新屏最短的线接原屏最短的线，最长的线接最长的线，剩下的两条线随便接,完毕后试机,基本正常。如果不行,只需将相同长度的两条线互换即可。

图 7.1.19 触摸屏四脚接口实物图

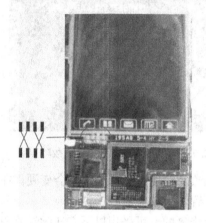
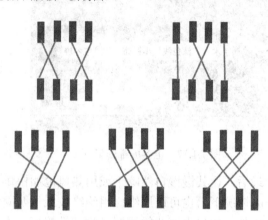

图 7.1.20 改接方法　　　　图 7.1.21 所有触摸屏接口的改接方法

实例三: CECT K808 手机触摸屏怪故障。

故障现象与维修: 此手机更换触摸屏以后,显示触摸的区域缩小了,同时出现按"9"出"8"、按"8"出"7"的故障;将触摸屏往外面移出大约 1/4 的位置时,所有触摸操作都正常,但这样不能装机。于是更换几块新触摸屏,还是没能排除故障,更换触摸屏接口 IC、CPU MT6219 也没能解决。测量触摸屏接口焊点电压:X+为 2.5V;Y+为 0V;X.为 2.5V;Y.为 0V,属于正常电压,于是重新校准触摸屏后完全恢复正常,故障排除。

7.1.4 手机键盘电路原理及其维修技巧

1. 手机键盘电路结构

键盘是人与手机之间联系的纽带,人们将所想所做的信息通过键盘输入手机,实现对手机的操作与控制,因此称为人机接口,其电路是由键盘行数据线 ROW 和列数据线 COL 组成的行列矩阵结构。在手机电路中,只要是行数据线 ROW 和列数据线 COL 组成的交叉矩阵结构,那一定就是键盘电路,如图 7.1.22 所示。

在图 7.1.22 中,ROW1~ROW4 表示键盘行数据线,COL1~COL4 表示键盘列数据线,其中每个按键都是行线和列线的交点。比如,数字"1"键,它是行线 ROW1 和列线 COL4 的一个交点,分别是交点的内心和外圆。当按下按键时,内心和外圆相接触,即行线和列线相交。由于行线和列线分别连接到微处理器（CPU），其电平值是不同的，一个为高电平，另一个为低电平，所以按下按键时，高电平被拉低变成低电平，实现了行线或列线的电平转换，转换的电平变化送到 CPU，经检测控制后，送到显示屏显示所按的数字，完成按键电路的基本工作过程。实际上，按键电路工作的核心就是电平变换，没有电平变换，按键就不能工作，就会导致按键失灵故障，所以维修按键失灵故障就是查找它的行线或列线有无高低电平变化，如果没有，那一定是行线或列线中有断线导致的，必须查找并进行对应飞线处理。

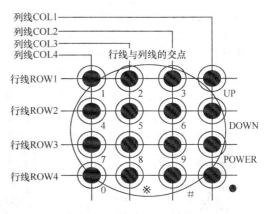

图 7.1.22　手机键盘矩阵结构

2. 2730c 手机键盘电路结构原理及维修技巧

如图 7.1.23 所示，2730c 手机键盘电路主要由键盘行线、列线、键盘耦合器 Z2401、CPU 等组成。其中，标示有"Power Key"的按键 S2401 是开机键。它不由行线和列线组成，而是一端接高电平 VH，另一端直接接地。当按下开机键时，高电平接地变为低电平，触发手机开机，这就是常说的低电平开机方式。维修时，可以将与开机键相连的耦合器测量点 J2108 或 J2118 对地短接，实现开机。

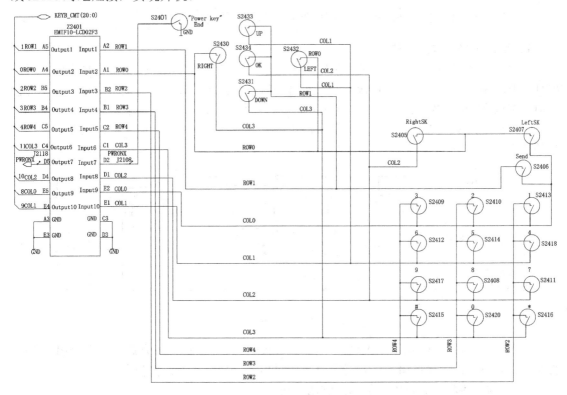

图 7.1.23　2730c 手机键盘电路结构

3. 手机键盘电路故障维修技巧

手机键盘电路的常见故障有所有按键失灵、某一个按键失灵、按键错乱等，维修时主要检查按键接口、按键保护器、按键本身、CPU、软件等。全部按键失灵一般是保护器、CPU、软件不良导致，采用更换或者刷写软件的方法来解决；某一个按键失灵一般是该按键的行线或列线有断线导致，可通过测量其行线或列线上的高电平来判断，如果没有高电平，一定是断线，将其连接的接线进行飞线即可；按键错乱一般是键盘有短路或者漏电，可采用清洗键盘的方法来解决，或侧键短路，更换即可排除故障。若部分按键有时能操作，有时不能操作，一般是按键膜或按键触点氧化所致，用橡皮擦逐个擦除氧化层即可解决，如图 7.1.24 所示。

(a) 用热风枪微热慢慢拆下键盘膜　　　　(b) 容易氧化的按键用橡皮擦逐个擦掉氧化层

图 7.1.24　按键板及按键膜

7.1.5　手机背光灯电路结构原理及维修技巧

1. 手机背光灯电路结构

背光灯用"LED"或"BACKLIGHT"来表示。手机背光灯电路包括键盘灯电路、显示屏灯电路和指示灯电路。一般情况下，键盘灯与键盘电路组成在一起，显示屏灯与显示屏接口电路组成在一起，指示灯是单独的组成电路，而且所有的背光灯都是由发光二极管组成的，在发光二极管的 PN 结中加入不同的杂质，就可以显示不同的色光。图 7.1.25 所示是一个简单的背光灯组成电路。

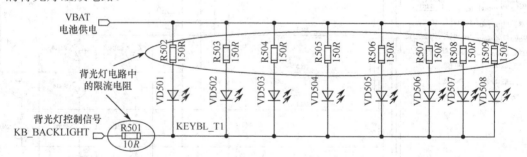

图 7.1.25　一个简单的背光灯组成电路

在图 7.1.25 中，VD501～VD508 都是发光二极管，作为手机的背光灯；电阻 R501～R509 都是背光灯供电的限流电阻，保护背光灯不因过电流而损坏，起保护作用。

2. 2730c 手机背光灯电路原理及维修技巧

（1）2730c 手机背光灯升压电路结构

如图 7.1.26 所示，2730c 手机背光灯升压电路由升压 IC N2301，升压电感 L2304，升压电容 C2316，升压限流电阻 R2303，供电限流电感 L2305、L2306，滤波电容 C2315、C2314、

C2318，背光灯供电开关 N2401，控制管 V2440、V2441 以及偏置电阻和背光灯组成。其中，R2408、R2400、R2402、R2409 都是背光灯保护电阻，R2408、R2409 开路都会导致背光灯不亮，需要进行短接处理。

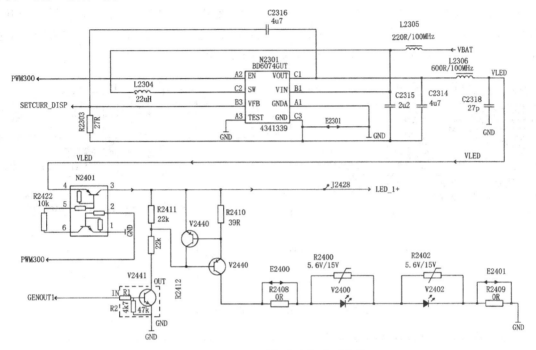

图 7.1.26　2730c 手机背光灯升压电路

（2）2730c 手机背光灯升压电路原理及维修技巧

当手机开机或对手机进行任意操作时，手机键盘灯或显示屏灯都会亮起来，因为操作时 CPU 控制副电源 IC N2300（见图 5.2.3）的 F2 脚输出灯控启动信号 PWM300 到灯升压 IC N2301 的 A2 脚，启动灯升压 IC 工作；同时启动信号还送到灯开关管 N2401 的 2 脚，控制 N2401 启动工作。此时经限流电感 L2305 的电池电压 VBAT3.6V 在 B1 脚与 C2 脚外接升压电感 L2304，产生感应电动势而升压，从 C1 脚输出经 C2314、C2318、L2306 后经 N2401 开关 4 脚输入、3 脚输出，一路直接到显示屏接口 X1001 的 3 脚，为显示屏灯供电；另一路经开关管 V2440、V2441 控制后，通过限流电阻构成回路，为键盘灯 V2400、V2402 供电，点亮键盘灯，完成手机背光灯的工作过程。

（3）2730c 手机背光灯升压电路维修技巧

背光灯不亮的维修很简单，如果键盘灯和显示屏灯都不亮，说明升压电路有问题；如果只是键盘灯不亮，而显示屏灯正常，那一定是灯开关管 V2440、V2441 或限流电阻 R2408、R2409 损坏，通常是限流电阻损坏，因为只有 0Ω 的电阻，完全是保护作用，损坏后可以短接排除故障；如果只是显示屏灯不亮，通常为显示屏接口接触不良，清洗接口或加焊接口即可排除。

7.1.6　手机音频及送受话电路结构原理及维修技巧

1. 音频及电路结构原理

（1）手机扬声器电路结构

手机扬声器电路是指从音频 IC 输出到扬声器之间的电路。它分为两种，一种是本机扬声器电路，另一种是耳机扬声器电路，都是从音频电路输出的。有的音频电路集成在电源IC中，有的是单独的音频IC，还有的是集成在CPU中。实际上，无论是集成在电源IC还是集成在CPU，或是单独的音频IC，表示扬声器的英文标注有"SPK+"、"SPK-"、"EAP+"、"EAP-"、"SPEAKER+"、"SPEAKER-"等，只要在手机整机电路中看到这些英文标注，就说明扬声器信号是从该IC输出的，输出之后的电路就是手机的扬声器电路。下面介绍最常见的MTK芯片手机音频电路，它是集成在CPU中的，如图7.1.27所示。

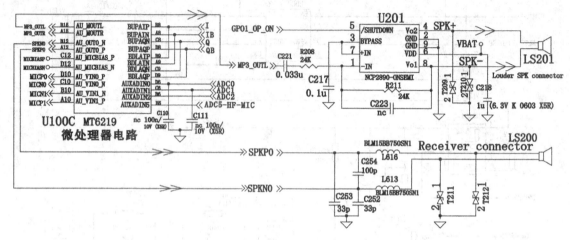

图 7.1.27　MTK 芯片手机音频电路结构

（2）图 7.1.27 中的英文标注含义

- MP3_OUTL\AU_MOUTL、MP3_OUTR\AU_MOUTR：MP3 左、右声道信号输出。
- SPKN0\AU_OUT0_N、SPKP0\AU_OUT0_P：正、负极性扬声器信号输出。
- MICBIASP\AU_MICBIAS_P、MICBIASN\AU_MICBIAS_N：正负极性话筒偏置供电电压。
- MICPO\AU_VINO_P、MICNO\AU_VINO_N：正、负极性送话信号输出。
- MICPI\AU_VINI_P、MICNI\AU_VINI_N：正、负极性送话信号输入。
- I\BUPAIP、IB\BUPAIN：正、负极性基带 I 信号输入。
- Q\BUPAQP、QB\BUPAQN：正、负极性基带 Q 信号输入。
- ADC0\AUXADIN0、ADC1\AUXADIN1、ADC2\AUXADIN2：外部音频数据信号输入 0、1、2。
- ADC5\AUXADIN5_HF_MIC：外部耳机送话音频数据信号输入 5。HF 表示耳机信号；MIC 表示话筒。
- GPO1_OP_ON\SHUTDOWN：音频放大器启动控制信号。
- BYPASS：音频旁路滤波电容。
- +IN：输入信号正极。
- MP3_OUTL\IN：MP3_OUTL 表示 MP3 音频信号从 CPU 输出到音频放大器输入 IN。
- Vo2\SPK+：Vo2 表示扬声器音频信号输出；SPK+表示扬声器信号正极。
- GND：接地。
- VDD\VBATT：音频放大器供电，由电池电压提供。
- Vo1\SPK-：Vo1 表示扬声器音频信号输出；SPK-表示扬声器信号负极。

- Louder SPK connector：Louder 表示音响；SPK 表示扬声器；connector 表示连接器。合起来表示扬声器接口。
- SPKP0、SPKN0：正、负极性扬声器信号输出。
- Receiver connector：Receiver 表示扬声器；connector 表示接口。合起来表示扬声器接口。

(3) 图 7.1.27 中各元器件的作用
- U100C：手机微处理器，型号为 MT6219。这里主要是手机音频处理及输入、输出部分。
- U201：音频放大器。专门对 CPU 输出的音频信号进行放大送到扬声器发出声音。
- C110、C111：音频数据信号滤波电容。如果开路，对手机没有多大影响；但是如果漏电，手机会出现扬声器无声，此时可以拆除该电容。
- C211：MP3 音频信号输入耦合电容。如果开路，手机播放 MP3 时不能听到声音。
- R208：MP3 音频信号输入耦合电阻。如果开路，手机播放 MP3 时不能听到声音。
- R211、C223：MP3 音频放大器输出反馈阻容元件。如果开路，手机播放 MP3 时不能听到声音。
- C218：放大器供电滤波电容。
- T209、T210：MP3 音乐输出信号保护管。如果短路，手机播放 MP3 时不能听到声音，可拆除处理。
- LS201：音乐扬声器。维修时，如果手机播放 MP3 时不能听到声音，应首先更换。
- C252、C253、C254：扬声器信号滤波电容。开路对手机没有多大影响；短路手机会出现扬声器无声故障，可以拆除处理。
- L613、L616：扬声器信号输出耦合电感。如果开路，手机会出现扬声器无声故障，可以短接处理。
- T211、T212：扬声器信号输出保护管。如果短路，手机会无扬声器声音，可拆除处理。
- LS200：本机扬声器。损坏时，会导致来电无声，更换即可。

(4) 扬声器电路原理

在图 7.1.27 中，经过 CPU 进行音频处理后的语音信号 SPKP0、SPKN0，从 CPU 的 B12、A12 脚输出，直接通过电感 L616、L613 耦合后，送到扬声器，完成扬声器电路的工作过程。同时，手机在播放音乐时，CPU 从多媒体存储卡或者手机本机存储器中取出音频信号，经过内部的音频处理后，从 CPU 的 B15、A15 脚分别输出 MP3_OUTL、MP3_OUTR 音乐信号，通过 C221、R208 耦合到 MP3 音乐放大器 U201 的 1 脚、5 脚，进行放大后，从其 4 脚、8 脚输出到音乐扬声器。

(5) 扬声器电路的维修技巧

目前，手机扬声器电路都是由 CPU 或电源 IC 集成的，外接一个放大器来放大处理，经保护及耦合滤波电路后到扬声器。在维修时，若扬声器或振铃无声，常见是扬声器或振铃器本身损坏导致，再是耦合滤波元器件损坏导致，最后考虑 CPU 或电源 IC 虚焊。

2. 话筒电路原理及维修技巧

话筒电路的工作过程是扬声器电路的逆过程，声音信号经话筒转变成电信号之后，送到音频处理器进行音频放大、A/D 转换、语音编码处理，再送到 CPU 内进行数字处理，输出调制信号经发射电路辐射出去，从而完成手机语音信号的发射过程。

(1) 手机话筒电路结构

话筒也称为送话器，常用 MICROPHONE 来表示，简写为 MIC。在分析电路原理时，只要在电路图中看到有"MIC"英文标注,就说明这一定是与话筒有关的电路。话筒电路分为两种,一种是本机话筒电路,另一种是耳机话筒电路,其作用都是将声音信号转变成电信号。图 7.1.28 所示为本机话筒电路结构。

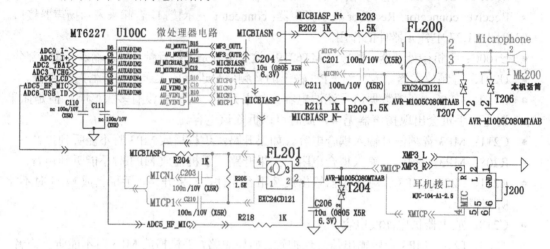

图 7.1.28 本机话筒电路结构

(2) 图 7.1.28 中英文标注的含义

- ADC0_I-\AUXADIN0、ADC1_I+\AUXADIN1:外部音频数据信号输入 0、1。
- ADC2_TBAT\AUXADIN2:外部音频供电输入。其中,TBAT 表示电池电压。
- ADC3_VCHG\AUXADIN2:外部充电电压输入。其中,VCHG 表示充电。
- ADC4_LCD\AUXADIN2:外部显示屏供电输入。其中,LCD 表示显示屏。
- ADC5_HF_MIC \AUXADIN5:外部耳机话筒音频数据信号输入。HF 表示耳机信号;MIC 表示话筒。
- ADC6_USB_ID\AUXADIN2:外部 USB 数据信号输入。
- MICP1、MICN1:正、负极性话筒信号。
- MICBIASP:话筒供电电压。其中,BIASP 表示偏置供电,与 MIC 合起来表示话筒供电。
- XMICP:外接耳机话筒信号。X 是 AUX 的简写,表示外接。
- MICBIASP_N+、MICBIASP_N-:话筒供电电压正、负极。
- MP3_OUTL\-IN:MP3_OUTL 表示 MP3 音频信号从 CPU 输出到音频放大器输入。
- MP3_OUTR\AU_MOUTR:表示 MP3 右声道信号输出。

(3) 图 7.1.28 中各元器件的作用

- U100C:微处理中的音频处理电路部分。
- FL200:本机话筒信号耦合器,起平衡滤波作用。
- FL201:耳机话筒信号耦合器,起平衡滤波作用。若开路将导致手机出现无送话故障,可分别短接 1 脚、2 脚,3 脚、4 脚处理。
- J200:耳机接口。
- C110、C111:外部音频数据信号输入滤波电容。
- C204:话筒供电滤波电容。
- C201、C211:本机话筒信号输入耦合电容。若开路将导致手机无送话,可短接处理。

- R211、R202、R203、R209：本机话筒供电限流电阻。若开路将导致手机无送话，可短接处理。
- T206、T207、T204：话筒信号输入保护管。若短路将导致手机无送话，可拆除处理。
- MK200：本机话筒。若损坏将导致手机无送话，必须更换处理。
- R204：耳机话筒供电电阻。若开路将导致耳机无送话，可短接处理。
- C203、C110：耳机话筒送话信号。若开路将导致耳机无送话，可短接处理。
- R206：耳机送话信号的平衡电阻。开路对手机无多大影响，可以拆除。
- C206：耳机话筒信号滤波电容。开路对手机没有影响，可拆除，不能短接。
- R218：耳机话筒供电电阻。若开路将导致耳机无送话，可短接处理。

（4）话筒电路工作原理

话筒电路包括本机送话与耳机送话电路两部分，都是送到 CPU 内进行音频处理。若手机出现既无本机送话，又无耳机送话故障，则不是耳机或本机单一电路问题，而是公共电路问题，应为 CPU 内的音频电路不良，需要更换解决。

① 本机送话电路原理：手机开机后，CPU 会输出话筒供电电压（2V）经偏置电阻 R202、R200 到话筒，为话筒供电。拨打电话时，话筒 MK200 将声音信号转变为电信号，送到耦合器 FL200 的 2 脚、3 脚输入，从 1 脚、4 脚输出，通过 C201、C211 耦合到 CPU 的 D10 脚、C10 脚输入进行音频处理。

② 耳机送话电路原理：手机开机后，CPU 同样会送出一个耳机话筒供电 ADC5_HF_MIC（2V）经偏置电阻 R218 到耳机接口的 4 脚为耳机话筒供电。插上耳机时，话筒得到供电后将声音转变成电信号，又从 4 脚输出，所以 4 脚既是话筒供电端，也是话筒信号输出端。输出信号送到 FL201 的 2 脚输入，经耦合滤波后，从 1 脚、4 脚输出，经 C203、C210 后到 CPU 的 A10 脚、B10 脚输入，同样在 CPU 内部进行音频处理，完成耳机送话工作。

（5）话筒电路故障维修思路

话筒电路常见故障有手机无送话、送话声音小或有噪声，一般为话筒本身损坏，更换即可；有的是话筒无供电，常见为电源 IC 虚焊，加焊即可；也有的是保护器、滤波器不良，将其拆除即可。

3. 2730c 手机扬声器、话筒电路原理及维修技巧

2730c 手机的音频处理电路都集成在电源 IC 中，扬声器电路、话筒电路都直接连接到电源 IC。如图 5.2.3 所示，左上角是本机话筒电路和扬声器电路，右上角为音乐扬声器和耳机接口电路。

（1）2730c 手机扬声器电路原理及维修技巧

手机来电时，电源 IC N2200 将左、右声道扬声器数据信号 EarDataL、EarDataR 经过数字语音处理和 D/A 转换变成模拟扬声器信号，经放大后从电源 IC 左上角的 C2 脚、D3 脚输出经耦合器 L2150 耦合、保护压敏电阻 R2150、R2151 后送到扬声器，还原出对方的声音。扬声器电路最常见的故障是扬声器无声或扬声器声小，或听扬声器时有时无。维修时，首先用耳机试机，如果耳机有声，说明一定是机内扬声器本身电路不良，此时先更换扬声器，或检查扬声器是否触点氧化导致接触不良，再检查耦合器 L2150 有无虚焊损坏，可参考图 6.1.14 中扬声器触点和耦合器 L2150 的位置。

（2）2730c 手机话筒电路原理及维修技巧

2730c 手机采用电容式话筒，其特点是灵敏度高，具有非常宽的频带，谐波失真小。话

筒转变的声音信号经耦合器 L2155 耦合后直接送到电源 IC 的 H1 脚，在电源 IC 内部进行话音处理。话筒电路常见故障为无送话，维修时，首先用耳机试机，如果能送话，说明是机内本身话筒或话筒电路不良，主要检查话筒本身是否损坏、触点是否接触不良、耦合器 L2155 是否虚焊损坏等，可参考图 6.2.2 中话筒触点和耦合器 L2155 的位置。

（3）2730c 手机耳机与音乐扬声器电路原理及维修技巧

如图 7.1.29 所示，2730c 的耳机接口电路主要由音乐处理 IC N2100、耳机音乐耦合器 Z2002、耳机接口 X2001，以及图 5.2.3 中电源 IC 右上角的 L2151、L2152、L2153、L2154、B2101 等组成。

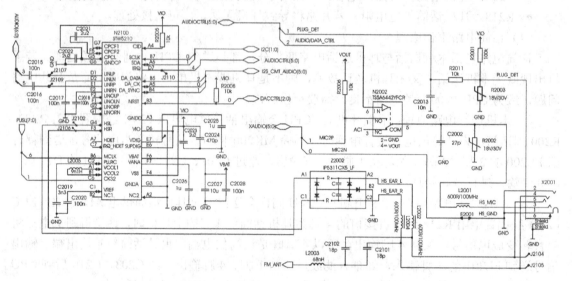

图 7.1.29 2730c 手机的耳机接口电路

耳机除了能听音乐之外，还可以打接电话。当手机插上耳机时，耳机接口 X2001 的 6 脚（不插耳机时为高电平 1.8V）与 1 脚（接地端）相连，被短路变成低电平，低电平检测信号 PLUG_DET 经 R2001、R2003、R2011、C2013 分压滤波电路送到 CPU D2800 的 Y15 脚，此时检测到已插入耳机，立即启动内部程序，将耳机显示信息送到手机显示屏显示耳机符号，告诉用户已插上耳机。同时，CPU D2800 的 U15 脚输出耳机音频切换控制信号，到耳机音频切换开关管 N2002 的 6 脚，控制开关关管的 1 脚和 5 脚连通，此时耳机话筒供电 VOUT 2V 供电经 L2001 送到耳机接口 X2001 的 3 脚使得耳机处于待命工作状态。如果拨打电话，耳机话筒将声音信号转变成电信号，经耳机接口 X2001 的 3 脚（即是供电端，也是信号输出端）输出声音信号 MIC2P 经 L2001 耦合到开关管 N2002 的 5 脚，再到 1 脚输出经外接音频总线 XAUDIO（5:0）送到电源 IC N2200 右上角的 G1 脚、G3 脚，见图 5.2.3。到电源 IC 内的语音信号同样经音频处理而发射出去。此时对方的语音信号也经电源 ICN2200 右上角的 E3 脚、F3 脚输出经外接音频总线 XAUDIO（5:0）、耦合电容 C2015、C2016 到音乐处理 IC N2100 的 D1 脚、E1 脚输入，进行音频处理的信号从 G4 脚、F3 脚输出经保护器 Z2002 及耦合电感 L2002、L2004 到耳机接口的 4 脚、5 脚，通过耳机扬声器还原出声音信号，实现了耳机接听电话和听 MP3 音乐的功能。

维修中，耳机电路常见的故障有插上耳机后手机无反应或手机能显示耳机符号但不能接听电话。如果是插上耳机后手机无反应，一般是耳机检测脚虚焊或耳机接口内部接触不良，可更换耳机接口来解决；如果有耳机符号但不能接听电话，拔掉耳机看手机能否接听电话，若能接听电话，说明是耳机本身的送、受话电路不良，常见为耳机开关管或音频处理 IC 不良所致，逐个更换即可排除故障。

7.1.7 手机蓝牙/收音机电路原理及维修技巧

1. 了解蓝牙

蓝牙是无线局域网通信标准技术，它采用无线数据和语音传输方式，用 Bluetooth 表示，简写为 BT。蓝牙已普遍用于手机中，如蓝牙耳机。蓝牙的传输距离一般为 10cm，采用 2.4GHz 频段和调频、跳频技术，支持 64kbps 实时语音和数据传输。蓝牙采用无线接口代替有线电缆连接，具有很强的移植性，具有功耗低、对人体危害小，而且应用简单、容易实现，所以多用于移动通信技术。

电路原理图中，只要标注有"Bluetooth（BT）"，就说明该电路就是蓝牙电路，通常都由蓝牙 IC 与其外围电路组成。

2. 2730c 手机蓝牙收音机电路原理及维修技巧

（1）2730c 手机蓝牙收音机电路结构

2730c 手机蓝牙收音机电路主要由蓝牙处理芯片 N6001、蓝牙天线 ANT_BT、蓝牙信号耦合器 Z6000、收音机天线 FMANT 及其他阻容元件等组成，如图 7.1.30 所示。

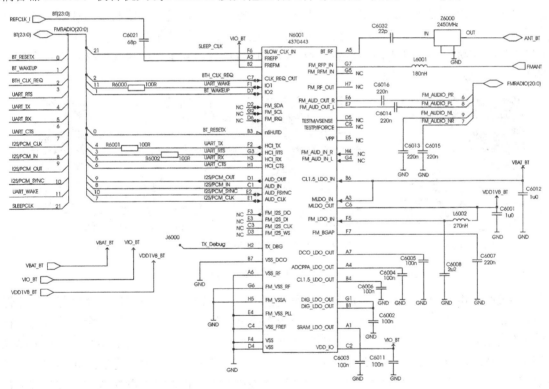

图 7.1.30　2730c 手机蓝牙收音机电路结构

（2）2730c 手机蓝牙收音机电路原理

当手机设置为蓝牙工作状态时，CPU D2800 的 AA6 脚就会输出一个蓝牙唤醒信号 BT_WAKEUP 到蓝牙芯片 N6001 的 D7 脚，启动蓝牙电路工作。如果是接收蓝牙传输信号，蓝牙天线接收蓝牙射频信号经耦合器 Z6000 与 C6032 耦合到蓝牙芯片的 A5 脚，经蓝牙数据处理后从蓝牙芯片的 F2 脚、G3 脚、H3 脚、H2 脚分别输出 UART_TX、UART_RTS、UART_RX、UART_CTS 数字信号到 CPU 控制后转到存储器存储起来。反之，发送数据是接收数据的逆过程。

当手机设置为收音机工作状态时，手机收音机天线（耳机接口通常就是收音机的天线）就会接收收音调频信号，经耦合电感 L2003、L6001 耦合到蓝牙/收音机芯片 N6001 的 G7 脚，在音频调制与控制处理后，从芯片的 E6 脚、E7 脚输出立体声手机信号 FM_AUDIO_PR、FM_AUDIO_PL 到音乐处理 IC N2100，然后从音频处理 IC 的 G4 脚、F3 脚输出到耳机，实现收听收音信号的工作过程。

（3）蓝牙收音机电路维修技巧

蓝牙收音机电路常见故障是无法识别蓝牙设备或找不到蓝牙设备、不能收听广播节目等。故障原因多为蓝牙 IC 或蓝牙时钟不正常，需更换处理；还有就是 CPU 或软件不良，加焊 CPU 或重写软件即可；也有的是蓝牙驱动程序没有安装好，导致无法识别蓝牙设备，重新安装即可。

7.1.8 手机照相电路原理及维修技巧

1. 手机照相电路原理

手机照相功能故障一般用更换摄像头、换接口或排线、换显示屏、写软件等方法来解决。手机摄像头有内置和外接两种安装方式，也有前置和后置两种方式。内置摄像头使用更方便，是大多手机采用的安装方式，如图 7.1.31 所示。外置摄像头通过数据线与手机相连。照相功能采用数码和光学变焦原理实现拍摄静态图像、连拍功能、短片拍摄等功能。手机摄像头与手机主板的连接方式有排线接口斜插式和排线接口直插式，它主要由排线、玻璃镜片和感光器件 CCD 组成，如图 7.1.32 所示。

图 7.1.31　手机内置摄像头　　　　　图 7.1.32　手机摄像头的连接口

手机照相电路由感光器、闪光灯、摄像头接口、A/D 转换器、数字信号处理芯片等器件组成，如图 7.1.33 所示。感光器是将光信号转变成电信号的器件，是手机摄像头的核心，在手机数码相机中，感光器有两种，一是 CCD（电荷耦合）感光器，二是 CMOS（互补金属氧化物）感光器，最常用的是 CMOS 感光器，如图 7.1.34 所示。照相时，通过感光器传来的模拟信号经 A/D 转换器转变成数字信号，送到微处理控制芯片内部进行数字处理。大多数手机的数字信号处理芯片都集成在微处理器中，也有单独的数字处理芯片，主要通过 I^2C 串行总线 SCL、SDA 进行传输。显示屏接口是连接手机数字处理芯片和显示屏的接口，显示屏将摄像头摄取的所有景物都显示出来。

2. 2730c 手机照相电路原理及维修技巧

（1）2730c 手机照相电路原理

2730c 手机照相电路由摄像头接口 X3300（元器件分布图中标示为"H3300"）、CPU D2800 及其他阻容元件构成，如图 7.1.35 所示。

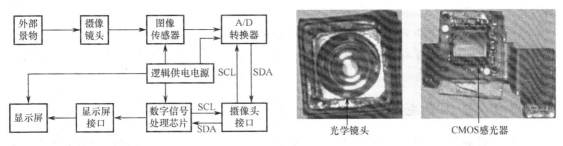

图 7.1.33　手机照相电路组成框图　　　图 7.1.34　光学镜头及 CMOS 感光器实物图

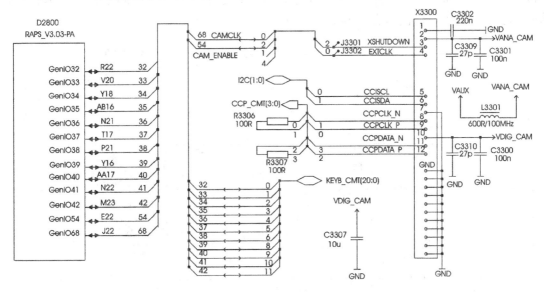

图 7.1.35　2730c 手机照相电路

手机开机后，电源 IC 会输出摄像头供电 VANA_CAM 到摄像头接口 X3300 的 2 脚，VDIG_CAM 到摄像头接口 X3300 的 10 脚作为摄像头的供电。当手机启动照相功能时，CPU 的 E22 脚（编号为 54）输出照相启动信号 CAM_ENABLE 到摄像头接口 X3300 的 3 脚，J22 脚（编号为 68）输出照相时钟信号，启动摄像头工作。此时，摄像头摄取外部景物，将光信号转变为电信号，通过接口 X3300 的 11 脚、12 脚分别送到 CPU 的 C19 脚、C20 脚，进行数据处理后通过显示数据线送到显示屏显示照相图片并存储。接口 X3300 的 5 脚、6 脚为摄像头的 I²C 总线，控制摄像头是照相还是摄像工作状态，8 脚、9 脚则为摄像时的时钟线，其他引脚均为接地端。

（2）手机照相电路故障维修技巧

照相电路经常出现的故障现象有手机不能照相、照相花屏、照相死机、照相图片发黑、显示"已取消"或"未就绪"等。维修技巧如下：

① 先拆下手机摄像头，查找接口各功能引脚接触是否正常，加焊即可。

② 手机设置为照相功能状态，测量摄像头接口的供电、时钟、数据 SDA、时钟线 SCL 是否都正常，对应测量并飞线即可。

③ 检查摄像头镜片与 CCD 之间的接触，加焊使之接触良好。

④ 检查摄像头连接口，经常有进水引起的不良或者摔坏造成开路，加焊接口即可。

⑤ 检查摄像头驱动电路，首先找到同型号的驱动 IC 更换试机，再检查驱动 IC 外围元器件有无虚焊开路。

⑥ 检查摄像头驱动 IC 与 CPU 之间有无断线开路，飞线即可。

⑦ 软件问题也是导致摄像头电路不能正常工作的主要原因，除采用以上方法外，还需刷写软件。

7.1.9 手机充电电路原理及维修技巧

手机一般都有一个专用的充电接口，比如诺基亚 BB5 系列手机，充电接口常用 "Charger plug" 来表示，如图 7.1.36 所示，该充电电路由充电接口、保护器 F2000、限流电感 L2000、稳压保护管 V2000、滤波电容 C2000、C2102 等组成。

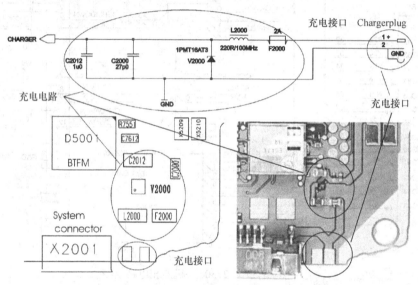

图 7.1.36　诺基亚 N70 手机专用充电接口电路

(1) 充电电路原理

当手机插上充电器时，充电电压通过保护器 F2000，限流电感 L2000，稳压管 V2000，滤波电容 C2000、C2012 后，送到驱动接口 IC，经 CPU 控制后，输出充电电压到电池接口为手机电池充电。从整个充电电路原理来看，如果手机出现充电故障，只需检查保护器 F2000、限流电感 L2000、稳压管 V2000、滤波电容 C2000、C2012 及驱动 IC、CPU 等元器件，常见为保护器 F2000、限流电感 L2000、稳压管 V2000 损坏，应重点检查。

(2) 充电电路故障维修实例

N70 进水手机，插上充电器后，显示未能充电故障。

故障现象与维修： 由于是进水机，可能是某个元器件漏电损坏。插上充电器，除了显示未能充电外，同时电量格数慢慢消失；拔出充电器后，电量又恢复为原来的格数。先检查易损器件保护器 F2000，限流电感 L2000，稳压管 V2000，滤波电容 C2000、C2012，没发现异常；再检查滤波元器件 C2300、C2301、L2301、C2309，发现 C2301 不稳定，拆下该电容，插上充电器试机，可以充电，同时电量格数也没有消失，说明该电容确实损坏，拆除后更换故障排除，如图 7.1.37 所示。

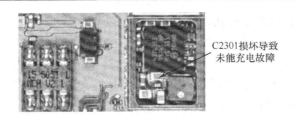

图 7.1.37　损坏的电容 C2301

7.2　智能手机功能接口电路原理与维修

本节主要通过介绍三星 I9300 智能手机功能接口电路原理与维修，让大家对智能手机多功能接口电路原理与维修有一个深入的了解和认识。智能手机的多种功能必须在硬件与软件正常的条件下才能完成，硬件主要是电路模块，软件可以在不同的第三方软件市场下载安装。

7.2.1　三星 I9300 智能手机 BT/WiFi 接口电路原理与维修

1. I9300 智能手机 BT/WiFi 接口电路原理

三星 I9300 智能手机 BT/WiFi 接口电路主要由接口控制芯片 U202、天线接口 ANT203、37.4MHz 的时钟晶振等组成，如图 7.2.1 所示。

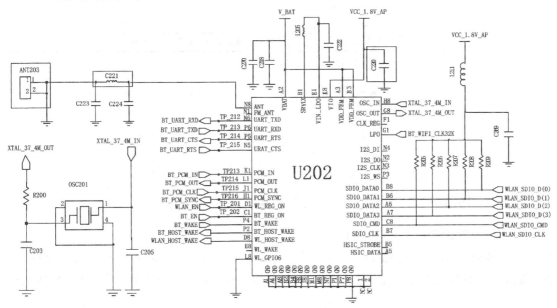

图 7.2.1　三星 I9300 智能手机 BT/WiFi 接口电路

当手机启动蓝牙或 WiFi 功能时，蓝牙或 WiFi 无线电磁波信号通过天线接口 ANT203 接收，经 C221、C223、C224 构成的滤波电路滤波后，送到控制芯片 U202 的 N8 脚，在 U202 内部进行数据处理，将数据信息从 U202 的 B8、B6、A6、A7、C8、B7 等引脚输出到多媒体 CPU 进行数字处理，然后送到多媒体存储器存储，实现 WiFi 功能或 BT 功能。

2. I9300 智能手机 BT/WiFi 接口故障维修

I9300 智能手机 BT/WiFi 接口常见故障是启动 BT/WiFi 功能失效或无法工作等，维修时主要考虑蓝牙或 WiFi 天线是否接触良好、U202 的时钟晶振 37.4MHz 是否正常。用示波器可以测量，正常应是标准的正弦波信号，或采用更换晶振方法判断，再就是检测 U202 供电是否正常或 U202 本身是否损坏，更换试机即可。常见的维修流程和主板上元器件分布图分别如图 7.2.2 和图 7.2.3 所示。

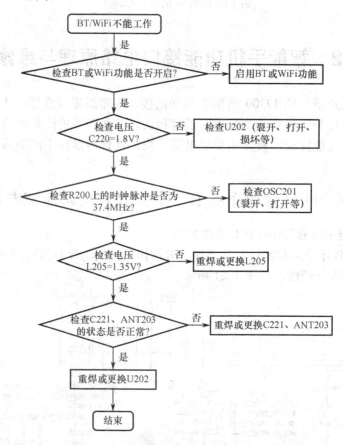

图 7.2.2　I9300 智能手机 BT/WiFi 接口故障维修流程

7.2.2　I9300 智能手机 GPS 接口电路原理与维修

1. I9300 智能手机 GPS 接口电路原理

三星 I9300 智能手机 GPS 接口电路主要由 GPS 天线接口 ANT200、GPS 信号放大器 U200、滤波器 F200、GPS 处理芯片 U201、GPS 时钟振动器 OSC200 及外接阻容元件构成，如图 7.2.4 所示。

当手机启动 GPS 功能时，手机 GPS 定位管理模块通过 GPS 卫星系统定位手机的坐标，然后将位置信息回传到服务器上，但是启动 GPS 功能必须通过浏览器登录服务器才能读取定位终端的位置轨迹。也就是说，手机启动 GPS 后，手机 GPS 定位模块会发出信息，与 GPS 卫星系统同步定位，通过手机安装的导航地图确定手机的具体位置，从而实现 GPS 定位功能。这里的 GPS 模块电路要工作，需满足供电、时钟、复位等条件。

第 7 章 手机接口功能电路原理及故障维修

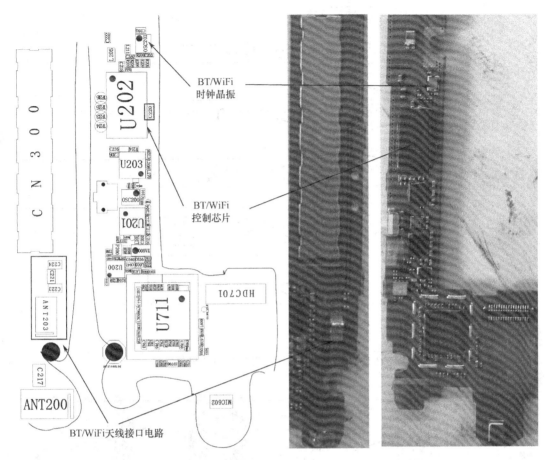

图 7.2.3 I9300 智能手机 BT/WiFi 接口主板上元器件分布图

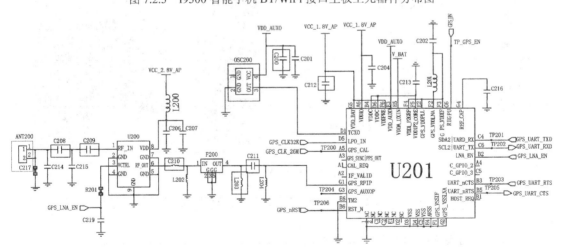

图 7.2.4 三星 I9300 智能手机 GPS 接口电路

2．I9300 智能手机 GPS 接口故障维修

GPS 接口功能电路最常见的故障是 GPS 不能运行，维修时主要检查 GPS 处理芯片 U201 的供电、时钟、GPS 处理芯片本身或 GPS 天线接口 ANT200、GPS 信号放大器 U200、滤波器 F200 等器件，其维修流程与主板上元器件分布图分别如图 7.2.5 和图 7.2.6 所示。

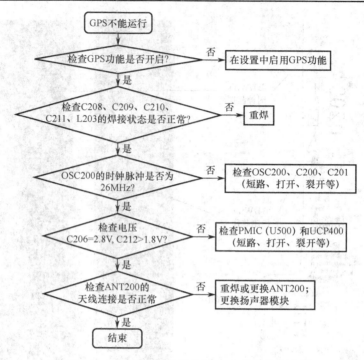

图 7.2.5　三星 I9300 智能手机 GPS 故障维修流程

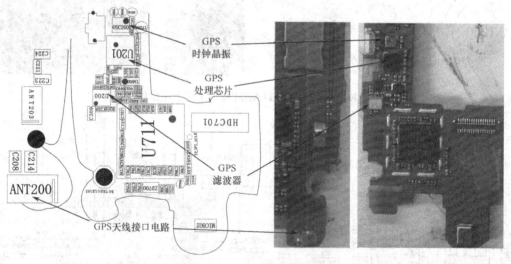

图 7.2.6　I9300 智能手机 GPS 接口主板元器件分布图

7.2.3　I9300 智能手机指南针电路原理与维修

1. I9300 智能手机指南针电路原理

指南针实际上就是磁力传感器的作用，是指通过磁场、电流、应力应变、温度、光的作用，将传感元件磁性变化转换成电信号的物理器件，用这种方式来检测器件相应的物理量。由于地球会产生磁场，所以通过测量地球表面磁场就可以做成指南针。利用电流变化来产生磁场的电流传感器也称为磁场传感器，常用于智能家电、智能手机、智能电子设备等，其电路组成如图 7.2.7 所示。

三星 I9300 智能手机指南针电路主要由电源 IC、多功能处理器 UCP400、磁感应传感器

U204 及其外围电路组成。当手机启动指南针功能时，磁感应传感器 U204 将磁力信号转换为电流信号，通过 U204 变换为电平信号，从 A3 脚、D4 脚连接到多功能处理器 UCP400 进行检测处理，再送到手机显示屏显示指南针功能指示，完成手机指南针功能的操作过程。

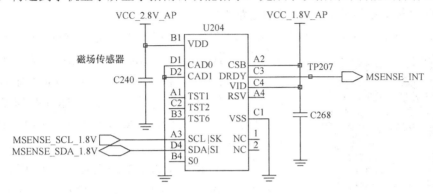

图 7.2.7　I9300 智能手机指南针电路

2. I9300 智能手机指南针功能故障维修

三星 I9300 智能手机指南针电路故障为指南针功能不能运行或无法启动指南针，常见为磁感应传感器 U204 损坏或供电不良等，其具体的维修流程与主板上元器件分布图分别如图 7.2.8、图 7.2.9 所示。

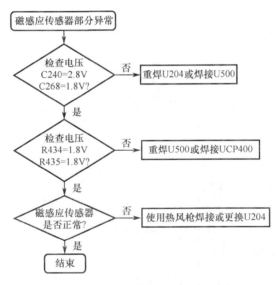

图 7.2.8　I9300 智能手机指南针故障维修流程

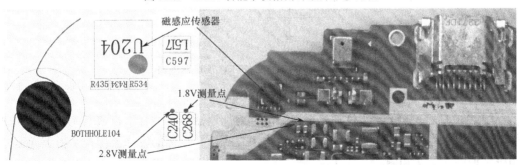

图 7.2.9　I9300 智能手机指南针电路主板上元器件分布图

7.2.4 I9300 智能手机 GYRO 加速器电路原理与维修

1. I9300 智能手机 GYRO 加速器电路原理

手机 GYRO 加速器实际上就是三轴陀螺仪重力感应器,它通过"测量角速度"的方法来判别物体的运动状态,比如手机导航时,它能准确测定手机移动的具体位置和倾斜度,因此 GYRO 加速器也称为运动传感器。手机中通常采用的 GYRO 加速器芯片是意法半导体公司生产的,其型号为 ADGL2022,主要用于苹果手机,如图 7.2.10 所示。

图 7.2.10 GYRO 加速器芯片

手机 GYRO 加速器电路主要由电源 IC、多功能处理器 UCP400、加速传感器芯片 U205 及其外围元器件组成,如图 7.2.11 所示。当手机启动重力游戏或 GPS 导航功能时,U205 感应器感应手机的位置角度变化,将感应的位置变化转换为电压信号,通过 U205 的 24 脚、28 脚传送到多功能处理器 UCP400,经 UCP400 处理后传送到手机显示屏显示,实现手机 GPS 导航或重力游戏功能。

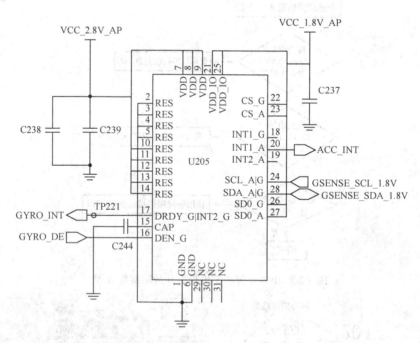

图 7.2.11 I9300 手机 GYRO 加速器电路

2. I9300 智能手机 GYRO 加速器故障维修

三星 I9300 智能手机 GYRO 加速器电路故障为加速传感运行不正常或无法启动加速器功能,常见为 GYRO 加速器 U205 损坏或供电不良等,其具体的维修流程及主板上元器件分布图分别如图 7.2.12 和图 7.2.13 所示。

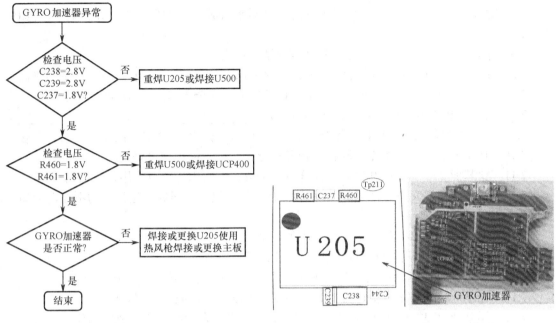

图 7.2.12　I9300 手机 GYRO
加速器故障维修流程

图 7.2.13　I9300 手机 GYRO 加速器
主板上元器件分布图

本 章 小 结

1. 通过本章手机接口功能电路学习，掌握手机界面接口功能电路的组成、原理、故障判断及维修方法。

2. 通过学习普通手机界面接口功能知识，重点掌握手机常见故障的分析方法与维修技巧，包括接口虚焊、FPC（排线）接触不良、不认 SIM 卡、按键失灵、显示屏不显示、触摸功能失灵等故障的处理技巧。

3. 通过学习 2730c 智能手机界面接口功能，掌握双模手机界面接口电路的不同点及检修方法，同时包括现代智能手机中 WiFi 功能失效、不能进行 GPS 导航、GYRO 传感器功能失效等故障的检测及维修技巧等。

习　题　7

7.1　手机接口功能电路又称为_____或_____，主要包括_____、_____、_____、_____、_____、_____、_____、_____、_____等。

7.2　手机 SIM 卡接口有六个触点，它们分别是_____、_____、_____、_____、_____、_____。

7.3　手机插入 SIM 卡开机后显示屏提示"不能识别 SIM 卡"或"SIM 无效"，应如何维修？

7.4 诺基亚 2730c 手机开机后显示屏提示"不能识别 SIM 卡"或"SIM 无效",应如何维修?

7.5 手机多媒体卡有八个触点,其功能分别是什么?

7.6 诺基亚 2730c 手机开机后显示屏提示"存储卡无效"或"存储卡错误",应如何维修?

7.7 诺基亚 2730c 手机开机后"显示不正常"或"完全无显示",应如何维修?

7.8 目前市售电容式触摸屏有两种,分别是＿＿＿＿＿和＿＿＿＿＿。

7.9 手机电容式触摸屏出现"触摸屏失灵,有时正常,有时失灵"故障,应如何维修?

7.10 诺基亚 2730c 手机无法开机,按开机键无作用,应如何维修?

7.11 诺基亚 2730c 手机开机后,部分按键失灵,有时用力按有作用,应如何维修?

7.12 诺基亚 2730c 手机开机后,显示屏有显示,但显示屏灯和键盘灯均不亮,应如何维修?

7.13 诺基亚 2730c 手机来电无声,应如何维修?

7.14 诺基亚 2730c 手机拨打电话时话筒无送话,应如何维修?

7.15 手机已启动蓝牙功能,但无法进行手机之间的数据传输,应如何维修?

7.16 诺基亚 2730c 手机插上耳机后,启动收音功能无法收听节目,应如何维修?

7.17 诺基亚 2730c 手机启动照相功能时显示"设备未就绪"或出现照相死机故障,应如何维修?

7.18 诺基亚 2730c 手机进水后,插上充电器显示未能充电,应如何维修?

7.19 现代智能手机在普通手机接口功能基础上,新增了哪些功能?(列举五个常用功能)。

7.20 三星 I9300 智能手机出现"启动 BT/WiFi 功能失效,无法工作"故障,应如何维修?

7.21 三星 I9300 智能手机出现"GPS 不能运行"故障,应如何维修?

7.22 三星 I9300 智能手机出现"指南针功能不能运行"或"无法启动"故障,应如何维修?

7.23 三星 I9300 智能手机出现"GYRO 加速器不能运行"或"无法启动"故障,应如何维修?

7.24 解释下列手机界面接口功能常见英文标注的含义:VSIM、TF_CMD、TF_CLK、VMMC、TFT、FPC、LCD Connector、VLED、CSx、WRX、RDX、VAUX、LCDRESET、NC、ROW、COL、KROW、KCOL、LED、BACKLIGHT、MP3_OUTL\AU_MOUTL、MP3_OUTR\AU_MOUTR、SPKN0\AU_OUT0_N、SPKP0\AU_OUT0_P、MICBIASP\AU_MICBIAS_P、MICBIASN\AU_MICBIAS_N、MICPO\AU_VINO_P、MICNO\AU_VINO_N、BYPASS、Louder SPK connector、MICROPHONE、EarDataL、EarDataR、XAUDIO(5:0)、Bluetooth、PCM_CLK、BT_WAKEUP、PUSL、FMANT、SCL、SDA、CM.DAT、Charger plug、WIFI、GPS、GYRO。

本章实训　手机界面接口功能电路故障检测与维修

一、实训目的

1. 掌握手机接口功能常见故障检测与维修方法。
2. 掌握使用示波器、数字万用表检测手机接口功能故障。

二、实训器材及材料

1. 普通手机多部,诺基亚、三星、苹果智能手机多部(也可以是学生自用的手机)。
2. 稳压电源、示波器、数字万用表、热风枪、调温电烙铁、镊子、植锡板、助焊剂、锡浆、天那水、植锡台架、超声波清洗器、刷子(牙刷也可)、松香、焊锡丝、手术刀。

三、实训内容

1. 根据接口功能故障现象分析故障的产生原因。
2. 根据接口功能不同的故障现象,具有针对性地分析故障点,并及时检测维修。
3. 针对手机接口功能电路常见的显示屏摔坏或破损故障,学习不同显示屏的更换方法。
4. 学习手机按键失灵的清洗方法,学习按键失灵的处理技巧。
5. 学习安装现代智能手机指南针、重力感应游戏等应用软件。

四、实训报告

1. 通过对手机接口功能故障的检测,掌握分析接口功能常见故障的检测方法和故障判断。
2. 通过分析手机接口功能故障现象,掌握手机接口功能故障的处理技巧。
3. 通过对手机接口功能故障的检测,掌握手机接口功能常见故障维修。

第 8 章　iPhone 4 手机电路原理与维修

本章主要学习现代智能手机市场最流行、最具代表性、市场维修量最大的 iPhone 4 智能手机电路原理与维修综合知识。从整机电路结构看，iPhone 4 智能手机整机包括主控系统、通信基带和接口功能三大部分。其中，主控系统部分主要负责手机的开机功能；通信基带部分主要负责手机射频 2G 和 3G 无线上网功能，如无线 WiFi 功能；接口功能部分主要负责手机各界面功能，如手机显示功能、触摸功能、GPS 功能、三轴陀螺仪功能等。原理讲解时，基本没有改变原厂电路结构，读者学习时可以通过网络下载原厂电路图参考学习，掌握整机电路图的识图方法、故障分析方法、故障检测方法、故障维修方法等综合知识体系。

8.1　iPhone 4 手机开机原理与故障检修

iPhone 4 智能手机开机电路原理与其他普通手机开机电路稍有不同，原因是 iPhone4 手机开机主要由应用处理器部分实现，当然也包括开机的供电、时钟、复位、软件、维持五大条件。其中，供电有两种方式，一是电池供电实现的开机方式；二是 USB 供电的开机方式和充电。

8.1.1　iPhone 4 手机整机结构与开机原理分析

1. iPhone 4 手机整机结构及对应故障分析

（1）iPhone 4 手机整机结构

如图 8.1.1 所示，从主板上看，iPhone 4 手机整机包括三大部分，一是专门负责开机的主控系统 AP 部分；二是基带（BB）射频管理部分；三是界面功能接口部分。其中，负责开机的主控系统 AP 部分主要由电池接口 J7、系统主控微处理器 CPU+字库的双层封装芯片 U52、主控电源管理器 U48_PMU、32kHz 实时时钟晶振 Y1_PMU、U1 闪存、Y2 主时钟晶振、USB 控制管 S1/S2、USB 充电控制管 Q2、充电控制管 Q1/Q3、J7 开机键接口等组成。若手机不开机，重点应检查这部分电路。基带（BB）射频管理部分由通信基带处理器 U9_RF、U4_RF 通信字库、射频供电管 U11_RF、G2_RF 射频处理基准时钟、U8_RF 射频 IC、U7_RF 射频滤波器、U6_RF 射频放大管、U1_RF 天线开关、1900MHz 功放 IC U37_RF、900MHz 功放 IC U20_RF、2100MHz 功放 IC U19_RF、850MHz 功放 IC U5_RF 等组成。若手机开机出现信号不正常，应重点检测这部分电路。界面接口部分主要由 SIM 卡座接口 J1_RF、SIM 卡保护 IC U15、U16 指南针 IC、GPS 控制 IC U14_RF、GPS 时钟 G3_RF、无线 WiFi 与蓝牙 IC U2_RF、Y2 无线 WiFi 与蓝牙功能时钟、重力加速器 U3、开机键及录音和感应器接口 J7、耳机及侧键和振动接口 J1、显示接口 J3 和 J4、触摸接口 J5、主摄像头接口 J6、前置摄像头接口 J8、触摸 IC U19、音频 IC U60、耳机话筒检测 IC U70、指南针控制 IC U4、背光灯升压控制管 Q1_PMU、振铃放大管 U5、LED 闪光灯驱动管 U17 等组成。如果手机开机及射频都正常，只是某一功能不能使用时，应重点检测该功能电路及其 IC 即可排除故障。

第 8 章　iPhone 4 手机电路原理与维修

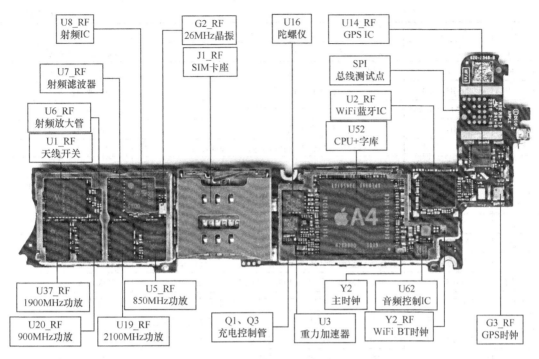

图 8.1.1　iPhone 4 手机整机结构（一）

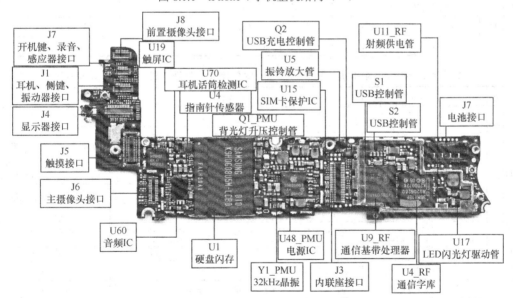

图 8.1.1　iPhone 4 手机整机结构（二）

（2）对应故障分析（见表 8.1.1 和表 8.1.2）

表 8.1.1　iPhone 4 手机整机结构（一）中，各器件故障现象及维修处理方法

器件编号	器件名称	故障现象说明	维修处理方法
U8_RF	射频 IC	虚焊或损坏会导致手机无信号	加焊或更换处理
U7_RF	射频滤波器	虚焊或损坏会导致手机无信号	加焊或更换处理
U6_RF	射频放大管	虚焊或损坏会导致手机无信号	加焊或更换处理

(续表)

器件编号	器件名称	故障现象说明	维修处理方法
U1_RF	天线开关	虚焊或损坏会导致手机无信号	加焊或更换处理
U37_RF	1900MHz 功放	虚焊或损坏会导致手机无信号	加焊或更换处理
U20_RF	900MHz 功放	虚焊或损坏会导致手机无信号	加焊或更换处理
U19_RF	2100MHz 功放	虚焊或损坏会导致手机无信号	加焊或更换处理
U5_RF	800MHz 功放	虚焊或损坏会导致手机无信号	加焊或更换处理
G2_RF	26MHz 晶振	虚焊或损坏会导致手机开机后出现无 WiFi、无串号、无蓝牙故障	加焊或更换处理
J1_RF	SIM 卡座	脏污或接触不良会导致手机不读 SIM 卡	清除脏污或处理引脚触点即可
U16	陀螺仪 IC	虚焊或损坏会导致手机游戏功能失效	加焊或更换处理
Q1/Q3	充电控制管	虚焊或损坏会导致手机不能充电	加焊或更换处理
U3	重力加速器	虚焊或损坏会导致手机游戏功能失效	加焊或更换处理
U14_RF	GPS IC	虚焊或损坏会导致手机 GPS 功能失效	加焊或更换处理
U2_RF	WiFi 蓝牙 IC	虚焊或损坏会导致手机无 WiFi、无蓝牙故障	加焊或更换处理
U52	CPU+字库（AP 应用处理器）	虚焊或损坏会导致手机不开机，取下 CPU，开机电流为 10.25mA，换 CPU 不开机，必须重新写资料才能开机	加焊、重植或更换处理
Y2	主时钟晶振	虚焊或损坏会导致手机不开机	加焊或更换处理
U62	音频控制 IC	虚焊或损坏会导致手机无扬声器、无送话声	加焊或更换处理
Y2_RF	WiFi 蓝牙时钟	虚焊或损坏会导致手机无 WiFi、无蓝牙故障	加焊或更换处理
G3	GPS 时钟	虚焊或损坏会导致手机 GPS 功能失效	加焊或更换处理

表 8.1.2　iPhone 4 手机整机结构（二）中各器件故障现象说明及维修处理方法

器件编号	器件名称	故障现象说明	维修处理方法
J7（左）	开机键、录音、感应器接口	排线损坏或接触不良会导致手机不开机、无录音、无感应	加焊引脚焊点或更换处理
J1	耳机、侧键、振动器接口	排线损坏或接触不良会导致手机无免提、侧键、振动键失效	加焊引脚焊点或更换处理
J4	显示座接口	显示屏坏、排线损坏或接触不良会导致手机无显示	加焊引脚焊点或更换处理
J5	触摸接口	触屏、排线损坏或接触不良会导致手机触摸失灵	加焊引脚焊点或更换处理
J6	主摄像头接口	摄像头损坏、接触不良会导致手机主摄像头无法照相	加焊引脚焊点或更换处理
U60	音频 IC	虚焊或损坏会导致手机无扬声器、无送话、无振铃声	加焊或更换处理
J8	前置摄像头接口	摄像头坏或接触不良会导致手机前置摄像头无法照相	加焊引脚焊点或更换处理
U9	触屏 IC	触屏 IC 损坏或虚焊会导致触摸失灵	加焊或更换处理
U70	耳机话筒检测 IC	虚焊或损坏会导致手机无送话、无扬声器声	加焊或更换处理
U4	指南针传感器	虚焊或损坏会导致手机游戏功能失效	加焊或更换处理
Q1_PMU	背光灯升压控制管	虚焊或损坏会导致手机无灯光	加焊或更换处理
Q2	USB 充电控制管	虚焊或损坏会导致手机无法充电，可短接	加焊或更换处理
U5	振铃放大管	虚焊或损坏会导致手机无振铃声	加焊或更换处理
U15	SIM 卡保护 IC	漏电或短路都会导致手机不读 SIM 卡	加焊或更换或拆除不用
U11_RF	射频供电管	虚焊或损坏会导致手机无信号	加焊或更换处理
S1	USB 控制管	虚焊或损坏会导致手机 USB 供电不正常	加焊或更换处理
S2	USB 控制管	虚焊或损坏会导致手机 USB 供电不正常	加焊或更换处理

(续表)

器件编号	器件名称	故障现象说明	维修处理方法
J7（右）	电池接口	虚焊或接触不良会导致手机不开机	加焊或更换处理
U1	硬盘闪存	虚焊或损坏会导致手机不开机	加焊或更换处理
Y1_PMU	32kHz 晶振	虚焊或损坏会导致手机不开机	加焊或更换处理
U48_PMU	电源 IC	虚焊或损坏会导致手机不开机	加焊或更换处理
J3	内联座（尾部）接口	排线损坏或接触不良会导致手机无送话、无振铃、不充电、USB 不联机、返回键失灵	加焊引脚焊点或更换处理
U9_RF	通信基带处理器（基带 CPU）	虚焊或损坏会导致手机开机后出现无 WiFi、无串号、无蓝牙故障	加焊、重植或更换处理
U4_RF	通信字库	虚焊或损坏会导致手机开机后出现无 WiFi、无串号、无蓝牙故障	加焊、重植或更换处理
U17	LED 闪光灯驱动管	损坏或接触不良会导致手机主摄像头无照相闪光	加焊或更换处理

2. 整机供电、开机原理分析及测量点

（1）iPhone 4 手机整机供电

iPhone4 手机整机供电分为机内供电与机外供电，机内供电由电池提供，机外供电由 USB 接口提供，同时还对机内电池的充电。iPhone4 手机开机主要由电源管理器 U48_AP 提供供电，而射频基带供电则由射频基带处理器 U9_RF 来提供。射频基带处理器 U9_RF 不但集成了射频基带逻辑处理，同时还集成了射频基带电路需要的稳压供电，为整个射频基带电路提供电源，这与其他手机不同。

（2）iPhone 4 手机开机原理

iPhone 4 手机具体开机电路如图 8.1.2～图 8.1.4 所示，由电源管理器 U48_AP、开关键接口 J7、开关键等组成。实际上，图 8.1.2、图 8.1.3 是一个电源管理器 U48_AP 芯片的两个部分，只是因为有多组供电去向，所以将其分为两个部分，同时为了不改变原厂电路图，这里仍分为两个图进行讲解。首先，图 8.1.4 左上角电池接口 J7_RF 的 4 脚电池供电电压 VBAT_VCC 4V 送到电源 IC U48_AP 的 H7 脚、L9 脚、L10 脚，为电源 IC 供电。同时，电池供电 VBAT_VCC 4V 还通过 C11_RF、C36_RF 滤波电容、限流电感 FL6_RF、FL8_RF 和转换开关 XW4_RF、XW5_R 后，将 4V 电压转变成四路供电 VDDSD2_IN、VDDSD1_IN、BATSNS、VDD_PMU_LDO_IN 为通信基带 CPU（U9_RF）供电。当电源 IC U48_AP 得到供电后，经内部电压变换电路转变成 1.8V 开机高电平电压从图 8.1.3 中电源 IC 左上角 J8 脚输出 PWR_KEY_L（HOLD_KEY_L）到传感器接口 J7 的 6 脚连接到 HOLD 开机键，如图 8.1.5 所示。当按下开机键后，低电平触发电源 IC 内部稳压器，输出组电压，PP1V8_VBUCK2（PP1V8_SDRAM）逻辑供电 1.8V 到应用微处理器 U52 的 A11 脚、A21 脚、P1 脚、T27 脚、W27 脚、AG10 脚、F27 脚、AB1 脚、AE1 脚、AG11 脚、AG16 脚、AG24 脚、D1 脚、D27 脚、H27 脚供电，同时 PP1V8_VBUCK 还送到 U7 稳压管，输出 PP1V2_SDRAM 1.2V 稳压送到应用微处理器 U52 的 A17 脚、A24 脚、W1 脚、N27 脚、T1 脚、A20 脚、A8 脚、AA27 脚、A5 脚、AC1 脚、AD27 脚、AG4 脚、AG7 脚、C1 脚、K1 脚、K27 脚为其供电，如图 8.1.6 所示。另外，PPCPU_CORE 1.35V、PP1V8、PP1V2、PP3V0_IO 组电压也为微处理器 U52 供电，满足手机开机的第一大条件，如图 8.1.7 所示。

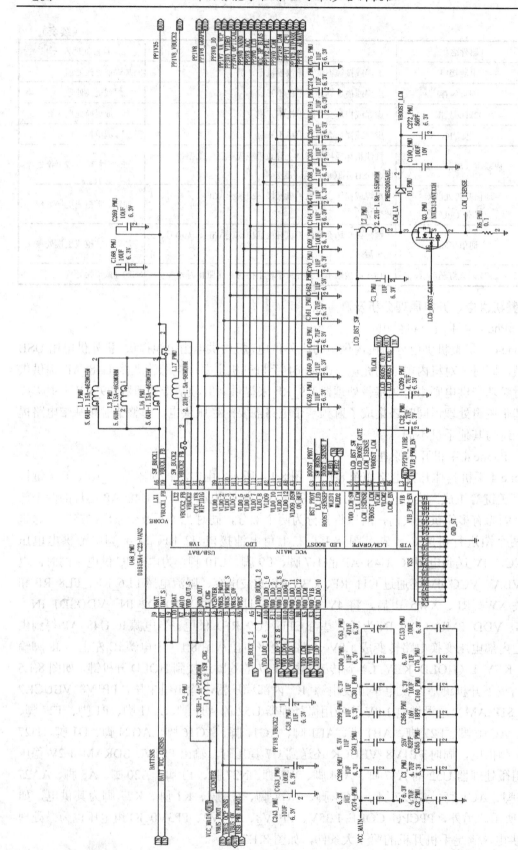

图 8.1.2 iPhone 4 手机开机电源管理器（一）

第 8 章 iPhone 4 手机电路原理与维修

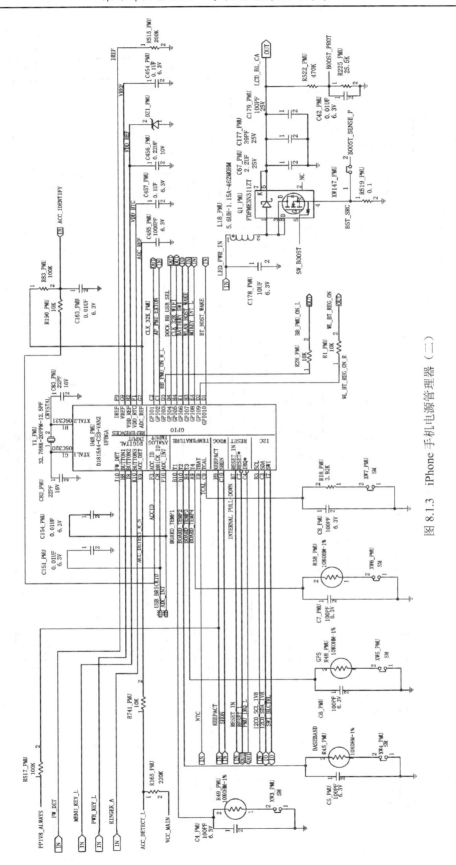

图 8.1.3 iPhone 手机电源管理器（二）

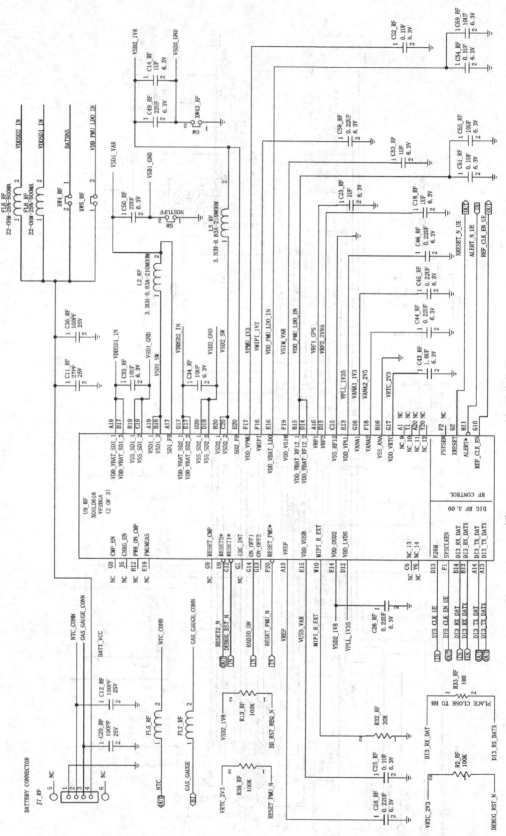

图 8.1.4 iPhone 4 手机通信基带处理器

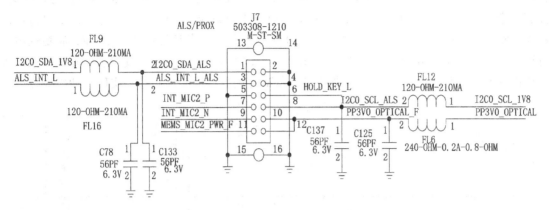

图 8.1.5 传感器接口 J7 电路原理

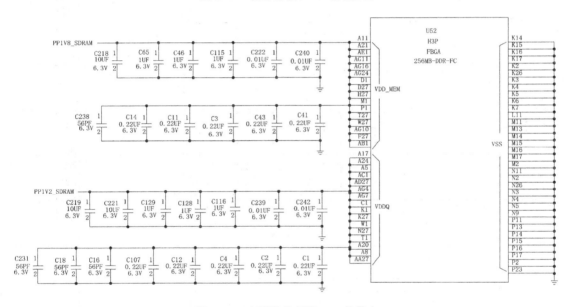

图 8.1.6 应用微处理器 U52 的供电

当 CPU 供电正常后，CPU 内部的 OSC 振荡器振工作，从 CPU 的 A12 脚输出振荡信号，经 R40 到系统时钟晶体 Y2。由于 Y2 是 24MHz 时钟晶体，因此振荡信号经 24MHz 控制后，输出标准 24MHz 主时钟信号送到 CPU 的 B12 脚，CPU 满足频率 24MHz 的工作时钟，即开机第二大条件，如图 8.1.8 所示。

然后电源 IC 的 C7 脚输出 RESET_3V0_L 3V 复位信号经 R24、R9、R6 电阻分压后得到 1.8V 复位信号到 CPU 的 B9 脚，使得 CPU 在 60ms 内完成复位动作，满足开机的第三大条件。当 CPU 得到供电、时钟和复位后，开始读取 NAND FLASH（字库）内的 DFU 程序并运行。如果 NAND FLASH 有 FA1 和 FA2 系统，则 DFU 系统会自动引导运行操作系统程序，进行开机自检，完成自检后，从图 8.1.9 所示的 CPU 的 C10 脚输出开机维持信号给电源管理芯片 48_RF 的 H9 脚（见图 8.1.3），使电源管理芯片持续输出稳定的电压。

此时，射频 RF 基带部分供电系统中，基带处理器 U9_RF 也得到电源供电。当 AP 电源管理器 U48 工作正常后，其 C7 脚发送 RESET 信号给射频基带处理器芯片 U9_RF 的 F20

脚,同时主控 CPU U52 的 A9 脚发送 RADIO-ON 上升沿信号给基带处理器 U9_RF 的 G14 脚,控制基带处理器芯片启动工作。此时,在基带处理器 A11 脚、A12 脚外接的 32kHz 晶体振荡器 Y1_RF 也为其提供时钟信号,如图 8.1.10 左上角所示。当基带处理器 U9_RF 满足供电、时钟和复位后,基带处理器开始读取 NOR FLASH 内部程序并运行,直到手机开机完成,进入待机状态。操作手机时,启动基带处理器控制射频基带电路各芯片,实现各功能操作。

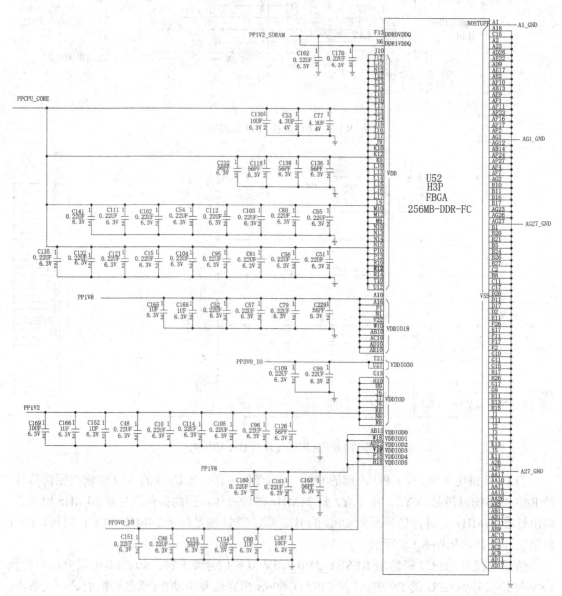

图 8.1.7　应用微处理器 U52 的其他供电

(3) iPhone 4 手机开机部分测量点

① iPhone 4 手机供电测量点:iPhone 4 手机电源管理器 U48_AP 输出供电电压测量点如图 8.1.11 和图 8.1.12 所示。其中有 8 组是 CPU(芯片标示 A4)供电,如表 8.1.3 所示。

提示:找测量点,一般找体积大、容易测量的元器件。

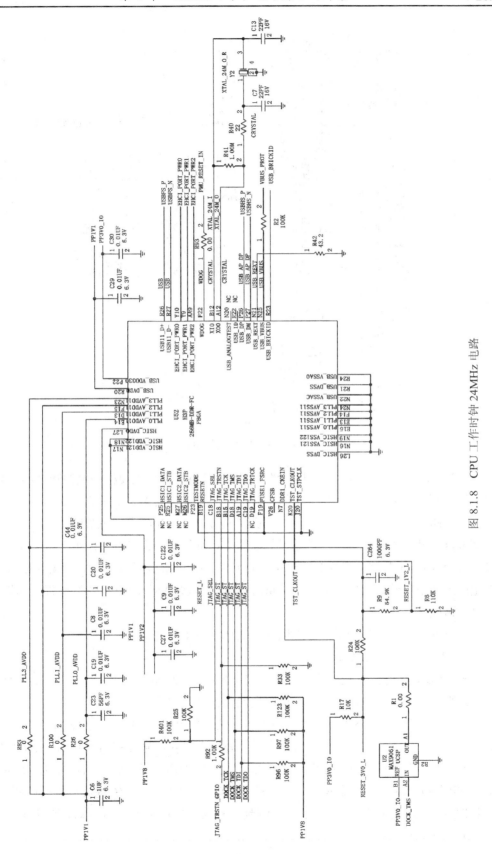

图 8.1.8 CPU 工作时钟 24MHz 电路

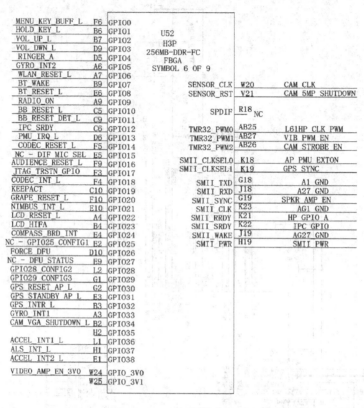

图 8.1.9 CPU 逻辑电路图

表 8.1.3 中任何一组电压不正常，都会导致手机不开机。主要检测电源管理器 U48_AP，若有电压，则是 A4 虚焊或损坏导致的不开机。还需检查其供电电压线路上的电阻值是否正常，由此一路查找即可找到故障元器件，更换或短接即可排除不开机故障。

② iPhone 4 手机系统时钟及基带时钟测量点：如图 8.1.13 和图 8.1.14 所示，由于 24MHz 时钟信号经 R40、R41 输入到 CPU 的 A12 和 B12 脚，正常电压为 0.9V，如果 R40 和 R41 这两个电阻上的电压升高为 1.5V，则为 R40 和 R41 电阻虚焊或 CPU（A4）虚焊，加焊即可使其回到正常电压值。

③ iPhone 4 手机复位测量点：如图 8.1.15 所示，电压幅值为 1.8V。

（4）iPhone 4 手机 USB 接口供电电路原理

机外 USB 供电输入是通过尾座接口与内联座接口 J3 向手机输入供电，其供电有两路去向，一路直接向机内供电，另一路给机内电池供充电。

① USB 接口电路。USB 外部供电输入通过尾座到内联座 J3 接口的 12 脚、14 脚、16 脚、18 脚输入，经过电感 L3、L4 滤波后转变为机外供电输入信号 USB_PWR_NO_PROTECT 控制电子开关管 Q2。由于 Q2 内部集成了双增强型 P 沟道场效应管，当机外 USB 供电信号 USB_PWR_NO_PROTECT 输入后，通过开关管 Q2 后经 R37、DZ6 滤波后供去电源 U48_K6 脚（见图 8.1.2 左边中间），此时电源检测到了外部的供电输入从而启动外部供电开机，如图 8.1.16 和图 8.1.17 所示。

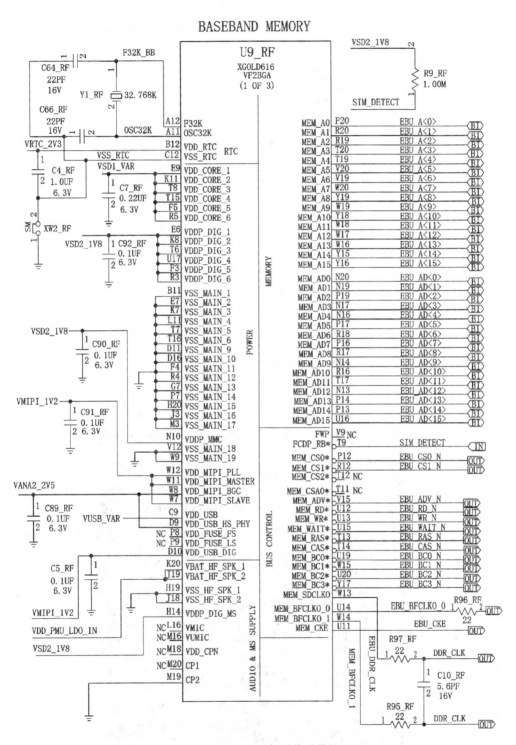

图 8.1.10 iPhone 4 手机通信基带处理器

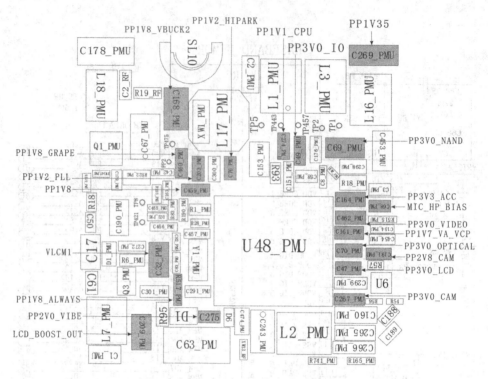

图 8.1.11 iPhone 4 手机供电电路测量点

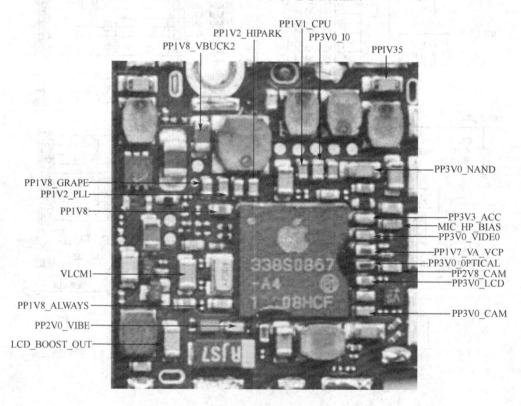

图 8.1.12 iPhone 4 手机主板供电电路测量点

表 8.1.3　iPhone 4 手机 CPU 供电测量点

电　压	电压值/V	电源 IC 旁的测量点	CPU 旁的测量点	说　明
PP1V8.SDRAM	1.8	C168_PMU	C218	由 PP1V8_VBUCK2 转换为 PP1V8.SDRAM
PP1V1_CPU	1.1	C274_PMU	C6	PP1V1_CPU 到 CPU 转换为 PP1V1
PP1V2_HIPARK	1.2	C76_PMU	C169	PP1V2_HIPARK 到 CPU 转换为 PP1V2
CPU_1V8	1.8	C459_PMU	C165、C168	CPU_1V8 到 CPU 转换为 PP1V8
PP3V0_IO	3	C49_PMU	C167	
PPCPU_CORE	1.1	C269	C130	PP1V35 到 CPU 转换为 PPCPU_CORE
PP3V0_VIDEO	3.0	C462_PMU	C28	
PP1V2_SDRAM	1.2	C168_PMU	C219、C221、C162	PP1V8_SDRAM 电压经 U7 转换为 PP1V2_SDRAM

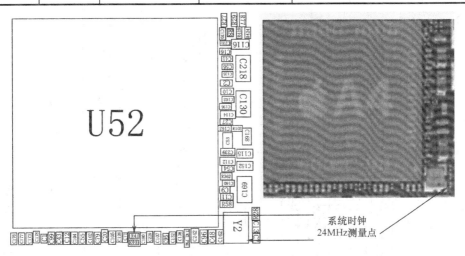

图 8.1.13　iPhone 4 手机系统时钟测量点

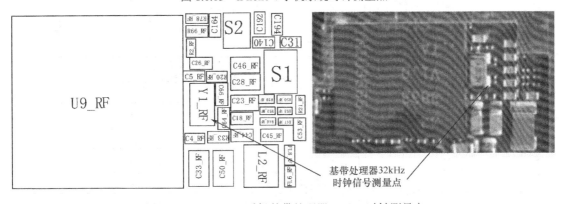

图 8.1.14　iPhone 4 手机基带处理器 32kHz 时钟测量点

图 8.1.15　iPhone 4 手机复位测量点

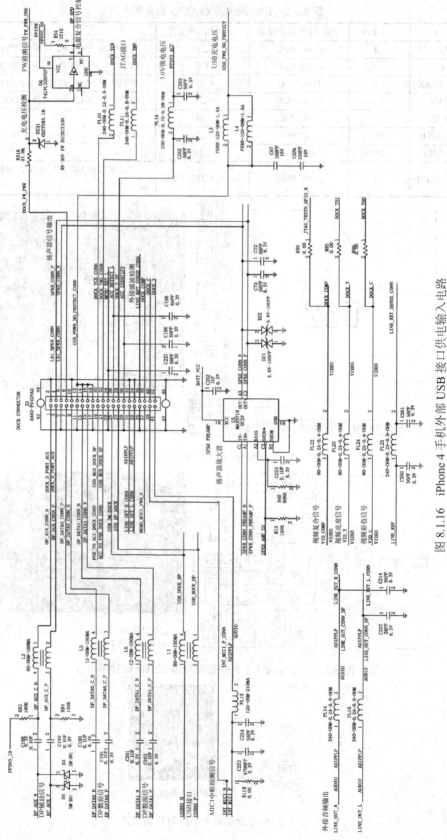

图 8.1.16 iPhone 4 手机外部 USB 接口供电输入电路

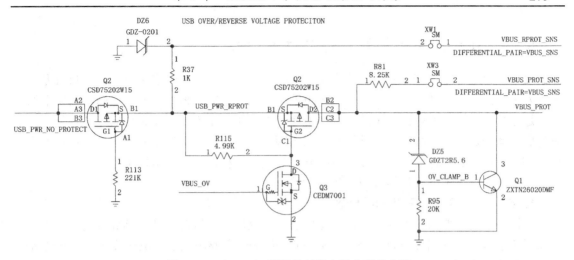

图 8.1.17 iPhone 4 手机外部供电输入开关电路

当电源管理器 U48 的 K6 脚检测到有外部的供电输入后，电源管理器启功外部供电开机工作，并产生各路稳压供电后与 CPU U52 进行通信。电源管理器 U48 与 CPU_U52 通信完成后，就从电源管理器 U48 的 J3 脚（见图 8.1.2 左边中间）输出启动充电高电平控制信号 VBUS_OV 到 Q3 的 G 极，使 Q3 工作导通，Q2 的 C1 管 G 极信号拉成低电平，Q2 的 C1 管也导通工作，这样机外的 USB 供电电路开始工作。

充电输入信号 VBUS_PROT 一路经电阻 R81 送到电源管理器 U48 的 L5 脚来检测充电输入电流，另一路到 CPU 的 N25 脚（见图 8.1.8 的右下方）作为外部供电输入的检测信号。在手机维修中，VBUS_PROT 充电信号直接输入 CPU 的设计对 CPU 有些不保险，所以在 iPhone 4 手机电路中，只要是手机在正常充电使用过程中造成的大电流不开机或开机漏电故障，多数是手机在充电时 CPU 损坏导致，因此，iPhone 4 手机充电一定要用苹果原装充电器。

机外供电进入电源 U48 后再从电源 U48 的 H7 脚、L9 脚、L10 脚（见图 8.1.2 的左上方）输出到电池接口座 J1（见图 8.1.4 的左上方）对电池进行充电。

② 外部供电输入电路测量点如图 8.1.18 所示。

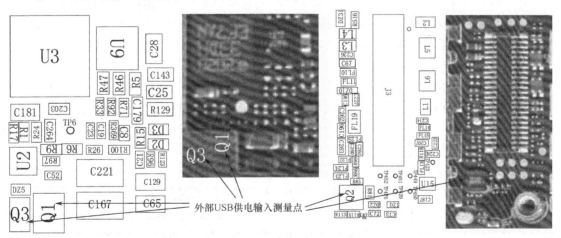

图 8.1.18 外部供电输入电路测量点

8.1.2 iPhone 4 手机开机部分故障检修

苹果手机电池不像普通手机，完全不能直接取下来，它的故障在手机内部，只有专门的维修人员才能拆机更换。很显然苹果手机电池不能用普通充电器单独充电，同时它所配的直充也是专款专用，目的是保证电池的使用寿命。但对于电子产品，无论如何保护，使用一段时间后，就一定会产生故障，另外还有人为原因，如摔坏、进水等，通常就需要进行维修处理。iPhone 4 手机开机部分常见故障有按开机键无法开机、插上充电器也无法开机、插上充电器无法充电、进水机开机出现白苹果显示等。

1. iPhone 4 手机不开机的维修思路

手机不开机一般由硬件和软件两大原因引起，这里主要讲解硬件原因导致的不开机，软件原因请参考第 9 章相关内容。iPhone 4 手机硬件原因主要与电池、电池接口 J7、充电器、主控电源管理器 U48_PMU、AP 应用处理器 U52、32kHz 晶振 Y1_PMU、U1 闪存、Y2 主时钟晶振、USB 控制管 S1/S2、USB 充电控制管 Q2、充电控制管 Q1/Q3、开机键接口 J7 等器件相关，维修思路如下。

① 检查电池：由于采用的是锂电池，不能长时间处于没电状态，否则会缩短电池寿命甚至导致电池损坏。对怀疑是电池导致的不开机故障，一般需进行一次长时间充电，如果长时间充电后能开机，说明是电池没电；如果仍然无法开机，则有可能是电池已损坏，购买原装电池后更换即可修复。

② 连接充电器无法开机：将电源键与 Home 键同时按住，直到出现白苹果后松开，若手机能开机，说明系统程序出错；如果此方法还是不能开机，那基本就是系统软件问题了，必须在苹果官网下载联机软件 iTunes 并安装，连接手机与计算机，同时按住电源键与 Home 键 2s，保持按住 Home 键，松开电源键，此时计算机发现新硬件，iTunes 也发现 iPhone，并提示"恢复"，激活后即可恢复手机开机。

③ 插上充电器无法充电：重点检测电池本身、USB 充电接口、内联座接口 J3、充电电阻 R81、电源管理器 U48、电池接口 J7、USB 控制管 S1 和 S2、USB 充电控制管 Q2 及 USB 供电限流电感 L3、L4 等元器件即可排除故障。

④ iPhone 4 手机开机死机或开机出现白苹果等：都是系统软件出错导致的，处理方法仍是按住开机键加 Home 键，大概 8s 后可重新启动，系统自动恢复手机开机，故障即可排除。

2. iPhone 4 手机不开机故障维修实例

维修实例一：iPhone 4 无法开机。

故障现象与维修：现象是连接充电器可以开机，但总是提示连接 iTunes，而且处于无服务状态，一拔掉充电器就立即黑屏，按开机键无反应，连接计算机又无显示，只有白苹果在屏幕上闪动。此故障仍是系统错误导致的，维修方法是同时按住电源键与 Home 键，直到出现白苹果放开，再插上充电器 10min（期间不要试开机）后插入手机卡连接 iTunes，再按开机键开机激活，即可恢复信号，手机正常使用，故障排除。

维修实例二：iPhone 4 手机进水后，开机出现白苹果无限重启。

故障现象与维修：手机进水，擦干外部水分后，开机试机，出现白苹果并不断重启，此故障常见为耳机话筒检测 IC U70 供电导致无法实现开机系统自检，通常采用重植或更换 U70，或短接 R308 电阻来解决，如图 8.1.19 所示。

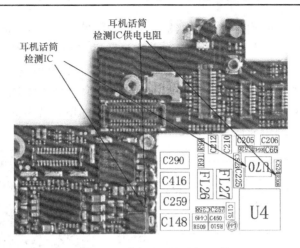

图 8.1.19　U70 与 R308 在主板上的位置

维修实例三：iPhone 4 手机插上充电器不能充电，显示屏显示一个插头符号。

故障现象与维修：显示一个插头符号，表示充电电压基本已进入到手机，说明充电接口正常。由于 iPhone 4 手机的工作电流以及充电电流基本都在 100～200mA 之间，如果待修机插上 USB 充电线后，电流不符合，即可判断为不充电故障。导致不充电的原因有使用山寨充电器、USB 接口静电等。维修时，先考虑尾插到主板的连接接口 J3，尾插的 USB_PWR 5V 由此接口进入主板。由于有插头符号，首先判断尾插接口正常，此时可直接测量供电电感 L3、L4 上应该有 5V 电压，有 5V 则表明尾插正常。5V 电压通过 L3、L4 加到 USB_PWR 保护隔离和反向电压保护电路 Q2 的 A2、A3、B3 处。Q2 是复合 MOS 管，采用 BGA 封装内有 9 个引脚焊点。Q2 的工作状态又要受 Q3 充电控制管控制其导通状态，Q3 的 G 极通往电源管理器 U48_PMU 作为充电异常检测。若检测到异常，立即切断 USB_PWR 供电，Q3 的 G 极为高电平，控制 Q2 导通，5V 电压正常通过保护隔离到 DZ5、R95、Q1 组成的过电压保护电路，DZ5 是 5.6V 稳压二极管，若 USB_PWR5V 误插到 12V 电源，DZ5 反向漏电让 Q1 导通，拉低 5V 直接到地，此时电源 IC 检测到异常而隔断外界过电压，实现保护隔离。

通过以上分析，若在 L3、L4 上测量有 5V 电压，再继续测 DZ5 的负极应该也有 5V，如果有故障，该点一定没有电压，那就是 Q2、Q3 控制电路出问题，常见为 Q2 管损坏。由于 Q2 是玻璃 BGA 封装，焊接既有难度，又有风险，因此直接采用短接法来排除故障，如图 8.1.20 所示。

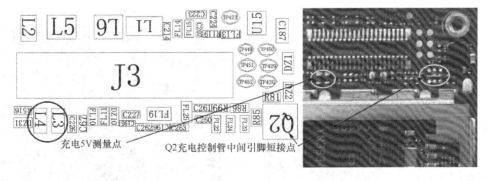

图 8.1.20　5V 充电测量及 Q2 控制管短接点

提示：具体充电电路原理及维修技巧在 8.3.10 节中有详解，可参考阅读。

维修实例四：iPhone 4 手机插上充电器，显示充电符号，但不能充进电。

故障现象与维修：通常与充电有关的故障，主要考虑充电接口 J3、充电电感 L3 与 L4、充电控制管 Q2 和 Q3。有充电符号提示，说明充电接口 J3、充电电感 L3 与 L4 电路正常。不能充进电，首先考虑是否电池本身是否损坏，可以更换一个原装电池试机，如果还是不能充进电，应检查电源管理器 U48_PMU 充电电压 VCC_MAIN，若为供电电感 L2_PMU 损坏，更换后即可排除故障，如图 8.1.21 所示。

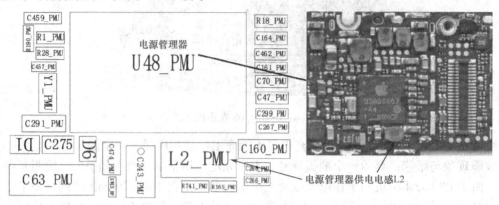

图 8.1.21　电源管理器供电电感 L2_PMU 位置分布

维修实例五：iPhone 4 手机进水不开机。

故障现象与维修：常见进水不开机，主要考虑电源管理器 U48_PMU 故障，但有时加焊或更换电源后也不能开机，因为电源 IC 是为整机供电的，供电后面的负载有短路或漏电也会让电源供电电压拉低，不能正常工作，因此导致不开机。本例故障就是音频控制芯片 U62 损坏导致手机不开机，因为它的供电来自于电源 IC，如图 8.1.22 所示，更换或加焊后，试机正常，故障排除。

维修实例六：iPhone 4 手机充电导致不开机。

故障现象与维修：手机充电导致的不开机，常见为内部硬件有短路损坏，由于外接充电电压过高而损坏，常见的处理方法是更换电源管理器。此机更换电源管理器后无作用，但加电一段时间后感觉电源管理器上边的大电感有发热的现象，一定有短路的地方才会导致线圈发热，仔细查看大电感 L2_PMU 和 L17_PMU 相连的电路，有一个大电容 C153_PMU，拆下更换后，试机手机能开机，如图 8.1.23 所示。说明就是此大滤波电容短路导致无 VCC_MAIN 供电，使手机不开机的。

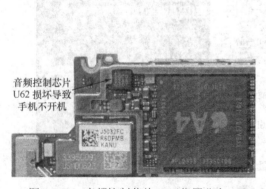

图 8.1.22　音频控制芯片 U62 位置分布

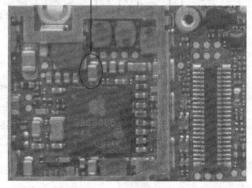

图 8.1.23　大滤波电容短路导致手机不开机

维修实例七：iPhone 4 手机出现滑屏解锁后死机。

故障现象与维修：手机开机定屏死机的故障，常见为软件或 32kHz 晶振损坏导致。本例中手机出现滑动解锁后死机，除了软件，实时时钟晶振仍然是需要重点考虑的，如图 8.1.24 所示。更换实时时钟晶振后，开机试机，滑动解锁正常，死机故障排除。

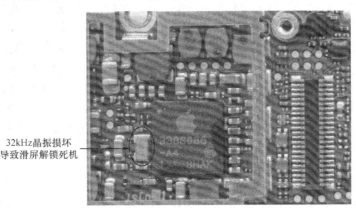

图 8.1.24 32kHz 晶振损坏导致滑屏解锁死机

8.2 iPhone 4 手机射频基带电路原理与故障分析

iPhone 4 手机射频基带电路主要由通信基带处理器 U9、基带存储器 U4、电源管理器 U48 以及 2G、3G 网络接收和发射电路等组成。在学习 iPhone 4 手机射频电路时，一定要掌握 2G、3G 网络的接收和发射原理，以及由射频电路中引起手机出现"三无"（即"无信号、无 WiFi、无 BT"）故障的维修。其中，无 WiFi、无 BT 故障将在 8.3 节重点讲解。

8.2.1 iPhone 4 手机接收与发射射频基带电路原理

iPhone 4 手机射频仍有 GSM（2G）网络和 WCDMA（3G）网络，同样有 GSM 接收和发射电路、WCDMA 接收和发射电路。GSM 接收主要由天线接口 J9_RF、天线测试接口 J2_RF、天线开关 U1_RF、GSM 功放 U20_RF、射频放大器 U6_RF、射频 IC U8_RF、通信基带 CPU U9_RF 及供电管 U11_RF 等组成。

1. iPhone 4 手机接收射频基带电路原理

参考图 8.1.1，射频基带电路主要有四大功放 IC（分别是 GSM 网络的 1900MHz 功放 U37_RF 和 900MHz 功放 U20_RF 与 WCDMA 网络的 850MHz 功放 U5_RF 和 2100MHz 功放 U19_RF）；天线开关采用一个 IC U1_RF 来完成两个网络四个频段的切换；采用一个射频 IC U8_RF 和一个射频滤波器 U7_RF 及一个射频放大管 U6_RF 实现整机射频电路的收发工作。

（1）GSM 网络 900MHz 接收射频基带电路原理

如图 8.2.1 所示，手机开机后，接收信号从天线接收到天线接口 J9_RF 输入，经 L17_RF、C95_RF、C93_RF 等元件组成的天线输入耦合滤波电路滤波后到天线测试接口 J2_RF，再经 R3_RF、C303_RF、L65_RF 滤波元件后从天线开关 U1_RF 的 1 脚输入，经切换控制后，从 11 脚输出，由 C82_RF、L12_RF、C438_RF、C437_RF 耦合滤波后到 900MHz 功放 U20_RF 的 7 脚进行高放后从 10 脚输出，经 C68_RF、L14_RF、C120_RF 滤波后到前端功放 U6_RF

的 14 脚，再次放大后从 1 脚输出，经滤波器 U7_RF 到射频 IC U8_RF 的 L2 脚、K1 脚，如图 8.2.2 所示。经放大后的信号在射频 IC 内部进行下变频、解调及 A/D 转换后，从 F11 脚、G11 脚输出接收基带数据信号 DI3_RX_DAT、DI3_RX_DATX 送到通信基带 CPU U9_RF 左下角的 B13 脚、B14 脚输入，如图 8.1.4 所示。接收基带数据信号 DI3_RX_DAT、DI3_RX_DATX 在基带处理器 U9_RF 内部进行 PCM 数字音频调制处理后，转变成音频数据流信号，分别从 U9_RF 的 J8 脚输出音频位时钟信号 BB_I2S1_CLK、H8 脚输出音频数字信号 BB_I2S1_RX、H7 脚输出 BB_I2S1_WA0 音频左右声道信号、H5 脚输出音频数字信号 BB_I2S1_TX，到 AP 应用处理器 U52_RF 内部数字处理后从 W21、W22 语音数字信号 I2S0_DIN 和 I2S0_DOUT、V23 输出，语音位时钟信号 I2S0_BCLK 和 V18 语音左右声道信号 I2S0_LRCK 送到 U60 音频 IC 内部进行语音解码、D/A 转换，转变成模拟音频信号 SPKR_CONN_P 和 REAMP_PSPKR_CONN_PREAMP_N，分别从 H6 脚、H7 脚输出，如图 8.2.3 所示，再到振铃放大器 U5 的 A1 脚、C1 脚，经音频放大后从 A3 脚、C3 脚输出，经显示接口 J3 输出到手机振铃器，完成 GSM 900MHz 接收射频基带的处理过程。

（2）GSM 网络 1800MHz 接收射频电路原理

如图 8.2.1 所示，手机开机后，接收信号仍从天线接收到天线接口 J9_RF 输入，经 L17_RF、C95_RF、C93_RF 等元件组成的天线输入耦合滤波电路滤波后到天线测试接口 J2_RF，再经 R3_RF、C303_RF、L65_RF 滤波元件后从天线开关 U1_RF 的 1 脚输入，经切换控制后从 12 脚输出，由 L1_RF、L19_RF 耦合滤波后，输入到滤波器 U7_RF，经滤波后到射频 IC U8_RF 的 C1 脚、B1 脚，如图 8.2.2 所示。同样在射频 IC 内部进行下变频、解调及 A/D 转换后，从 F11 脚、G11 脚输出接收基带数据信号送到通信基带 CPU U9_RF 左下角的 B13 脚、B14 脚输入，完成与 900MHz 信号数字处理相同的通路到扬声器，完成 DCS 1800MHz 接收射频基带的处理过程。为了能更好地理解 GSM 网络 900MHz 与 1800MHz 接收射频电路工作流程，可参考图 8.2.4 所示的框图进行分析。

（3）3G 网络 WCDMA 接收射频电路原理

3G 网络 WCDMA 接收射频电路有三个频段，分别是频段 5（BAND5）850MHz、频段 2（BAND2）1900MHz、频段 1（BAND1）2100MHz 信号，不过接收都是从天线接口 J9_RF 输入到天线开关 U1_RF 的 1 脚输入，不过经切换控制后是从 5 脚输出 850MHz 信号、从 9 脚输出 1900MHz 信号、从 7 脚输出 2100MHz 信号，分别经各自不同的耦合元件到不同的功放。850MHz 信号经 C47_RF、L11_RF、C35_RF 耦合滤波后到 850MHz 功放 U5_RF 的 7 脚，经放大后从 10 脚输出；从 9 脚输出 1900MHz 信号经 C3_RF、L16_RF、L23_RF、C19_RF 耦合滤波后 1900MHz 功放 U37_RF 的 7 脚，经放大后从 10 脚输出；从 7 脚输出 2100MHz 信号经 C80_RF、C38_RF、L15_RF 耦合滤波后到 U19_RF 的 7 脚，经放大后从 10 脚输出，见图 8.2.1。850MHz 信号经 L7_RF、C6_RF、C117_RF 滤波后到前端功放 U6_RF 的 13 脚，经放大后从 2 脚输出到滤波器 U7_RF，经滤波后到射频 IC U8_RF 的 J1 脚、H1 脚；1900MHz 信号经 L9_RF、L6_RF、C104_RF 滤波后前端功放 U6_RF 的 10 脚，放大后从 4 脚输出到滤波器 U7_RF，经滤波后到射频 IC U8_RF 的 D1 脚、E1 脚；2100MHz 信号从 U19_RF 的 10 脚输出后经 L8_RF、L5_RF、C105_RF 滤波后到前端功放 U6_RF 的 11 脚，放大后从 3 脚输出到滤波器 U7_RF，经滤波后到射频 IC U8_RF 的 G1 脚、F1 脚。同样经射频 IC 内部下变频、解调、A/D 转换后产生 3G 接收 IQ 数字信号 DI3_RX_DAT、DI3_RX_DATX 分别从射频 IC 的 F11 脚、G11 脚输出，到通信基带 CPU U9_RF 左下角的 B13 脚、B14 脚输入，见图 8.2.4。在通信基带处理器中经数字处理后，仍送到 AP 应用处理器 U52，再经音频 IC 及振铃放大器放大后送到振铃，完成 3G 网络 CDMA 三个频段接收射频基带的处理过程。参考图 8.2.5 所示的框图进行分析效果更好。

第 8 章　iPhone 4 手机电路原理与维修

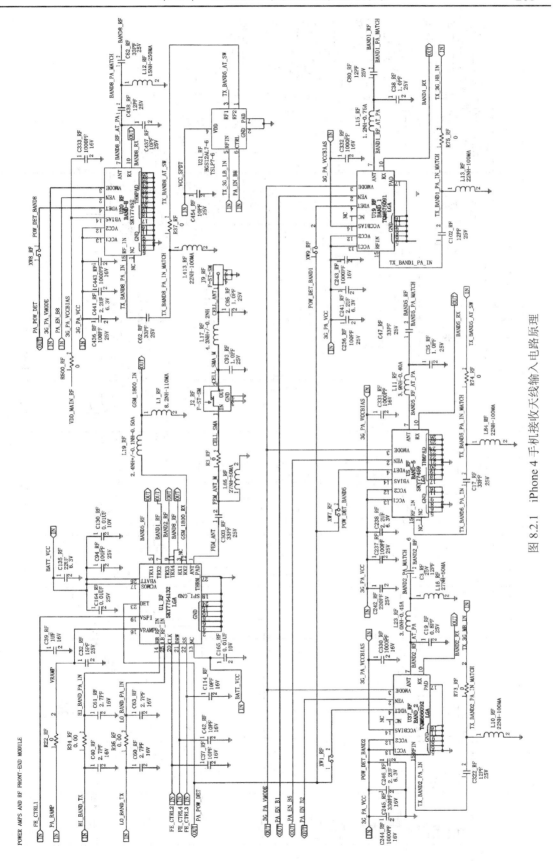

图 8.2.1　iPhone 4 手机接收天线输入电路原理

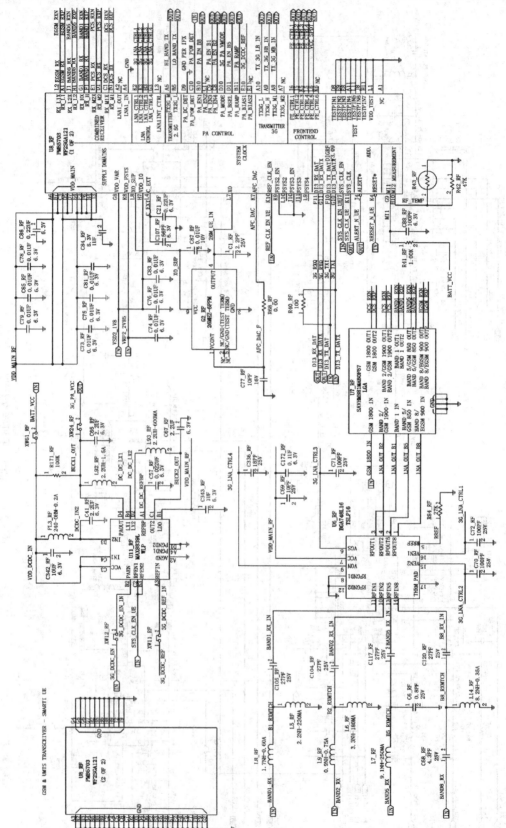

图 8.2.2 iPhone 4 手机收发射频电路原理

第 8 章 iPhone 4 手机电路原理与维修

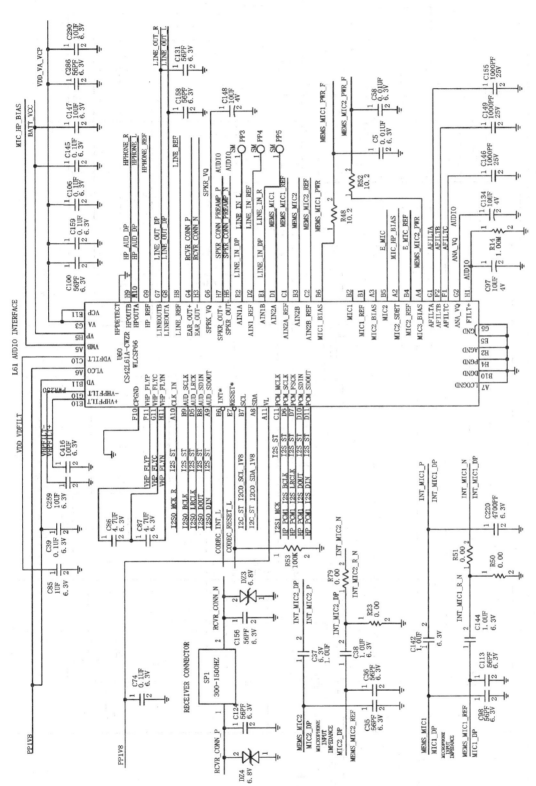

图 8.2.3 iPhone 4 手机音频 IC U60 电路原理

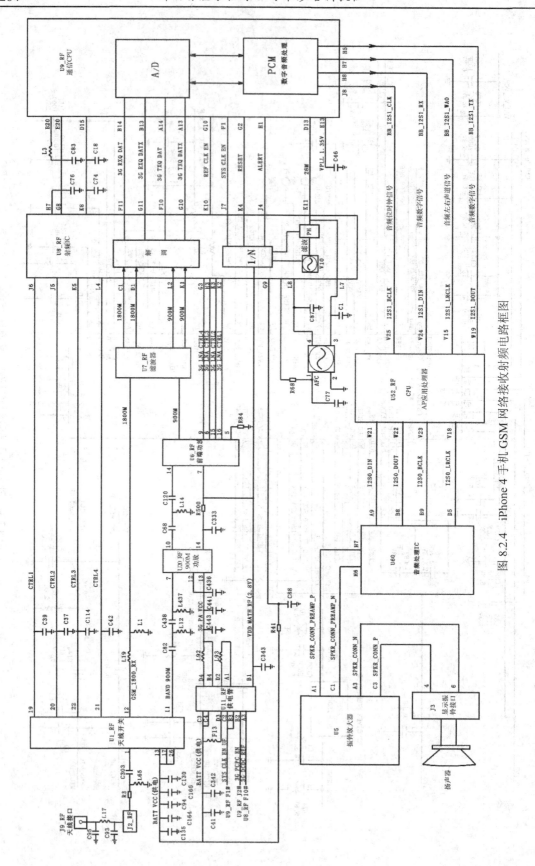

图 8.2.4 iPhone 4 手机 GSM 网络接收射频电路框图

第8章　iPhone 4 手机电路原理与维修

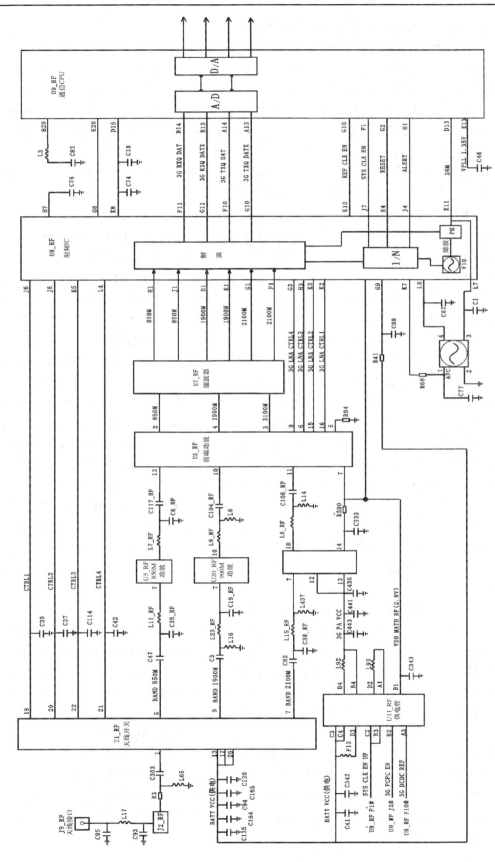

图 8.2.5　iPhone 4 手机 3G 网络接收射频电路框图

2. iPhone 4 手机发射射频基带电路原理分析

（1）GSM 网络 900MHz 发射射频基带电路原理

iPhone 4 手机发射射频同样有 GSM 网络和 WCDMA 网络的不同频段发射方式。发射是接收的逆过程，是从手机话筒到天线之间的电路，主要由天线开关 U1_RF、900MHz 功放 U20_RF、850MHz 功放 U5_RF、1900MHz 功放 U37_RF、2100MHz 功放 U19_RF、射频 IC U8_RF、通信基带处理器 U9_R、AP 应用处理器 U52_RF、音频控制 IC U62、音频 IC U60 等组成。图 8.2.6 所示为 GSM 网络发射射频基带电路框图。

iPhone 4 手机的送话信号（MIC）有三组，分别是机内主话筒信号 INT_MIC1、辅助 INT_MIC2、耳机 EXT_MIC。其中，辅助 MIC 的作用就是降噪。参考图 8.1.16，机内主话筒信号 INT_MIC1 从显示送话接口 J3 的 39 脚、41 脚输出经 FL13、C224、C223、R119 耦合滤波元件后，转变成模拟话音 INT_MIC1_N、INT_MIC1_P 信号，再经 R51、R50、R51、C144、C142、C113、C98 耦合滤波后转变成 MEMS_MIC1、MEMS_MIC1_REF 语音信号到音频 IC U60 的 C1 脚、D1 脚（见图 8.2.3）。在音频 IC 内部语音信号经音频放大、A/D 转换、PCM 语音编码调制处理后，从 D7 脚、D6 脚、D10 脚、D11 脚输出语音编码调制信号 HP_PCM1_I2S_BCLK、HP_PCM1_I2S_LRCLK、HP_PCM1_I2S_DOUT、HP_PCM1_I2S_DIN 分别到音频控制 IC U62 的 F4 脚、E3 脚、E2 脚、F3 脚输入，进内部音频控制处理后，再分别从 A4 脚、A3 脚、B2 脚、A5 脚输出到 AP 应用处理器 U52 的 Y26 脚、AB23 脚、R16 脚、R17 脚，在应用处理器内部进行信道编码、加密、交织处理后转变成数字基带信号 BB_I2S1_TX、BB_I2S1_CLK、BB_I2S1_RX、BB_I2S1_WA0 到射频基带处理器 U9_RF 的 H5 脚、J8 脚、H7 脚、H8 脚输入进行数字基带处理后，输出发射数字基带 ID 信号到射频 IC U8_RF 的 G10 脚、F10 脚、G11 脚、F11 脚，经 D/A 转换和调制处理后，从 A10 脚输出发射调制信号 TX_3G_LBIN 到发射前置放大器 U21_RF 的 5 脚，放大后从 1 脚输出，经 R37_RF、L413_RF、C62_RF 等元件构成的滤波电路滤波后到 GSM 900MHz 功放 IC U20_RF 的 15 脚输入，进行发射功率放大后，从 7 脚输出（见图 8.2.1）经 C82_RF、L12_RF、C438_RF、C437_RF 耦合滤波后到天线开关 U1_RF 的 11 脚输入，经开关切换后从 1 脚输出，再经 R3_RF、C303_RF、L65_RF 滤波元件后，到天线测试接口 J2_RF 经 L17_RF、C95_RF、C93_RF 等元件组成的天线输入耦合滤波电路滤波后，经天线接口 J9_RF 辐射出去，完成整机 GSM 900MHz 网络的发射工作流程。

（2）3G 网络 WCDMA 发射射频基带电路原理

3G 网络 WCDMA 发射射频基带电路包括了 850MHz、1900MHz、2100MHz 三个频段，分别采用独立的功放实现发射功率放大。图 8.2.7 所示为 iPhone 4 手机 3G 网络发射射频基带电路框图。具体工作见图 8.2.1。从话筒到射频 IC U8_RF 之间电路与 GSM 网络 900MHz 发射电路相同，共用其通道，只是从射频 IC U8_RF 的输出引脚不同，其中 A10 脚输出 850MHz 低频段（BAND8）TX_3G_LBIN 信号到 U21_RF 前置功放的 5 脚，经预放大从 1 脚输出经 R74_RF、L84_RF、C17_RF 耦合滤波后，到 BAND8 功放 U5_RF 的 15 脚输入进行发射功率放大，然后从 7 脚输出经 L11_RF、C35_RF、C47_RF 耦合滤波后到天线开关 U1_RF 的 5 脚，经开关切换后从 1 脚输出，同样经 R3_RF、C303_RF、L65_RF 滤波元件后，到天线测试接口 J2_RF 经 L17_RF、C95_RF、C93_RF 等元件组成的天线输入耦合滤波电路滤波后，经天线接口 J9_RF 辐射出去，完成整机 3G 网络的 850MHz 频段的发射射频基带工作流程。

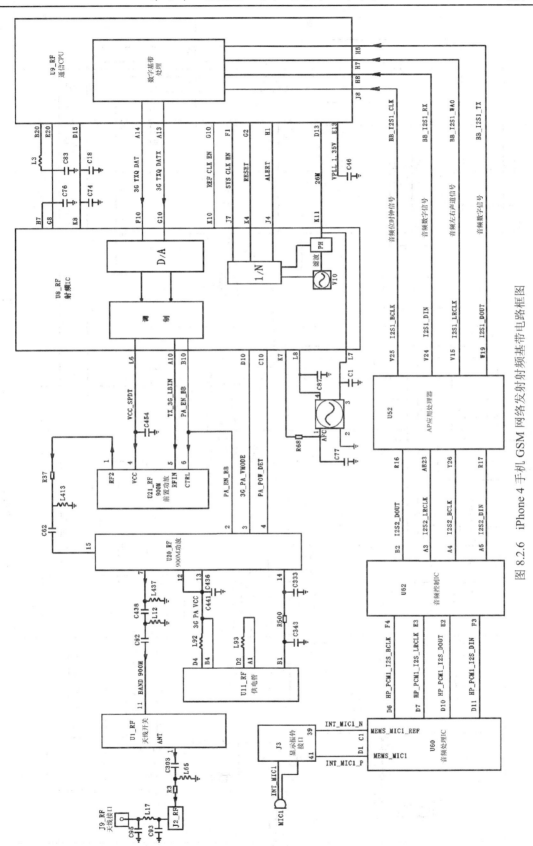

图 8.2.6 iPhone 4 手机 GSM 网络发射射频基带电路框图

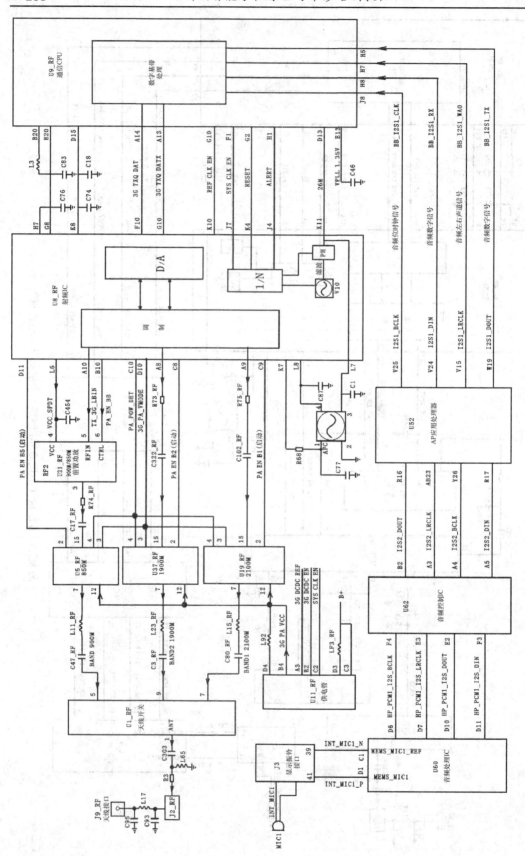

图 8.2.7 iPhone 4 手机 3G 网络发射射频基带电路框图

3G 网络的 1900MHz 频段（BAND2）信号从射频 IC U8_RF 的 8 脚输出，同样经 R73_RF、C322_RF、L10_RF 耦合滤波后到 1900MHz 功放 U37R-F 的 15 脚输入，经功率放大后同样从 7 脚输出经 L23_RF、C19_RF、C3_RF、L16_RF 耦合滤波后到到天线开关 9 脚输入，经切换后同样从 1 脚输出经天线辐射出去，完成整机 3G 网络的 1900MHz 频段的发射工作流程。同时 2100MHz 频段发射流程是经 U19_RF 功放进行功率放大后，经天线开关切换后辐射出去，其工作流程是相同的。

8.2.2 iPhone 4 手机射频基带电路故障检修

iPhone 4 手机射频基带电路与其他智能手机基本相同，同样有 GSM（2G）网络和 WCDMA（3G）网络，同样有 GSM 接收和发射电路、WCDMA 接收和发射电路，同样由天线接口、天线测试接口、天线开关、GSM 功放、射频放大器、射频 IC、通信基带 CPU 及供电管等组成，所以当射频电路出现故障时，仍应重点检查这部分组成元器件。

手机射频电路常见故障包括无信号、无网络、信号时有时无、信号跳水等，智能手机也是如此，不同的是会出现移动卡有信号、联通卡无信号或移动卡无信号、联通卡有信号的故障，这实际上是智能手机有两个网络的原因，所谓的双网络手机都会导致出现此类故障，维修前要注意网络设置。如果移动卡有信号，说明 2G 网络正常；联通卡无信号就是 3G 网络通路出现故障。很显然，无论射频电路出现哪一类故障，都与天线、天线开关、各自频段的功放、滤波器、射频 IC 有关，不会有别的原因，智能手机最多考虑增加一个通信基带处理器，再有就是功放、射频 IC、基带处理器的供电条件。维修时只要仔细检查这些与射频有关的元器件即可，前提条件是必须看懂射频电路框图和原理图。

维修实例一：iPhone 4 手机出现打电话不能退出的故障。

故障现象与维修：iPhone 4 手机打电话不能退出，打进电话没反应，需要插卡重启才有信号的现象。此类故障维修时，首先一定要考虑手机网络设置是否正常，进入设置→通用→蜂窝网络→3G 打开→漫游打开，设置后关机，重新插卡，重启手机，搜索到网络，然后再进入通用→设置→时间设置→自动连接到网络→自动设置好时间，手机接打电话试机，完全正常，故障排除。

提示：维修手机拨打电话方面的故障，通常要注意手机本身的网络设置，必须设置好后再观察故障是否排除，如果故障仍未排除，就说明是射频硬件故障。

维修实例二：iPhone 4 手机出现"正在搜索"无服务故障。

故障现象与维修：手机出现"正在搜索"无服务故障，显然与手机射频电路有关，按常规的维修方法，先检查天线及天线接口，再就是天线开关、功放、滤波器、射频 IC、基带处理器，没有发现异常，于是尝试检测供电，在基带处理器供电滤波电容 C18_RF 上测量不到 2.85V 供电，而供电测量点 TP24_RF 上有 2.85V，将该点电压飞线到滤波电容 C18_RF 上，如图 8.2.8 所示，再测量供电有 2.85V。由此分析可能是该电容到基带处理器间有断线。进飞线后，开机实际有网络和信号出现，搜网正常，拨打电话也正常，故障排除。

提示：iPhone 4 手机经常出现无服务故障，有时开机要重新激活，用 iTunes 恢复后过几天又出现无服务。这种无服务故障一般是通信 CPU 虚焊，重装后即可排除故障。

维修实例三：iPhone 4 手机出现"正在搜索"无信号故障。

故障现象与维修：iPhone 4 能搜索但无信号故障与实例二基本类似，问题仍出现在射频通路上，尝试将元器件逐个进行检查，结果更换 900MHz 功放 U20_RF 后试机故障排除。图 8.2.9 所示为 900MHz 功放位置分布。

图 8.2.8　iPhone 4 手机无服务的飞线连接点

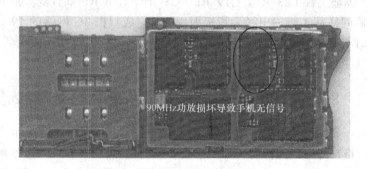
图 8.2.9　900MHz 功放位置分布

提示：如果被摔过的 iPhone 4 手机出现信号时有时无，在信号强的地方才有两格信号，也是因为功放虚焊导致的，重焊即可排除故障。

维修实例四：iPhone 4 手机拆机后再装上就出现无信号故障。

故障现象与维修：iPhone 4 手机拆机后没有改动过主板，出现无信号故障，一般不是主板本身问题，原因是断电时间太长导致手机时间不同步，此时只需要重新调整好时间，然后重启手机故障即可排除。

提示：智能手机故障维修前，一定要先考虑设置是否正确，如果盲目改动手机主板，会导致故障范围扩大。

维修实例五：iPhone 4 手机出现信号跳水故障。

故障现象与维修：此类故障一般由天线及天线触点、天线开关、功放、滤波器、射频 IC 等故障引起，逐个检查，发现是天线连接到主板上的线接触不良，重新插一下试机，十多分钟后信号仍正常，接打电话也正常，故障排除。

维修实例六：iPhone 4 手机出现打电话后无法挂断故障。

故障现象与维修：手机出现打电话后结束不了通话，一直停留在通话界面，按 Home 键返回后再进入，还是停留在拨号界面。出现此现象往往无从下手，到底是软件问题还是硬件问题呢？智能手机维修时千万别忘了设置问题，此故障就是设置问题导致的。首先进入手机设置→通用→网络→开启蜂窝数据→确定后，重启手机，拨打电话试机，不再停留在通话界面，按 Home 键返回后手机回到主界面状态，故障排除。

8.3　iPhone 4 手机接口功能电路及维修

iPhone 4 智能手机具有多种功能，性能良好，使用方便，只要通过验证即可任意下载官方提供的超多应用软件，无论是上网还是办公，都有着超凡的速度和智能功能。因此，本节除讲解 iPhone 4 手机普通的界面接口功能外，还重点讲解智能手机新增的功能，包括 GPS 导航、无线 WiFi、重力传感器、指南针等电路的原理与维修知识，为以后智能手机功能扩展的学习打下坚实的基础。

8.3.1 iPhone 4 手机 J7 接口功能及维修

1. J7 接口功能

iPhone 4 手机 J7 接口主要有开机、录音、感应器（即是环境光传感器）等功能，如图 8.3.1 所示。其中，1 脚连接电源 IC 的 B1 脚（"#"符号表示引脚）与 CPU 的 AB6 脚，作为感应器检测数据信号；3 脚为感应器中断信号，来自 CPU 的 H1 脚；7 脚、9 脚是录音信号送到音频 IC U60 的 B3 脚、C2 脚；11 脚为录音器供电，来自于音频 IC U60 的 A4 脚；6 脚为电源开关信号，连接开机键，将 6 脚对地短接可实现单板开机；8 脚为感应器时钟信号，连接电源 IC B3 脚与 CPU 的 AB5 脚；10 脚、12 脚是来自电源 IC H11 脚，为感应器提供 3.0V 供电。

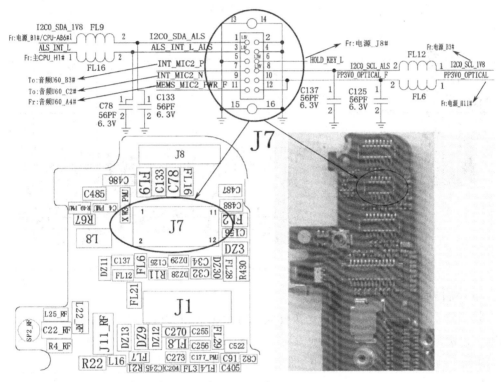

图 8.3.1　iPhone 4 手机 J7 接口电路

2. J7 接口维修

J7 接口常见故障是手机不开机、无录音、无感应故障。维修时，主要检查排线与接口之间是否损坏或接触不良，加焊引脚焊点或更换接口即可排除故障。有时除了接口排线损坏或接触不良外，还可能是接口 FL12、FL6、FL9、FL16、C78、C133 等元器件虚焊或损坏，也需要加焊或更换处理。

8.3.2 iPhone 4 手机 J3 接口送话电路及维修

1. J3 接口送话电路

iPhone 4 手机 J3 接口实际功能是内联座接口，主要有迷你高清视频 DP（DISPLAY）连接辅助功能、USB 接口功能、外接音频输出功能、外接送话输入功能、充电检测功能、复合视频信号亮度、色度调整功能,见图 8.1.16。

送话电路由 39 脚、41 脚送话中断信号输出电路及 37 脚话筒供电电路组成,如图 8.3.2 所示。拨打电话时,话筒将语音信号转变为中断接通信号 INT_MIC1_P、INT_MIC1_N,分别从 J3 接口的 39 脚、41 脚输出,经 C224、C223、R119、C142、C220、R51、R50、C144、C113、C98 耦合滤波后到音频 IC U60 的 C1 脚、D1 脚输入进行音频处理。话筒工作要满足供电条件,由音频 IC U60 的 B6 脚输出经限流电阻 R48 送到接口 37 脚为其供电,英文标注为"MEMS_MIC1_PWR_F/ MIC1_BIAS"。送话原理从图 8.3.2 中的箭头标示很容易看出。

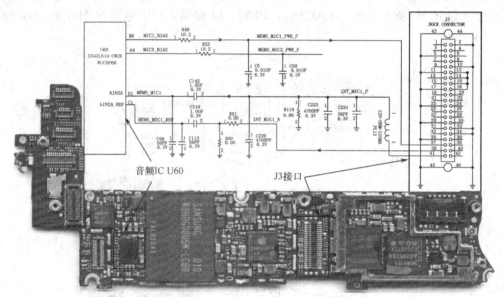

图 8.3.2　iPhone 4 手机 J3 接口送话电路

2. J3 接口送话电路常见故障维修

J3 接口送话电路的常见故障就是拨打电话时无送话,此时重点检测话筒本身及其接口 37 脚供电是否正常,若不正常,检查限流电阻 R48 是否开路,若开路短接即可,如图 8.3.3 所示。如果还是无供电,应检测音频 IC 或更换试机,直到故障排除。

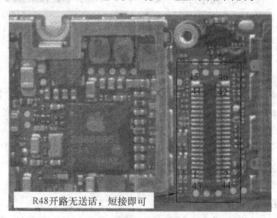

图 8.3.3　R48 开路无送话

8.3.3 iPhone 4 手机 J3 接口扬声器（振铃）电路及维修

1. J3 接口扬声器（振铃）电路

iPhone 4 手机 J3 接口扬声器（振铃）电路由音频 IC U60、主 CPU U52、扬声器（振铃）放大管 U5 及 J3 接口的 4 脚和 6 脚的送话信号电路组成，如图 8.3.4 所示。

当手机设置为来电铃声或播放音乐时，从音频 IC U60 的 H6 脚、H7 脚输出铃声或音乐 SPKR_CONN_PREAMP_P、SPKR_CONN_PREAMP_N 信号，送到扬声器（振铃）放大管 U5 的 C1 脚、A1 脚输入，经放大后从 A3 脚、C3 脚输出到 J3 接口的 4 脚和 6 脚，再到扬声器（振铃）播放出音乐或来电铃声。要注意的是，这里的扬声器（振铃）放大管工作必须有两个条件：一是 B1 脚 BATT_VCC 供电 3.6V；二是主 CPU 的 G19 输出的振铃放大启动信号 SPKR_AMP_EN 到 U5 的 C2 脚线路。只要这两个条件都正常，即可实现铃声放大后输出。

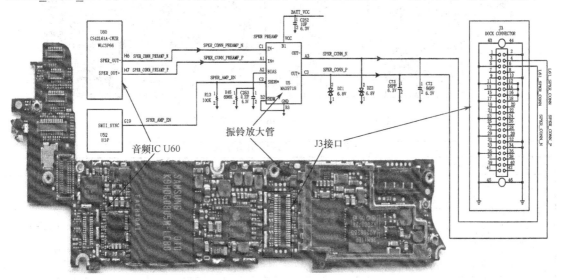

图 8.3.4 iPhone 4 手机 J3 接口扬声器（振铃）电路

2. J3 接口扬声器（振铃）电路的维修

J3 接口扬声器（振铃）电路故障为无音乐或来电无铃声，常见为振铃器本身损坏或接触不良、排线损坏或接口接触不良。维修时首先更换振铃器试机，如果有来电声音，说明是振铃器损坏；如果还是来电无声，说明是铃声线路问题，检测 J3 接口 4 脚、6 脚是否虚焊，如果虚焊，加焊即可。如果加焊后还是无铃声，应重点检测振铃放大管 U5 是否损坏，可更换试机，若声音正常，故障排除；如果还是无铃声，常见为 U60 虚焊，加焊即可排除故障。

如果 iPhone 4 手机同时出现扬声器无声、送话无声、免提无声、耳机也无声，常见为音频控制 IC U62 虚焊，重植装上即可排除故障。U62 的位置可参考图 8.1.1。

8.3.4 iPhone 4 手机 J6 接口主照相电路及维修

1. J6 接口主照相电路

iPhone 4 手机 J6 接口主照相电路也称为后置摄像头电路，主要由主 CPU、照相闪光灯供电 IC U17、信号耦合器 L7、L11、J6 接口等组成，如图 8.3.5 所示。其中，J6 接口的引脚功能如表 8.3.1 所示。

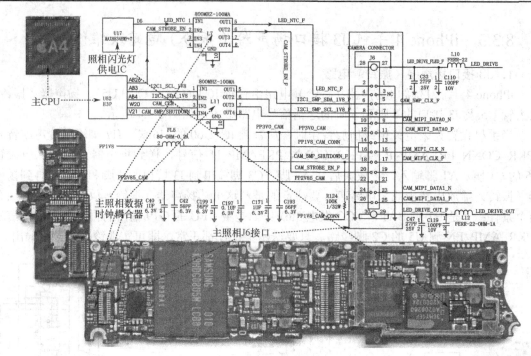

图 8.3.5　iPhone 4 手机 J6 接口主照相接口电路

表 8.3.1　J6 接口引脚功能

引脚	英文标注	功 能	说　　明
1 脚	GND	接地端	与 2 脚、7 脚、10 脚、13 脚、19 脚、24 脚、25 脚、26 脚等相同，均为接地
3 脚	NC	空脚	在电路图中，NC 都表示空脚
4 脚	LED_NTC_F	闪光灯启动信号	来自耦合器 L7 的 5 脚
5 脚	CAM_5MP_CLK_F	主摄像头时钟信号	与 CAM_CLK 含义相同，来自主 CPU U52 的 W20 脚
6 脚	I2C1_5MP_SDA_1V8_F	主摄像头数据总线信号	与 I2C1_SDA_1V8 含义相同，来自 CPU U52 的 AB4 脚
8 脚	I2C1_5MP_SCL_1V8_F	主摄像头时钟总线信号	与 I2C1_SCL_1V8 含义相同，来自 CPU U52 的 AB3 脚
9 脚	CAM_MIPI_DATA0_N	移动应用照相数据信号	去 CPU U52 的 AF9 脚
11 脚	CAM_MIPI_DATA0_P	移动应用照相数据信号	去 CPU U52 的 AG9 脚
12 脚	PP3V0_CAM	主摄像头供电 3.0V	来自电源 IC U48_PMU 的 L11 脚，若摄像头不能工作，主要检测该电压是否正常
14 脚	PP1V8_CAM_CONN	主摄像头供电 1.8V	与 16 脚相同，来自电源 IC U48_PMU 的 B1 脚，若摄像头不能工作，主要检测该电压是否正常
15 脚	CAM_MIPI_CLK_N	移动应用照相时钟信号	来自 CPU U52 的 AE14 脚
17 脚	CAM_MIPI_CLK_P	移动应用照相时钟信号	来自 CPU U52 的 AE13 脚
18 脚	CAM_5MP_SHUTDOWN_F	主照相启动开关信号	来自 CPU U52 的 V21 脚
20 脚	CAM_STROBE_EN_F	主照相闪光灯启动信号	来自 CPU U52 的 AB26 脚
21 脚	CAM_MIPI_DATA1_N	移动应用照相数据信号	来自 CPU U52 的 AF12 脚
22 脚	PP2V85_CAM	主摄像头供电 2.85V	来自电源 IC U48_PMU 的 G11 脚，若摄像头不能工作，主要检测该电压是否正常
23 脚	CAM_MIPI_DATA1_P	移动应用照相数据信号	来自 CPU U52 的 AF13 脚
27 脚	LED_DRIVE_FLED_F	主照相闪光灯供电电压	与 28 脚相同，来自 U17 的 D1 脚、D3 脚，若无此供电，照相无闪光，常为 U17 损坏
29 脚	LED_DRIVE_OUT_F	主照相闪光灯供电电压	与 30 脚相同，来自 U17 的 A1 脚、B1 脚，若无此供电，照相无闪光，常为 U17 损坏

2. J6 接口主照相电路的维修

J6 接口主照相电路的常见故障是主摄像头无法照相，现象为主摄像头不能开启，常为摄像头损坏、主摄像头接口接触不良，更换主摄像头或加焊接口即可排除故障。

8.3.5 iPhone 4 手机副照相 J8 接口电路及维修

1. 副照相 J8 接口电路

iPhone 4 手机副照相 J8 接口电路也称为前置照相电路，主要由 J8 接口、耦合器 L8、主 CPU U52 及其他滤波元件组成，如图 8.3.6 所示。其接口引脚功能如表 8.3.2 所示。

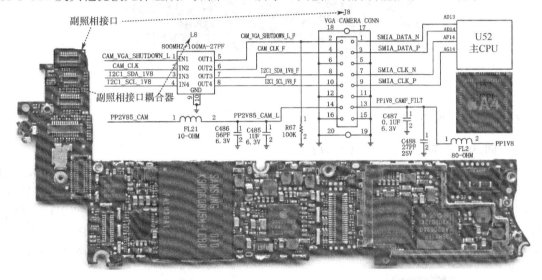

图 8.3.6　iPhone 4 手机 J8 接口副照相接口电路

表 8.3.2　J8 接口引脚功能

引脚	英文标注	功　能	说　明
1 脚	SMIA_DATA_N	前置照相数据信号	去主 CPU 的 AD13 脚
2 脚	CAM_VGA_SHUTDOWN_L_F	前置摄像头启动开关信号	来自 CPU U52 的 B2 脚
3 脚	SMIA_DATA_P	前置照相数据信号	去主 CPU 的 AD14 脚
4 脚	CAM_CLK_F	前置摄像头时钟信号	来自 CPU U52 的 W20 脚
5 脚	GND	接地端	6 脚、11 脚、12 脚、15 脚、16 脚、19 脚、20 脚
7 脚	SMIA_CLK_N	前置摄像头时钟信号	来自 CPU U52 的 AG14 脚
8 脚	I2C1_SDA_1V8_F	前置摄像头总线数据信号	来自 CPU U52 的 AB4 脚
9 脚	SMIA_CLK_P	前置摄像头时钟信号	来自 CPU U52 的 AF14 脚
10 脚	I2C1_SCL_1V8_F	前置摄像头总线时钟信号	来自 CPU U52 的 AB3 脚
13 脚	PP1V8_CAMF_FILT	前置摄像头供电 1.8V	来自电源 IC U48_PMU 的 B1 脚，若前置摄像头不能工作，主要检测该电压是否正常
14 脚	PP2V85_CAM_L	前置摄像头供电 2.85V	来自电源 IC U48_PMU 的 G11 脚，若前置摄像头不能工作，主要检测该电压是否正常

2. 副照相 J8 接口电路的维修技巧

副照相 J8 接口电路常见故障是摄像头无法照相，现象为照相功能不能开启，常为摄像头损坏、摄像头接口接触不良，更换摄像头或加焊接口即可排除故障。维修中，经常出现 FL21 供电限流电感开路损坏，导致因无供电而不能照相，如图 8.3.7 所示。

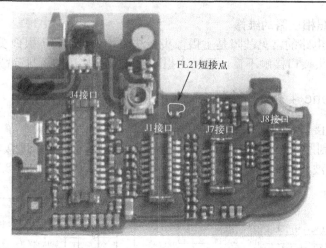

图 8.3.7　FL21 短接图

8.3.6　iPhone 4 手机主照相闪光灯电路及维修

1. iPhone 4 手机主照相闪光灯电路

iPhone 4 手机主照相闪光灯电路由 U17 升压 IC、升压电感 L9、主 CPU U52 组成，如图 8.3.8 所示。工作时，当手机启动照相功能时，主 CPU 的 AB26 脚输出照相闪光灯供电启动信号到 U17 的 C3 脚，启动升压 IC 工作，此时电池电压除了为升压 IC U17 的 A4 脚供电，同时在外接的 L9 电感上产生升压，使得 U17 的 B2 脚电压升高，从 A1 脚、B1 脚输出，经滤波电容 CX251 滤波后，送到主照相接口 J6 的 29 脚、30 脚，实现主摄像头照相闪光功能。

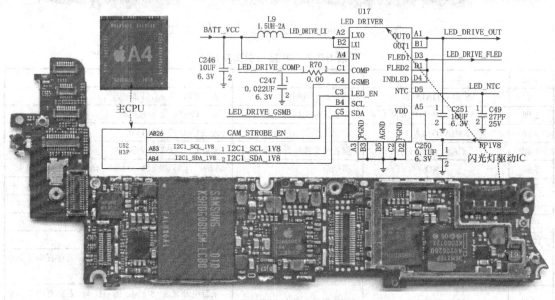

图 8.3.8　iPhone 4 手机主照相闪光灯电路

2. iPhone 4 手机主照相闪光灯电路的维修

闪光灯电路故障主要是照相无闪光，多为闪光灯升压 IC U17 虚焊或损坏导致，加焊或更换即可修复。当然还需要考虑升压电感 L9 及其外围阻容元件，以及 U17 本身的供电等。比如，在 C246 上测量电池供电 3.6V，在 C250 上测量供电 1.8V 等，如图 8.3.9 所示。

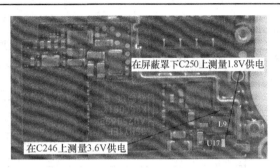

图 8.3.9　闪光灯升压 IC U17 的供电测量点

8.3.7　iPhone 4 手机显示 J4 接口电路及维修

1. iPhone 4 手机显示 J4 接口电路

iPhone 4 手机显示 J4 接口电路如图 8.3.10 所示，手机要显示，必须满足接口 6 脚、8 脚的显示屏供电，15 脚、17 脚的显示屏时钟，12 脚的显示复位，3 脚、5 脚的显示数据以及 2 脚、4 脚的显示背光灯供电和其他数据线都要正常，其电路主要包括显示接口 J4，显示信号耦合器 L13、L14、L15、L17 及主 CPU U52 等。其接口各引脚功能如表 8.3.3 所示。

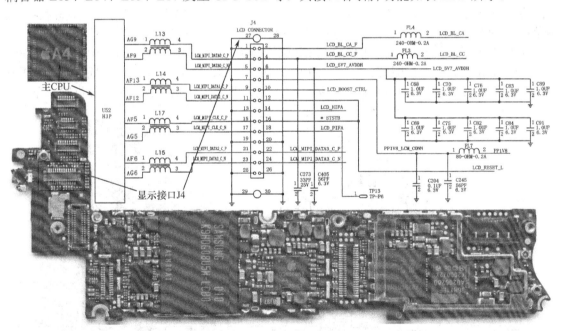

图 8.3.10　iPhone 4 手机显示 J4 接口电路

表 8.3.3　J4 接口引脚功能

引脚	英文标注	功　能	说　明
1 脚	GND	接地端	与 7 脚、13 脚、19 脚、20 脚、25 脚、26 脚、27 脚、28 脚、29 脚、30 脚相同，均为接地端
2 脚	LCD_BL_CA_F	显示屏背光灯供电 17V	经电感 FL4 来自电源 IC U48_RF 的 P18 脚
3 脚	LCM_MIPI_DATA0_C_P	显示屏数据接口线	经 L13 耦合器来自主 CPU 的 AG3 脚
4 脚	LCD_BL_CC_F	显示屏背光灯供电 17V	经电感 FL3 来自电源 IC U48_RF 的 P14 脚
5 脚	LCM_MIPI_DATA0_C_N	显示屏数据接口线	经 L13 耦合器来自主 CPU 的 AF3 脚
6 脚	LCD_5V7_AVDDH	显示屏供电电源	经电感 FL13 来自电源 IC U48_RF 的 L2 脚

(续表)

引脚	英文标注	功 能	说 明
8 脚	PP1V8_LCM_CONN	显示屏 1.8V 供电电源	与 16 脚相同，经 L17 来自电源 IC U48_RF A4 脚
9 脚	LCM_MIPI_DATA1_C_P	显示屏数据接口线	经 L14 耦合器来自主 CPU 的 AE6 脚
10 脚	LCD_BOOST_CTRL	显示屏供电启动信号	来自电源 IC U48_RF 的 B6 脚
11 脚	LCM_MIPI_DATA1_C_N	显示屏数据接口线	经 L14 耦合器来自主 CPU 的 AE5 脚
12 脚	LCD_RESET_L	显示屏复位信号	来自主 CPU 的 A4 脚
14 脚	LCD_HIFA	显示屏信号	来自主 CPU 的 B4 脚
15 脚	LCM_MIPI_CLK_C_P	显示屏时钟接口线	经 L17 耦合器来自主 CPU 的 AF5 脚
17 脚	LCM_MIPI_CLK_C_N	显示屏时钟接口线	经 L17 耦合器来自主 CPU 的 AG5 脚
18 脚	LCD_PIFA	显示屏信号测量点	
21 脚	LCM_MIPI_DATA2_C_P	显示屏数据接口线	经 L15 耦合器来自主 CPU 的 AG6 脚
22 脚	LCM_MIPI_DATA3_C_P	显示屏数据接口线	经 L16 耦合器来自主 CPU 的 AF8 脚
23 脚	LCM_MIPI_DATA2_C_N	显示屏数据接口线	经 L15 耦合器来自主 CPU 的 AF6 脚
24 脚	LCM_MIPI_DATA3_C_N	显示屏数据接口线	经 L16 耦合器来自主 CPU 的 AG8 脚

2. iPhone 4 手机显示 J4 接口电路的维修

显示接口电路常见故障是无显示。维修时先检查显示排线与显示屏是否损坏，更换试机即可。如果更换后仍无显示，要考虑 J4 接口是否有引脚虚焊或变形，加焊或整理变形引脚即可。然后再测量显示接口 6 脚、8 脚的显示屏供电是否正常，15 脚、17 脚的显示屏时钟，12 脚的显示复位，3 脚、5 脚的显示数据以及 2 脚、4 脚的显示背光灯供电和其他数据线是否正常。若供电不正常，主要检测 FL13 和 FL17 限流电感，再检测显示背光灯供电限流电感 FL3 和 FL4，如果开路，短接即可。最后检测 L13、L14、L15、L17 等数据信号耦合电感是否开路损坏，若开路，加焊、更换或短接即可排除故障。图 8.3.11 所示为电感元件位置分布。

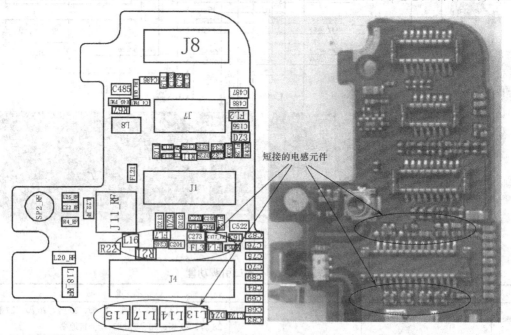

图 8.3.11　iPhone 4 手机显示 J4 接口电感元件分布

3. 显示屏背光灯电路及故障维修

（1）显示屏背光灯升压电路原理

从 iPhone 4 手机 J4 接口的 4 脚可以看出，其背光灯供电为 17V，显然是通过升压而得到的。参考图 8.1.2 和图 8.1.3 右下角的 C178_PMU、L18_PMU、Q1_PMU、R519_PMU、C67_PMU、L7_PMU、Q3_PMU、R6_PMU、D1_PMU、C190_PMU 及电源管理器 U48_PMU 等元器件组成的就是背光灯升压电路。其中，LED_PWR_IN 电压由 VCC_MAIN2.85V 电压提供，通过 L18_PMU 加到 Q1_PMU 为其供电，在电源管理器 U48_PMU E1 脚输出的升压开关信号 SW_BOOST 的控制下，使得 Q1_PMU 导通，在内部升压二极管的作用升压，产生 17V 升压送到 J4 接口的 4 脚，为显示屏灯供电。而 L7_PMU、Q3_PMU、R6_PMU、D1_PMU、C190_PMU 构成的显示屏升压电路产生 5.7V 电压，专门送到电源管理器 U48_PMU 的 K2 脚，经电源管理器控制后从 L2 脚输出 LCD_BOOST_OUT（LCD_5V7_AVDDH）到显示接口 J4 的 6 脚，作为显示屏供电，所以当手机出现无背光灯故障或显示屏不亮故障时，重点检查这部分升压电路。

（2）显示屏背光灯升压电路故障维修

显示屏背光灯升压电路常见故障是显示屏无背光灯或显示屏不亮，重点检查升压电路中的升压电感 L18_PMU、L7_PMU，限流电阻 R519_PMU、R6_PMU，升压管 Q1_PMU、Q3_PMU 等元器件。如果有损坏需要更换处理，升压电感和限流电阻不能短接，否则无升压产生。维修时常见的是 C67_PMU 到显示背光灯限流电感 FL4 间断线，在这两点间飞线连接即可排除故障，如图 8.3.12 所示。

图 8.3.12　背光灯不亮飞线连接点

提示：如果 iPhone 4 手机是进水导致的显示屏灯不亮，可以先检测灯控管 Q1 输出端至液晶屏灯输入端 FL4 有无断线或 FL4 本身断线。若都没有 17V 电压，可能是升压灯控管 Q1 没工作，此时可在 C178 上测量灯控管输入端电压有无 3.8V 电压，但在限流电感 L18 一端有电压，另一端无电压，取下 L18 测量发现断路了，更换后测量升压供电正常，背光灯不亮故障修复，如图 8.3.13 所示。

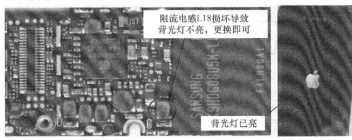

图 8.3.13　限流电感 L18 位置

8.3.8　iPhone 4 手机触摸屏 J5 接口电路及维修

1. iPhone 4 手机触摸屏 J5 接口电路

iPhone 4 手机触摸屏采用多点触控电容屏，其接口电路主要由触摸屏接口 J5、触摸控制芯片 U19、主 CPU U52 等组成，如图 8.3.14 所示。其中，接口 J5 的英文标注 NIMBUS_PANEL_

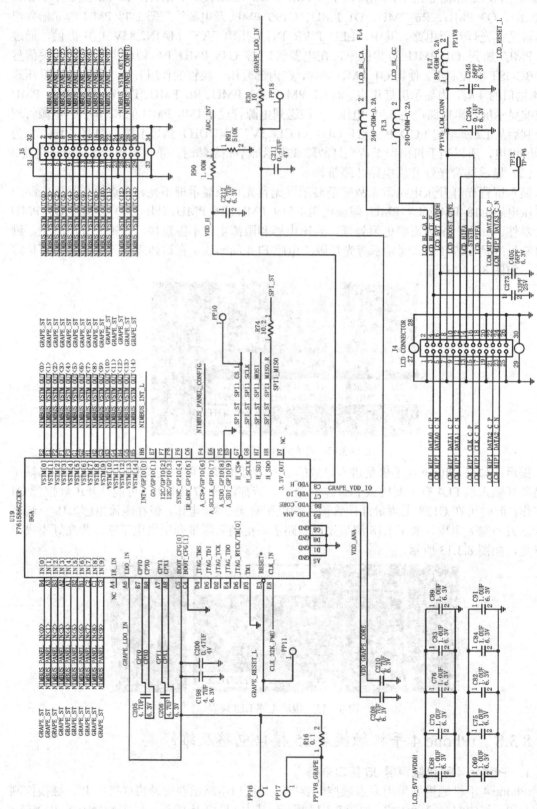

图 8.3.14 iPhone 4 手机触摸屏接口控制电路

IN、NIMBUS_PANEL_OUT 均表示触摸屏信号的输入、输出连接到触摸屏；28 脚的 NIMBUS_PANEL_CONFIG 表示触摸屏配置信号。

2. iPhone 4 手机触摸屏 J5 接口维修

触摸屏接口电路常见故障是触摸屏失灵或触摸屏错乱，一般是触摸屏本身损坏、触摸屏排线损坏或接口接触不良。触摸屏错乱多数为触摸屏 IC 虚焊，重植装上即可。如果是触摸屏失灵，维修方法则是更换触摸屏、触摸屏排线，然后加焊触摸屏接口，如图 8.3.15 所示。

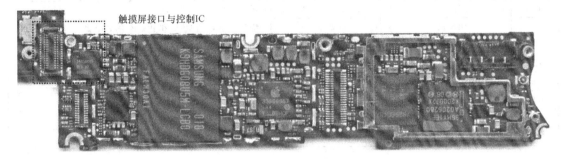

图 8.3.15　iPhone 4 手机主板上触摸屏接口电路

8.3.9　iPhone 4 手机侧键、耳机、振动器 J1 接口电路及维修

1. iPhone4 手机侧键、耳机、振动器 J1 接口电路

iPhone4 手机侧键、耳机、振动器 J1 接口电路包括 J1 接口和主 CPU U52 及其他外围元件，如图 8.3.16 所示。其接口引脚功能如表 8.3.4 所示。

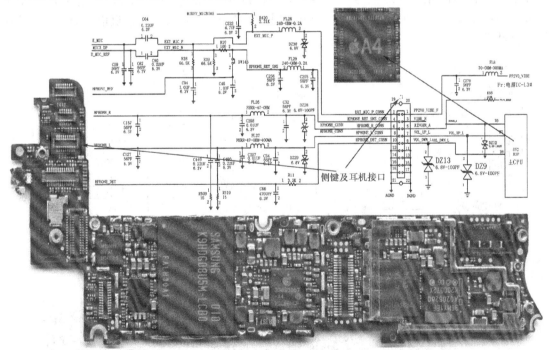

图 8.3.16　iPhone 4 手机侧键、耳机、振动器 J1 接口电路

2. iPhone4 手机侧键、耳机、振动器 J1 接口电路维修

iPhone 4 手机侧键、耳机、振动器 J1 接口电路常见故障有耳机无免提功能、来电无振动、

侧键失灵等，多为接口排线损坏或接触不良导致，更换或加焊接口即可排除。

表 8.3.4 J1 接口引脚功能

引脚	英文标注	功 能	说 明
1 脚	PP2V0_VIBE_E	振动器供电 2V	必须设置为来电振动状态时测量，若无供电，手机无振动
2 脚	EXT_MIC_P_CONN	外接话筒信号	直接连接到耳机接口
3 脚	VIBE_N	振动器供电启动	来自电源 IC U48_RF 的 L3 脚
4 脚	HPHONE_RET_SNS_CONN	耳机话筒滤波信号	送到音频 IC U60 的 B4 脚
5 脚	RINGER_A	音频数字信号	送到主 CPU 的 D5 脚和电源 IC 的 K10 脚
6 脚	HPHONE_R_CONN	耳机扬声器右声道信号	来自音频 IC U60 的 H9 脚
7 脚	VOL_UP_L	音量增强信号	来自主 CPU U52 的 B7 脚
8 脚	HPHONE_L_CONN	耳机扬声器左声道信号	来自音频 IC U60 的 H10 脚
9 脚	VOL_DWN_L	音量减弱信号	来自主 CPU U52 的 D9 脚
10 脚	HPHONE_DET_CONN	耳机检测信号	来自耳机送话检测 IC U70 的 A1 脚
11 脚	GND	接地端	与 13 脚～22 脚功能相同

8.3.10 iPhone 4 手机充电接口 J3 电路及维修

1. iPhone 4 手机充电接口 J3 电路

充电电路就是充电器到电池接口的电路。iPhone 4 手机充电接口 J3 电路主要由充电控制管 Q2、Q1 以及电源 IC 组成，如图 8.3.17 所示。当手机插上充电器时，J3 接口的 12 脚、14 脚、16 脚、18 脚将 USB 充电电压经限流电感 L3、L4 到 Q2 控制管的 A2 脚、A3 脚、B3 脚，经控制后从 B1 脚输出到 Q2 的 B1 脚，控制后从 B2 脚、C2 脚、C3 脚输出到电源 IC U48 的 J5 脚，再经电源 IC 控制后从 J9 脚输出到电池接口 J7_RF 的 4 脚，对手机电池充电，完成手机充电过程。

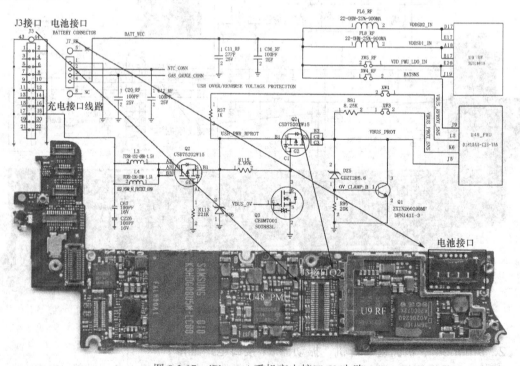

图 8.3.17 iPhone 4 手机充电接口 J3 电路

2. iPhone 4 手机充电接口 J3 电路的维修

充电电路常见故障有插上充电器无充电反应或插上充电器有充电显示,但不能充上电。如果插上充电器无充电反应,主要检查充电接口,限流电感 L3、L4,Q2 控制管,稳压管 DZ6 及其他电阻元件,如图 8.3.18 所示,最后再加焊电源 IC 即可排除故障。

图 8.3.18　iPhone 4 手机主板上充电电路元器件

8.3.11　iPhone 4 手机 J3 接口 USB 电路及维修

1. iPhone 4 手机 J3 接口 USB 电路

iPhone 4 手机 J3 接口 USB 电路主要由 J3 接口的 25 脚、27 脚与耦合器 L1 及主 CPU U52 等组成,如图 8.3.19 所示。USB 接口电路可以为手机充电,也可以连接计算机为手机安装第三方功能软件。插上 USB 数据线后,就可以通过 J3 接口的 25 脚、27 脚与 L1 耦合器将数据传输到主 CPU U52 经存储器存储起来,同时也可以读出存储器中的数据,实现 USB 对手机数据的读/写功能。

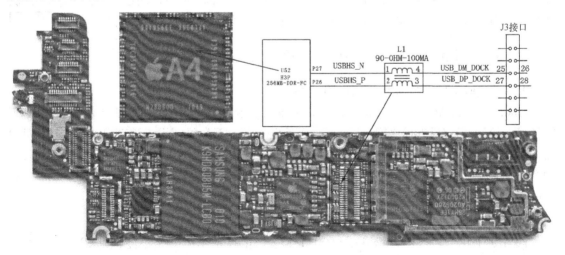

图 8.3.19　iPhone 4 手机 USB 接口 J3 电路

2. iPhone 4 手机 J3 接口 USB 电路维修

USB 电路常见故障是插上 USB 数据线后,手机不能连接计算机,或计算机上无反应,此时首先检查数据线是否断线,更换数据线联机,如果还是无反应,再检查 USB 接口和耦合器 L1 是否开路损坏,加焊接口或更换耦合器即可排除故障。

8.3.12 iPhone 4 手机 J3 接口返回键电路及维修

1. iPhone 4 手机 J3 接口返回键电路

iPhone 4 手机 J3 接口返回键电路主要由 J3 接口的 24 脚、返回键放大管 U8、电源 IC 和主 CPU U52 等组成,如图 8.3.20 所示。

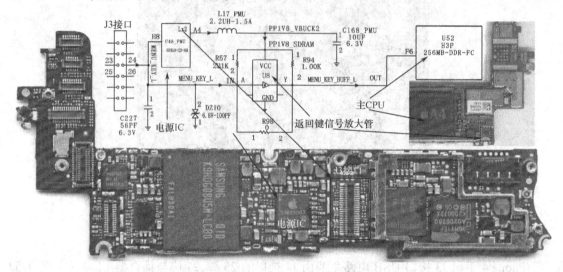

图 8.3.20 iPhone 4 手机 J3 接口返回键电路

2. iPhone 4 手机 J3 接口返回键维修

iPhone 4 手机 J3 接口返回键常见故障是返回键失灵,此时主要检测 J3 接口的 24 脚有无虚焊,加焊即可。再检查返回键放大管是否损坏,更换试机。最后检测返回键供电是否正常,如果无供电,检查 L17_PMU 限流电感是否开路,短接或更换即可排除故障。

8.3.13 iPhone 4 手机 SIM 卡接口电路及维修

1. iPhone 4 手机 SIM 卡接口电路

iPhone 4 手机 SIM 卡接口电路由 SIM 卡座 J2、卡保护管 U15、通信基带处理器 U9 以及 SIM 开关等组成,如图 8.3.21 所示。与普通手机一样,插上 SIM 卡手机开机,通信基带处理器 U9 会输出卡供电、编程、时钟、复位、数据分别到卡座的 1 脚、6 脚、3 脚、2 脚、7 脚,同时卡座 12 脚立即通过检测开关接地,手机识别 SIM,完成手机 SIM 卡读出与基站登记注册的过程。

2. iPhone 4 手机 SIM 卡接口电路维修

同普通手机一样,iPhone 4 手机 SIM 卡接口电路常见故障是不能识别 SIM 卡。维修时先更换 SIM 卡试机,如果还是不能识别 SIM 卡,先检查 SIM 卡座触点是否变形,用镊子整理即可;如果还是不能识别 SIM 卡,需拆除卡保护管 U15,如果能识别 SIM 卡,故障排除。

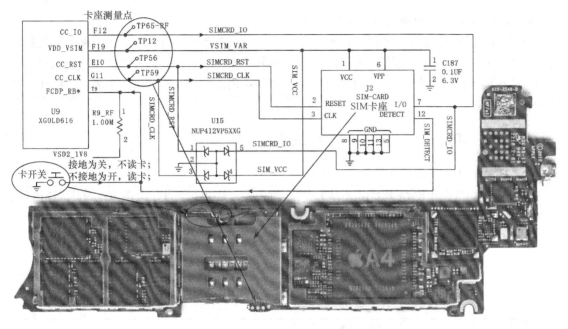

图 8.3.21　iPhone 4 手机 SIM 卡接口电路

8.3.14　iPhone 4 手机扬声器接口电路及维修

1. iPhone 4 手机扬声器接口电路

iPhone 4 手机扬声器接口电路由扬声器接口 SP1，扬声器保护管 DZ3、DZ4，滤波电容 C124、C156 和音频 IC U60 等组成，如图 8.3.22 所示。

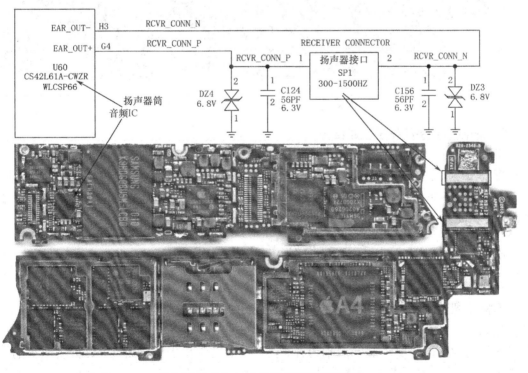

图 8.3.22　iPhone 4 手机扬声器接口电路

2. iPhone 4 手机扬声器接口电路维修

扬声器电路常见故障是来电扬声器无声,维修时首先连接耳机试机,如果来电耳机扬声器有声音,而手机扬声器无声,多为扬声器接触不良或扬声器损坏,可用橡皮擦清除氧化层试机,或更换扬声器试机。若还是来电无声则检查扬声器保护管 DZ3、DZ4 和加焊音频 IC U60 即可排除故障。

8.3.15 iPhone 4 手机振子电路及维修

1. iPhone 4 手机振子电路

iPhone 4 手机振子电路主要由接口 J1 的 1 脚,振子供电电感 FL8,保护管 D1、D6 以及电源 IC U48_PMU 和主 CPU 等组成,如图 8.3.23 所示。

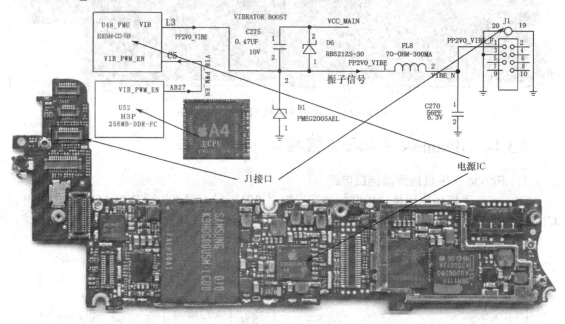

图 8.3.23 iPhone 4 手机振子接口电路

2. iPhone 4 手机振子电路维修

手机振子电路常见故障是来电无振动,首先检查手机是否设置为来电振动状态,如果已设置,主要检查振动器是否损坏或振动器接线是否断线,更换振动器或重新接线,如果还是无振动,应重点检查供电限流电感 FL8 和保护管 D1、D6 以及加焊电源 IC,即可排除故障。

8.3.16 iPhone 4 手机陀螺仪电路及维修

1. iPhone 4 手机陀螺仪电路

手机陀螺仪实际上相当于三轴传感器,是内部通过微系统工艺 MEMS 制作的一个参考坐标系,当芯片的坐标相对参考坐标发生旋转时,芯片会读出这个差异,测量 XYZ 三轴线的倾角改变即可实现感知三轴的各个方位。目前常用于手机游戏,比如赛车类的"极品飞车",左右扭动手机可以改变飞车方位;比如"食人鲨",通过各种方向扭动手机即可控制鲨鱼的上升、下降、前进、后退等动作。iPhone 4 手机陀螺仪电路主要由加速度传感器芯片 U3 和陀螺仪控制芯片 U16 及电源 IC U48_PMU、主 CPU U52 等组成，如图 8.3.24 所示。

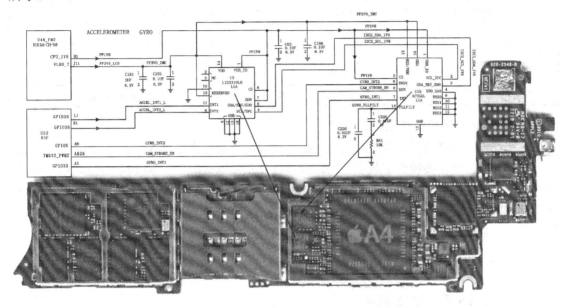

图 8.3.24 iPhone 4 手机陀螺仪电路

为了更清楚地掌握陀螺仪电路原理，这里先介绍加速度传感器芯片 U3 和陀螺仪控制芯片 U16 的引脚功能，如表 8.3.5、表 8.3.6 所示。了解了引脚功能后，再看原理过程：手机开机后，电源 IC 的 B1 脚和 J11 脚分别送出 1.8V 和 3V 供电到传感器芯片 U3 的 1 脚、14 脚和陀螺仪控制芯片 U16 的 1 脚、15 脚。此时若启动游戏功能，传感器芯片 U3 的 9 脚、11 脚和陀螺仪控制芯片 U16 的 6 脚、7 脚启动工作，通过 U3 和 U16 相连的总线时钟线和数据线与主 CPU 进行通信，控制陀螺仪的工作状态，实现陀螺仪三轴方位的游戏功能。

表 8.3.5 加速度传感器芯片 U3 引脚功能

引脚	英文标注	功 能	说 明
1 脚	PP1V8	U3 芯片供电 1.8V	与 7 脚、8 脚相同，来自电源 IC U48 的 B1 脚
2 脚	NC	空脚	与 3 脚相同
4 脚	I2C2_SCL_1V8	I²C 总线时钟信号	1.8V 脉冲，连接到 U16 的 2 脚
5 脚	GND	接地端	与 12 脚、13 脚、16 脚功能相同
6 脚	I2C2_SDA_1V8	I²C 总线数据信号	1.8V 脉冲，连接到 U16 的 3 脚
9 脚	ACCEL_INT2_L	加速度传感器中断请求信号	来自主 CPU U52 的 E1 脚
11 脚	ACCEL_INT1_L	加速度传感器中断请求信号	来自主 CPU U52 的 L1 脚
14 脚	PP3V0_IMU	U3 芯片供电 3V	与 15 脚相同，来自电源 IC U48 的 J11 脚

表 8.3.6 陀螺仪控制芯片 U16 引脚功能

引脚	英文标注	功 能	说 明
1 脚	PP1V8	U3 芯片供电 1.8V	与 5 脚相同，来自电源 IC U48 的 B1 脚
2 脚	I2C2_SCL_1V8	I²C 总线时钟信号	1.8V 脉冲，连接到 U3 的 4 脚
3 脚	I2C2_SDA_1V8	I²C 总线数据信号	1.8V 脉冲，连接到 U3 的 6 脚

(续表)

引脚	英文标注	功能	说明
4 脚	GND	接地端	与 9 脚、10 脚、11 脚、12 脚、13 脚功能相同
6 脚	GYRO_INT2_DRDY	陀螺仪中断信号	来自主 CPU U52 的 AH1 脚
7 脚	GYRO_INT1	陀螺仪中断信号	来自主 CPU U52 的 AH2 脚
8 脚	CAM0_VSYNC	同步信号	连接到 U12 的 D2 脚
14 脚	GYRO_PLLFILT	陀螺仪信号滤波	
15 脚	PP3V0_IMU	U3 芯片供电 3V	与 16 脚相同，来自电源 IC U48 的 J11 脚

2. iPhone 4 手机陀螺仪电路维修

陀螺仪电路故障常见的是游戏功能无法实现，如重力感应器游戏或其他与方位有关的游戏功能等。维修时需要确保下载安装的游戏软件是正常运行的，否则会出现故障误判。如果游戏软件是正常的，但游戏功能无法开启，此时主要检查加速度传感器芯片 U3 和陀螺仪控制芯片 U16，更换试机即可。如果还是不能修复，应检查 U3 和 U16 的供电、中断信号线和总线时钟与数据线是否连接正常，若有断线，飞线连接即可排除故障。

8.3.17 iPhone 4 手机 GPS 电路及维修

1. iPhone 4 手机 GPS 电路

手机 GPS 定位系统是由手机内部 GPS 模块与 GPS 地图与定位系统构成。手机 GPS 管理模块通过 GPS 卫星系统确定定位手机的坐标，然后将位置信息回传到服务器上，浏览器登录服务器启动 GPS 功能读取定位手机的具体位置，从而实现 GPS 定位功能。iPhone 4 手机 GPS 电路主要由 GPS 天线 SP2_RF、耦合滤波元件 R4_RF、L25_RF、C22_RF、L22_RF、L18_RF、J11_RF、FL12_RF、L60_RF，GPS 信号放大器 U33_RF、L54_RF、C225_RF 及滤波器和耦合滤波元件 FL1_R、L4_RF、C24_RF 与 GPS 处理芯片 U14_RF 等组成，如图 8.3.25 所示。

GPS 模块电路要工作，仍需满足供电、时钟、复位等条件，在 U14 的 A4 脚、E6 脚、E3 脚、D6 脚、D4 脚、G7 脚、G3 脚、B6 脚、A3 脚、C6 脚、B4 脚都是供电脚，电压为 1.8V。A2 脚外接有一个时钟晶振 G3_RF，频率为 33.6MHz，专为 U14 提供时钟信号。在 G4 脚有 U14 的复位信号 GPS_RESET_N_AP，只要满足供电、时钟、复位等条件后，启动 GPS 功能，GPS 定位信号就通过 GPS 天线 SP2_RF，耦合滤波元件 R4_RF、L25_RF、C22_RF 等到 GPS 信号放大器 U33_RF 放大后，再经 FL1_R、L4_RF、C24_RF 耦合到 GPS 处理芯片 U14_RF 的 B1 脚，经 U14 处理后的数据信号传送到应用处理器 U52，完成同步及控制 GPS 导航功能。其 GPS 主板电路结构如图 8.3.26 所示。

2. iPhone 4 手机 GPS 电路维修

iPhone 4 手机 GPS 要正常运行，除了 GPS 硬件模块电路正常外，还需要下载正版的 GPS 导航软件，安装成功后才能启动 GPS 导航功能，具体安装 GPS 功能软件的方法将在第 9 章讲解。如果软件安装正常而不能正常启动 GPS 功能，一般是 GPS 硬件电路出现了问题，常为 GPS 天线接触不好、耦合元件或 GPS 芯片 U14 虚焊导致，参考图 8.3.26 仔细检查即可排除故障。

第 8 章 iPhone 4 手机电路原理与维修

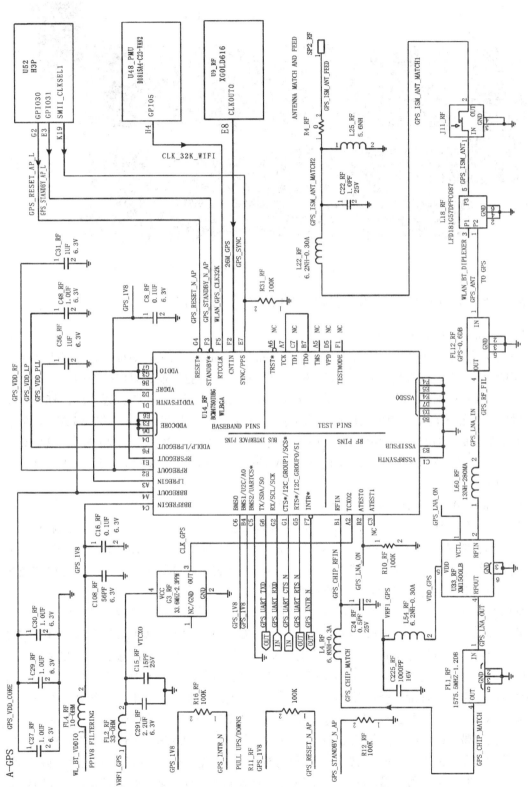

图 8.3.25 iPhone 4 手机 GPS 电路

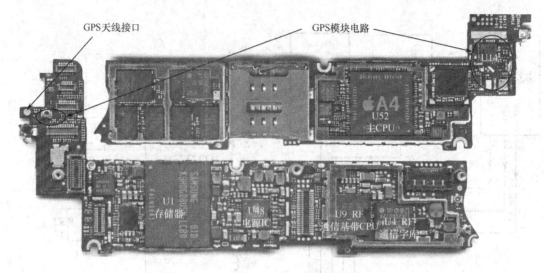

图 8.3.26　iPhone 4 手机 GPS 主板电路结构

8.3.18　iPhone 4 手机 WLAN/BT 电路及维修

1. iPhone 4 手机 WLAN/BT 电路

WLAN 是无线局域网络（Wireless Local Area Networks）的英文简称，它已成为智能手机的标准配置之一，能方便地通过 WLAN 设备互联，享受更快速、更便捷的网络体验。但由于目前 WLAN 网络还没有完全开放，每次使用 WLAN 都必须进入设置菜单，打开无线 WiFi 设置，当然这是非常简单的操作，这里就不用多说了。对 iPhone 4 手机 WLAN 电路来说，其硬件主要由 GPS 天线 SP2_RF、耦合滤波元件 R4_RF、L25_RF、C22_RF、L22_RF、J11_RF、L18_RF、FL10_RF、L24_RF 与 WLAN/BT 功能芯片 U2_RF 等组成，如图 8.3.27、图 8.3.28 所示。

2. iPhone 4 手机 WLAN/BT 电路故障维修

iPhone 4 手机 WLAN/BT 电路故障，通常都有"三无"的说法，即"无信号、无 WiFi、无 BT"，也有的说成是"无串号、无 WiFi、无 BT"或"无信号、无服务、无 WiFi"，无论怎么定义，都是维修者的说法，其重点还是无 WiFi 问题。结合到无信号，维修时通常是基带处理电路不能正常工作导致，应重点检查其供电、时钟、复位。

从图 8.3.29 所示的测量点分析，首先检测基带 CPU 的供电，依次检测 L3_RF（1.8V）、L2_RF（1.1V）、C18_RF（2.8V）、C46_RF（1.3V）、C5_RF（1.8V）、C4_RF（2.3V）、C59_RF（3.8V），若其中一组供电不正常，大多为通信基带 CPU（U9_RF）虚焊或损坏，更换即可。若供电正常，但仍出现"三无"，应检测基带 CPU 的时钟晶振 Y1_RF 是否有时钟信号，用示波器测量，正常时为标准正弦波波形，若无波形，更换晶振即可。如果基带部分工作正常，就要检测 WLAN/BT 模块的供电，依次是 C152/C141_RF（3.8V）、C125/R8_RF（1.8V），若无供电，在基带 CPU 旁供电点飞线连接即可；然后检查 WLAN/BT 模块的工作时钟，测量方法仍是示波器在晶振 Y2_RF 上测量，波形为标准正弦波波形，若无波形，更换晶振即可。最后检测图 8.3.29 中虚线部分 WLAN/BT 模块的天线电路是否正常，若有虚焊，加焊即可排除"三无"故障。

第 8 章 iPhone 4 手机电路原理与维修

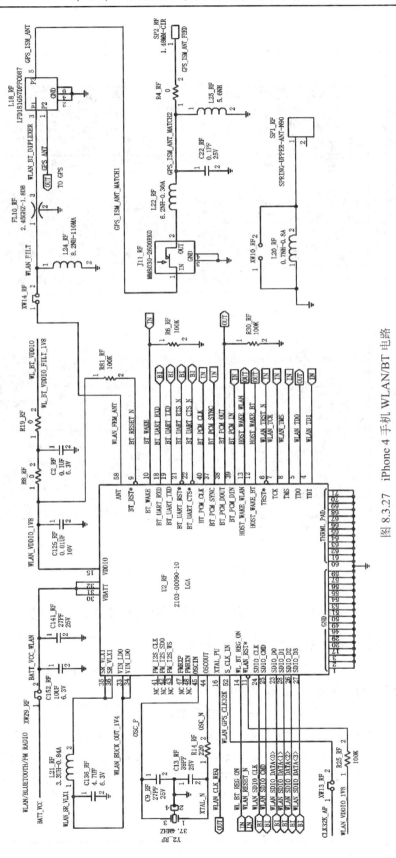

图 8.3.27 iPhone 4 手机 WLAN/BT 电路

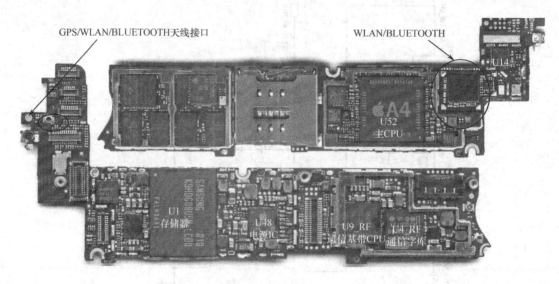

图 8.3.28　iPhone 4 手机 WLAN/BT 主板电路结构

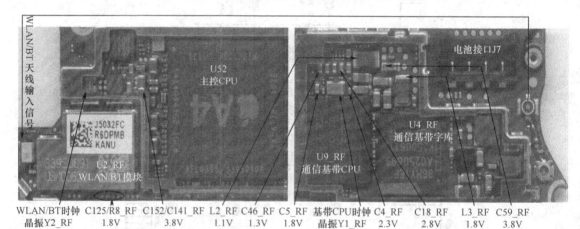

图 8.3.29　iPhone 4 手机"三无"故障测量点

8.3.19　iPhone 4 手机指南针 COMPASS 电路及维修

1. iPhone 4 手机指南针 COMPASS 电路

iPhone 4 手机也采用了指南针 COMPASS 功能,其电路主要由指南针传感器 U4 和主控微处理器 U52 及外围元器件组成,如图 8.3.30 所示。

2. iPhone 4 手机指南针 COMPASS 电路故障维修

出现指南针功能不能运行或无法启动指南针故障时,主要检查 U4 传感器是否损坏,检测其供电 C175 (3V)、C225 (1.8V) 以及为总线提供高电平的电阻 R87、R88 是否开路,若开路,更换即可。若供电不正常,从电源管理器飞线一个 3V 或 1.8V 到两个电容上即可排除故障。

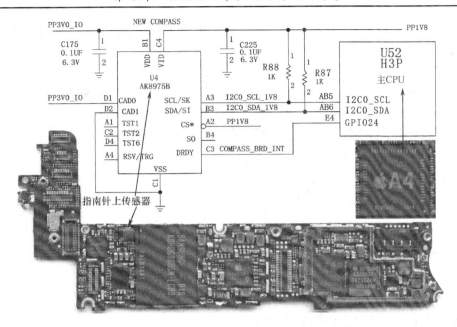

图 8.3.30　iPhone 4 手机指南针 COMPASS 电路

本 章 小 结

1. 通过学习 iPhone 4 手机整机电路，掌握 iPhone 4 智能手机及其他智能手机整机电路结构、电路原理、故障维修等知识。

2. 通过学习 iPhone 4 智能手机开机电路，掌握智能手机开机电路主要由应用处理器部分来完成，同样需要满足手机开机的五大条件，同样具有电池和充电 USB 接口的两大开机方式。

3. 通过学习 iPhone 4 智能手机射频电路，掌握智能手机 2G 网络与 3G 网络射频电路的不同点、原理分析及检修方法。

4. 通过学习 iPhone 4 智能手机界面接口功能，掌握现代智能手机中新增的智能 GPS 导航功能、无线 WiFi 功能、重力传感器功能、指南针功能等知识，同时掌握无线 WiFi 功能失效、不能进行 GPS 导航、GYRO 传感器功能失效等故障的分析、检测及维修知识。

习 题 8

8.1　iPhone 4 手机整机结构分为三大部分，分别是_____、_____、_____。其中，负责开机的是_____部分，负责通信的是_____部分，负责无线 WiFi 的是_____部分。

8.2　简述 iPhone 4 手机组电压的产生过程，并说明 PP1V8.SDRAM、PP1V1_CPU、PP1V2_HIPARK、CPU_1V8 、PP3V0_IO、PPCPU_CORE、PP3V0_VIDEO、PP1V2_SDRAM 的供电去向。

8.3　iPhone 4 手机应用处理器的工作时钟频率是多少？简述其时钟的工作原理。

8.4 简述 iPhone 4 手机 USB 接口供电原理,并说明 USB 接口供电不正常,会导致手机出现什么故障,应如何维修。

8.5 iPhone 4 手机不开机,应如何维修?

8.6 iPhone 4 手机出现开机死机或者开机白苹果现象,应如何维修?

8.7 iPhone 4 手机进水后,开机白苹果无限重启,应如何维修?

8.8 iPhone 4 手机出现滑屏解锁后死机故障,应如何维修?

8.9 iPhone 4 手机射频电路主要由_____、_____、_____、_____及_____等组成。

8.10 iPhone 4 手机"三无"是指_____、_____、_____,或_____、_____、_____。

8.11 iPhone 4 手机出现"三无"故障,应如何维修?

8.12 简述 iPhone 4 手机 GSM 网络 900MHz 接收射频电路工作原理。

8.13 简述 iPhone 4 手机 3G 网络 WCDMA 接收射频电路工作原理。

8.14 简述 iPhone 4 手机 3G 网络 WCDMA 发射射频电路工作原理。

8.15 iPhone 4 手机解锁卡贴的作用是什么?

8.16 iPhone 4 手机出现打电话不能退出的故障,应如何维修?

8.17 iPhone 4 手机出现"正在搜索"无信号故障,应如何维修?

8.18 iPhone 4 手机在 J7 接口上怎样才能实现单板开机?

8.19 iPhone 4 手机出现拨打电话时无送话故障,应如何维修?

8.20 iPhone 4 手机同时出现无扬声器声、无送话声、免提无声、耳机也无声故障,应如何维修?

8.21 iPhone 4 手机打开主摄像头,提示"主摄像头不能开启"故障,应如何维修?

8.22 iPhone 4 手机照相时,无照相闪光,应如何维修?

8.23 iPhone 4 手机无显示或显示不正常,应如何维修?

8.24 iPhone 4 手机显示屏背光灯不亮,应如何维修?

8.25 iPhone 4 手机出现触摸屏失灵或触摸屏错乱,应如何维修?

8.26 iPhone 4 手机插上充电器无充电反应,应如何维修?

8.27 iPhone 4 手机出现返回键失灵故障,应如何维修?

8.28 iPhone 4 手机无法启动重力感应器游戏,应如何维修?

8.29 iPhone 4 手机无法启动 GPS 导航功能,应如何维修?

8.30 iPhone 4 手机无法启动 WiFi 功能,应如何维修?

本章实训 iPhone 4 手机电路故障检测与维修

一、实训目的

1. 掌握智能手机常见故障检测与维修方法。
2. 掌握使用示波器、数字万用表检测智能手机常见故障。

二、实训器材及材料

1. iPhone 4 手机多部(也可以是学生自用的手机)。

2. 稳压电源、示波器、数字万用表、热风枪、调温电烙铁、镊子、植锡板、助焊剂、锡浆、天那水、植锡台架、超声波清洗器、刷子（牙刷也可）、松香、焊锡丝、手术刀。

三、实训内容

1. 根据 iPhone 4 手机不开机故障现象，分析故障的产生原因，并检测维修。
2. 根据 iPhone 4 手机"三无"故障现象，分析故障的产生原因，并检测维修。
3. 根据 iPhone 4 手机出现无显示故障现象，分析故障的产生原因，并检测维修。
4. 学习手机触摸屏失灵的故障分析方法，并及时检测维修。
5. 学习手机 GPS 导航功能失灵的故障分析方法，并及时检测维修。
6. 学习安装现代智能手机指南针、重力感应游戏等应用软件。

四、实训报告

1. 通过对 iPhone 4 手机不开机故障的检测，掌握现代智能手机不开机故障的检测方法、故障判断和处理技巧。
2. 通过分析 iPhone 4 手机射频"三无"故障现象，掌握现代智能手机射频故障的检测方法、故障判断和处理技巧。
3. 通过分析 iPhone 4 手机接口功能故障现象，掌握现代智能手机接口功能故障的检测方法、故障判断和处理技巧。

第 9 章 智能手机软件系统及安装方法

第 1 章已经介绍过智能手机和非智能手机的区别，由于智能手机是带操作系统的，非智能手机是不带操作系统的，因此二者的刷机方法是不同的。智能手机只需要用数据线连接计算机即可进行刷机，而非智能手机需要采用刷机仪器才能实现，如天目公司的超豪华智多星或钻石神手等。第 1 章已经详细介绍了智能手机系统类型，本章主要讲解智能手机系统软件下载、安装、刷机的操作方法，包括 iOS、Android、Windows Mobile 的刷机以及 Android 系统的 Root 工具等。

9.1 主流智能手机操作系统简介

主流智能手机操作系统包括 iOS、Android、Windows Mobile（Windows Phone）、Symbian、Blackberry OS 等。其中，iOS 系统应用软件资源比较丰富，不过大多需要付费，软硬件结合很好，但 iOS 对多任务的支持不是很好；Android 的本义是指"机器人"，是基于 Linux 平台的开源手机操作系统，其平台由操作系统、中间件、用户界面和应用软件组成，号称首个移动终端打造的真正开放和完整的移动软件，大多数智能手机厂商，如 Moto、三星、索爱、HTC 等都有该操作系统的手机产品，其应用软件越来越多；黑莓手机独占黑莓系统，始终处于一个高高在上和自我封闭的状态，黑莓手机一开始就定位于商务应用，其系统的商务化也相当明显，始终在北美市场保持着一定份额，绝大部分商务人士依然将黑莓看作必备之品；Symbian（塞班）系统早期一直占据着全球最大的智能手机市场份额，这一切都要归功于诺基亚在全球的热销，但相对于今天 iPhone 与 Android 智能系统的飞速发展，塞班系统明显处于劣势地位；在 WM 6.5 之后，HTC 也正式进军 Android，这标志着 Windows Mobile 已经难觅踪影，于是就有了微软最新一代的手机操作系统 Windows Phone7（WP7）。

9.2 苹果智能手机系统软件下载与安装

本节主要讲解苹果智能手机系统联机软件 iTunes 及其刷机方法，包括 iOS 软件的备份、恢复、刷机等操作。

9.2.1 苹果智能手机联机软件 iTunes

苹果智能手机使用的操作系统是 iOS。iPhone OS 是由苹果公司为 iPhone 自行研发的操作系统，系统架构分为核心操作系统层（the Core OS layer）、核心服务层（the Core Service slayer）、媒体层（the Media layer）、可轻触层（the Cocoa Touch layer）四个层次。系统操作占用的存储空间大概为 512MB，中央处理器采用 ARM 架构。从 iPhone OS 2.0 开始，第三方应用程序就能够下载了，其 iPhone OS 自带的应用程序在 2.2 版本固件中。iPhone 的主界面包括自带的应用程序，如 SMS（简讯）、日历、照片、相机、YouTube、股市、地图（AGPS 辅助的 Google 地图）、天气、时间、计算机、备忘录、系统设定、iTunes（将会被链接到 iTunes Music Store 和 iTunes 广播目录）、AppStore 以及联络资讯等，还有电话、Mail、Safari 和 iPod 的应用程序。对 iPhone 手机来说，普通用户主要考虑的是使用问题，并不关心硬件组成。刚买回的一部 iPhone 手机，需要做哪些准备才能真正使用呢？这就要从 iPhone 手机的版本、是否有锁、联机软件 iTunes 以及注册用户账户等来认识。如果是有锁的手机则需要解锁和越狱才能正常使用，否则手机无法拨打电话和玩转其他功能。

1. 认识 iTunes 联机软件

iTunes 是一款数字媒体播放应用程序，由苹果公司发布，主要用于同步 iPhone 手机。使用 iTunes 连接 iPhone 手机和计算机后，在 iTunes 中的所有资料都会自动同步到 iPhone 手机中，如音乐、游戏、软件、电子书等。iTunes 不是格式转换器，它是 iPhone 和 PC 间的传输媒介。当然，iPhone 手机的激活必须通过 iTunes 连接互联网完成。iTunes 也用于播放以及管理数字音乐与视频文件，包括 iPod 与 iPhone 等设备的程序与游戏的安装、删除、设备恢复、升级等，它是管理 iPhone 文件的主要工具。此外，iTunes 能连线到 iTunes Store，以下载或购买数字音乐、视频、电视节目、游戏以及各种应用程序。iTunes 可使用户将自己的音乐组成播放清单、编辑资讯、烧录 CD、复制到苹果公司的 MP3 播放器中，通过它内建的 Music Store 购买音乐、下载 Podcast、备份歌曲到一张 CD 或 DVD 上、执行视觉化和编码音乐成为许多不同的音频格式。新推出的 iTunes 10 还增加了 ping 音乐社交功能，在具备 AirPlay 功能的扬声器、家庭影院接收器和 iPod 配件上，可用 AirPlay 无线方式播放音乐等。

2. iTunes 软件下载与安装

（1）iTunes 软件下载

用户可以随时在苹果官方网站 http://www.apple.com.cn/itunes/download/ 获得 iTunes 最新版本，下载界面如图 9.2.1 所示。

图 9.2.1　iTunes 的下载界面

进入 iTunes 的下载界面后，单击网页中的"立刻下载"按钮，即可下载 iTunes。下载好的 iTunes 安装程序如图 9.2.2 所示。

（2）iTunes 软件安装

双击安装程序文件，即可开始安装 iTunes，接受许可协议条款，逐一单击"下一步"按钮，即可完成 iTunes 的安装。其安装步骤如下所述。

第一步：双击 iTunesSetup.exe 图标，运行安装程序，如图 9.2.3 所示。在界面中单击"下一步"按钮，出现如图 9.2.4 所示的安装选项界面，单击"安装"按钮，进入安装过程，如图 9.2.5 所示。安装中，为防止 iPhone 联机操作时出现意外情况，建议取消程序安装过程中的"自动 Apple 软件"选项，直到安装完成，如图 9.2.6 所示。

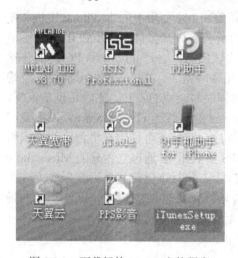

图 9.2.2　下载好的 iTunes 安装程序

图 9.2.3　运行 iTunesSetup 安装程序界面

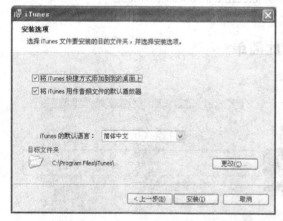

图 9.2.4　iTunesSetup 安装选项界面

图 9.2.5　进入 iTunesSetup 安装过程

第二步：单击"结束"按钮，此时出现 iTunes 软件许可协议界面，如图 9.2.7 所示，单击"同意"按钮，即可出现 iTunes 软件操作界面，如图 9.2.8 所示。iTunes 的操作界面包含三个主要区域，顶部是音乐播放控制区，中间的小横条是 Store 导航与资料库区选项菜单，底部是内容显示区。

第 9 章　智能手机软件系统及安装方法

图 9.2.6　iTunesSetup 安装结束界面　　　　图 9.2.7　iTunes 软件许可协议界面

图 9.2.8　iTunes 软件操作界面

3. iPhone 手机与计算机的连接

安装好 iTunes，通过数据线 iPhone 手机连接到计算机，iTunes 会自动启动。如果 iPhone 手机有新的软件版本，iTunes 将弹出一个提示界面。如果 iPhone 手机是通过有锁的，或者是进行过破解操作的，为了防止意外，单击"取消"按钮。连接 iPhone 后，在 iTunes 的右上方横条区域会出现一个"设备"选项，单击 iTunes 左侧区域中"设备"下的"iPhone"项目，即可进入 iTunes 软件的 iPhone 手机控制窗口。在"摘要"界面中，可看到"更新"与"恢复"两个按钮，如果 iPhone 手机进行过破解操作，或是非正常渠道购买的，建议不要单击这两个按钮。看到的"摘要"、"信息"等多个选项卡，每个选项卡对应一个操作界面，用来管理 iPhone 手机的不同内容。例如，"摘要"界面显示 iPhone 手机的一些基本信息，如软件版本、手机序列号等；"信息"界面用来同步日历与联系人到手机；"铃声"界面用来同步铃声文件到手机；"应用程序"界面用来同步各种程序到 iPhone 手机。

4. iPhone 智能手机账户注册

下载并安装 iTunes 后，需要注册一个 App Store 账户，这样对应用 iTunes 及安装一些免费软件或购买一些收费软件很方便。注册账户步骤如下所述。

第一步：打开 iTunes，单击右上角的"iTunes Store"按钮，如图 9.2.9 所示。在 iTunes Store 的软件商店界面的右侧，找到免费 App，选择一个，单击右侧的"免费"按钮，如图 9.2.10 所示。这时会弹出一个提示 iTunes Store 注册的窗口，如图 9.2.11 所示，单击"创建新账户"按钮。这一步非常关键，只有经过以上步骤才会注册到不用填写信用卡的免费账户，如果直接注册，是不会出现的。

图 9.2.9 单击"iTunes Store"按钮

图 9.2.10 单击右侧的"免费"按钮

第二步：单击"继续"按钮，如图 9.2.12 所示。在出现的服务条款界面中勾选"我已阅读并同意以上条款与条件。"，再单击"同意"按钮，如图 9.2.13 所示。

图 9.2.11 提示 iTunes Store 注册的窗口

图 9.2.12 单击"继续"按钮

第三步：在出现的界面中填写注册信息，如图 9.2.14 所示。"电子邮件"一定要填写自己的真实邮箱，因为需要用来接收注册确认的邮件，同时要注意密码一定要包括数字和字母且不能以数字开头，要包含一个大写字母，完成后单击"创建 Apple ID"按钮，如图 9.2.15 所示，在新界面中单击"好"按钮，如图 9.2.16 所示，此时可到刚才填写的邮箱中查找收到的验证邮件，并且单击邮件中的验证链接，如图 9.2.17 所示，并单击"立即验证"按钮。之后 iTunes 就会弹出一个登录对话框，如图 9.2.18 所示，输入刚才注册的 ID 和密码即可登录，

第 9 章　智能手机软件系统及安装方法

每个 ID 号最多只能对五台计算机同时授权。登录成功后，提示"恭喜，您的 Apple ID 已经创建完毕，可以在 iTunes 中使用了。"，单击"继续"按钮，如图 9.2.19 所示，注册完毕。注册完成后可对这台计算机进行 iTunes 操作的授权。单击 iTunes 菜单栏的"商店"命令，选择"对这台计算机授权…"选项，如图 9.2.20 所示，到此就成功注册了。

图 9.2.13　服务条款界面

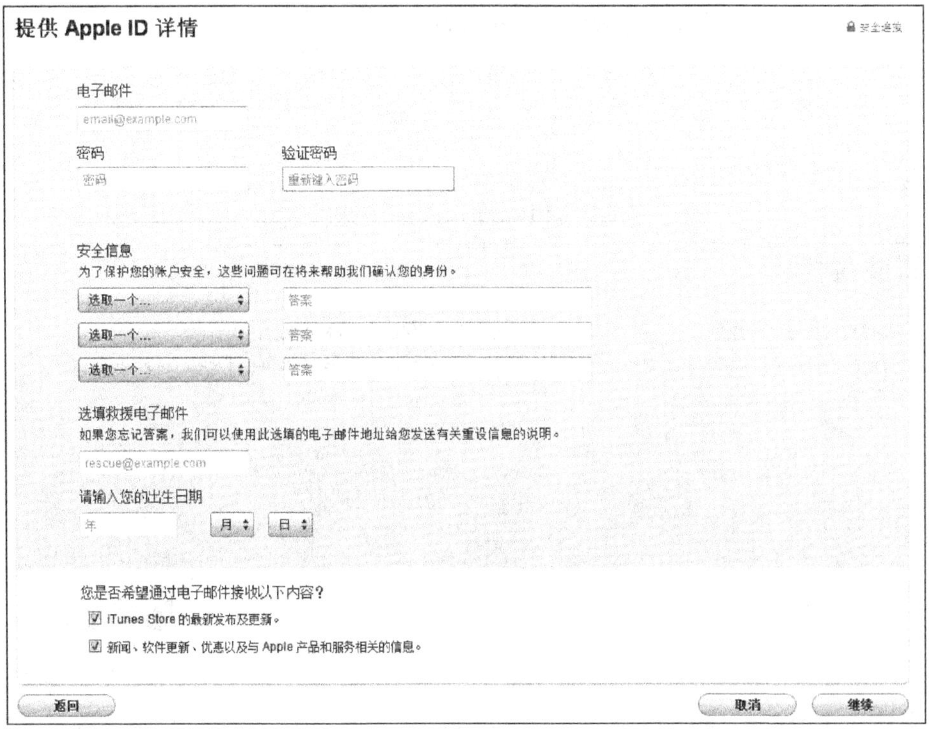

图 9.2.14　注册信息的填写

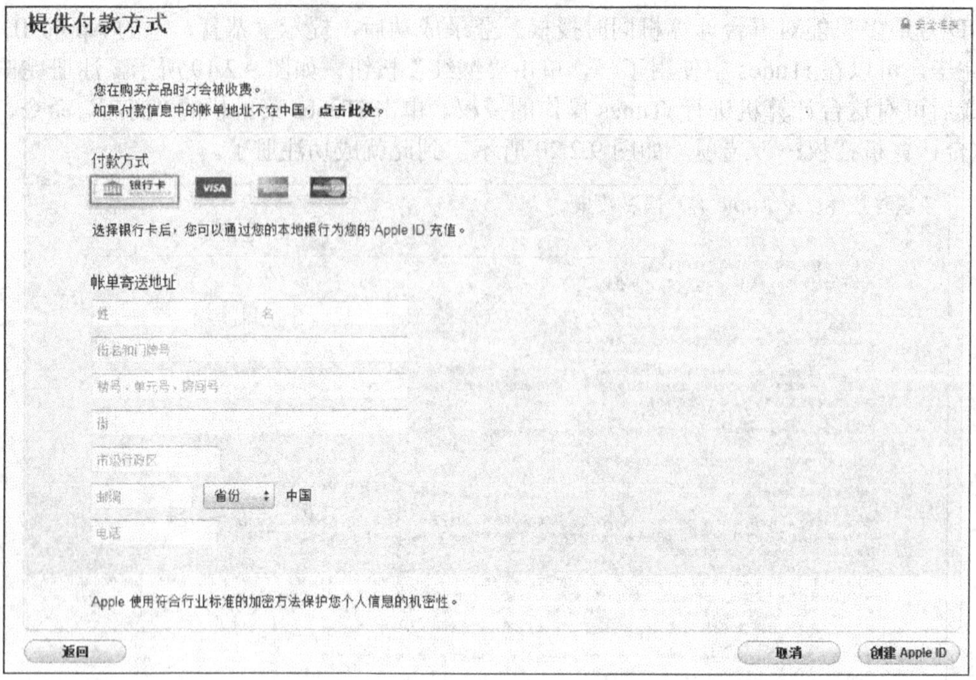

图 9.2.15 单击"创建 Apple ID"按钮

图 9.2.16 单击"好"按钮

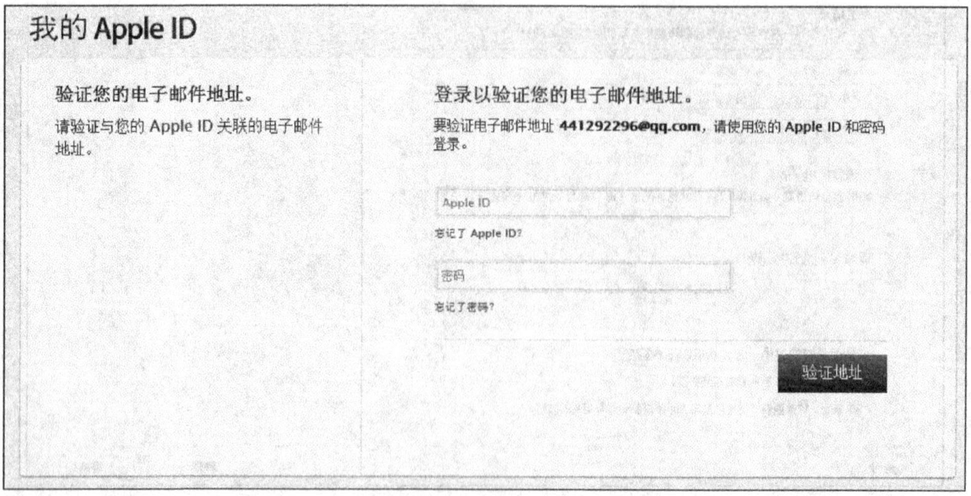

图 9.2.17 单击电子邮件中的验证链接

第 9 章　智能手机软件系统及安装方法

图 9.2.18　登录对话框

图 9.2.19　单击"继续"按钮

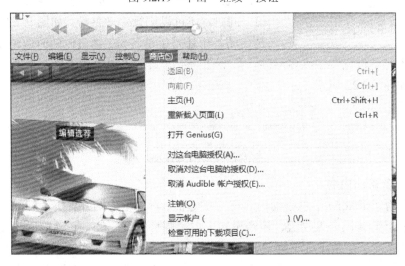

图 9.2.20　对计算机进行授权

提示：有的用户说无法注册不用填写信用卡的账户，这是因为没有从安装免费软件跳出的注册界面来注册，而是直接注册的。按照上面介绍的方法，即可成功注册免费账户。

9.2.2 苹果智能手机系统软件功能

1. iPhone 手机软件备份与恢复操作

将 iPhone 手机连接到计算机时，iPhone 手机上的某些文件和设置可能会被自动备份到计算机上，包括文本信息、备忘录、通话记录、常用联系人、声音设置、Widget（小应用程序）设置等。如果需要的话，可以恢复这些信息。经常有用户在固件恢复操作后，iPhone 中的通讯录或短消息等重要的用户资料会丢失，通常是因为不知道 iTunes 备份功能，有的则是因为系统重装或更换计算机造成的。下面介绍 iTunes 具体的备份和恢复 iPhone 通讯录的操作方法。

备份前，必须通过数据线将 iPhone 手机连接到计算机，并确认手机与 iTunes 成功连接。在"设备"项目下的 iPhone 手机菜单中选择"备份"，iTunes 开始对目标手机进行备份。不过 iTunes 对手机备份是在同步时自动完成的，也就是把音乐、视频、铃声、照片或应用程序同步到 iPhone 手机时，iTunes 会同时将用户的重要资料和系统设置信息做一份详细的备份，主要包括通讯录（联系人及分组信息）、通话记录（已接来电、未接来电、已拨电话）、短消息（接收、已发送）、电子邮件（账户配置信息）、Safari（收藏夹及设置）、多媒体（MP3 音乐、MP4 视频、M4R 铃声、播放列表、iPA 应用程序在 PC 上的目录位置信息）、照片（拍摄存放在胶卷目录中的照片将完全备份，用户的图库只备份 PC 上的目录信息）、网络配置信息（WiFi、蜂窝数据网、VPN、DaiLi 服务等）、其他配置信息（系统自带的功能选项部分的设置信息，如输入法和系统界面语言信息）等。

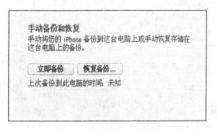

图 9.2.21 同步开始时进行的备份

（1）了解使用 iTunes 备份的基本知识

① iTunes 在什么时候进行自动备份。

iTunes 在每次连接 iPhone 手机并进行第一次同步时，会自动进行备份。也就是说，如果 iPhone 手机一直连着计算机反复进行同步，只有第一次同步时才会进行自动备份。同时，还可以进行手动备份，如图 9.2.21 所示。无论是自动备份还是手动备份，都可以随时取消备份，有的用户认为在同步时备份花费了太多时间，只要在同步开始，出现"备份"字样时，单击"×"按钮即可，如图 9.2.22 所示。

图 9.2.22 正在备份中

② iTunes 备份的内容。

iTunes 备份了 iPhone 手机中的内容有文字短信、彩信中的图片、联系人、日历、备忘录、相机胶卷、最近通话、个人收藏、声音设置、电子邮件设置、Safari 浏览器设置、应用程序的设置（如游戏存档、Stanza 书籍等）、网络配置信息（WiFi、蜂窝数据网、VPN、DaiLi 服务）、其他配置信息（系统自带的功能选项部分的设置信息，如输入法和系统界面语言等设

置信息)等。不过要注意以下几点:

第一,iTunes 备份无法备份应用程序本身。也就是说,重装 iPhone 手机系统后,恢复备份,应用程序是不会自动出现的,必须再次同步安装。

第二,iTunes 备份的资料是无法直接查看的,必须通过第三方工具。

第三,iTunes 只能备份 iPhone 手机通过 iTunes 进行操作的内容,使用其他程序(如 91 助手)安装的程序,iTunes 是不会备份的。

第四,iTunes 只备份特定目录的内容。如果使用 91 文件管理或者 iFunbox 在 iPhone 手机中建立新的目录,并传输音乐、视频等内容,是不会被备份的。

第五,iPhone 的备份可以恢复到任何一个苹果产品(iDevice)中,如其他 iPhone 手机和 iPod Touch。

③ iTunes 备份的存放位置。

iTunes 备份文件存放的位置与 PC 安装的系统有关。如果是 Windows XP 系统,存放在 C:\Documents and Settings\(用户名)\Application Data\Apple Computer\MobileSync\Backup 下;如果是 Windows Vista 7 系统,存放在 C:\Users\(用户名)\AppData\Roaming\Apple Computer\MobileSync\Backup\下。由于这些目录在 C 盘,在进行系统分区或重装计算机系统之前,请注意备份这些内容。

④ iTunes 备份的特点。

iTunes 备份是增量备份,也就是说,每次只会备份和上次备份相比不同的地方。因此,如果一次性装入了很多应用或者音乐、视频,iTunes 需要逐个搜索新增的内容,并按需求进行备份,这样就会花费大量的时间。因此,不建议在同步时取消备份,这样将来会花费更长的时间。

(2) 使用备份和恢复的一些技巧

① 能否禁止 iTunes 在同步时进行自动备份。

估计很多用户都在同步时为漫长的备份而烦恼,其实,可通过软件的设置来实现,如图 9.2.23 所示。关闭之后,可以使用该软件重新打开自动备份功能。切记,如果关闭了自动

图 9.2.23 软件设置界面

备份，请自行定期进行手动备份。另外，iTunes 备份时间过长，很可能是刚安装的某个软件存在问题导致的，将其卸载后再进行备份就恢复正常了。

② iTunes 备份时，提示"iTunes 无法备份 iPhone，因为无法将备份储存在计算机上"的原因及处理办法。

第一，如果硬盘分区还是 FAT32，则有可能出现这样的问题。因为 iTunes 备份目录下存在上万个长名文件，超出了 FAT32 的限制，建议硬盘分区时使用 NTFS 格式。

第二，可能是异常备份或 iTunes 的其他故障引起的。删除之前的备份后重装 iTunes，一般能解决问题。

第三，可能是备份文件夹损坏造成 iTunes 无法将文件写入，此时则需要使用磁盘修复工具。

③ 重刷 iPhone 系统后应该怎样进行恢复。

重刷 iPhone 系统之后，要将其恢复到重刷之前的状态，其中一个前提就是必须要拥有与重刷前完全一致的资料库；另一个重点就是务必合理使用已经存在的备份。还需要注意，iTunes 仅会为每个设备保留一份同步时生成的备份，如果操作不当，恢复就会出现问题，下面介绍具体的恢复过程。

第一，重刷 iPhone 系统后，iTunes 会自动连接 iPhone，然后会出现"设置为新 iPhone"和"从备份恢复"两个恢复选项。

第二，选择"设置为新 iPhone"后，第一次同步时，会为这个设备建立新的备份文件，这个不在本节讨论范围内。

第三，如果选择"从备份恢复"，注意 iPhone 会首先进行恢复，然后进行同步。这意味着只恢复了 iPhone 上基本的设置（如短信、相机胶卷、Safari 设置等），由于此时用户自己的应用程序可能还没有同步到 iPhone 中，因此这次恢复是不完整的。正确的操作是等待 iPhone 自动完成同步后，切记不要拔掉 USB 线，将需要的资源库中的所有内容同步到 iPhone 手机中，接下来再右击"iPhone"命令，选择"恢复备份…"选项，如图 9.2.24 所示，这样，所有的应用程序设置就都恢复了。

图 9.2.24　选择"恢复备份…"选项

④ 删除现有的备份及在另一台计算机上使用 iTunes 的备份。

iTunes 可能会保留多个备份，可以在 iTunes 菜单的"编辑→偏好设置→设备"中看到，并可对不需要的备份进行删除，如图 9.2.25 所示。同样可以手动删除这些备份，只需要进入存放备份的目录即可。注意目录名的最后显示了备份的时间。

能否将这些备份转移到其他计算机的 iTunes 上使用呢？答案是肯定的。用户可以手动保留这些备份，如果重装了系统，只需要将备份复制到对应目录下即可，但要注意 iTunes 的版本，不能比创建备份前的版本低，否则会提示错误而不能恢复。

iPhone 手机也可以用 91 助手、iTools 等软件来备份和恢复，这里不再详述。最后，再次提醒的是，在每次恢复固件之前，要先看一下 iTunes 上一次备份的时间，如果备份时间很早，需先同步一下 iTunes，让备份保持最新后再做恢复固件的操作。

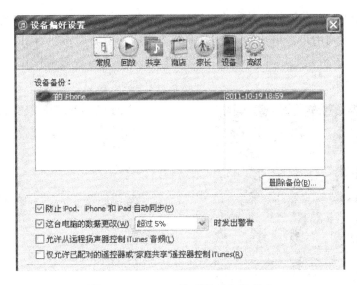

图 9.2.25　iTunes 的"设备"选项卡

9.2.3　苹果手机系统软件的刷机方法

1．了解 iPhone 手机固件

所谓固件（Firmware），就相当于计算机的操作系统，iPhone 手机也有一个操作系统，就是常说的"固件"，本质上是写入 iPhone 手机快闪存储器中的程序，也就是"固化软件"。对 iPhone 手机来说，固件包含了苹果官方运行于 iPhone 之上的操作系统以及各种硬件控制代码，还作为一个底层平台，支撑所有应用程序的运行。Firmware 是固化在设备内部的程序代码，负责控制和协调硬件电路的功能。有规律的固件升级可以提升 iPhone 手机的效能以及可靠性，固件的更新可以确保硬件保持在最新的状态及兼容性。当 iPhone 手机出现某些问题时，可通过升级、恢复固件来解决，性质类似于重装计算机的操作系统。

2．查看 iPhone 手机的固件版本

如果是新机未激活状态，先将 iPhone 手机开机，然后滑动滑块，在紧急拨号键盘中输入 *3001#12345#*指令，在弹出"Field Test"界面中单击"Versions"，在"Firmware version"后面显示的就是手机现在的固件版本号；如果手机是已经激活成功的，可以直接在手机主屏上单击"设置（Setting）"→"通用（General）"→"关于本机（About）"，查看 Modem Firmware 固件版本，如图 9.2.26～图 9.2.29 所示。在"关于本机"界面中可以看到 iPhone 手机的固件版本为 6.0.2（10A551），然后在"关于本机"界面中找到"调制解调器固件"选项，其数值即为 iPhone 手机当前的基带版本号，如图 9.2.30 所示。

3．iPhone 手机固件版本的升级方法

iPhone 手机固件升级有在线升级和本地升级两种方式。实际上，iPhone 手机的在线升级又有"恢复"和"更新"两种模式，而降级则需把 iPhone 启动到 DFU 恢复模式才能进行（iPhone 5 不支持降级操作）。下面介绍具体操作。

（1）iPhone 手机固件在线升级方法

iPhone 手机固件升级类似于计算机的操作系统更新，好像打补丁或版本更新。要升级 iPhone 手机固件，需先安装 iTunes，再通过数据线连接 iPhone 手机到计算机，iTunes 会自动启动。如果 iPhone 手机有新的软件版本，iTunes 将弹出一个提示窗口，如图 9.2.31 所示。如果 iPhone 手机是签约用户，单击图 9.2.31 中的"下载并更新"按钮对 iPhone 手机进行在线升级；如果 iPhone 手机是通过非正规渠道购买的，或者是进行过破解操作的，为了防止意外，应单击"取消"按钮。

图 9.2.26　单击"设置"菜单　　　　图 9.2.27　单击"通用"按钮

  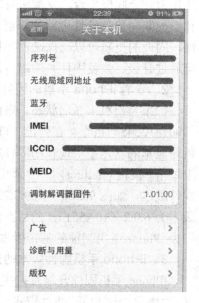

图 9.2.28　单击"关于本机"按钮　　图 9.2.29　查看到的固件版本　　图 9.2.30　基带版本号

当然，也可在如图 9.2.32 所示的"摘要"选项卡中，单击"恢复 iPhone…"按钮进行在线升级；还可以单击"更新"按钮模式恢复所有的系统文件进行在线升级，这种升级保留了原有机器中用户自己的文件。

图 9.2.31　iTunes 提示窗口

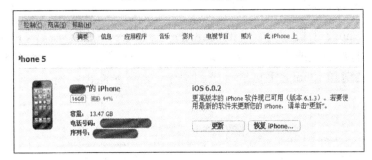

图 9.2.32　采用"恢复"按钮在线升级界面

提示：如果是从其他渠道下载的固件升级包，则需要按住 Shift 键，再单击"摘要"中的"恢复 iPhone…"按钮，在弹出对话框中打开固件的存放位置，并选择要更新的升级包。

（2）iPhone 手机固件本地升级操作

一般不建议进行在线升级，可在图 9.2.31 所示提示窗口中单击"仅下载"按钮，将固件下载到本地计算机，然后进行升级操作。虽然所有版本的 iPhone 固件都可在网络上搜索找到，但如果 iPhone 手机是通过非正规渠道购买的，或者是进行过破解操作的，建议不要急于升级最新的 iPhone 官方固件，以免因无法破解而不能正常使用。如果已将 iPhone 固件下载到计算机，可进行本地固件升级操作，方法如下所述。

首先，将需要升级的 iPhone 手机连接到计算机，使手机进入 DFU（强制升级）模式，此时 Windows 用户按住 Shift 键，同时单击图 9.2.32 中的"更新"按钮或"恢复 iPhone…"按钮。选择"更新"选项，进行固件升级，但机器内的用户资料不会被清除；选择"恢复 iPhone…"选项，则固件升级，机器内的用户资料完全清除。

其次，在弹出的窗口中找到要升级的 iPhone 固件，如图 9.2.33 所示，单击"打开"按钮。

最后，单击图 9.2.33 窗口中的"打开"按钮，iPhone 固件升级开始自动执行提取、准备、恢复、验证软件的过程，如图 9.2.34 和图 9.2.35 所示，直到出现如图 9.2.36 所示的界面，说明升级成功。

图 9.2.33　iPhone 版本 4.0 固件　　　　　图 9.2.34　iPhone 固件自动执行提取软件

图 9.2.35　iPhone 固件自动执行恢复软件　　　　图 9.2.36　升级成功提示

提示：如果 iPhone 手机不是合法的签约用户，iTunes 不能自动激活 iPhone，将会弹出如图 9.2.37 所示的界面，或在 iTunes 中显示如图 9.2.38 所示的 SIM 卡不被支持提示。在这种情况下，需要对该 iPhone 手机进行破解操作，之后才能正常使用，此时手机仅能进行紧急呼叫。

图 9.2.37　iTunes 不能自动激活 iPhone　　　　图 9.2.38　SIM 卡不被支持提示

4．关于 iPhone 手机的 DFU 模式

（1）iPhone 手机的 DFU 模式

DFU 模式是指强制升级模式，它的全称是 Development Firmware Upgrade，意为开发者固件升级模式。

（2）为什么要使用 DFU 模式

恢复模式是用来恢复 iPhone 固件的，DFU 模式则是用来刷机的，即升级或降级固件。简单理解，DFU 模式就是升级固件后降级使用的，进入 DFU 模式就像计算机死机、重启蓝屏或者进不了系统，必须用光盘或 U 盘等模式来重新安装系统启动一样。DFU 模式也就是当 iPhone 手机完全不能开机时来实现启动开机的一种模式。

（3）iPhone 手机的恢复模式和 DFU 模式的本质区别

恢复模式和 DFU 模式最大的不同在于是否启动了 iBoot。在恢复模式下，系统使用 iBoot 进行固件的恢复和升级，而在 DFU 模式下系统则不会启动 iBoot，因此可以在 DFU 模式下进行固件的降级。iBoot 是 iOS 设备上的启动加载器，在恢复模式下进行系统恢复或者升级时，iBoot 会检测要升级的固件版本，以确保要升级的固件版本比当前系统的固件版本要新（版本号更高）。如果要升级的固件版本比系统当前安装的固件版本低，iBoot 将会禁止固件的恢复，如果要进行固件的降级就必须将设备切换到 DFU 模式下。这就意味着如果需要恢复当前的固件版本，只需要将设备切换到恢复模式即可，iTunes 会接管接下来的恢复工作。比如，在没有进入 DFU 模式的情况下，不能将手机的固件从 6.0 降级到 5.1.1，必须进入 DFU 模式才能完成。

（4）如何进入 iPhone 手机的恢复模式或 DFU 模式

进入恢复模式的方法：彻底关闭手机，并且将设备与 PC 断开连接，按住 Home 键，在长按 Home 键的同时将设备连接到计算机，一直按住 Home 键，直到设备屏幕上显示"连接到 iTunes"的图片，说明已进入恢复模式。此时，按住 Shift 键，单击"恢复 iPhone…"按钮，选择相应的固件即可进行恢复，如图 9.2.39 所示。

如果在恢复方法中进行固件升级时遇到问题，那就需要进入 DFU 模式，下面介绍操作方法。

第一种方法：先用数据线将 iPhone 手机连接到计算机，确认 iTunes 识别到目标手机，关闭手机。若 iTunes 无法自动打开，手动打开 iTunes 程序。同时按住 Home 键和电源键精确计时 10s，出现白色苹果 Logo 时，如图 9.2.40 所示，再松开电源键，出现连接 iTunes 标志时就进入 DFU 模式了。之后开启 iTunes，等待其提示进行恢复模式后，即可按住 Shift 键，单击"恢复 iPhone…"按钮，选择相应的固件即可进行恢复。

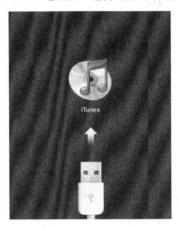 

图 9.2.39　进入恢复模式　　　　图 9.2.40　白色苹果的 Logo 状态

第二种方法：用 USB 线将 iPhone 手机连接到计算机，计算机提示已连接成功的声音。将 iPhone 手机关机，会听见计算机未连接成功的提示音。此时同时按住手机开关机键和 Home 键，持续到第 10s，等到 iPhone 手机屏幕变成黑屏状态后，立即松开开关机键，并继续保持按住 Home 键，直到在计算机上看到识别到 DFU 状态下的 USB 设备时就进入到 DFU 模式了。在经过数秒钟之后，iTunes 就可以检测并识别到处于 DFU 模式下的黑屏状态手机，然后 iTunes 会自动启动，并提示进行恢复模式，不过 iPhone 手机还是保持在黑屏状态，之后就可以按住 Shift 键，单击"恢复"按钮，选择相应的固件进行恢复即可。

（5）退出 DFU 模式

按住 Home 键和电源键 10s，手机关机之后重新启动手机即可退出 DFU 模式。

9.3　安卓系统手机软件

安卓系统软件在第 1 章已经详细介绍过，本节只介绍安卓系统软件刷机方面的知识。所谓刷机，就是把安卓系统刷写成最新版本。安卓系统的刷机软件有多种，如刷机精灵、91 助手、360 助手、甜椒刷机助手、QQ 同步助手、卓大师（刷机专家）、刷机大师、odin 刷机平台等，可根据不同机型与自己的习惯进行选择，刷机前通常都需要下载安装刷机软件、刷机 ROM、刷机驱动等。

9.3.1 安卓系统中的 Root

1. 了解 Root

Root 就是获得最高权限。手机系统权限是一般用户级别,不能修改手机系统自带的源文件,但 Root 之后就相当于成为超级管理员的权限,可以直接更改文件。简单来说,Root 就是 Linux 系统中的超级管理员用户账户,该账户拥有整个系统至高无上的权利。实际上 Root 就是把一个 su 程序放到手机中来获得最高权限。

2. 为什么要 Root

手机在刷机前都需要进行 Root,只有获得最高权限才能刷机,再就是备份好手机中重要的文件,刷机前后都要 WIPE(擦除)一下,这个必须做,以避免刷机后出现各种问题。手机 Root 后可以删除自带软件、截屏、换字体等,可以通过 z4Root 或一键 Root 获得,具体方法有很多,读者可自行百度一下教程。操作时,手机 Root 后可通过下载 RE 管理器删除不需要的软件。

3. 刷机是什么

简单来说,Android 手机的刷机,就相当于给它重装一下系统,这和计算机重装系统类似。通过刷机,可给手机装入全新的手机系统。

4. 刷机刷的是什么

刷机刷的是 ROM,通俗来讲,ROM 就是 Android 手机的操作系统,类似于计算机的操作系统 Windows XP、Windows7 等。给计算机重装系统,即用系统光盘或是镜像文件重新安装一下。而 Android 手机刷机也是这个道理,将 ROM 包通过刷机,重新写入手机中。

5. 安卓系统刷机方式

安卓系统刷机有两种方式,一种是卡刷,另一种是线刷。卡刷是把刷机包放在内存卡上,通过 Recovery 刷机的方式,内存卡最好选用质量好的金士顿或闪迪品牌;线刷是通过 USB 数据线把刷机包从计算机上刷入手机的刷机方式。相比之下,卡刷安全稳定,只要刷机包没错,手机电量充足即可刷机成功,而线刷就牵涉到驱动及计算机的一些不稳定因素。实际上,两种方式各有其用处,线刷一般是官方所采取的升级方式,主要用来刷固件,如果手机故障造成无法开机等情况,可以考虑使用线刷来拯救手机,而卡刷一般是用来升级的。两种刷机方式相比而言,卡刷在刷机时更稳定,不受断电、数据线意外拔出等影响。对于手机的操作有些是卡刷解决不了的,线刷都可以解决。比如,系统重新分区或有的手机没有 cwm,这些都要通过线刷来进行,通过线刷,在计算机端刷入 cwm,然后进 cwm 卡刷。有时手机刷死了,无法进卡刷,但进入 download 模式,线刷底包,可以让手机起死回生,线刷是一种比较专业的刷机手段,卡刷与线刷需要灵活掌握。

提示:刷机有风险,操作需谨慎!

9.3.2 安卓系统刷机方法

1. 刷机的准备工作

首先,刷机时要进入手机的恢复模式(Recovery)。用户可以在该模式实现安装系统(就是所谓的刷机)、清空手机中各种数据、为内存卡分区、备份和还原等很多功能。它类似于计算机的 Ghost 一键恢复。

其次，刷机前要清理系统的数据（WIPE）。在 Recovery 模式下有个 WIPE 选项，它的功能就是清除手机中的各种数据，这和恢复出厂值差不多。最常用到 WIPE 是在刷机之前，用户可能会看到需要 WIPE 的提示，是指刷机前清空数据。注意，WIPE 前需要备份一下手机中重要的资料。

2. 刷机前的设置

刷机前，手机开机进入设置，选择应用程序→开发→USB 调试，打钩→确定，连接 USB 数据线与手机和计算机，此时手机上会显示一个刷机精灵助手，并显示 USB 连接使用中，单击下拉菜单→USB 已连接→打开 USB 存储设备→确定，此时 USB 已连接，返回界面。同时计算机上有手机机型显示，且计算机上显示的界面与手机显示界面一样。然后单击一键刷机，安装刷机包，再单击 ROM 市场，在里边找到要刷的刷机包，如 Android 4.0，此时可以了解需要安装的版本的评论信息，选择好后，单击立刻下载，下载完成后，单击一键刷机，出现选择 ROM 备份资料，此时需要选择全部内容选项（打钩），再单击刷机，就开始刷机了。

3. 刷机前的备份

刷机将导致手机恢复到原始状态，手机内存中的资源和数据都将被清空，因此刷机前一定要对自己重要的数据（如联系人）进行备份。备份方法很多，同步工具、91 手机助手、QQ 同步助手都可以。

4. 安卓系统刷机实例

下面以三星 N7000 安卓系统智能手机采用线刷的方式为例，介绍安卓刷机步骤。

（1）准备工作。

① 下载 odin 刷入的固件包的刷机平台，一般是压缩包，大小在 200MB 左右，在百度寻找即可，如图 9.3.1 所示。

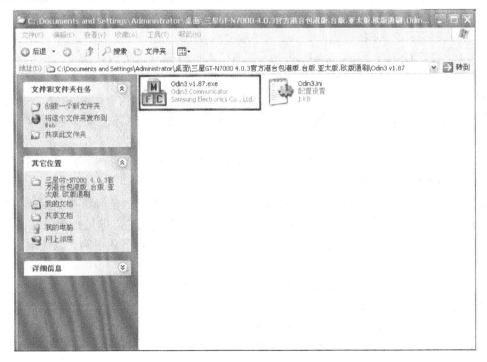

图 9.3.1　odin 刷机平台

② 安装三星 USB 驱动，即 SAMSUNG_USB_Driver_for_Mobile_Phones.exe 和下载 N7000 官方刷机资料，如图 9.3.2 所示。

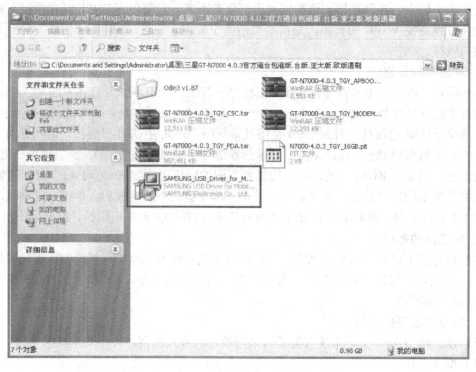

图 9.3.2　三星 USB 驱动

③ 手机电量必须保持在 75%以上，为了刷机安全，最好将电量充满，以免断电造成刷机失败。

④ 准备原装三星 USB 数据线一根，组装线容易出现通信不良。刷机尽量使用计算机后置 USB 口，前置 USB 口容易因为供电不足、通信不良导致刷机失败。刷机过程中不要碰触手机，以避免因 USB 接口接触不良导致刷机失败。

⑤ 取出手机内存卡和 SIM 卡。一般情况下，刷机不会影响到内存卡和 SIM 卡中的数据，但是考虑到刷机时可能进行多种数据操作，为避免出现失误造成损失，最好将内存卡和 SIM 卡取出。

⑥ 格式化手机。手机中的一些高权限软件可能会对刷机造成影响，如果手机已经使用很久，最好格式化一下，以避免刷机中出现意外。

总的来说，刷机前需要首先备份手机数据，特别是联系人、短信等重要数据；提前安装好手机驱动、找好合适的刷机工具和匹配的 ROM。保证手机电量，电量必须保持在 75%以上；取出内存卡和 SIM 卡；格式化手机。另外，刷机资料一定要下载正确，以免因误刷导致手机被刷成"砖头"。

（2）打开 odin 刷机平台 Odin3 v1.87.exe 并安装，如图 9.3.3 所示。

（3）依次调入资料，如图 9.3.4 所示，具体步骤如下。

- PIT：N7000.4.0.3_TGY_16GB.pit（分区文件）。
- BOOTLOADER：GT.N7000.4.0.3_TGY_APBOOT.tar（引导加载）。
- PDA：GT.N7000.4.0.3_TGY_PDA.tar（系统核心文件）。

- PHONE: GT.N7000.4.0.3_TGY_MODEM.tar（基带）。
- CSC: GT.N7000.4.0.3_TGY_CSC.tar（运营商信息）。

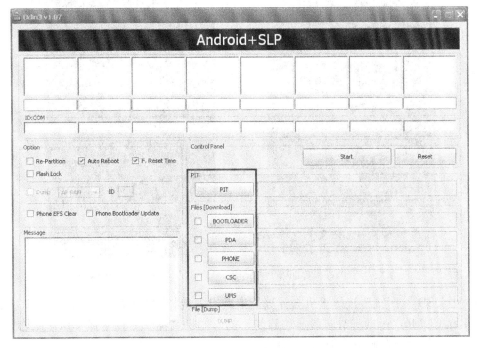

图 9.3.3　打开 odin 刷机平台

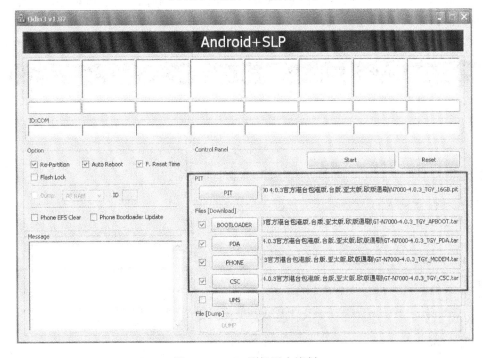

图 9.3.4　odin 刷机平台资料

（4）手机完全关机，同时按住音量减键＋Home＋开机键，进入如图 9.3.5 所示界面。

（5）按一次音量加键，手机进入如图 9.3.6 所示挖煤界面。

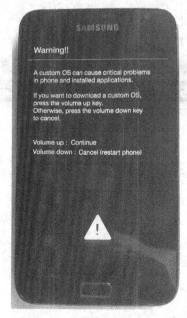 

图 9.3.5　手机进入界面　　　　　图 9.3.6　挖煤界面

（6）用 USB 数据线连接好手机与计算机，此时出现如图 9.3.7 所示的连接界面，显示连接串口号为 COM6，不同计算机显示串口号不同。刷机过程中一直插好 USB 数据线，切勿随便插拔，否则会导致刷机失败。

（7）单击如图 9.3.8 所示界面中的"Start"按钮，开始刷机，直到刷机完成，如图 9.3.9 所示。刷机完成后手机自动开机。

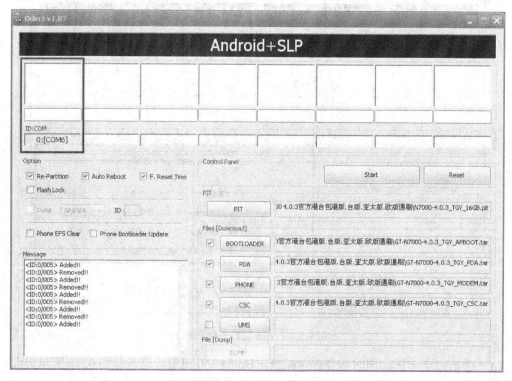

图 9.3.7　手机连接界面

第 9 章 智能手机软件系统及安装方法

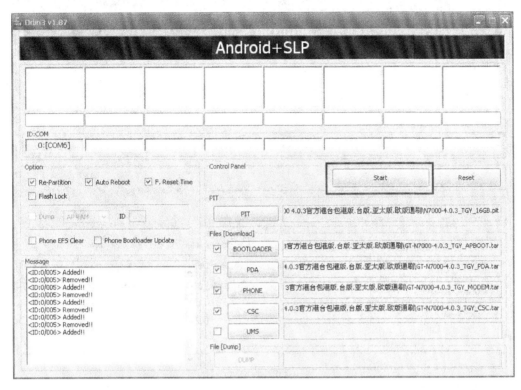

图 9.3.7 手机连接界面（续）

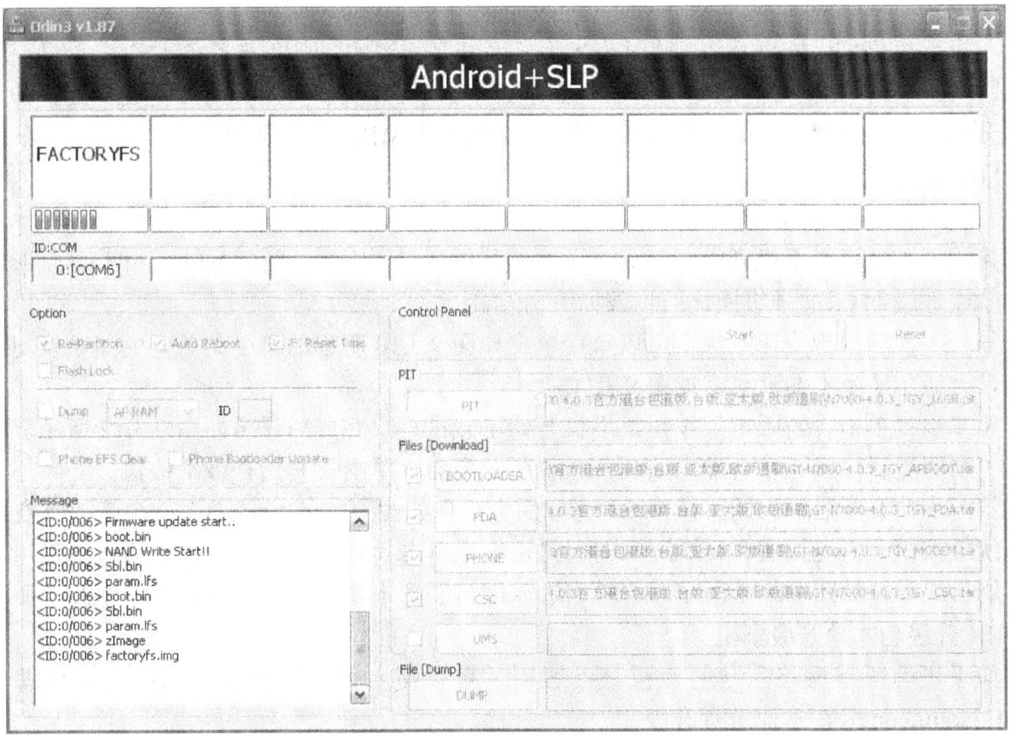

图 9.3.8 单击"Start"按钮

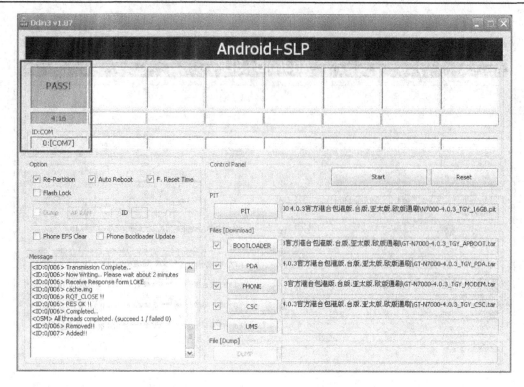

图 9.3.9 刷机完成

9.3.3 小米智能手机刷机方法

小米手机仍采用安卓系统,同时小米手机系统是无锁的,刷机方式多种多样,方便易用,ROM 种类也多,完全可以满足一切刷机需求。小米手机刷机可分为 OTA 无线升级、升级包本地升级、完整包本地升级、刷入其他系统 ROM、非 MIUI 系统刷回 MIUI 系统等,下面介绍详细的刷机方法。

1. OTA 无线升级刷机

每周五都是小米手机开发版每周一次的例行更新日,修复之前的 bug(漏洞),新增更实用的功能。进行 OTA 升级操作的步骤如下所述。

第一步:如果想快速升级,可以直接单击如图 9.3.10 所示的桌面菜单中的"系统更新"按钮,会显示新版本的消息,如图 9.3.11 所示。

第二步:单击"新版本"按钮,手机开始下载过程,完成后显示如图 9.3.12 所示界面,单击"立即更新"按钮,会弹出如图 9.3.13 所示界面,单击"开始升级"按钮。

第三步:升级过程大约持续 45s,完成后会出现如图 9.3.14 所示界面,单击"重启进入新系统"按钮,出现如图 9.3.15 所示的新对话框,单击"确定"按钮后,手机自动重启,并提示刷机成功,如图 9.3.16 所示,再单击进入即可了解本次更新的详情,如图 9.3.17 所示。

2. 升级包本地升级刷机

如果没有无线网络,包月流量又不够用,可以使用完整升级包(升级包下载需访问 www.xiaomi.com)在本地进行升级。

(1) 在"系统更新"内单击菜单键,显示如图 9.3.18 所示的下载选项界面,单击"选择安装包"按钮后,在新的界面中选择需要升级版本的升级包,如图 9.3.19 所示。

第9章 智能手机软件系统及安装方法

（2）在弹出的新界面中单击"立即更新"按钮，如图9.3.20所示。再在弹出的对话框中单击"开始升级"按钮，进入升级过程，如图9.3.21所示。

图9.3.10 桌面菜单中的"系统更新"按钮

图9.3.11 新的版本消息

图9.3.12 下载完成界面

图9.3.13 单击"开始升级"按钮

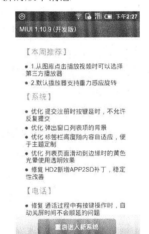
图9.3.14 升级完成界面

图9.3.15 单击"确定"按钮

图9.3.16 提示刷机成功

图9.3.17 更新后的详情

 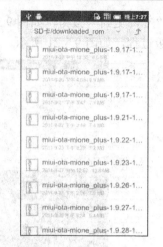 

图 9.3.18　下载选项界面　　图 9.3.19　升级版本的升级包选项　　图 9.3.20　单击"立即更新"按钮

（3）更新结束后，同样出现如图 9.3.14 所示界面，之后与 OTA 无线升级刷机相同。

3．刷入其他系统

小米作为一款发烧友手机，支持的系统很广泛，如原生 Android 或点心 OS 等，当然还有广大发烧友自己 DIY 的 ROM，刷入这些系统具体步骤如下所述。

（1）在"系统更新"内单击菜单键，单击"选择安装包"按钮，如图 9.3.22 所示。在文件浏览界面选择要刷入的 ROM，如选择如图 9.3.23 所示的"mione_plus-ota-QBE15.2011…"选项，之后会出现如图 9.3.24 所示的提示界面，单击"立即更新"按钮，同样会弹出如图 9.3.21 所示界面，单击"开始升级"按钮。

图 9.3.21　单击"开始升级"按钮　　　　图 9.3.22　单击"选择安装包"按钮

（2）在如图 9.3.25 所示的整个升级过程中，不影响手机的其他工作，升级过程完成后单击"重启进入新系统"按钮，如图 9.3.26 所示，手机自动重启，如图 9.3.27 所示。单击"确定"按钮前请保存未完成的工作，重启后，成功进入新系统，如图 9.3.28 所示。

4．其他系统下的刷机

当手机在其他系统下，没有类似于小米手机内置的升级刷机功能时，应如何操作呢？如何刷回 MIUI 呢？下面用卡刷方式图解 Recovery（恢复），当然也可以用线刷 Fastboot 方式进行。在刷机开始前先将需要刷入的 ROM 更名为"update"（每日更新），然后直接复制到存储卡内（切记：存储卡不是二级文件夹，假设存储卡在计算机中为"H"盘，那么update文件路径应该为h:/update.zip），将手机关机。

图9.3.23　选择相关命令　　　　图9.3.24　提示界面

图9.3.25　升级过程中　　图9.3.26　单击"重启进入新系统"按钮　　图9.3.27　手机自动重启

说明：MIUI是小米公司旗下基于Android系统深度优化、定制、开发的第三方手机操作系统，能够给国内用户带来更为贴心的Android智能手机体验。

（1）同时按住手机音量加键+电源键进入Recovery模式，如图9.3.29所示，选择所需要的语言选项后单击"清除数据"按钮，如图9.3.30所示。

（2）单击清除"所有数据"按钮后，按电源键确认，如图9.3.31所示，弹出如图9.3.32所示界面，单击"确认"按钮，清空所有数据。

提示：该操作会清除ROM内相关数据，应做好备份。

（3）进入Recovery模式，单击"将update.zip安装至系统一"按钮，再单击"确定"按钮后系统进行刷机，提示"成功清空用户数据！"，如图9.3.33所示。之后手机进入"重启"界面，单击"重启进入系统一"按钮，如图9.3.34所示。

5．升级MIUI 4.0

升级前做好相应备份并安装手机驱动，保证充足的电量，此刷机方法采用线刷方式，会清空所有用户数据，但不会清除SD卡上的文件，此版本以后可以正常进行OTA升级。刷机步骤如下所述。

图 9.3.28 手机重启后进入新系统

图 9.3.29 Recovery 界面

图 9.3.30 单击"清除数据"按钮

图 9.3.31 按下电源键确认

图 9.3.32 单击"确认"按钮

图 9.3.33 成功清空用户数据

图 9.3.34 手机进入"重启"界面

（1）同时按住手机音量加键+电源键进入 Recovery 模式，选择清除数据→更新系统分区→确认→关机。

提示：不需要清除用户数据，更新分区会自动清空用户数据。

（2）下载刷机工具包后将工具包解压至桌面，如 MIUIV4 for Mioneplus Fast boot 完整包等，在手机关机状态下同时按住音量减键+*键+电源键（或音量减键+电源键）进入 Fastboot 模式，如图 9.3.35 所示，再用 USB 数据线连接手机和计算机。

（3）完整包下载完成后解压，复制完整地址栏地址，如图 9.3.36 所示。

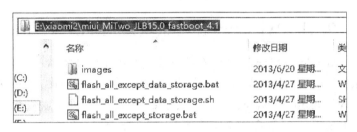

图 9.3.35　Fastboot 模式　　　　　　图 9.3.36　复制地址栏完整地址

（4）下载 MiFlash 刷机工具，解压后打开 MiFlash.exe，将复制的内容粘贴到左边圈选部分区域，如图 9.3.37 所示。单击中间圈选部分"刷新"，刷机程序会自动识别手机，单击 Flash 右边圈选部分"刷机"开始刷机，直到提示"操作成功完成"，如图 9.3.38 所示，表示手机刷机成功，这时手机会自动开机。

提示：如果手机反复重启，甚至无法进入 Recovery 模式时，可以百度恢复原厂设置的方法，这里不再详述。

图 9.3.37　复制的内容

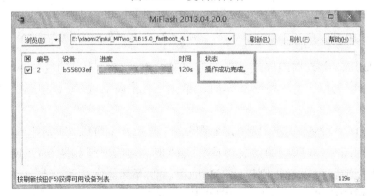

图 9.3.38　提示"操作成功完成"

9.4　Windows Mobile 手机系统软件

Windows Mobile 操作系统是微软公司在 20 世纪末开发的适用于智能移动终端设备的操作系统，它将用户熟悉的桌面 Windows 体验扩展到了移动设备上。它的设计更像一台 PC，有非常强大的数据管理和处理能力。

9.4.1　Windows Mobile 手机系统软件功能

Windows Mobile 操作系统早期主要用于多普达智能手机，现代智能手机已基本不使用该系统，本节只是简单讲解。使用 Windows Mobile 操作系统刷机时，需要使用的软件有同步软件 Microsoft ActiveSync_6.1_Chs.exe、91 助手软件和刷机软件。由于 Windows Mobile 系统与计算机 Windows 操作系统同源，与 PC 能无缝连接，所以与其他操作系统相比，更容易上手。手机 Windows Mobile 系统同样给用户带来了极高的易用性和强大的可扩展能力，与桌面 PC 上的 Windows 一样，都有开始菜单、资源管理器、IE 浏览器、Windows Media Player 播放器等，使用户感到非常熟悉，并且可以与桌面 PC 一样安装第三方软件、游戏，可不断扩展功能，是一款名副其实的移动 PC 系统。

9.4.2　Windows Mobile 手机系统刷机

1. 刷机前的准备工作

（1）下载同步软件并安装

① 刷机前必须保持手机与计算机同步，因此需要下载 Windows Mobile 系统的同步软件 Microsoft ActiveSync_6.1_Chs.exe，如图 9.4.1 所示。双击安装，如图 9.4.2 所示为安装过程界面。

图 9.4.1　同步软件

图 9.4.2　同步软件安装过程

② 安装完成后，用数据线连接手机与计算机，系统会自动启动设备中心，如图 9.4.3 所示。之后手机出现"选择连接类型"界面，单击"ActiveSync 与 Outlook 同步"选项，如图 9.4.4 所示。

③ 计算机出现"设备设置"界面，如图 9.4.5 所示，也可以选择不设置设备。如果选择设置，可以选择如图 9.4.6 所示的信息与计算机同步，然后出现如图 9.4.7 所示界面，说明手机与计算机联机完成，可以进行刷机或安装应用软件等其他操作了。

（2）下载合适的刷机包并解压（如图 9.4.8 所示）

第 9 章 智能手机软件系统及安装方法

图 9.4.3 系统自动启动设备中心

图 9.4.4 "选择连接类型"界面

图 9.4.5 "设备设置"界面

图 9.4.6 与计算机同步的设置信息

图 9.4.7 手机与计算机联机完成

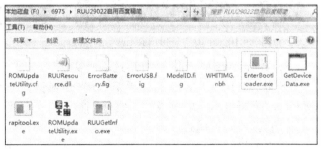

图 9.4.8 下载并解压的刷机包

(3) 下载并安装 91 助手软件

如果没有使用同步软件同步,也可以使用第三方软件进行备份。这里以手机 91 助手为例进行介绍。如图 9.4.9 所示为 91 助手的主界面。

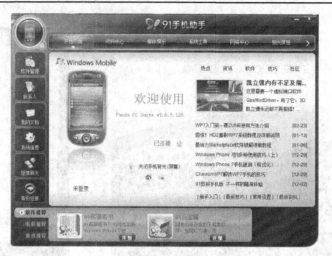

图 9.4.9　91 助手的主界面

(4) 采用 91 助手对手机进行备份

单击主界面左下角的"备份还原"按钮,单击"备份"按钮,如图 9.4.10 所示,再选择需要备份的内容,如图 9.4.11 所示,单击"开始备份"按钮,会弹出保存备份内容的名字和存储目录,如图 9.4.12 所示,请记住该目录,以便刷机后进行还原。单击"保存"按钮,开始进行备份,如图 9.4.13 所示,完成后即可进行安全的刷机操作了。

图 9.4.10　单击"备份"按钮

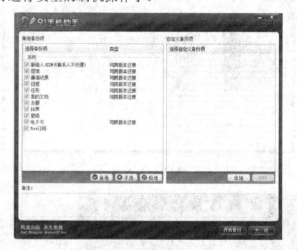

图 9.4.11　选择需要备份的内容

2. Windows Mobile 手机系统刷机实例

下面以 HTC VX6975 智能手机为例介绍刷机方法,同样在刷机前应保证手机电量在 75%以上,以防断电不能刷机成功。具体刷机步骤如下所述。

(1) 进入刷机模式

手机关机,然后先按手机侧面的音量减键,再按手机右下方红色挂机键的"关机键",直到手机出现三色屏,屏幕的下方会出现"Serial",如图 9.4.14 所示。此时,用 USB 数据线连接手机与计算机,如果是第一次连接会提示发现新硬件,系统会自动找到驱动并安装,手机上显示的"Serial"变成"USB"时即可刷机,否则就是驱动没装好,不能刷机,如图 9.4.15 所示。此时已进入刷机模式。

注意:不同型号的手机,进入刷机模式的方式有所区别,但基本相似。

第 9 章　智能手机软件系统及安装方法　　·347·

图 9.4.12　保存备份的内容

图 9.4.13　开始进行备份

图 9.4.14　手机三色屏

图 9.4.15　"Serial"变成"USB"

（2）双击图 9.4.8 中解压出来的刷机包文件 **ROMUpdateUtility.exe**，在运行界面中勾选"我已了解上述警告事项并阅读了自述文件。"选项，如图 9.4.16 所示，单击"下一步"按钮，弹出如图 9.4.17 所示界面，勾选"我完成了上述步骤。"选项，单击"下一步"按钮，出现验证信息界面，如图 9.4.18 所示。验证成功后，弹出更新对话框，单击"更新"按钮，如图 9.4.19 所示。

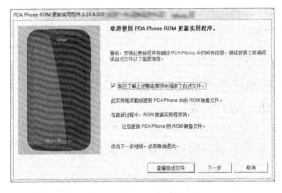

图 9.4.16　勾选"我已了解上述警告事项并
阅读了自述文件。"选项

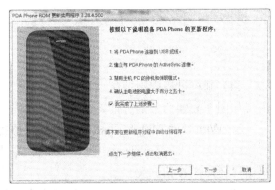

图 9.4.17　勾选"我完成了上述步骤。"选项

图 9.4.18　验证信息界面　　　　　　图 9.4.19　更新对话框

（3）单击"更新"按钮后，弹出当前要刷的映像文件版本，如图 9.4.20 所示。单击"下一步"按钮继续刷机，再次弹出刷机提示，单击"下一步"按钮继续，如图 9.4.21 所示，刷机正式开始，如图 9.4.22 所示。此时手机上显示如图 9.4.23 所示的刷机界面。

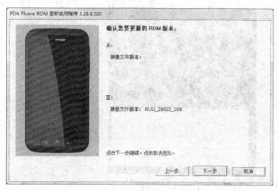

图 9.4.20　映像文件版本　　　　　　图 9.4.21　单击"下一步"按钮

图 9.4.22　刷机正式开始

（4）刷机过程中不要移动设备或数据线，以防出现意外情况，必须等到进度条到 100%，出现如图 9.4.24 所示的界面，再单击"完成"按钮，刷机完成。

3．Windows Mobile 手机刷机后的还原操作

（1）运行 91 手机助手，见图 9.4.9，单击"备份还原"按钮，弹出的界面见图 9.4.10，单击"还原"按钮。

（2）在出现的如图 9.4.25 所示界面中，选择需要还原的备份记录，单击"还原"按钮。手机开始还原系统，如图 9.4.26 所示，等待完成后，手机将恢复刷机前的内容。

第 9 章 智能手机软件系统及安装方法

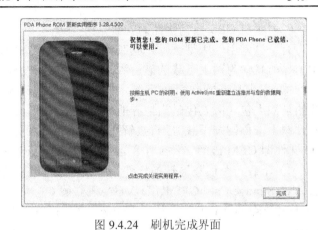

图 9.4.23 手机上显示的刷机界面　　　　图 9.4.24 刷机完成界面

图 9.4.25 选择需要还原的备份记录　　　　图 9.4.26 还原系统界面

4. Windows Mobile 手机应用软件的安装

（1）应用软件的安装

运行 91 手机助手，单击"软件管理"按钮，选择或搜索需要的软件进行安装，如图 9.4.27 所示。此过程相对简单，这里不再详述，只要连接计算机与手机后即可完成。

图 9.4.27 安装的应用软件

(2) 手机 GPS 导航软件的安装

有一些常用的大型软件，安装则相对复杂，下面以安装凯立德导航为例来介绍（这里所用的导航软件为网上下载的破解版，只作为学习交流用，安装后应立即删除）。

① 下载 Windows Mobile 版本的导航软件到计算机，并解压到 NaviOne 目录下。如果下载的是懒人包（懒人包是指把导航软件的主程序、地图、破解文件等全部打成一个文件包，发到网上，供网友下载），直接解压就可以；如果是组合包，需要把地图、主程序、O 文件（O 文件即 OEM 破解文件）全部解压，放到 NaviOne 目录下。

② 下载一个横竖屏转换软件。通常下载的导航软件包中都自带，如竖屏（M0952.C5219）启动 C:\Storage Card\GPS\KLD_VGA\凯立德 C 竖.exe、横屏（M1013.D5404）启动 C:\Storage Card\GPS\KLD_VGA\凯立德 C 横.exe，这样可以实现运行凯立德导航时屏幕自动转换横竖屏功能。

③ 下载凯立德导航安装软件，如图 9.4.28 所示。此时需要根据不同环境修改一下 Loader.ini 文件：双击该文件，打开如图 9.4.29 所示界面，进行导航文件路径设置和一些参数的变更。修改保存后，把两个文件复制到 NaviOne 目录下，再把计算机中的 NaviOne 目录整个复制到 TF 卡的根目录下。此时，凯立德导航安装完成。

图 9.4.28　凯立德导航软件　　　　图 9.4.29　打开的 Loader.ini 文件界面

④ 此时运行凯立德导航有可能出现显示超出屏幕的问题，这是因为分辨率不对。可以下载一个 Force High Resolution 的强制分辨率文件，解压后将 ForceHires.cpl 和 gsgetfile.dll 这两个文件复制到系统的 Windows 文件夹下，然后单击"开始"→"设置"→"系统"，找到名为"ForceHires"的快捷方式进入软件设置，如图 9.4.30 所示，勾选"为下面的程序应用高分辨率"，单击"添加"按钮把凯立德导航程序添加进来。再运行凯立德导航，就可以解决显示超出屏幕的问题了。

⑤ 运行凯立德导航后，有些手机会搜不到卫星，这时要进行 GPS 硬件端口设置。通常有如下两种方法，对于某些版本，可能只有其中一种方法有效。

第一种：使用凯立德导航内部设置更改。某些版本的凯立德导航没有此功能，所以该方法有所限制。运行凯立德导航，单击左下角的"功能"按钮，如图 9.4.31 所示。进入后，单击"系统"按钮，如图 9.4.32 所示。单击"GPS"按钮进入，如图 9.4.33 所示。此时出现"GPS 设置"菜单，单击"搜索"按钮，即可自动找到对应的硬件端口，如图 9.4.34 所示。单击"确定"按钮返回主界面，就可以搜到卫星，进行导航了。这里单击"取消"按钮，因为本机已经设置过。

图 9.4.30　ForceHires 软件设置

第二种：使用第三方软件修改。用凯立德 C.CAR 配置修改器，将 NaviConfig.dll 和修改器放置于同一个目录下，运行修改器，如图 9.4.35 所示。设置好所需的端口和速率，单击"修改"按钮，修改器将在同一目录下产生 NaviConfig_new.dll 文件，将此文件更名为 NaviConfig.dll，复制到凯立德原位置即可，注意备份原文件。

图 9.4.31　单击"功能"按钮

图 9.4.32　单击"系统"按钮

图 9.4.33　单击"GPS"按钮

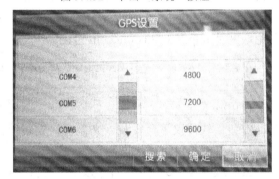

图 9.4.34　"GPS 设置"菜单

提示：有些高清版的凯立德端口参数不在 NaviConfig.dll 文件中，在 NaviOneSCH.dll 中就可以进行修改。首先运行软件，把 NaviOneSCH.dll 文件拖动到左上角的凯立德圆形 Logo 里，就会弹出菜单，找到端口号和速率进行修改，如图 9.4.36 所示。修改凯立德根目录下与 GPSU 端口相关的记事本文件，如 supcfg.txt 或 NAVICONFIG.txt。文件中的"COM=COM2"和"BAU=9600"就是端口号和速率，修改后保存即可。

图 9.4.35　运行修改器进行端口设置

图 9.4.36　在 NaviOneSCH.dll 里修改设置

9.5 TMC 手机智能软件仪

TMC（天目公司）手机智能软件仪，从早期的太极王一直到今天的妙手、神手、砖石神手等，在手机维修市场上得到众多用户的喜爱。本节主要介绍最新的妙手智能仪器，讲解其软件的读/写技巧。当然也有其他公司的产品，这里不再介绍。

9.5.1 TMC 手机智能软件仪功能

妙手主要用于多功能 MTK、展讯芯片手机的软件读/写，它具有 26 路任意定义、超强扫描芯片，能插就能用，首创"MTK 聪明快速写入法"，内置 USB 侦测专用芯片，USB 侦测更快更准，主控平台操作简单，自动转换正负极更方便，自主开发平台，全面支持 MTK、展讯等十大芯片的解密、读/写等，让仪器和手机操作更安全。更多详细功能读者可以登录天目论坛网址 http://bbs.tianmu.com 查阅。

9.5.2 TMC 手机智能软件仪刷机技巧

使用妙手（神手）智能软件仪之前，需要参照厂家配送的说明书进行软件安装，如仪器驱动安装、软件仪平台安装、光盘资料安装等。

1. MTK 芯片组操作说明

（1）双击图 9.5.1 所示的"妙手维修仪"桌面图标运行主控界面，如图 9.5.2 所示，图中的显示说明主机已为联机状态，主控默认为 MTK 芯片模式状态。如果要操作其他芯片，用户可以在如图 9.5.3 所示的界面中选择对应的芯片。

（2）操作 MTK 芯片的手机时，先明确要对手机进行什么操作，如是解密码还是写资料等，可在如图 9.5.4 所示的界面中进行选择。

提示：对于开机的手机，建议先对其进行读字库备份操作。

图 9.5.1 妙手维修仪桌面图标

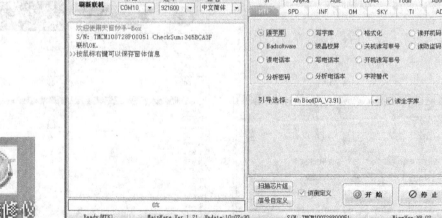

图 9.5.2 妙手维修仪主控界面

第 9 章 智能手机软件系统及安装方法

图 9.5.3 择对应的芯片选项　　　　　　图 9.5.4 操作界面选项

（3）在如图 9.5.2 所示主控界面中，勾选"侦测定义"，说明可以对手机自动侦测定义，无须单独侦测。

（4）读字库操作。确定 MTK 模式后选择"读字库"，单击"开始"按钮，一直按住开机键直到主控平台有提示，如图 9.5.5 所示。读完后平台将提示保存资料的路径，用户可以自由选择保存的路径和名称，如图 9.5.6 所示。

图 9.5.5 一直按住开机键到主控平台提示　　　　图 9.5.6 保存资料的路径提示

（5）读密码操作。确定 MTK 模式后选择"读开机码"，单击"开始"按钮，一直按住开机键直到主控平台有提示，如图 9.5.7 所示。

（6）写字库操作。确定 MTK 模式后选择写字库，单击"开始"按钮，一直按住开机键直到主控平台有提示，如图 9.5.8 所示。

图 9.5.7 读密码操作提示　　　　　　图 9.5.8 写字库操作提示

（7）读/写串号操作。确定 MTK 模式后选择"关机读写串号"选项，单击"开始"按钮，一直按住开机键直到主控平台有提示，如图 9.5.9 所示。在"串号输入"文本框中输入要改的串号后单击"开始"按钮，一直按住开机键，如图 9.5.10 所示。

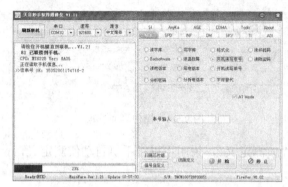
图9.5.9 读/写串号操作提示

图9.5.10 修改串号操作提示

若需要进行其他功能操作,方法基本相同。

2. 展讯芯片组操作说明

(1)运行主控界面,如图9.5.2所示,图中显示说明主机为联机状态,主控默认为MTK芯片的模式状态。如果要操作其他芯片手机,用户可在如图9.5.3所示界面中选择对应的芯片。

(2)操作SPD芯片的手机时,应先了解该手机的CPU是什么型号(具体可以通过天目论坛搜索得到相应的信息),确定手机CPU型号后选择功能的操作和对应的引导,如6600M或6600H/R、解密码或写资料等,都可以在如图9.5.11所示的界面中选择读。其中,引导可以选择AUTO自动识别来操作。开机的手机建议先对手机进行读资料备份。

图9.5.11 选择读字库

(3)在主控平台中,将"侦测定义"打钩,说明可以对手机自动侦测定义,无须单独侦测定义。

(4)计算机第一次操作SPD芯片手机时,需要安装SPD驱动,过程如图9.5.12~图9.5.16所示。

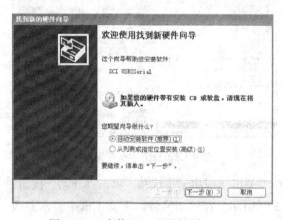
图9.5.12 安装SPD驱动界面(一)

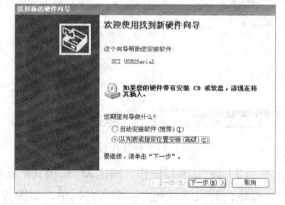
图9.5.13 安装SPD驱动界面(二)

第 9 章 智能手机软件系统及安装方法

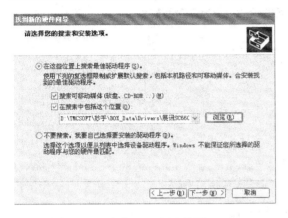

图 9.5.14 安装 SPD 驱动界面（三）

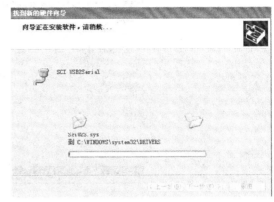

图 9.5.15 安装 SPD 驱动界面（四）

（5）读字库操作。在 SPD 模式下选择"读字库"，单击"开始"按钮，不需要按住开机键，主控平台侦测到定义联机并有提示，如图 9.5.17 所示；然后保存备份资料，如图 9.5.18 所示。

（6）写字库操作。在 SPD 模式下选择"写字库"，单击"开始"按钮，不需要按住开机键，主控平台侦测到定义联机并有提示，如图 9.5.19 所示。

（7）读密码操作。在 SPD 模式下选择"读密码"，单击"开始"按钮，不需要按住开机键，主控平台侦测到定义联机并有提示，如图 9.5.20 所示。

其他功能的操作方法基本相同。

图 9.5.16 安装 SPD 驱动完成界面

图 9.5.17 主控平台侦测到定义的联机提示

图 9.5.18 保存备份资料

图 9.5.19 写字库操作提示

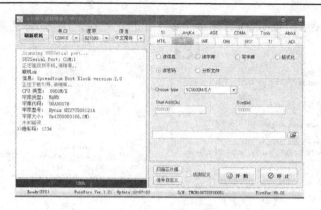

图 9.5.20　读密码操作提示

9.6　其他智能手机刷机的基本流程

本节主要介绍 HTC 手机、MOTO、华为等智能手机刷机的基本流程，读者可进而了解并掌握其他智能手机的刷机方法，不断提高智能手机软件的刷机技术。

9.6.1　HTC 手机刷机的基本流程

1. 刷机前的准备

首先，对手机中的重要内容进行备份，如名片、短信、日历等重要信息；其次，下载一个适合手机使用的 ROM 包，其他型号手机的 ROM 是不通用的；最后，将下载好的 ROM 包通过数据线或读卡器放到 SD 卡的根目录下，然后重命名为 update.zip。

2. 刷机的基本流程

手机关机，同时按住 Home 键＋音量减键＋开机键，即可进入 Recovery 恢复模式，移动轨迹球到第四项，按下轨迹球选择"Flash zip from sdcard"选项，如图 9.6.1 所示。进入 Flash zip from sdcard 后，找到刚才重命名的 update.zip 文件，按下轨迹球选择，如图 9.6.2 所示。

选择 update.zip 后，会弹出如图 9.6.3 所示的提示。再按下轨迹球，就开始自动安装系统刷

图 9.6.1　选择"Flash zip from sdcard"选项

图 9.6.2　选择重命名的 update.zip 文件

图 9.6.3　选择 update.zip 后的提示

机了，如图 9.6.4 所示。刷机过程中不要有其他操作，等待一会儿就可完成刷机。当刷机完毕时，会自动进入如图 9.6.5 所示界面，最下面那行"Install from sdcard complete"就说明安装成功了。选择第一行"Reboot system now"重启手机，稍等片刻即可体验全新 Android 系统了。

提示：刷机后首次开机时间较长，需耐心等待。

如遇到刷机失败的情况，如刷机后出现无法开机、无法进入系统，需再次关机，然后重新用上述方法再进入 Recovery 恢复模式，选择"Wipe"选项，进入图 9.6.6 所示界面，全部项目依次选择一下，清空所有手机数据（如同恢复出厂设置），然后重启手机就可进入系统了。如果还有问题，先 Wipe 后再按前述的步骤重新刷一次机即可。

  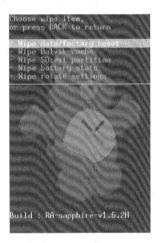

图 9.6.4　刷机过程中的界面　　图 9.6.5　刷机完毕界面　　图 9.6.6　全部项目选择清空所有数据

9.6.2　MOTO 手机刷机的基本流程

在刷 MOTO 手机时，要下载好刷机软件、ROM、驱动。其中，刷机软件为 RSDLITE4.9（5.0），下载地址为 http://driver.zol.com.cn/link/44/431381.shtml。ROM 是适合自己手机型号版本的 ROM。鉴于 MOTO 手机系统的高封闭性，MOTO 的 ROM 基本上都是官方的，部分型号第三方的 ROM，在解锁 BOOTLOADER 后建议参考 HTC 手机刷机的流程操作。驱动软件下载地址为 http://driver.zol.com.cn/link/44/430372.shtml。下面以 MOTO ME811 与 XT800 手机为例介绍其刷机的基本流程。

1. ME811 手机进入官方 Recovery 刷机方法

关闭手机电源，先按住 Home 键（就是"小房子"按键）不放手，再按电源键，等待开机界面出现再松手，再等手机屏幕上出现一个感叹号的三角形后，按住音量加键不放，再按相机键，会出现一个刷机菜单，即可进入官方 Recovery。然后打开 RSDLITE 软件，出现如图 9.6.7 所示界面，此时用数据线连接 MOTO 手机。关闭 ME811 手机，按住音量减键+开机键，手机会自动进入 BOOTLOADER 模式，此时 RSDLITE 软件会自动识别手机，如图 9.6.8 所示。

单击图 9.6.8 中"Filename"框右侧的"…"按钮，找到 SBF 文件的位置（路径不能有中文，建议放在某磁盘根目录下，SBF 文件名中也不能有中文，越简单越好），选中后确定，再单击"START"按钮，如图 9.6.9 所示。刷机过程中，一定不要拔 USB 数据线。刷机过程中,手机会自动重启两次,一直到 RSD 界面显示如图 9.6.10 所示的 Finished 后,关闭 RSD 软件,拔掉 USB 线,此次 RSD 刷机完成。

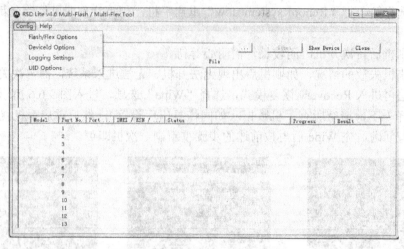

图 9.6.7 打开的 RSDLITE 软件界面

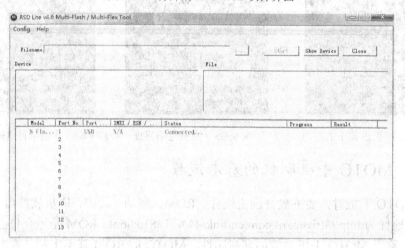

图 9.6.8 BOOTLOADER 模式界面

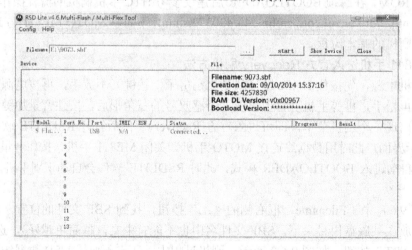

图 9.6.9 单击"START"按钮

第 9 章 智能手机软件系统及安装方法

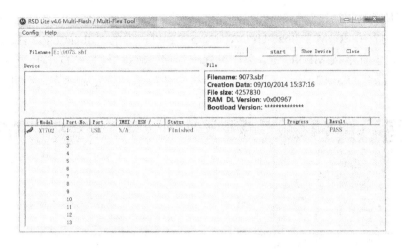

图 9.6.10 RSD 刷机完成

2. XT800 手机进入官方 Recovery 刷机方法

按搜索键＋开机键＋照相键，手机界面出现 MOTO 的 Logo 后等到出现一个感叹号的三角形后，先按住音量加键不放，再按相机键，会出现一个刷机菜单。其刷机方法和 ME811 手机相同，这里不再重复。

9.6.3 华为手机刷机的基本流程

1. 刷机前的准备

进入官方网站下载 ROM，准备一个可读/写的 TF 卡、手机一部、原装 USB 数据线一根。

2. 刷机的基本流程

华为手机刷机有强制刷机和升级刷机两种方式。强制刷机主要用于无法开机情况下的强行刷机（包含无法开机、无法进入待机界面等）；升级刷机是指正常升级系统 ROM 刷机，并且能进入设置模块。

（1）强制刷机流程

复制下载的官方 ROM "dload\UPDATE.app" 到 TF 卡的 "dload\UPDATE.app"，手机在关机状态下插入 TF 卡，同时按开机键+音量加键+音量减键，手机自动进入刷机模式。当屏幕出现 "Upgrade Complete" 时表示刷机结束，如图 9.6.11 所示。

图 9.6.11 华为手机强制刷机流程

(2) 升级刷机流程

复制下载的官方 ROM "dload\UPDATE.app" 到 TF 卡的 "dload\UPDATE.app"，将 SD 卡插入手机，在主屏幕按 MENU 键，选择设置→存储→软件升级→SD 卡升级→确认→升级，开始升级刷机，如图 9.6.12 所示。升级过程有进度条显示，进度条读完，手机自动重启，即完成刷机。

图 9.6.12　华为手机升级刷机流程

本 章 小 结

1. 通过智能手机软件系统及安装方法的学习，需要掌握苹果智能手机 iTunes 联机软件下载与安装方法、iPhone 智能手机账户注册、软件备份与恢复、查看 iPhone 手机固件版本和升级固件版本与 DFU 模式。

2. 通过学习安卓系统手机软件的知识，了解安卓手机系统软件工具 Root，掌握安卓系统手机与小米智能手机刷机的操作。

3. 通过 Windows Mobile 手机系统软件的学习，掌握 Windows Mobile 手机系统软件功能以及刷机操作，并掌握 HTC、MOTO、华为等智能手机刷机的基本流程。

4. 一定要记住"刷机有风险，动手请慎重"的原则。如果是行货手机，自行对手机刷机后，将丧失保修资格。刷机是对系统的重新定制，如果在刷机前不 Wipe 系统的数据区，可能在新系统运行时出现不确定的问题。刷机后原有的用户数据将全部丢失，需提前做好备份。刷机前应确认手机电池电量在 75%以上，如果刷机过程中断电，可能出现很多未知后果。

习 题 9

9.1 现代主流智能手机操作系统主要包括哪些？
9.2 iOS iPhone 手机与计算机联机的必备软件是什么？
9.3 简述 iPhone 手机联机 iTunes 软件的下载与安装方法。
9.4 iPhone 手机如何进行账户注册？
9.5 简述 iPhone 手机软件备份与恢复操作的方法。
9.6 iPhone 手机联机 iTunes 什么时候会对手机进行自动备份？备份内容有哪些？
9.7 iPhone 手机重刷系统后，应该怎样进行恢复？
9.8 如何删除 iPhone 手机现有的备份？是否可以在另一台计算机上使用 iTunes 的备份？
9.9 如何查看 iPhone 手机的固件版本？简述 iPhone 手机固件版本的升级方法。
9.10 什么是 iPhone 手机的 DFU 模式？为什么要使用 DFU 模式？
9.11 iPhone 手机的恢复模式和 DFU 模式的本质区别是什么？
9.12 如何进入 iPhone 手机的恢复模式或 DFU 模式？如何退出 DFU 模式？
9.13 现代安卓系统智能手机的刷机平台软件分别有哪些？
9.14 安卓系统智能手机的 Root 是什么？为什么要进行 Root？
9.15 安卓系统智能手机的刷机方式有哪两种？
9.16 安卓智能手机刷机前应如何对手机进行设置？需要做哪些准备？
9.17 简述三星 N7000 安卓系统智能手机采用线刷的操作步骤。
9.18 小米智能手机如何进行 OTA 升级操作？
9.19 简述 Windows Mobile 系统智能手机的刷机方法。
9.20 简述使用 TMC 妙手智能软件仪对 MTK 芯片手机的刷机操作方法。
9.21 简述华为智能手机刷机的操作步骤。

本章实训 智能手机软件系统及安装方法

一、实训目的
1. 掌握 iPhone、安卓系统智能手机软件的刷机方法。
2. 掌握使用 TMC 智能软件仪器对多功能手机的刷机方法。

二、实训器材及材料
1. iPhone 手机、安卓智能手机多部（也可以是学生自用的手机）。
2. 原装数据线，安装好智能手机联机软件、驱动软件和下载好安装资料的计算机多台。

三、实训内容

1. 学习下载和安装现代智能手机连接软件的操作方法。
2. 学习安卓智能手机系统的连接与刷机操作方法。
3. 学习使用 TMC 智能软件仪对多功能手机进行刷机操作。
4. 学习 HTC、华为、三星盖世系列智能手机的连接与刷机操作方法。

四、实训报告

1. 通过学习下载和安装,掌握现代智能手机连接软件的操作方法。
2. 通过学习安卓智能手机系统,掌握了安卓智能手机系统的刷机操作方法。
3. 通过学习使用 TMC 智能软件仪,掌握了使用智能软件仪对多功能手机的刷机操作。
4. 通过学习 HTC、华为、三星盖世系列智能手机的刷机操作,了解了其他智能手机的刷机操作方法。

第 10 章　智能手机故障分析及维修

本章主要讲解智能手机常见故障的产生原因、智能手机故障分类方法以及故障的检修流程与步骤，同时讲解智能手机的拆机、智能手机联机方法、智能手机的格机、智能手机的操作指令等知识，重点在智能手机的操作应用。列举机型都是市场上最流行、最普遍使用的智能手机，如三星（GALAXY SIII）系列手机、诺基亚 WP8 系列手机、HTC G10 与 G20 或 HTC 其他机型，以及国产小米 M1 与 M2 智能手机、小辣椒 LA I 或 LA II 智能手机等。小辣椒 LA I 智能手机的扩容操作等是常用也是最实用的知识。当然，更重要的还是读者自己多看有关手机原理的书籍，多分析电路原理图，多动手维修，最终总结出一套自己的维修秘籍，那才是最重要的。

10.1　智能手机常见故障维修

10.1.1　智能手机故障介绍

1. 手机故障的产生原因

手机故障原因常见的有进水、摔坏、自然损坏等，也有手机本身质量原因，如手机是二手机、翻新机，也有人为因素造成的，如使用劣质充电器、充电电压不稳定或其他维修人员修坏等。

（1）手机自身结构的原因

手机是电子产品，由许多电子元器件组成，电子元器件会因为时间过长而自然老化，性能发生改变，从而产生不同的故障现象。由于手机元器件全部采用贴片安装技术，而且焊接主要通过焊锡来完成，焊锡是一种导电的金属，时间久远会因为受热而表面氧化，出现接触不良、虚焊故障。

（2）用户使用中出现的故障

作为手机维修人员，对需要维修的手机，首先考虑的不是手机本身，而是询问用户手机损坏的原因，了解手机故障产生的原因是人为因素还是手机自身因素。操作不当导致手机不能正常使用的，一般有以下几种故障。

① 菜单设置不正确导致的故障：若手机出现来电无铃声、无反应等，大多数是菜单设置出错导致的。比如来电无反应，可能是用户设置了呼叫转移功能；打不出去电话，可能是用户设置了呼出限制功能；打电话听不到声音，可能是用户把音量关到最小或设置了静音；等等。因此，作为一位维修初学者，必须先熟悉手机的操作方法，这是非常重要的。

② 摔坏导致的故障：如果手机是摔坏的，一般是元器件虚焊、接触不良，或接口摔脱、显示屏摔破、外壳摔裂等。这些都是机械性故障，维修时需要从大元器件检查到小元器件，找到虚焊、接触不良、脱落的关键点。

③ 进水导致的故障：如果是手机进水导致的故障，一般不要加电试机，而是先拆开手机，将里边的水分用热风枪吹干，然后再加电开机试机。如果还是不能开机，说明已经有元器件等短路，此时必须进行具体的维修。

④ 自然损坏导致的故障：一般表现为手机突然出现不开机、自动关机、打电话自动关机、信号时有时无等。一般来说，手机在正常使用中出现的故障是相对不好维修的，必须透过现象看本质，进行原理分析，这样才能有维修思路。

⑤ 用户充电导致的故障：这是最为常见的，原因是充电电压不稳定或使用劣质充电器，导致手机不开机或充不了电。这种情况一般是外电压损坏了手机中的电池、电源 IC 或充电路。

由此可以看出，手机故障的产生原因很多，除了上面讲解的五种情况外，还会遇到其他情况。比如，手机操作不当，使某些功能处于关闭状态，出现手机被锁，不能照相，不能播放 MP3、MP4，不能使用 WiFi，不能使用游戏、更新程序等。

2．手机故障的分类

不同原因会产生不同的手机故障，相同原因也可产生不同的故障。通常把手机故障分为硬件故障和软件故障两种。其中，硬件故障主要是指电源部分故障，逻辑部分 CPU、存储器故障，射频部分故障，界面接口功能故障等，主要表现为手机不开机，不入网，不识卡，不显示，不照相，不能播放 MP3、MP4，不能使用 WiFi、游戏等；软件故障是指资料丢失或程序错乱，如开机程序、关机程序、充电程序、各种控制程序、检测程序、操作指令以及各种应用程序等，都是导致手机软件故障的根本原因。

软件故障与硬件故障之间是密切联系的，也会相互影响。当然必须在硬件正常的情况下，才能保证软件的正常运行，硬件是软件的基础，软件又是硬件工作的动力。

（1）从手机表面现象看故障

① 完全不能工作：手机完全不能开机，接上稳压电源后，按下开关键无任何电流反应。

② 不能完全开机：手机接上稳压电源，按下开关键后能检测到电流，但无开、关机正常提示信息，如背光灯不良、无开机瞬间振动、无开机铃声等。

③ 能正常开机，但有部分功能不能正常操作：按键失效，显示不正常，显示错误信息，LCD 全黑、全白、字形错误，找不到网络，不能拨号等。

（2）从手机主板看故障

① 电源部分故障。

② 逻辑部分故障：包括 13MHz 晶振、手机软件故障。

③ 接收、发射有关的射频电路故障。

④ 界面接口功能电路有关的故障。

这四类故障之间有着很复杂的关系。比如，手机软件故障影响电源供电部分、收发电路、锁相电路、发射功率控制等电路的工作，而收发电路又需要本振信号，本振信号正常又需要正常运行的时钟，同时时钟信号又直接影响手机软件部分的正常运行。因此，故障的关联性就显得格外重要。接口电路松脱和接触不良，会引起触摸失灵、无屏显、无振铃、无送话等故障。

（3）从手机软件看故障

由于手机充电电压的不稳定、人体静电、吹焊时的温度不当、软件本身问题或存储器性能不良等原因，都易造成存储器内的数据丢失或错乱，引起手机不开机或开机后不能正常使用。例如，诺基亚系列手机出现两行英文"CONTACT SERVICE（联系服务商）"，其他智能手机出现"请插入正确的 SIM 卡"，三星系列手机出现"无法联机"等，都是明显的软件故障现象。智能手机出现不开机、不入网、不显示、不识卡、不能照相、不能安装应用程序或游戏等故障都与软件有一定关系。因此，软件故障在手机故障中的比例非常大，掌握软件故障的维修技巧显得十分重要。

（4）从手机存储器看故障

存储器分为程序存储器和数据存储器两大类。程序存储器又由两部分组成，一部分是 FLASH ROM，俗称字库或版本；另一部分是 EEPROM，俗称码片。数据存储器又称为暂存器（RAM），其作用主要是存放手机当前运行的中间数据。目前智能手机或多功能手机都将存储器集成在一个芯片内，基本没有单独的字库或暂存。现代智能手机分别应用处理电路和通信基带电路两个不同的存储器。在实际维修中，iPhone 手机和三星 GALAXY 系列手机因为存储器导致手机不开机的维修量特别大。

手机逻辑电路中，字库可通俗理解为装字的仓库，俗称版本，即存储手机基本程序和各种功能程序的存储器。字库中的软件资料是通过数据总线、地址总线与微处理器 CPU 进行通信的。如果通信不正常将导致手机不能正常工作，如出现不开机、开机死机、开机白屏等软件故障。出现通信不正常时，可通过智能刷机仪器或数据线连接手机与计算机，重新写入资料来排除故障。

（5）手机逻辑电路中的常用概念

① 字库（版本）：是手机逻辑单元电路中的主要存储器，用于存放 CPU 运行的各种程序资料。

② 码片：是手机逻辑电路中专门用来存储串号、用户设定、部分电话簿等信息的存储器。目前，智能手机都将其集成在 CPU 中。

③ 串号：用于识别手机的唯一号码，即手机机身码。取下手机电池时，可以看到 15 位号码，就是手机串号；也可以直接用手机输入*#06#，看到 15 位显示号码，与此相同。它由 6 位 TAC（型号批准码）、2 位 FAC（工厂装配码）、6 位 SNR（序号码）和 1 位备用码组成，许多维修软件仪都可以读出手机串号并恢复和修改。

④ 锁机码（SPLOCK）：又称安全锁、手机锁、电话锁等，一般为 4~6 位数字，手机出厂设置一般为"1234"或"000000"，用于防止手机非授权使用或被窃后使用，加锁后手机不能工作。某些维修软件可以读出并恢复锁机码。

⑤ 保密码（Phone Secrete Code）：又称个人密码，为 4~8 位数字，用于防止进入的密码功能，控制进入菜单中的保密项及其他选项，出厂时一般设置为"000000"。

⑥ 软件升级（Up Grade）：是指某些手机在硬件上基本相同，但软件却有差异的情况，通过更新字库与重写资料后，手机操作界面和使用功能得到改进的过程，主要包括语言的升级、功能的升级。比如，苹果手机的 1 代、2 代、3 代、4 代基本都是功能升级，硬件基本相同，只是硬件分布做了处理。升级可用计算机或传输线与手机外部接口连接，将软件资料写入手机。不过在手机维修中，通常把刷机、重写资料统称为升级。

⑦ 工程模式（Workingmode）：是指手机内部的一项硬件功能，即打开工程模式，常用于诺基亚手机。部分诺基亚手机加电时，如果不夹中间检测脚，开机即进入工程模式，此时手机不能正常开机打电话。

(6) 手机软件故障的维修方法

由于手机软件故障频繁出现，生产厂商推出了各种各样的软件故障维修仪，一般分为两大类：一类是拆机写资料的仪器，通常称为编程器，就是将手机字库拆下来重写，常用的有 TMC96、TMC168 编程器，不过目前已停产不用，全都改用智能仪或 USB 口连数据线完成；另一类是免拆机写资料的仪器，不用拆开手机，直接通过手机外部接口连接数据线连接计算机重写资料。

(7) 手机软件故障的处理技巧

① 缩小范围：根据故障现象，缩小故障范围，并确定故障类型是硬件故障（如存储器本身损坏）还是软件故障。如果是硬件故障，应进行更换；如果是软件故障，必须重写软件。维修实践中发现，手机的软件故障绝大多数是数据丢失导致的。

② 处理技巧：当手机出现软件故障时，可用免拆机或拆机两种方式进行处理，如锁机，显示"联系服务商"、"不识卡"、"不入网"、"黑屏"、"低电报警"等故障，用免拆机方式处理很方便，不用拆机，不改变手机的串号 IMEI 码，对手机内部电路也无影响。如果手机不联机或是没有所写手机的资料，可到网站上下载资料。如果论坛上找不到故障手机同型号的资料，可以找一台同型号手机，将其资料读出，保存到计算机中，再重新写入故障手机即可。

(8) 手机维修中的解锁技巧

在手机维修过程中，手机锁死也是比较常见的故障。当手机被锁后，手机开机会显示"输入手机密码"，如果输入初始密码"1234"、"000000"不能解锁，说明手机已经被锁，需要进行维修，其常用的解锁技巧如下。

① 利用密码进行解锁：对于摩托罗拉系列手机，输入原设定的密码"1234"不能解锁时，可尝试在屏幕出现"输入开机密码"时按菜单键（Menu），再单击"OK"键，输入"000000"，此时，开机密码就会直接显示在显示屏上，如果不知道密码可以查相应的解锁资料。

② 使用智能软件仪进行解锁：这是目前手机维修中的常用方法，只需连接仪器，按照仪器操作说明，即可对手机直接进行解锁。

③ 利用编程器进行解锁：将手机的码片拆下，用编程器读出码片资料并保存到计算机中，然后通过编程器重新写入，目前基本不用。

综上所述，手机的软件故障是手机维修中非常重要的内容，因此维修人员必须掌握常用手机软件维修仪的使用技巧，才能真正成为行业内的佼佼者。

10.1.2 智能手机常见故障检修步骤及流程

1. 手机维修的基本环境

一个好的维修环境，能给人带来良好的维修心情，同时整洁有序也能有效提高工作效率。下面介绍如何选择和布置一个好的维修环境。

① 首先需要选择一个安静的环境。在嘈杂的地方进行维修，会影响维修思路，分散注意力，给维修工作带来不必要的麻烦。

② 在维修台上铺一张与台面大小相同的防静电绝缘橡胶垫，这样维修时主板不会滑动，有利于焊接或者其他操作。

③ 在维修台右边放置一个有许多小抽屉的元器件架，可以放置相应的配件和拆机过程

中取下的元器件，并标明其型号和类别，这样可以随时取用。

④ 维修台上应准备放大镜台灯、电烙铁、热风枪、万用表、稳压源、焊锡等工具和频率计、示波器及软件仪等仪器。

⑤ 维修前，一定要把所有仪器的地线都连接在一起，以防止静电损伤手机电路。

⑥ 在每次拆机器前，双手都要触摸两下地线，把人体上的静电放掉。同时，不要穿化纤等容易产生静电的材料的服装进行维修，否则会因静电而击坏手机。

⑦ 维修用的电烙铁一定要注意保养，不要长时间加电，否则会加剧电烙铁头的氧化，给使用带来困难，如不能沾锡、不能焊接等。在焊接集成芯片时最好用恒温电烙铁，这样更能保证集成芯片不因外界的静电而损坏。

2．手机维修前的注意事项

① 维修前一定要检查自己的工具、仪器是否完好，工作台面是否清洁。

② 拿到故障手机一定不要盲目拆机，必须先与用户交流，了解手机故障的产生原因。

③ 拿到故障手机一定不能用硬体工具猛力拆卸，以防损坏外壳。

④ 维修前，工作台面上一定不能有天那水等腐蚀性物品，以免腐蚀手机外壳、按键、显示屏等橡胶配件。应将天那水等腐蚀品放置在保险的地方。

⑤ 维修时，天那水一定不能用来清洗手机按键、显示屏、外壳等橡胶配件，因其具有强烈的腐蚀性。

⑥ 维修前，一定要看清稳压电源的电压是否在合适范围内，一般应为 3.6～4.2V。如果调到 3.6V 以下，加电后手机不能开机，因为电压过低，从而导致故障误判；如果电压为十几伏，加电手机一定会因电压过高而损坏。

⑦ 如果是进水手机，一定要先用热风枪吹干再加电试机，以保证手机不被短路损坏。

3．手机维修的基本原则

（1）先清洗，后维修

不少手机故障都是由于工作环境差或进水受潮引起的，表现出来的故障也显得比较复杂，检修时，首先应把线路板清洗干净，排除脏污或进水引起的故障后，再动手进行其他检测。

（2）先机外，后机内

手机检修时要由外向内地进行，首先检查菜单设置是否调乱，电池是否正常，或显示器、卡座、电源触片、按键是否有问题，确认一切正常后，再仔细观察。经分析、推断有可能是某一部分电路存在故障的情况下，再拆开手机对有可能存在故障的元器件进行检测，这样既能避免盲目性，减少不必要的损失，又可大大提高检修的效率。

（3）先补焊，后检测

由于手机构造的特殊性，虚焊已成为其最常见的现象之一。因此，许多手机维修人员都是靠一台热风枪和一台恒温电烙铁"打天下"，加焊、补焊已成为每位手机维修人员的拿手绝活，可见焊接技术是多么重要。特别是对于摔过的手机，根据其故障表现，有目的地对故障部位进行补焊和加焊，会有事半功倍的收获。

（4）先静态，后动态

所谓静态，就是手机处于不通电的状态，也就是在切断电源的情况下先行检查，如插座、弹片是否接触良好，机内有无断线及焊接不良，元器件有无烧黑及变色等；所谓动态，就是手机处于通电的工作状态，动态检查必须在完成静态检查及测量后才能进行，绝对不能盲目通电,以免扩大故障。

(5) 先电源,后负载

电源是整机的能量供给中心,负载的绝大多数故障往往是其电源供给不畅所致。因此,在检修时应首先检查电源电路,确认供电无异常后,再进行各功能电路的检查。比如,不入网、不识卡、不显示故障等,很大一部分都是由于电源供电不正常造成的,因此,电源检查是维修的重点。

(6) 先简单,后复杂

维修实践证明,单一原因引起故障占绝大多数,而由几个原因或复杂原因引起故障的情况要少得多。因此,接到待修机后,首先要检测可能引发故障的那些最直接、最简单的因素,绝大多数经此处理后都能找出故障原因。如果通过以上步骤仍未找到故障点,表明故障是由一些较复杂或其他原因引起的,这种情况在维修中并不多见。例如,在检修手机不入网故障时,应首先检查天线接触是否良好、各滤波器有无虚焊、射频供电是否正常等简单原因,而不应先考虑机内集成块或外围元器件是否损坏等复杂原因。否则,将简单故障复杂化,不但排除不了故障,还会对主板造成永久性的损坏。

4. 手机故障的检修步骤

一部手机必须要开机、入网才能正常接、打电话和进行其他操作。手机开机必须满足开机的五大条件,入网必须满足射频电路工作正常,其他附属功能必须满足附属电路正常。对于故障手机,维修基本思路是观察故障、分析故障、寻找故障、维修故障、排除故障。下面介绍不同故障的检修思路。

(1) 不开机

首先一定要分清是硬件还是软件引起的不开机。当然,不同手机有不同的故障现象,没有完全明显的软件或硬件故障的区别,但可以总结得出,小电流反应一般是电源等硬件问题,如果电流有几十毫安变化,一般考虑软件问题。

手机开机与手机电池、开机线路、电源、主时钟晶振、CPU、存储器或软件有关。开机又分为高电平开机和低电平开机、电池开机和尾插开机、稳压电源开机。

① 高电平开机:是指手机电池电压需要经过开机键才能送到电源IC,触发电源IC内部的控制电路,使得电源IC工作,输出各路组电压,如图10.1.1所示。

② 低电平开机:是指手机电池电压直接送到电源IC,经过电源IC内部的转换电路,输出高电平控制电压,经开机键接地。当按下手机开机键时,输出的高电平通过开机键瞬间接地变成低电平,低电平返回到电源IC,触发电源IC内部的稳压电路,使得电源IC输出各路组电压,是手机常用的开机方式,如图10.1.2所示。

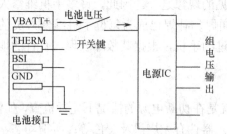

图 10.1.1 高电平开机

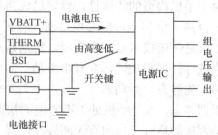

图 10.1.2 低电平开机

③ 尾插开机：实际就是手机充电开机。这种方式不是每种手机都有的，早期的摩托罗拉手机存在这种方式。

④ 稳压电源开机：是手机维修时，方便进行手机维修而进行的加电开机，具体将在本章实训中介绍。下面介绍手机不开机的检修步骤。

第一步：对于不开机的手机，必须知道"供电、时钟、复位、软件、维持"开机五大条件。

第二步：先解决第一大条件"供电"。首先要先检查手机电池是否正常，如果用稳压电源加电，手机可以开机，而电池加电不开机，则为电池损坏，更换电池即可。

第三步：用稳压电源加电后，按开机键，看电流变化，如果无任何电流反应，通常是开机线路或电源IC问题，如VBATT没有加到电源IC或者开机线上没有3V高电平，此为低电平开机；若高电平开机，按下开机键，VBATT应加到开机线上，若无电流反应，应为电源IC虚焊或损坏。

第四步：按开机键有20mA左右电流一般为主时钟问题。先检查主时钟供电，再检查AFC控制电压（正常为1.2V），若都正常，再更换主时钟晶振，如图10.1.3所示。

第五步：如果按开机键电流上升为50mA左右，然后再返回零，通常为软件问题，可重写软件解决。有的手机按开机键电流在50mA停4s左右返回零，是32.768kHz不正常。要注意不同机型的电流变化是有区别的。对32kHz晶体来说，不同手机其外形也不同，常见的三种形式如图10.1.4所示。

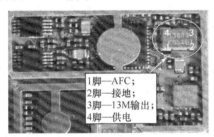

图10.1.3　主时钟晶体外形及引脚标注　　图10.1.4　32kHz晶体外形

第六步：如果按开机键电流上升为100mA左右返回零，通常为逻辑芯片虚焊或损坏，可用按压法判断出逻辑芯片虚焊，需要进行补焊或更换处理。

第七步：如果按开机键可以开机，但松手后关机，通常为维持信号或软件问题；如果按开机键搜索到网络后松手关机一般是维持信号问题；如果按开机键开机能搜索到网络，然后自动关机则为软件问题。

第八步：如果大电流，说明电源IC、CPU、功放击穿短路；若取下供电限流电阻或功放后没有大电流则为功放损坏；若CPU主供电滤波电容两端电阻很小或为零，通常为CPU击穿损坏；若去掉CPU、功放供电电阻后还是大电流，说明是电源IC或直接与VBATT连接的电路有故障。

（2）不入网

① 手机入网的条件。手机入网的条件是手机射频电路必须正常。射频电路是指手机接收电路和发射电路。其中，接收电路包括天线开关、滤波器、中频IC、CPU及接收射频逻辑控制电路；发射电路包括功放电路、发射振荡电路、中频IC、CPU及发射射频逻辑控制电路。

射频电路要正常工作，必须满足射频供电、参考时钟、逻辑电路控制信号和收发通道电路正常，因此这些电路是维修时必须要检查的。

② 如何判断手机已经入网。手机显示屏上显示"中国移动"或"中国联通"、或"中国电信"等运营商的字样，即表示手机已经入网，没有则说明手机没有入网。下面介绍手机不入网的维修步骤。

第一步：将手机设置在手动搜网状态，如果能搜到网络，说明接收电路基本正常，手机不入网应为发射射频电路不良引起；如果手动不能搜到网络，应为接收电路不良，需检查接收射频电路。

第二步：如果手机开机后电流停在10mA不动，一般是射频供电或逻辑电路输出的RX.EN（接收启动信号）不正常。正常情况下，射频供电和逻辑电路输出的RX.EN接收启动均是2.8V脉冲，若无此信号，应查CPU或电源是否虚焊、断线或损坏。

第三步：如果电流能在10~100mA之间搜网，说明问题在射频接收通道，通常是中频IC及中频IC以前的电路故障。若不装SIM卡手机有信号，说明接收电路正常，则说明接收电路不正常；若装上SIM卡后手机没有信号，故障就在发射电路。

第四步：如果电流在100mA左右不停地抖动，说明接收信号不稳定，一般是本振电路不正常。只要测量本振电路的锁相电压即可判断本振电路是否正常工作。

第五步：测量参考时钟13MHz是否准确，如果频偏过大，手机也不入网。13MHz可用频率计来测量。

（3）手机界面接口电路的故障维修

手机界面接口电路又称为人机接口电路，或用户接口电路、功能接口电路，具体是指键盘电路、SIM卡电路、显示屏电路、背光灯电路、扬声器电路、话筒电路、MP3和MP4电路、照相电路、耳机电路、充电电路、GPS电路、蓝牙电路、收音机电路、WiFi电路等。第7章中已经详细介绍过维修方法，这里简单总结一下其维修步骤。

① 不识SIM卡的维修方法。不识SIM卡是指手机显示"请插入SIM卡"的现象，检查步骤如下。

第一步：换SIM卡试机，如果能正常搜网，说明原SIM卡不良；如果仍不识卡，进行下一步。

第二步：检查卡接口是否接触不良，把卡接口接触片用镊子挑高一点，保证其可靠接触。

第三步：检查卡接口电路中的保护管，将其拆除即可。

第四步：在手机开机瞬间，不插卡的情况下，用示波器测量卡接口各触片上的电压是否正常。

② 不显示的维修方法。手机能正常显示的条件是供电、显示启动、时钟、复位、数据和液晶显示屏等都正常，若不能正常显示应采取以下步骤。

第一步：更换显示屏，判断液晶显示屏是否损坏。

第二步：检查显示接口或排线是否虚焊、接触不良或断线。

第三步：检查显示供电、显示启动、时钟、复位、数据信号电路是否断线，或CPU是否虚焊损坏。

第四步：检查逻辑电路或软件是否正常。

③ 其他故障的维修方法。手机其他故障，如按键失灵或错乱、背光灯不亮或常亮、振

铃和振子不正常、不送话、扬声器无声、搜网关机、发射关机、信号时有时无等,都有可能是硬件或软件不正常引起的,检查的基本步骤如下。

第一步:硬件不正常引起,分别检查元器件虚焊、氧化、接触不良、断线或损坏。

第二步:检查背光灯、振铃、振子等功能设置不正常或本身损坏。

第三步:检查逻辑电路或软件资料。

5. 手机维修的基本流程

手机维修的基本流程不是固定不变的,但其根本思路是不变的。根据不同的手机、不同的故障进行分析,这样才能进行有效维修。这里把手机维修基本流程分为以下几个方面。

(1) 不开机的维修流程(如图10.1.5所示)

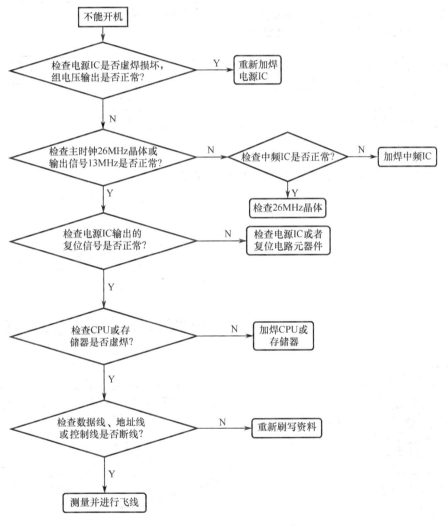

图 10.1.5 不开机的维修流程

(2) 不接收的维修流程(如图10.1.6所示)

(3) 手机不发射的维修流程(如图10.1.7所示)

(4) 手机界面电路的维修流程

① 通话时对方听不到声音的维修流程如图10.1.8所示。

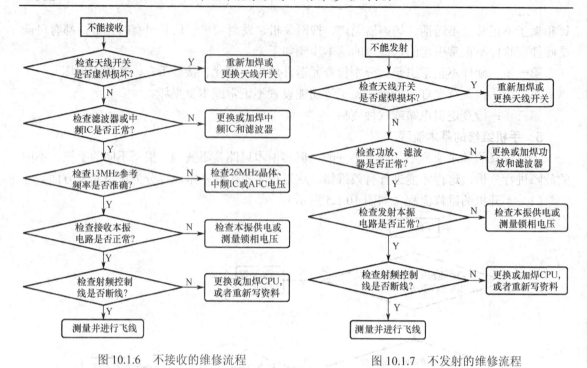

图 10.1.6　不接收的维修流程　　　　图 10.1.7　不发射的维修流程

② 通话时扬声器无声的维修流程如图 10.1.9 所示。

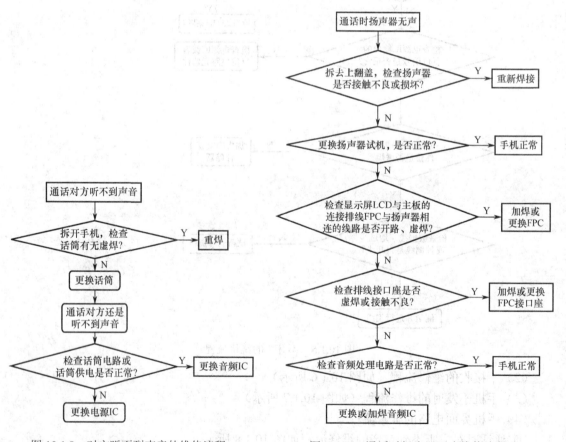

图 10.1.8　对方听不到声音的维修流程　　　图 10.1.9　通话时扬声器无声维修流程

③ 键盘背光灯不亮的维修流程如图 10.1.10 所示。
④ 开机大小屏均无显示的维修流程如图 10.1.11 所示。

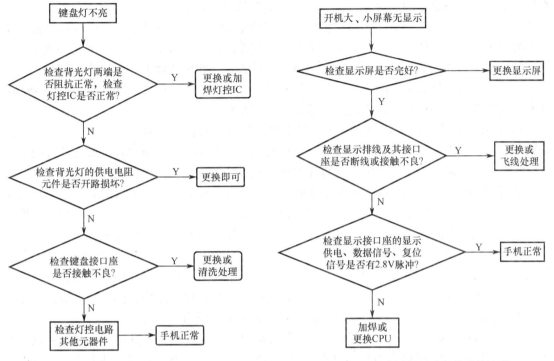

图 10.1.10 键盘背光灯不亮的维修流程　　图 10.1.11 大小屏均无显示的维修流程

10.1.3 智能手机故障的检修方法与技巧

1. 智能手机故障检修方法

手机虽型号较多，结构不同，故障现象多种多样，但检修方法大致相同。下面介绍维修中常用的检修技巧。

① 询问法：作为一名手机维修人员，拿到一部故障手机时，首先要询问用户，是在什么情况下出现的故障，是否被其他维修点维修过等，针对用户反映的情况以及手机本身的故障现象，判断故障发生的部位。如果是被摔过的手机，应考虑手机芯片虚焊、断点、元器件脱落、线路板断裂等；如果是进水机，考虑电源模块损坏、铜箔生锈、腐蚀、断线；如果是其他维修人员维修过的手机，应注意芯片是否动过或被调换，元器件有无装错等。

② 直观法：通过询问后再进行直观的检查，可发现一些故障。例如，摔过的手机外壳有裂痕，重点检查线路板上对应被摔处的元器件有无脱落、断线；如果是进水机，主板上常有水渍，甚至生锈，引脚间有杂物等；如果按键不正常，检查按键点上有无氧化引起接触不良；如果无送话，可用吹气法判断话筒是否正常。

③ 电阻法：平时注意记录一些手机某些部位的对地电阻值，如电池接口触片、供电滤波电容、SIM 卡座、芯片焊盘、集成电路引脚等的对地电阻值。在检修手机时，可根据某点对地电阻值的大小来判断故障。例如，某一点到地的正常电阻值是 $10k\Omega$，而故障机此点的电阻值远大于 $10k\Omega$ 或无穷大，说明此点已断路；如果电阻为零，说明此点已对地短路。电阻法还用于判断线路之间有无断线以及元器件质量的好坏。

④ 电压法：如果是正常的手机，其电压测量点都有一个固定的数值，一旦手机损坏，

其电压值必然发生变化,通过检测电压值是否正常,即可很快找到故障发生部位。例如,某处电压为零,说明供电电路有断路;某处电压比正常值低,说明负载有漏电或短路问题。在测量电压时,要注意该测量点是直流供电,还是脉动直流供电。

⑤ 电流法:手机维修用的稳压电源上,其电流表显示的数值是手机工作时各单元电路电流的总和,不同工作状态下的电流基本上是有规律的,如手机出现故障,电流必然发生变化,有经验的维修人员,通过不同的电流值,可以大致判断出故障的部位,这就是常说的电流法。若加电即有几十毫安电流,说明与电源正极连接的元器件漏电;若加电电流在500mA以上,说明电源、功放或电池供电的元器件有击穿短路。

⑥ 比较法:有比较才能鉴别。检修手机时,某些元器件的型号、位置、电压值、电流值和波形认为不正常时,可用同型号的正常机板进行对应部位的测量比较,如元器件的位置是否装错、阻值是否正常、某两点是否连接等,通过比较即可快速查出故障。

⑦ 代替法:当怀疑某个元器件有问题时,可以从正常手机上拆下相同的元器件装机试验,效果立竿见影。如果代替后故障排除,说明原元器件已经损坏;如果代替后故障仍然存在,说明问题不在此元器件,应继续查找。代替法适用于手机中所有的元器件。

⑧ 温感法:常用于小电流漏电或元器件击穿引起的大电流。若手机加电即有几十毫安漏电,虽不影响使用,但电池待机时间大大缩短,在检修时可提高供电电压,使漏电电流增大,再用手去查找发热元器件,哪个元器件发热即为损坏;也可用松香烟熏线路板,元器件上会有一层白雾,加电后观察,哪个元器件雾层先消失,即为发热件。

⑨ 按压法:用于元器件接触不良或虚焊引起的各种故障。若手机时开机时不开机,怀疑字库或CPU虚焊,可用大拇指和食指对芯片两面适当用力按压,若按压某个芯片时可以开机,即为虚焊,补焊即可。

⑩ 短接法:常用于缺少某些元器件损坏时的应急修理,如天线开关、滤波器、功放等元器件损坏时,手头暂时没有替换件,可直接把输入端和输出端短接,若短接后手机恢复正常,说明该元器件损坏。

⑪ 开路法:是对怀疑的电路或元器件进行断开分离,若断开后故障消失,说明问题就在断开的电路上。例如,加电大电流时,功放是直接采用电池供电的,可取下供电支路电感或电阻,若不再出现大电流,说明功放已击穿损坏。

⑫ 清洗法:手机进水或长时间使用而进入灰尘,会使元器件之间绝缘电阻减小而造成一些故障,可用超声波进行清洗解决。

⑬ 波形法:主要是指测量主时钟、实时时钟、射频基带IQ信号、脉冲控制信号等。在检修故障时,用示波器测信号波形是否正常,可很快判断出故障所发生的部位。例如,检修无信号时,先测量有无正常的接收基带信号,来判断是射频电路还是逻辑电路的问题,若正常的接收基带信号,说明射频电路正常,问题在逻辑电路;在检修不发射时,同样可以通过测量有无正常的发射基带信号来判断故障是由逻辑电路还是由射频电路引起的。

⑭ 补焊法:手机在使用过程中,显示屏接口、按键接口等容易出现虚焊或接触不良故障,通过放大镜观察或用按压法判断出故障部位,进行补焊可解决问题。

⑮ 飞线法:由于手机被摔或拆卸带有封胶的芯片时,焊盘掉点是经常的事,除空点外,有用的掉点要用飞线来解决,通常是在该点相连的引线或元器件上用细漆包线连接后,在焊盘的掉点处用镊子把去掉绝缘的引线头弯成焊点大小的圆圈,再用绿油把引线固定即可。

⑯ 假天线法:简单实用,在检修射频电路故障时,用3~5cm的长导线或锡丝、镊子、

示波器探头作为假天线，分别连接在信号通路的输入端和输出端。若在某元器件的输入端接上假天线后手机正常工作，说明假天线之后的电路正常；然后把假天线移到此元器件的输出端，若不能正常工作，问题就在此元器件上。

⑰ 分析法：根据手机结构和工作原理，对故障的现象进行分析、判断，找到故障部位。

⑱ 综合法：手机的故障不外乎硬件故障和软件故障两大部分，只要了解了手机的结构和工作原理，学会分析和判断，综合运用多种维修技巧，配合相应的维修仪器，维修就不是一件困难的事。

2．智能手机故障检修技巧

（1）手机损坏的三大因素

手机的损坏因素主要包括摔坏、进水、自然损坏三大因素，了解故障的产生原因，就能给维修带来方便。

（2）摔坏手机的处理技巧

摔坏手机的故障一般是虚焊、破裂等，维修时按从简单到复杂的思路进行，即先检查手机外观有无损坏，如果有破损，一定要告诉用户，以免造成不必要的麻烦；再拆开手机检查所有的接口、显示屏等有无摔坏；然后看其他大的芯片 IC 有无摔成虚焊或接触不良等现象。实际上，对于摔坏的手机，维修方法就是先看外观，再看接口，再看大元器件，最后细查。

（3）进水手机的处理技巧

进水手机一般不能立即加电开机，一定要先用热风枪吹干水分，再加电试机。进水手机一般会出现芯片短路，主要是电源 IC、CPU 短路，或引脚虚焊。维修时都需要将其拆下来，重新植锡再焊接，即可排除故障。当然也有部分进水手机因为长时间未能进行维修，导致某些元器件有发霉短路、漏电，这就必须用超声波清洗手机主板，10min 后取出吹干，在放大镜下观察有无发霉污点，再次进行清洗处理，或飞线排除故障。

（4）自然损坏手机的处理技巧

对于自然损坏的手机，维修时一定要通过故障现象先进行分析，再动手维修，直到故障排除。

10.2 诺基亚智能手机故障分析及维修实例

诺基亚非凡系列手机都采用了 Windows 8 系统。如果计算机安装的也是 Windows 8 系统，那么将手机连接计算机直接安装本手机驱动即可；如果计算机系统是 Windows 7，那就需要下载一个 Zune 同步软件连接计算机，才能实现软件的刷写。

10.2.1 诺基亚智能手机开机电路故障分析及维修实例

1．诺基亚智能手机联机问题

对于诺基亚智能手机不开机故障，首先要解决的就是手机用户与计算机的联机问题。因为智能手机故障大多是系统本身的问题，少数是硬件导致的，下面介绍关于诺基亚智能手机联机的问题。

（1）WP8 手机无法连接计算机的解决办法

① 如果计算机系统是 Windows 8，可直接将手机用数据线连接计算机，此时手机自动与计算机连接，不需要联机软件。

② 如果计算机系统是 Windows 7/XP，那么需要在计算机上安装一个连接手机的同步软件 Zune，然后双击运行，再用数据线将手机连接计算机，此时同步软件窗口会提示同步音乐、视频、图片等信息，选择所需要的选项同步即可完成联机。

③ 如果计算机系统是 Windows 7，且安装了同步软件，或者是 Windows 8 系统，却无法与手机联机，解决步骤如下所述。

第一步：如果连接手机时提示"未检测到手机"或与连接相关的错误消息，首先看同步软件是否打开，再检查 USB 数据线（最好使用原机附带的 USB 数据线）是否正常，同时不要使用 USB 集线器或计算机前面的端口，而使用计算机后面的 USB 端口。

第二步：重新启动计算机和手机，按住手机电源键，直到显示"向下滑动关机"，然后关机，再按电源键重新打开手机。

第三步：如果重新启动手机仍未能连接计算机，按住电源键 10s 关机。如果手机是可更换的电池，可取出手机电池并重新装入，然后按电源键重新打开手机，即可联机。

第四步：如果还是"未检测到手机"，需要更新 WP8 驱动程序。在计算机 Windows 设备管理器中查看指示设备是否存在问题或已安装的 WP8 驱动程序版本是否为最新版本。更新 WP8 驱动程序的方法是：将数据线连接到计算机，单击计算机"开始"按钮，右击"计算机"按钮，然后单击"属性"按钮更新。

提示：对于 Windows 8 用户，在"开始"界面中输入"Device Manager"，单击"设置"按钮，然后单击"设备管理器"按钮即可完成更新。也可以单击"开始"按钮，在"运行/搜索"字段中输入"Device Manager"。

第五步：单击计算机名称，此时 WP 手机名称应列在"便携设备"下，如果 WP 驱动安装不正确，则可能带有黄色感叹号，或作为 USB 设备或未知设备列在"其他设备"下。此时双击 WP"便携设备"或未知设备以打开"属性"窗口，在"驱动程序"选项卡上，单击"卸载"按钮，在"确认设备卸载"对话框中选择"删除此设备的驱动程序软件"，然后单击"确定"按钮，返回"设备管理器"窗口，单击"操作"菜单，然后单击"扫描检测硬件改动"按钮，打开"便携设备"，双击 WP 手机的名称（注意：如果没有看到手机名称，需单击"其他设备"下列出的未知设备），然后单击"驱动程序"选项卡，单击"更新驱动程序"→"浏览计算机以查找驱动程序软件"→"浏览"按钮，找到 C:\Windows\Inf\文件夹，单击"确定"→"下一步"按钮，如果出现提示，单击"安装"按钮，此时只能选择"关闭"选项。驱动程序安装完成后，关闭打开的窗口，直到退出设备管理器，重启计算机即可。

第六步：验证使用的同步客户端与操作系统是否匹配，使用何种应用程序取决于计算机类型以及希望进行的操作。如果操作系统是 Windows 7 或 Windows 8，那么只需通过 WP 附带的 USB 数据线将手机连接到计算机，计算机即会显示如何获得适合的应用程序。大多数版本的 Windows 允许使用 Windows 资源管理器连接到 WP，可使用 Windows 资源管理器验证是否有活动连接，或者在手机和计算机之间复制内容和媒体。

第七步：如果以上方法还是未能解决问题，应卸载/重新安装同步客户端应用程序。方法是：打开"控制面板"，单击"卸载程序"按钮，选择 Windows Phone 应用程序，然后单击"卸载"按钮，重新安装同步应用程序，再进行计算机与手机间移动音乐、照片和视频的同步。

（2）Windows 8 系统的手机连接 Windows 7 或 XP 系统计算机后，没有 U 盘模式的解决办法。

第一步：首先按照（1）中的方法下载并安装或更新驱动程序。如果计算机上已经安装，需先卸载后重新安装，然后重启手机和计算机看是否可以连接，如果还是不能连接，进行下一步。

第二步：出现第一步问题的原因就是使用了盗版的 Windows 7 或 XP 系统，尤其是一些 Ghost 版本中，将 Windows Media Player 取消了。实际上，WP8 手机连接计算机后要出现 U 盘模式，只需要下载正版的 Windows Media Player 软件，安装后即可。

（3）诺基亚 Symbian 系统智能手机数据线连接故障的解决办法

诺基亚 Symbian 系统智能手机有时连数据线会出现不能正常使用的情况，有两方面的原因，一是硬件原因，二是软件原因。

① 硬件原因：首先，很多诺基亚的 S60 智能手机，包括 N73 在内，其数据传输还是沿用原始的接口，耳机和数据线都共用一个插口，如图 10.2.1 所示。该插口最大的弊病就是用久了里面的弹簧接触点不弹出，容易发生接触不良。

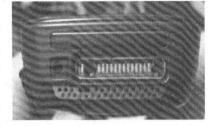

图 10.2.1　耳机和数据线共用插口

其次，是计算机 USB 端口不正常。不少计算机的机箱前面板带有 USB 端口，但内部并没有和主板相连，是虚设的，即使有的已经与主板相连，但也有数据传输及供电不正常现象，导致 USB 接口与手机不能正常连接。此时可以将数据线连到机箱后面的 USB 端口，因为后面的端口直接在计算机主板上，不会出现供电不正常现象。

再次，就是手机本身问题。可以先格式化手机，如果还是不能正常连接，那就是手机主板发生了故障，不过这种概率很小。

② 软件原因：这种情况大多出现在计算机对 USB 的识别和驱动上，在保证物理连接正常的前提下，大多是 XP 系统不正常、自带的 USB 驱动不正常。有的虽然连接 USB 数据线后有提示，驱动也装好，但还是不能正常使用，但更换计算机后能正常识别，说明是本台计算机系统的问题，重新安装系统，一般可以解决。

提示：有的手机连接计算机后，选择数据传输模式时，计算机提示 USB 不能正常使用，这点不必担心，因为数据传输就是 U 盘，PC 套件会提示出错，但是不影响正常使用。

2. 诺基亚智能手机不开机故障维修思路及实例

下面以诺基亚 Symbian OS 9.1 系统 N73 智能手机为例，介绍不开机的维修思路与实例。对于不开机故障，首先要分析电路结构。N73 手机是诺基亚公司生产的 3G 智能手机，是 GSM 与 CDMA 结合的双模手机，其 3G 功能主要使用 CDMA 网络频段实现。在开机电路中，它有三个电源（一个主电源、一个辅助电源、一个供电管）、两个 CPU（一个主 CPU、一个多媒体 CPU）、两个字库（一个主字库、一个多媒体字库）。以往的 DCT4 手机软件是在字库与 CPU 及电源之间进行加密，而 3G 手机中，字库与电源之间没有任何加密，而是在主 CPU 与主字库之间加密，多媒体 CPU 与多媒体字库之间也有加密，所以对 3G 手机不开机故障中如果需要更换主 CPU，那就需要更换主字库。

（1）电流法判断故障

① 如果按开机键无任何电流反应，应检查开机线路和主电源。

② 若是软件电流，就需要重写资料。若重写资料后还不行或写资料时无法联机，那就需要检查主字库、主 CPU、多媒体字库、多媒体 CPU。

③ 若是其他电流，应检查电源电路（即主电源 N2200、辅助电源、供电管 N6515）输出的组电压或时钟信号（38.4MHz 或 32.768kHz），或检查逻辑是否断线。

④ 检查 PDA CPU 供电管 N6515 输入、输出供电是否正常，输出电源可在 C7565 上测量 VCORE=1.4V。若无 1.4V 输出，再测量 C4201 上的 3.6V，若 3.6V 电池供电正常，应为

供电管 N6515 虚焊或损坏，加焊或更换即可。

⑤ 再检查辅助供电 N2300 输出供电是否正常，若有输出供电，应为辅助供电电源 N2300 虚焊或损坏，加焊或更换即可。

⑥ 若供电正常，再检查 38.4MHz 和 32.768kHz 时钟信号，用示波器直接在晶振上即可测量，正常时应为正弦波形。若无正常波形。应检查时钟晶振是否损坏，更换即可判断。

⑦ 检查逻辑电路，包括主 CPU、主字库、多媒体 CPU、多媒体字库和软件。在 N73 智能手机中，遇软件问题重写时，要写入比原版本高的资料，否则将导致无法解锁或无法开机。

（2）N73 手机主板图与元器件图

如图 10.2.2 和图 10.2.3 所示，通过 N73 手机主板图与元器件图对应关系，对手机出现的不开机或其他故障，可以有针对性地找到相应的元器件进行维修处理。这就是常说的快速维修方法。

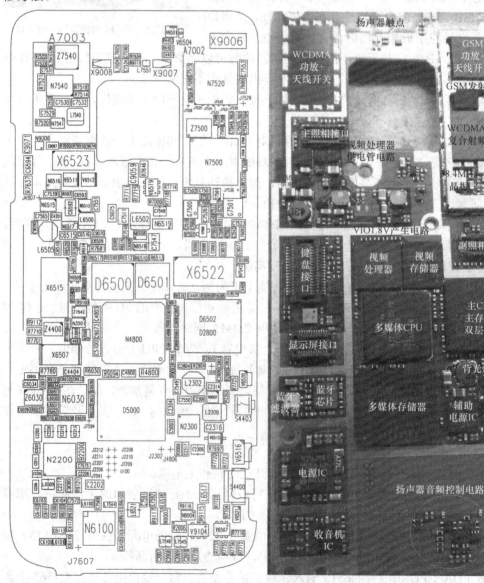

图 10.2.2　N73 手机主板正面与元器件图

第10章 智能手机故障分析及维修

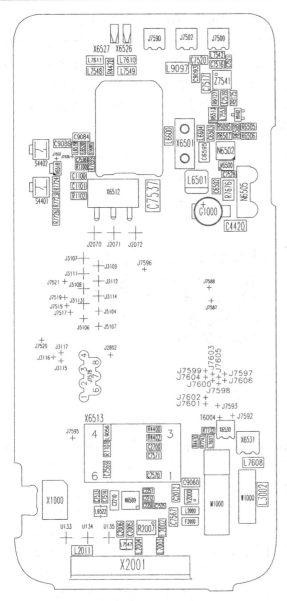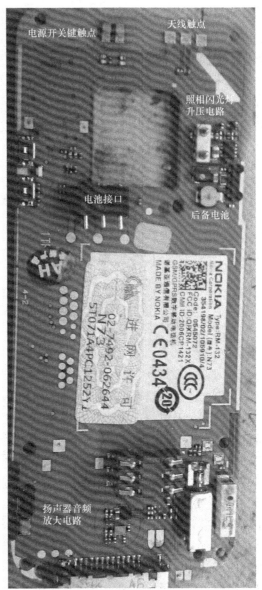

图 10.2.3 N73 手机主板反面与元器件图

（3）N73 手机不开机维修实例

实例一：N73 手机按开机键电流为 20mA 不开机。

故障现象及维修：N73 手机进水，不开机，开机电流在 20mA 不动，显示屏完全无显示。将手机拆开，发现主板严重腐蚀，用超声波清洗并吹干后，加电试机故障不变。由经验可知，通常 20mA 电流刚好对应前面讲解的其他电流故障。20mA 电流通常是主电源 N2200、辅助电源、供电管 N6515 输出的组电压，或时钟信号（38.4MHz 或 32.768kHz）不正常，使主 CPU 不工作所致。此时用"电压法"对供电进行检测。首先检测主 CPU 供电 VIO 1.8V，测量点在 L6502、C7511。正常开机时此处电压为 1.8V，但此进水机只有 0.9V。由图 10.2.4 所示的电路原理及主板元器件分布图分析，其 1.8V 是由稳压供电管 N6508 输出的。稳压管工作必须输入供电正常，控制端电压正常。由于输出电压低，可能是输入电压低导致，于是在 C7518

上检测输入电压 4.0V，正常；再考虑控制端，是由主 CPU 控制的，于是更换主 CPU，而主 CPU 与主字库又是双层芯片焊接安装方式，没有熟练的焊接技术，是无法完成焊接的。此时根据"先简单、后复杂"的维修思路，常见为稳压供电管 N6508 损坏，更换后加电试机，故障还是未能排除，说明不是供电管故障，应为主 CPU 输出的控制问题。其实，该电压只是稳定的 1.8V 供电，可在整机主板上找一个 1.8V 稳定供电飞线到 C7511 非地端，再加电试机，显示屏显示正常，拨打电话也正常，故障排除。

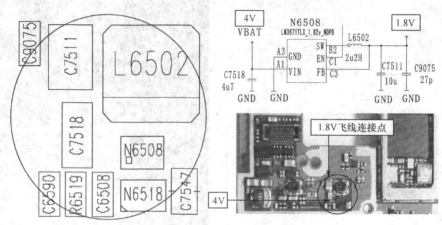

图 10.2.4　稳压供电管电路原理及主板元器件分布图

实例二：进水诺基亚 N73 手机不开机，开机电流为 30mA。

故障现象及维修：诺基亚 N73 进水手机，清洗后不开机，用户曾送到客服部维修，但没有修好，被判"死刑"。首先拆机用超声波重新清洗一遍，吹干后加电，按开机键电流为 30mA 不动，说明 CPU 没有启动，根据经验，N73 手机进水最先烧坏的是 VIO 1.8V 的稳压供电管（见实例一），测量其电压为 1.3V，那么在主板上找一个 1.8V 的电压接过去就可以了。接好后加电试机，电流一下升到了 110mA，停 2s 再降到 100mA 不动，看似已开机正常，装上显示屏等了半天也没有开机的迹象，只好拆开机子再仔细检查。测量 VCORE 1.35V 正常，晶体供电也有，按说这个电流 CPU 应该也在工作了，但刷软件完全没有联机的迹象。先把主板所有的大芯片用热风枪扫焊了一遍，再试机，电流变化还是一模一样。分析进水机最易断的是供电线，只得再测供电，终于发现在一个 VCORE 1.8V 到 CPU 供电的电路上有断线，飞线连接，如图 10.2.5 所示，电流果然发生变化了，从 110mA 回到 90mA 再回到 60mA，还在摆动，应该能正常开机了，装机后试机却还是不开机，但电流还在摆动，是开机电流状，不过仔细看一直不稳定，由此判断为软件问题。写软件也能联机，但不能写入，根据提示发现是检测不到字库，于是拆下主 CPU 上的主字库，再联机还是一样的提示。重植 CPU、字库安装后，再把所有的芯片都重装一次，故障依旧。再次仔细观察多媒体字库四周，发现有虚焊，但是重新植锡安装了多次都未能装好，后来发现此 IC 需要用厚植锡板植锡才能装好。植锡装好后发现能写资料，写完后手机自动启动，听到了诺基亚的开机铃声，装机试机，开机正常，显示正常，拨打电话也正常，故障终于排除。

提示：都是同样的不开机故障，但故障点是千奇百怪的，不过始终没有离开原理分析，要么是硬件故障，要么是软件故障，最终是多媒体字库虚焊，导致软件无法运行，手机不能开机，所以手机维修思路要广、要细。

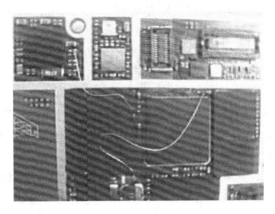

图 10.2.5 CPU 供电 VCORE 1.8V 飞线连接图

实例三：进水诺基亚 5800 手机不开机。

故障现象及维修：对于进水手机不开机，采用的方法是拆机后进行超声波清洗，吹干后加电试机，若仍不开机，且电流只有 30mA，说明是主 CPU 没能正常工作导致的。由于诺基亚 5800、N73 等智能手机的电路结构基本相同，故障点也基本相同，可采用同样的方法，即检测主 CPU 供电。首先在 L2206 上检测 VIO 1.8V、在 L2390 上测量 VIO 1.8V，如果这两端电压偏低，基本都是图 10.2.6 所示的稳压供电管 N2201、N2390 损坏导致的，更换后加电开机试机，手机开机，故障排除。

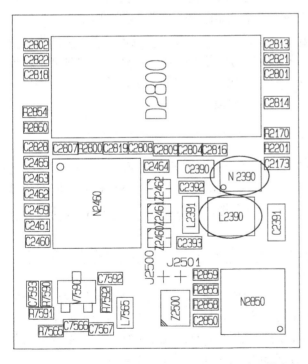
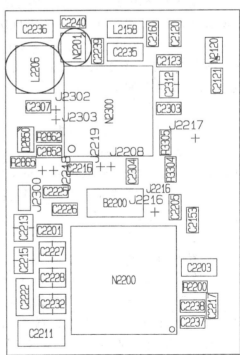

图 10.2.6 稳压供电管 N2201、N2390

提示：诺基亚智能手机只要是由于进水导致的故障，重点检查 1.8V 稳压供电管，通常更换后即可解决。

3. 诺基亚智能手机其他故障维修思路及实例

（1）诺基亚智能手机格式化

当手机出现系统故障，导致打不了电话、发不了短信或其他故障时，就需要对手机进行格式化。诺基亚智能手机格式化分为软格和硬格。软格是指在手机上输入*#7370#后，要求输入锁码，初始密码为"12345"，如果用户更改过手机密码，那就是更改后的密码，之后出现白屏，只显示"NOKIA"字样，2~3min后，重新输入时间，手机软格完成。硬格是指先关闭手机，在开机的时候同时按住拨号键+*键+3键，打开电源直到出现"NOKIA"字样（此过程中不能松开任何一个按键），稍稍等几秒钟直至出现"Formatting……/"字样，这时方可松开以上按键，几分钟后系统格式化完成，手机自动重启并进入待机界面。

提示：进行格式化时尽量以软格为先，必须有充足的电量保证，一般应在满电的情况下操作。最好先卸载所有的软件，再看看有没有出现类似的"系统错误"。如果没有再进行格式化，中途不能企图关机、插充电器等。格式化后原来装在扩展卡上的软件部分会受影响，所以一般情况下，将扩展卡的重要资料备份后也随后格式化一下，所有保存在 E 盘的程序在手机格式化完成后再重新安装即可。

总之，最彻底的格式化过程是：在程序管理器中把能够卸载的程序全部卸载→取出扩展卡→检查是否有系统错误存在→格式化手机→安装扩展卡→格式化扩展卡（此时手机中是最纯净的基本系统）→安装需要的程序→恢复通讯录→完成。

（2）不同机型的格式化操作

① 诺基亚 610 智能手机的硬格方法：在关机的同时按住相机键+开机键+音量减键，手机振动后松开开机键，直到出现"NOKIA"字样再松开相机键、音量减键即可。

② 诺基亚 620 智能手机格机解锁的方法：重置手机，恢复出厂设定，资料会消失（由于解锁资料无法保存）。接着按下电源键，感觉到振动后马上按住音量减键，此时会出现惊叹号"！"，接着依照顺序按音量加键+音量减键、电源键+音量减键，之后不要动任何键。完成后手机自动进入设定状态，按提示操作，即可完成解锁。

（3）诺基亚智能手机常用指令

① *#06#：查看 IMEI 码，就是手机串号，几乎所有手机都适用。IMEI 就是"国际移动装备辨识码"，IMEI=TAC+FAC+SNR+SP。其中，TAC 是批准型号码，共六位；FAC 是最后组装地代码，共两位，但由于现在已经有 JS，能改串号了，所以 NOKIA 将所有的第七、第八位都改成 00，就是说已经看不出最后的组装地；SNR 是序号，共六位；SP 是备用码，就一位。

② *#0000#：查看手机版本信息。一共会出现三行信息，第一行是手机软件当前版本，第二行是此版本软件发行日期，第三行是手机型号代码。

③ *#7370#：恢复出厂设置（软格机）。该命令一般在手机处于错误或系统垃圾过多的情况下使用。格机前可以通过第三方软件备份需要的资料，格机时一定要保持电量充足，不要带充电器格机。格机时只显示"NOKIA"字样还有亮屏幕，格式化未完成前千万不要强迫关机和拔电池，以免造成严重后果。格机完成后重新输入时间，再恢复资料即可。

④ *#7780#：恢复出厂设置，等同于选择功能表→工具→设置→手机设置→常规→原厂设定。注意此命令仅是恢复设置，不同于格机，恢复后名片夹、图片、文档等依然存在，只是设置还原了。有些手机因设置错误而不知如何改回时就可以使用该命令。

⑤ *#92702689#：显示的总通话时间。

⑥ *#7370925538#：电子钱包初始化密码指令。使用此命令，可以将电子钱包密码初始化，即重新输入密码。不过要注意的是，此命令一旦使用，电子钱包里所有的数据将全部丢失。

以上指令有的是需要输入锁码的，也就是手机密码，不过不要和 SIM 卡密码弄混，手机锁码的设置方法为选择功能表→工具→设置→安全性设置→手机和 SIM 卡→输入锁码。初始锁码为"12345"（默认值都是 12345，更改过的以新锁码为准）。

（4）WP8 手机无法连接 WiFi 的解决方法

Android 等系统的手机可以正常使用，但 WP8 手机连接不上 WiFi，出现此类问题有两种情况，一是无线路由器设置不正常；二是手机没有设置好。如果更换地点也不能连接，就说明是手机 WiFi 的设置问题，也有可能是硬件损坏。实际上也可能是路由器密码设置问题，当 WP8 手机输入设置的密码后提示错误，于是在手机的路由无线密码设置中选择为安全模式 WPA-PSK 或 WPA2-PSK，WPA 加密规则设置为 AES，如图 10.2.7 所示，密钥设置为 12345678，此时，手机可以搜索到 WiFi，密码可以正常输入，但连接时获取不了 IP。再将无线路由器信道的 AUTO 更改为 1～12 之间的数值，或设置网络模式为 11b/g/n/混合模式，再选中"开启无线功能"和"允许SSID广播"，如图 10.2.8 所示，手机就可以稳定连接 WiFi 了。

图 10.2.7 WP8 手机的无线密码设置

（5）诺基亚智能手机维修实例

实例一：诺基亚 N85 手机打电话就关机。

故障现象及维修：刚开始手机是偶尔打电话出现关机的情况，其他功能都没有问题；后来只要一拨号就自动关机；如果有电话打进来，不接没有问题，只要一接就关机。手机出现接电话就关机故障，一般都会考虑到手机电池、功放、电源 IC 或电池直接供电的供电管性能不良或虚焊损坏，或者重新使用指令进行软格或硬格。更换电池，故障未能修复；使用*#7370# 软格指令，进行出厂设置恢复，重启后故障依旧。于是更换功率放大器，再加电试机，故障依旧。无奈拆下扬声器，开机后接打电话，没有自动关机，于是更换扬声器后加电开机试机，一切正常，故障排除。

图 10.2.8 设置网络模式和 SSID

提示：为什么扬声器会引起接电话自动关机故障？从电路理论来分析，自动关机故障基本是不可能考虑到扬声器的，但由于扬声器信号来自于电源 IC N2200 的 C2、D3 脚，而电源 IC 内部集成了扬声器音频处理信号电路，音频处理又是由送到电源 IC 的电池电压来供电的，所以接电话时，扬声器与电源 IC 内部构成的音频回路工作，如果扬声器短路损坏，会导致电源 IC 内部音频放大供电短路，使得电池电压拉低而导致手机接电话自动关机故障。可见，电子产品的问题千奇百怪，总结经验对维修工作是非常重要的。

实例二： 诺基亚 C7 智能手机进水不开机，开机电流为 20mA。

故障现象及维修： 由于是进水手机，于是清洗主板，吹干后加电试机，结果还是 20mA 电流不开机，说明 CPU 没有工作或电源 IC 工作不正常。诺基亚 C7 手机的 CPU 是 D1400，电源 IC 是 N2200，多媒体 CPU 是 D2800。按照以往的维修思路，首先检测电源 IC 输出的 VIO、VR1、Vdigimic、VOUT、VAUX2、VAUX1、VANA、VCORE 等供电，正常；测量主时钟 B1400 上的信号及 B2200 上的实时时钟信号也正常，说明故障在 CPU。问题似乎不能解决了。前面介绍过，手机供电除了电源 IC 输出的组电压外，还要考虑其他供电管或副电源 IC、电池直接供电的元器件。于是通过图 10.2.9 所示的电路图分析得知，有一个玻璃形状小 IC 编号为 N2000，扬声器音频放大器，它的 A2 脚 AVDD 由电池电压直接供电，D1、D2 脚分别是控制耳机立体声的总线切换 I2C2SCL、I2C2SDA 信号，该切换信号又来自于多媒体 CPU，所以该信号不正常或 N2000 损坏都会导致手机无法开机，开机电流只有 20mA。更换 N2000 后试机，故障排除。

提示： 诺基亚 C7 手机进水或摔坏不开机常见为 N2000 损坏。

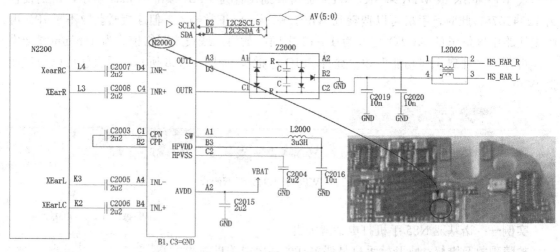

图 10.2.9 诺基亚 C7 耳机扬声器立体声放大器

实例三： 诺基亚 5800 手机触摸不灵。

经验维修： 手机触摸不灵故障常见为触摸屏没有校正好、触摸屏本身损坏、触摸屏接口排线断线。维修时通常都是先进入手机设置，进行触摸屏校正即可。如果校正无法进行，说明触摸屏本身损坏或触摸屏接口排线断线。如果经以上方法都未能修复故障，可以采用经验法维修，即在触摸屏反面贴上保护膜后取下，粘掉屏上的静电，在触摸屏反面再贴一层膜即可修复故障。

实例四： 诺基亚 5800 手机显示未能充电。

经验维修： 手机显示未能充电故障常见为电池本身损坏、充电器损坏、充电电路中的保护器损坏、充电保护电阻损坏或电池接口检测电路元器件损坏导致。维修时首先换用原装充电器试充电，如果不能充电，再更换电池试机。如果还是不能充电，需要拆机检测充电保护器、充电保护电阻及电池接口外围元器件。按经验维修方法，诺基亚 5800 手机显示未能充电通常是电池接口温度检测电阻变质导致，将其更换为 8~10kΩ 固定值电阻即可修复此故障，如图 10.2.10 所示。

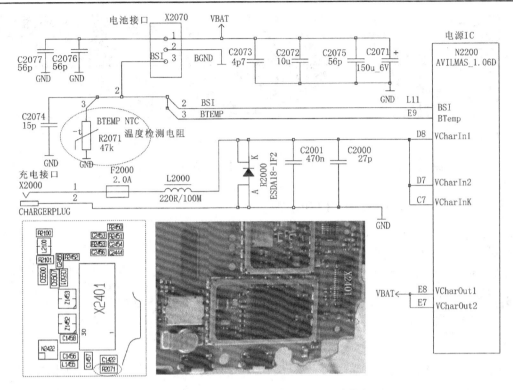

图 10.2.10 诺基亚 5800 未能充电故障修复

10.2.2 三星智能手机故障分析及维修实例

本节介绍三星 I9300 手机的拆机技巧及其他智能手机的故障分析与维修实例。

1. 三星 I9300 手机的拆机技巧

三星盖世系列 I9300（Galaxy S III）智能手机与其他平板智能手机拆机方法基本相同，这里以市场维修量最大、最流行的 I9300 为例，讲解其拆机技巧。

① 拆机前需准备一把螺丝刀和一把镊子，如图 10.2.11 所示。

② 打开后壳，可看到固定背壳的九颗螺钉，依次卸下，如图 10.2.12 所示。

③ 轻轻把背壳拆开，可以看到手机的主板，如图 10.2.13 所示。主板面积比较大，零部件平铺比较散，主要是为了避免给手机增加不必要的厚度。然后由上至下依次拆卸其他部件，首先卸下卡座，如图 10.2.14 所示。

④ 拔开主板上的排线，如图 10.2.15 所示。这些接口都比较脆弱，需要非常小心，否则容易损坏排线。拆机时环境要干净，避免异物掉入排线口。

图 10.2.11 拆机前的准备

图 10.2.12 拆卸螺钉

图 10.2.13 打开背壳后的主板

图 10.2.14　卸下卡座　　　　　　　图 10.2.15　拆卸主板上的排线

⑤ 拆卸主板另一边的排线，依次拔开，如图 10.2.16 所示；再用镊子将手机天线拔开，如图 10.2.17 所示。

⑥ 轻轻拆卸主板，如图 10.2.18 所示。

图 10.2.16　拆卸主板另一边的排线　　图 10.2.17　小心拔开手机天线　　图 10.2.18　拆卸后的主板

⑦ 分解底壳中的其他部件。图 10.2.19 所示是 800 万像素摄像头；主板上的其他接口及屏蔽罩如图 10.2.20 所示。拆掉屏蔽罩后可看到主板上的全部芯片，大部分是三星公司自行研发生产的，如图 10.2.21 所示。

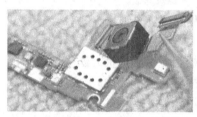  

图 10.2.19　800 万像素摄像头　　图 10.2.20　主板上的其他接口及屏蔽罩　　图 10.2.21　主板上的全部芯片

⑧ 主板背面还有欧胜微 WM1811 音频处理芯片、Skyworks SKY77604 多模/多频带功率放大器模块、Silicon Image9244 低功率 MHL 发射器、Infineon（英飞凌）PMB5712 射频收发器，如图 10.2.22 所示。全部拆卸完毕后的主板、部件及外壳如图 10.2.23 所示。盖世三采用了和 4S 相同的振子，背壳部分采用工程塑料，韧性、质感非常不错。工程塑料的可塑性强，可根据零部件的布局任意更改形状，这便是盖世三设计的特殊性。

图 10.2.22　主板背面的芯片　　　　图 10.2.23　全部拆卸后的主板、部件及外壳

2. 三星 N7100 智能手机 Root 权限的获取方法

获取智能手机 Root 权限就需要解锁，之后可以安装第三方提供的任意应用程序。这里的锁与手机键盘锁或功能锁是不同的，是指手机的安全锁，即 Secure Lock，它是硬件设计商用来保护自己固件不被刷写而设计的。如果这个安全锁是打开的，那么手机内闪存芯片的刷写保护就关闭了，无法刷写第三方提供的软件；如果这个安全锁是关闭的，就可以随便刷写 ROM。这就是智能手机的某些软件需要获取高权限才能运行的原因，如果需要用到这类软件就必须解锁后刷写（Root）手机，如删除手机自带但不需要的软件、修改喜欢的字体、定制个性 ROM 等。

① 首先在计算机上下载三星最新汉化版 Odin 刷机工具，再操作手机进入设置→应用程序→开发→USB 调试，然后连接计算机，手机会自动匹配安装驱动程序。安装完并正确识别手机之后，将手机关机。

② 同时按下音量减键+Home 键+开机键，大概 5s 之后进入如图 10.2.24 所示的告示界面；再按一下音量加键，会进入下载时不要关闭手机的绿色机器人提示界面，如图 10.2.25 所示。

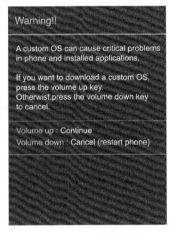 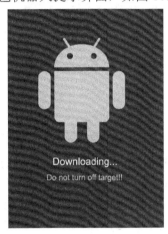

图 10.2.24　告示界面　　　　图 10.2.25　下载时不要关闭手机的提示界面

③ 在计算机上打开下载的 Odin 刷机工具，这个刷机工具是.exe 文件，直接双击即可运行。软件会自动识别手机，识别成功后会在"ID：COM"处显示黄色，然后选择对应的 PDA、PHONE、CSC 等刷机包文件，勾选 PDA，放入刷机文件，如图 10.2.26 所示。

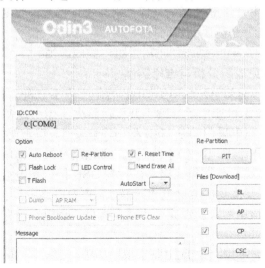

图 10.2.26　手机识别成功后的 ID 显示

提示：有些 ROM 包解压缩后，如果上面几项都有，都要选上，如果没有就选 PDA，不同 ROM 有所不同，但 PDA 这一项都是必选的，然后单击"Start"按钮开始刷机，如图 10.2.27 所示。显示绿色的"PASS!"就表示刷机成功，如图 10.2.28 所示；出现红色的"FAIL"就表示刷机失败，需要重新再刷或换个 ROM 再刷。之后手机自动重启，第一次开机可能会很慢，到此刷机完毕。

图 10.2.27　单击"Start"按钮开始刷机　　　　图 10.2.28　刷机成功的提示

3. 三星 N7100 智能手机解网络锁及格式化技巧

首先将手机关机，同时按住音量加键+Home 键+电源键，3s 左右手机进入 Recovery（恢复）模式（部分版本为出现两次开机界面后松手，另一部分版本为保持按住直到进入），此时按音量加减键+方向键，移动光标，选择"wipe data/factory reset"后按电源键确定，手机会自动返回刚才的界面，选择"wipe cache partition"后按电源键确定，选择第一项"reboot system now"后，再次按电源键确定，手机开机，格式化完成。

4. 三星 S5830 智能手机解网络锁及格式化技巧

首先按开机键+OK 键，进入安卓系统操作平台，进入 OpenRecovery，按键要一直按住。进入 OpenRecovery 后，用音量键选择第三行"wipe data/factory reset"，进入第二层菜单，然后选择"yes"，这里系统为避免误操作而设置了许多"no"，仅有一个"yes"是确定。用导航键选取"yes"，便执行了 wipe 操作，重启手机，完成解锁。

5. 三星智能手机常见故障分析与维修实例

实例一：三星 I9100（GALAXY SII 16GB）智能手机不开机。

经验维修：用户反映手机充电后导致不开机。首先考虑电池是否损坏，再考虑电源 IC 是否损坏，不过智能手机充电采用的是 USB 接口，维修时，更重要的是考虑 USB 接口电路。将手机电池取下，用稳压电源加电，仍不能开机，并出现一加上稳压电源就出现短路报警声，说明一定有元器件击穿短路。仔细查找电路，找到 USB 接口充电电路，如图 10.2.29 所示。由于加电就短路，因此需要检测电池供电的元器件，查看电路中只有一个滤波电容 C565（图中用虚线框标示），测量该电容，发现完全短路，拆掉后加电，没有报警声，手机正常开机，故障排除。

提示：三星 I9100 有不同版本，此电路主板结构中，C565 分布略有不同，可根据分布情况具体判断。

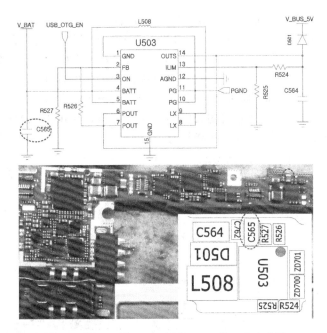

图 10.2.29　三星 I9100 手机 USB 接口充电电路

实例二：三星 I9100（GALAXY SIII）智能手机黑屏，无背光灯。

经验维修：普通手机无背光灯故障，常见的是背光灯升压电路中升压 IC、升压电感、供电限流电阻或升压电容损坏导致。智能手机同样有升压电路，如图 10.2.30 所示。其中，U718 是升压 IC，L703、L704 是储能电感，都是背光灯电路中易坏的关键器件，通常采用更换的方法来排除。本例就是升压 IC 损坏导致无背光灯故障，更换后试机，背光灯正常点亮，故障排除。

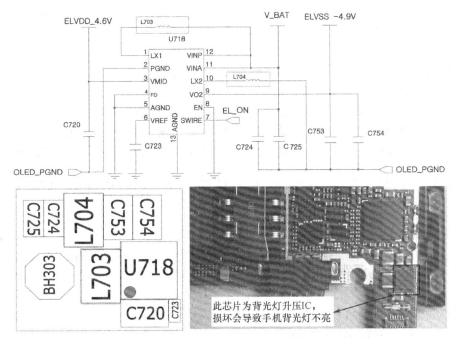

图 10.2.30　三星 I9100 手机背光灯升压电路

实例三：三星 I9300（GALAXY SIII）智能手机不开机。

经验维修：加电按开机键，开机电流为 300mA，松手即归零，说明有内部某元器件漏电。拆机后，同样加电，按开机键 2min，发现 USB 串口芯片 U506 发热。仔细查看，发现 USB 串口芯片附近有发霉迹象，清洗干净后，加电试机，故障仍然存在。再仔细查看串口芯片外围，发现有一个电容发黑，对应原理图编号为 C595，如图 10.2.31 所示，它是电源 IC 为 USB 串口芯片提供 VCC_1.8V_AP 供电的滤波电容，为低电压直流供电滤波电容，可拆除处理。拆除后，加电按开机键，手机开机，故障排除。

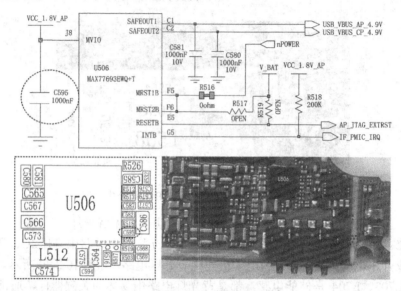

图 10.2.31　导致不开机的发黑滤波电容

实例四：三星 S5830I（Galaxy Ace）智能手机开机低电量关机。

经验维修：三星 S5830I（Galaxy Ace）智能手机进水，开机显示低电量自动关机。关机后充电显示为一个黄色电池符号，不能充电，插上充电器可以正常开机使用，也显示正在充电，拔掉充电器就又显示电池空，再次自动关机。也可以用数据线正常刷机，刷机后开机现象一样，把尾插去掉开机仍为低电量关机。根据智能手机充电电路原理，充电电路是 USB 充电接口到电池的电路。智能手机充电是采用 USB 数据线完成的，既然插上充电器有充电反应，说明充电 USB 接口与电源 IC 等控制电路是正常的，只是没有充上电，故障应该在电源 IC 到电池的充电电路。更换电池后故障依旧，仔细检查电池接口，发现电池接口引脚有发霉迹象，重新加上焊锡加焊，充电 20min 后开机，电池已充了一点电，再继续充电有反应，说明故障排除。

10.2.3　HTC（中国台湾宏达）智能手机故障分析及维修实例

由于生产厂家保密性很强，目前 HTC 各系列型号手机都无法找到原机电路原理图，维修时只有通过维修经验判断，对主板上的元器件进行大致的分析。对于确实不能维修的手机或无法查到相关资料，只能退还用户告诉其无法修复的理由。下面的维修分析方法与维修实例借鉴了多个手机维修论坛，均为一线维修网友对提问进行的解答，并参考了其他资深维修师傅的发帖文件，以便与读者分享，若有冒犯，敬请理解！

1. HTC 智能手机格机及解锁技巧

（1）HTC G10 硬格解图形锁技巧

① 首先关闭手机，卸下电池重装，同时按下音量减键+开机键，进入 HBOOT，手机自

检。稍等一会儿，按下音量减键，选择 Recovery 按开机键确认，手机自动重启，出现 HTC 红色三角感叹号。

② 同时按住音量加键+开机键，出现一个菜单，用音量减键选择"WIPE DATE/FACTORAY YESET"按开机键确认，再选择"YES"进度条，稍等后解锁完成。

（2）HTC G20 智能手机手动格机技巧

① 首先关闭手机，卸下电池重装，按住电源键，几秒钟后手机会显示进入飞行模式，再关机重启，待屏幕及按键板上四个小键黑暗后，迅速按住音量减键，就会进入 HBOOT 界面，再用音量减键选择"Recovery"，按电源键确定，出现三角形后，按音量加键+开机键进入 Recovery 模式，依次选择 Wipe 确认清除 Reboot。

② 重启手机，格机解锁完成。

（3）HTC S710E 智能手机格机解锁技巧

①首先关闭手机，卸下电池重装，同时按住开机键+音量减键启动手机，按音量减键选择"Recovery"，再按开机键，显示红色三角界面，同时按音量加键+开机键进入 Recovery 模式，按音量减键选择"Wipe Date…"，再按开机键，用音量减键选择"Yes"，再按开机键，过一会儿复位完成。

② 直接选择"reboot system now"，按开机键进入后，手机自动重启，解锁完成。

2. HTC 智能手机格机指令

在手机的拨号按键面板输入表 10.2.1 中的指令，即可调出相应的功能进行测试。

表 10.2.1 HTC 智能手机格机指令

指 令	功 能 测 试	指 令	功 能 测 试
##4636#*#*	显示手机信息、电池信息、电池记录、使用统计数据、WiFi 信息	*#*#7780#*#*	重设为出厂设定，不会删除预设程序及 SD 卡中的档案
*2767*3855#	重设为原厂设定，会删除 SD 卡中的所有档案	*#*#34971539#*#*	显示相机版本
##7594#*#*6	长按关机按钮时，会出现一个切换手机模式的窗口，包括静音模式、飞航模式及关机。可以用此指令直接变成关机按钮	*#*#44336#*#*	PDA、Phone、csc、buildTime、anzhi.name、changelistnumber 各项硬件测试
##197328640#*#*	启动服务模式，可以测试手机部分设置，更改设定 WLAN、GPS 及蓝牙测试的代码	*#*#273283*255*663282*#*#*	开启一个备份多媒体文件如照片、声音及影片等的空间
##232339#*#*或 *#*#526#*#*或 *#*#528#*#*	WLAN 测试	*#*#8255#*#*	启动 GTalk 服务器，显示手机软件版本的代码
##232338#*#*	显示 WiFiMAC 地址	*#*#1472365#*#*	GPS 测试
##1575#*#*	其他 GPS 测试	*#*#232331#*#*	蓝牙测试
##232337#*#	显示蓝牙装置地址	*#*#2222#*#*	查看 FTAHW 版本
##4986*2650468#*#*	PDA、Phone、H/W、RFCallDate	*#*#1234#*#*	PDA 及 Phone 测试
##0842#*#*	装置测试，如振动、亮度	*#*#1111#*#*	查看 FTASW 版本
##0588#*#*	接近感应器测试	*#*#3264#*#*	查看内存版本
##0283#*#*	PacketLoopback 测试	*#*#0*#*#*	LCD 测试
##0673#*#*或 *#*#0289#*#*	Melody 测试		
##2663#*#*	查看触摸屏版本	*#*#2664#*#*	触摸屏测试

3. HTC智能手机故障维修技巧

HTC智能手机出现的故障基本都与软件及刷机有关,这里主要介绍与硬件方面相关的故障及维修实例。

（1）HTC智能机故障维修实例

实例一：HTC G11（S710E惊艳）智能手机开机就进入工程模式。

故障现象及维修：手机开机就进入工程模式,一般是程序的问题,通常恢复出厂设置即可。不过对HTC S710E来说,就不是恢复出厂问题,而是字库本身虚焊或损坏导致,加焊或更换即可排除故障。

提示：HTC S710E智能手机俗称G11,S710E是手机型号,而G11是市场销售时俗称的编号。S710E可以使用移动2G和联通3G卡,若是S710D还可以使用移动2G、联通3G和电信3G卡。

实例二：HTC G11（S710E惊艳）智能手机开机后无背光灯。

故障现象及维修：HTC G11（S710E）是一款GSM、WCDMA的双网络模式单卡智能手机,采用高通骁龙Snapdrago CPU。此机开机后,可以接打电话,就是黑屏,仔细看显示正常,就是显示屏无背光灯,但按键灯又正常。用户反映没有进水,也没有摔过。由于没有相关资料可查,只有沿背光灯电路反向查找,结合其他智能手机背光灯电路思路,一般都有一个升压电路,通常由升压IC、大型升压电感、升压电容等组成,由此寻找到G11的背光灯电路,如图10.2.32所示,将电路中的元器件进行加焊后,加电试机,背光灯亮,故障排除。

实例三：HTC G11（S710E惊艳）智能手机触摸屏失灵。

故障现象及维修：通常触摸屏失灵都需检查触摸屏接口是否接触良好,触摸屏排线是否断线损坏,触摸屏本身损坏导致。因此,先清洗触摸屏接口座与排线接头,仍然失灵,用透明胶布加厚触摸屏排线接口反面,若还是失灵,再用镊子尾部轻轻将触摸屏接口座压紧,最好更换触摸接口座,即可排除故障。

实例四：HTC G11（S710E惊艳）智能手机扬声器无声。

故障现象及维修：HTC G11（S710E惊艳）智能手机扬声器无声,通常需更换扬声器试机,若还是扬声器无声,通常是扬声器触点间短路,此时可以拆掉图10.2.33中所示的电阻,测两脚间不短路,再测图中画圈一脚的对地电阻为无穷大,将此脚接地即可修复故障,不过声音会比原来稍小,也是正常的现象。

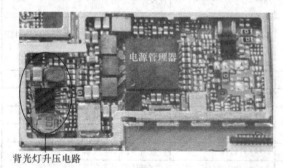

图10.2.32　G11智能手机背光灯电路

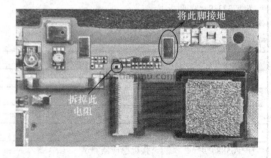

图10.2.33　G11手机扬声器无声故障修复（一）

提示：G11手机扬声器无声故障除了以上处理方法外,还可以按图10.2.34所示的方法修复。

实例五：HTC G11（S710E 惊艳）智能手机出现耳机模式。

故障现象及维修：耳机模式是指手机在正常使用中，不插耳机时，显示屏有耳机符号显示的现象。不插入耳机时，耳机检测脚为高电平 2V，插入耳机该检测脚对地短路。而 G11 出现耳机模式的原因正是耳机检测脚对地出现短路导致，将图 10.2.35 中所示的耳机检测电阻拆除即可。

 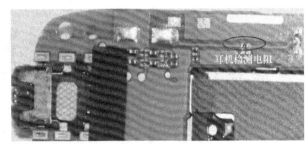

图 10.2.34　G11 手机扬声器无声故障修复（二）　　图 10.2.35　G11 手机耳机检测电阻

实例六：HTC G3（Hero）智能手机不开机。

故障现象及维修：此机加电开机后开机电流在 10mA 定住。由电流法判断，通常是主时钟不正常或电源 IC 不正常导致。于是拆机，找到主时钟，测量主时钟供电为 0.6V，不正常，正常应有 2.85V。检查此供电通路，发现 RAR27 损坏，直接短路，再测量主时钟信号正常。此手机主时钟信号产生后分三路，分别送给 CPU、中频和 USB 芯片，所以该主时钟不工作，会引起手机不开机、无信号和 USB 不能正常使用等故障。

实例七：HTC T328W（新渴望 V）智能手机进水，擦干后自动开机，反复重启。

故障现象及维修：HTC T328W 是一款具有 GSM 与 WCDMA 网络的双卡双模智能手机，CPU 采用高通骁龙单核 Snapdrago 芯片。由于是进水机，将手机拆卸后清洗再吹干，加电还是自动开机，反复重启。根据以往的维修经验，通常都是开机键本身短路或与开机键相连的接地保护电阻短路导致。首先测量开机键，发现开机键的中间点和后面的金属片相连，即中间点与外圈的触点相连了，将其分开即可排除故障。

实例八：HTC T328W（新渴望 V）智能手机打电话、接电话均关机。

故障现象及维修：手机打接电话都关机，通常是电池没电或电池性能不好，或功放 IC 损坏、电源 IC 损坏、软件问题、电池供电的元器件有漏电导致。按照"先软件、后硬件"的维修思路，刷了软件，故障依旧，连刷三遍，故障仍未能排除。想到拆机时，感觉电池触片与电池接触空隙有点大，于是将电池触屏用镊子挑高一些，再装电池，开机再试机，打电话、接电话都不关机了，说明故障是电池与电池触片接触不良导致的。此故障维修说明，任何故障的维修，始终离不开基本原理和相应的连接电路，维修思路仍是不变的，千万不能将故障人为扩大。

实例九：HTC G20 智能手机背光灯暗，或不停闪且不能调节。

故障现象及维修：只要手机出现背光灯不亮故障，都要考虑背光灯升压电路。在手机主板上背光灯升压电路一般都由一个或两个大型电感线圈、一个大体积电容和一个小 IC 构成，如图 10.2.36 所示。先考虑更换大电感，更换后试机，开机后背光灯点亮，也不出现闪烁，同时也能调节背光灯亮度，故障排除。

实例十：HTC G17（EVO 3D）智能手机 USB 接口不充电。

故障现象及维修：G17 智能手机 USB 接口不充电，也不能连接计算机，手机黑屏，但可以接电话，触摸屏也可以操作。既然故障只出现在 USB 接口不充电及不能连接计算机，通常考虑 USB 接口不良、USB 数据线断线或充电电路故障等。首先更换数据线试机，故障依旧。再检查 USB 接口，没有明显的接触不良或虚焊，但更换一个 USB 接口座，再插上数据线，有充电显示了，说明故障就是 USB 接口内部断线。这种情况只有更换才能排除故障，但吹焊该接口座时，一定要用旋转风热风枪均匀加热才能拆卸安装，否则会损坏主板。

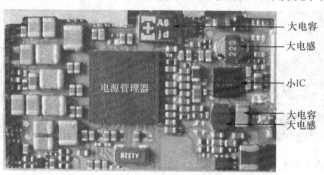

图 10.2.36　G20 智能手机背光灯升压电路

实例十一：HTC G11 智能手机热机开机或唤醒时背光灯暗、无显示。

故障现象及维修：此机故障现象是冷机开机一切正常，将手机从各方位使劲拍在手上或拍屏幕等也没问题，按电源键关屏、开屏都正常，玩游戏或拨打电话，只要不关屏幕就一切正常；但是玩游戏后，关掉屏幕再开或冷机开机后，在口袋里装一会儿，再开机或唤醒时又出现背光灯暗、屏幕无显示；触摸底下四个触摸键明显发烫，关掉屏幕则不发烫；手机没有死机，触摸也有反应，电话也可打进来，手机不关机，在桌子上放 2min 左右，再按电源键屏幕显示正常。刷机未能排除故障，更换屏幕后，故障排除。

实例十二：HTC G12 智能手机打电话黑屏、感光失灵。

故障现象及维修：对智能手机来说，打电话黑屏和感光失灵基本都是感应光传感器损坏或距离感应器损坏导致的。由于没有真正的电路原理图，只有通过最原始的方法，即更换排线、刷机及更换字库。更换排线不能修复时，再更换字库试机，不出现黑屏了，靠近耳朵时背光灯自动熄灭，拿开后又恢复正常，说明故障排除。

实例十三：HTC G12 智能手机不开机。

故障现象及维修：用户反映是正常使用情况下的不开机，也不能充电。考虑是电池损坏，于是用稳压电源加电，发现完全短路，仔细查看手机没进水，也没有摔过。由于是加电短路，基本就是电池供电的电路有短路导致的，通常是功放、电源 IC 或供电管等。由于没有相关电路原理资料，只有通过经验判断功放位置和电源 IC 位置。在主板上找到一个大电容的地方基本就是功放 IC 了，因为该电容是功放供电的滤波电容，另外在一个 IC 外围有很多体积较大的电容，这个 IC 就是电源 IC 了。于是在主板上找到功放，先拆卸功放，加电试机，没有短路，说明就是功放本身的短路导致手机不开机，如图 10.2.37 所示。这就是前面介绍的加电大电流不开机故障。更换功放后加电按开机键，手机正常开机，故障排除。

图 10.2.37　G12 手机功放短路导致手机不开机

实例十四：HTC G12 智能手机出现"无扬声器、无铃声、无送话"三无故障。

故障现象及维修："无扬声器、无铃声、无送话"三无故障通常都是音频处理芯片或音频放大器损坏导致的。若音频集成在电源 IC 中，电源 IC 局部损坏也会导致三无故障。维修时应重点考虑这三个芯片，一般先加焊或更换音频放大器，由于没有电路图的原因，只有通过经验来判断。通常音频放大器都是小型四方外引脚芯片，同时根据外围电路查找，一直连接到扬声器或触点，如图 10.2.38 所示。更换后试机，拨打电话送话正常，扬声器声音也正常，来电也有铃声，故障排除。

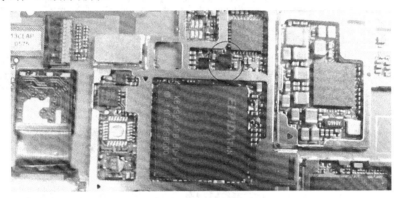

图 10.2.38　G12 手机音频放大器位置

（2）HTC 智能手机部分故障快速维修经验

① HTC T328d 黑屏，有时屏闪，有时正常。

维修经验：取出电池，在电池仓对应屏幕左下角位置，可看到一个小长方形痕迹，用手按周围，有些地方略空，这是手机屏幕连接主板的连接器。HTC 的设计方式只在连接器上贴了层标签，将此连接器连接装好即可修复黑屏故障。

② HTC 充不满电。

维修经验：对某些 HTC 机型，充电时关闭动画，使其黑屏充电即可解决该问题。但有的手机是没有获取权限导致的，需要保证已经成功获取 Root 权限，然后使用 Root 管理器进入 system/bin/，将 zchgd 文件重命名或直接删除，再重启手机，即可排除故障。

③ HTC T328 智能手机不开机。

维修经验：正、负极反接一下，再正常加电即可修复。

④ HTC G11 智能手机充电慢、假充电，USB 无法识别。

维修经验：更换尾插即可解决。

⑤ HTC T528W 智能手机无送话。

维修经验：HTC T528W 智能手机无送话通常是由于话筒本身损坏，更换即可。但由于该话筒是四个引脚的，有时没有同型号的话筒，可以用两个脚的话筒代换。图 10.2.39 所示为原理与实物连接图。图中原四脚话筒的引脚分别是接地、正极、供电、负极，改成两脚话筒时，正极既是供电脚，又是信号输出脚，所以只需将四脚话筒的供电脚串接一个 5kΩ 电阻连接到两脚话筒的正极，作为供电，再将四脚话筒的接地端连接到负极，同时连接到两脚话筒的负极，即可完成四脚话筒改成两脚话筒。

⑥ HTC G21 智能手机按开机键不能开机。

维修经验：G21 智能手机按开机键不能开机，通常为开机键损坏，可更换或飞线连接，如图 10.2.40 所示。

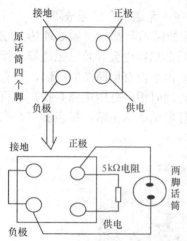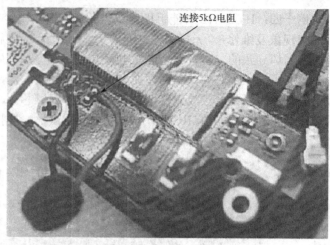

图 10.2.39　G11 手机四脚话筒改两脚话筒的连接

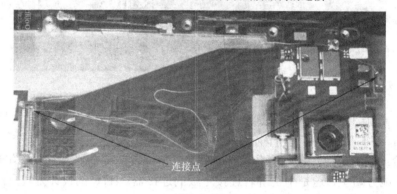

图 10.2.40　G21 手机开机键飞线连接图

⑦ HTC G17 智能手机进水无背光灯。

维修经验：G17 智能手机进水无背光灯除了检查背光灯升压电路外，也可以按如图 10.2.41 所示的方式飞线连接排除故障。

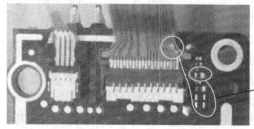

图 10.2.41　G17 手机进水无背光灯飞线图

⑧ HTC T528W 智能手机不能读取内存卡。

维修经验：T528W 智能手机不能读取内存卡时，可以更换卡槽接口，也可以采用如图 10.2.42 所示的方法飞线连接。

⑨ HTC G8 智能手机触摸屏失灵。

维修经验：用户反映是正常使用出现的故障。首先更换触摸屏，故障依旧，再刷机、更换触摸屏芯片，也是如此。于是取下摄像头装好，顺便清洗一下摄像头座，加电试机，触摸屏竟然正常了。这是因为有时是触动 8975 指南针管（位于显示座旁）后修复的。可见，摄像头座也会导致手机触摸屏失灵。

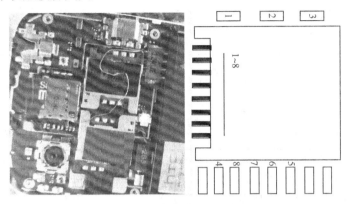

图 10.2.42　T528W 手机不读内存卡飞线图

⑩ HTC G10 智能手机，开机振动三下，按音量减键+开机键，振动五下，但不开机。

维修经验：拆开音量加键，清洗后即可修复。

⑪ HTC myTouch 4G 智能手机发热，电池不耐用。

维修经验：4G 智能手机发热，电池不耐用故障是功放漏电短路导致的，更换即可排除故障，如图 10.2.43 所示。

图 10.2.43　4G 手机功放位置

10.2.4　国产智能手机故障分析及维修实例

本节主要以小米智能手机和小辣椒智能手机为例，介绍国产智能手机故障分析与维修实例。小米手机已有小米 MiOne（M1）、小米 M1（电信版）、小米 M1（青春版）、小米 M1S、小米 M2、小米 2A、小米 2S（电信版）、小米 2S 八款产品投放市场，采用 GSM/CDMA1X/CDMA2000/CDMA1X EV.DO 等网络制式，适用 2G（GSM 850/900/1800/1900MHz）和 3G（CDMA EVDO 800/1900MHz）网络传输功能。其中，小米 2S 采用 4.3in 大屏幕、多点电容触控屏、安卓 4.1 操作系统、高通骁龙 APQ8064T 处理器，具有 2GB 系统内存，内置 16GB 存储器。小米手机在国产智能手机中具有配置高、价格实惠等特点，深受人们喜爱。小辣椒手机的 CPU 采用高通二代 S4 系列 MSM8225 芯片，频率为 800MHz；操作系统为 Android OS v2.3；机身存储器为 512MB ROM+512MB RAM；实现了低端智能手机配置，赢得了不少用户的青睐。

1. 小米智能手机故障分析及维修实例

（1）小米手机指令大全

小米手机维修最基本的是要掌握其常用的操作指令。智能手机更多的是操作错误导致功能不正常，不正常的软件升级安装也会导致手机出现各种各样的故障，但大多用指令即可修复，具体操作指令见表10.2.2。

表 10.2.2 小米手机常用操作指令

指 令	功 能	指 令	功 能
##4636#*#*	显示手机信息、电池信息、电池记录、使用统计数据、WiFi 信息	*#*#7780#*#*	恢复出厂设定，不会删除预设程序及 SD 卡中的档案
*2767*3855#	恢复出厂设定，会删除 SD 卡中的所有档案	*#*#34971539#*#*	显示相机软件版本，或更新相机软件
##7594#*#*6	长按关机按钮时，会出现一个切换手机模式的窗口，包括静音模式、飞航模式及关机，可以用此指令直接改为关机按钮	*#*#44336#*#*	PDA、Phone、anzhi.name、changelistnumber、csc、buildTime 各项硬件测试
##273283*255*663282*#*#*	开启一个备份多媒体文件如相片、声音及影片等的空间	*#*#197328640#*#*	启动服务模式，可以测试手机部分设置及更改设定 WLAN、GPS 及蓝牙测试的代码
##232339#*#* 或*#*#526#*#*或 *#*# 528#*#*	WLAN 测试	*#*#0673#*#*或 *#*#0289#*#*	Melody 测试
##1472365#*#*	GPS 测试	*#*#1575#*#*	其他 GPS 测试
##232331#*#*	蓝牙测试	*#*#232337#*#	显示蓝牙装置地址
##8255#*#*	启动 GTalk 服务监视器，显示手机软件版本的代码	*#*#4986*2650468#*#*	PDA、Phone、H/W、RFCallDate 测试
##1234#*#*	PDA 及 Phone 测试	*#*#1111#*#*	查看 FTASW 版本
##2222#*#*	查看 FTAHW 版本	*#*#3264#*#*	查看内存版本
##0283#*#*	PacketLoopback 测试	*#*#0*#*#*	LCD 测试
##2663#*#*	查看触摸屏版本	*#*#0842#*#*	装置测试，如振动、亮度
##0588#*#*	接近感应器测试	*#*#2664#*#*	触摸屏测试
##232338#*#*	显示 WiFiMAC 地址		

（2）小米智能手机格机与解锁

① 小米智能手机格机与网络设置方法

首先将手机关机，同时按住音量加键+开机键 10s 左右松开开机键，进入恢复（Recovery）模式，选择简体中文（用音量加减侧键选择，关机键确定）→清除数据→清除所有数据→返回主菜单→关机→确定，等待完成后再次开机进入系统，格式化完成。此时手机应有移动网络，如果还是没有网络，则按设置→移动网络设置→仅适用 2G 网络，等待 2min 即有信号。

② 小米智能手机手动解锁方法

首先将手机关机，取出电池再装上电池，同时按住音量加键+开机键，此时屏幕有闪烁，一直等到手机出现几行英文，选择第三行（data），单击"确认"按钮，之后选择"YES"，再单击"确认"按钮，等待 10s，取出电池再装上电池，开机后即可完成解锁，第一次开机时间可能会长一些，需耐心等待。

（3）小米智能手机故障维修实例

实例一：小米 M1 智能手机装电池不能开机，只有插上 USB 数据线充电才能开机。

故障现象及维修：手机插上 USB 数据线能开机，说明 USB 充电电路正常。智能手机除了电池供电开机外,还可 USB 接口供电开机,另外就是维修时用稳压电源开机。本机用电池不能开机,但插 USB 数据线能开机后,观察充电显示,手机一直处于充电状态,说明 USB 供电和充电检测电路都是正常的,问题就在电池供电电路上。于是,通过对图 10.2.44 所示原理图的分析,从 USB 充电接口到 USB 充电开关,再到电源 IC 电路都正常,电池加电不开机故障,主要检查电池接口 J600 到 R608 供电限流电阻是否断线,若断线,飞线连接即可。通常是 R608 电阻开路导致手机加电池不开机。R608 在主板上的位置如图 10.2.45 所示。

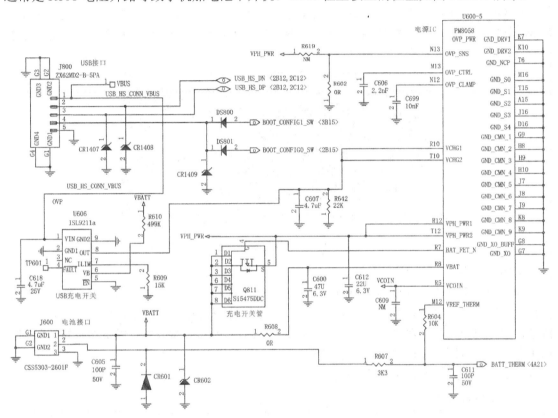

图 10.2.44 小米 M1 智能手机电池供电原理图

图 10.2.45 小米 M1 手机电池供电限流电阻 R608 位置

实例二：小米 M1 智能手机进水导致不开机。

故障现象及维修：从图 10.2.44 所示的电路原理分析，小米 M1 手机不开机，可以考虑两个方面：一是用 USB 数据线加电是否开机；二是用稳压电源加电是否开机。若用 USB 数据线加电开机，说明故障就在电池供电电路，与实例一的维修方法相同；否则就是 USB 供电电路导致的不开机，此时主要检查 USB 接口、USB 充开关和充电开关管 Q811。但该故障机加电就短路，说明故障为电池供电的元器件有短路，应重点检查电池供电和充电开关电路。于是先将 Q811 拆下，加电试机，不短路了，按开机键手机能开机，故障排除。不过，通常小米 M1 智能手机进水除了 Q811 损坏外，电容 C114、C1512 也容易漏电短路，从而导致手机不开机，其位置分布如图 10.2.46 所示。

图 10.2.46 小米 M1 手机进水导致不开机元器件

实例三：小米 M1 智能手机不读内存卡。

故障现象及维修：手机不识别内存卡，首先考虑内存卡是否损坏，其次看内存卡识别电路是否出现故障。具体电路如图 10.2.47 所示，主要检查内存卡卡槽是否变形而接触不良，再检查内存卡数据耦合器，经常出现耦合器虚焊而不能识别内存卡，可以更换或短接处理，见图中实物连接图。短接方法是分别将 8—9 脚、7—10 脚、6—11 脚、3—14 脚、2—16 脚、1—17 脚连接，实际就是每个引脚对应相同的输入、输出脚连接即可。

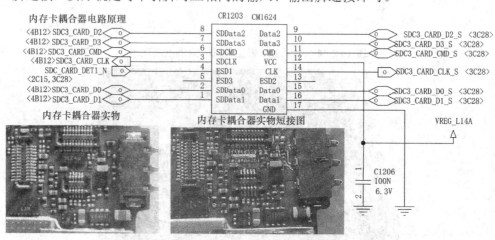

图 10.2.47 小米 M1 手机内存卡电路及实物连接

实例四：小米 1S 智能手机充电，电池满电，但取下充电器后电量才显示 1%。

故障现象及维修：该故障通常是电池本身损坏或充电检测电路不良导致的。如果是电池损坏，更换电池即可。对于小米手机，也可以将电源表正、负极分别与电池正、负极反向连接一下,目的是释放残留电荷,再装上电池充电即可正常使用了。如果是充电检测电路损坏,由于小米 1S 手机的电池充电检测电路主要由 U605 来完成,如图 10.2.48 所示,主板上位置正好在电池触点旁,可将其加焊或更换。

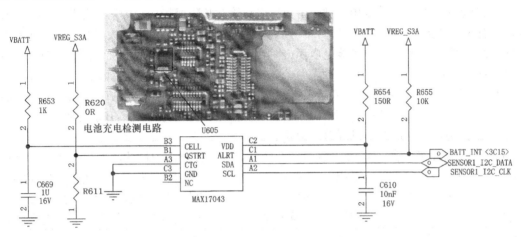

图 10.2.48 小米 1S 手机充电检测电路及主板实物图

实例五:小米 1S 智能手机摔后自动重启、死机或待机关机。

故障现象及维修:手机重启、死机或待机关机故障通常是系统软件、32kHz 时钟不正常导致的,对于小米手机基本都是因为电池座触点设计容易出现虚焊,直接把电池触点加焊或拆下重装,或者更换处理即可解决。小米手机的重启现象有无数次自动重启、插入 SIM 卡自动重启(移除 SIM 卡故障消失)、进入解锁界面自动重启等,只要是重启故障,基本都是电池座触点问题。

实例六:小米 1S 智能手机无背光灯。

故障现象及维修:小米 1S 手机无背光灯主要检查背光灯电路,如图 10.2.49 所示,首先要找到的就是灯控电路,同时灯控 IC 也是易坏器件,更换试机,排除故障。

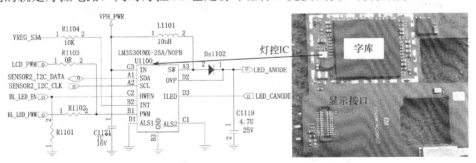

图 10.2.49 小米 1S 手机背光灯电路

实例七:小米 M2 智能手机打电话黑屏。

故障现象及维修:由于小米 M2 手机的距离感应器比较灵敏,部分贴膜会被距离感应器识别,导致打电话黑屏的现象,可用下列三种方法解决:一是如果手机没有贴膜,建议使用小米官方贴膜或其他品牌在距离感应器位置有开孔的贴膜;二是如果手机已经贴膜且出现了贴膜被距离感应器识别的问题,可在拨号界面输入 *#*#6484#*#* 指令,在弹出的硬件检测中选择第十二项"距离感应器测试",单击"开始校准"按钮(注意:在校准过程中不要遮挡距离感应器），若校准通过，则成功解决问题；三是如果重复校准失败，再更换贴膜即可。

实例八：小米 1S 智能手机不开机。

故障现象及维修：不开机故障通常是电源没有供电或时钟、复位、软件、维持几大条件之一不满足导致的，判断方法是电流法。用稳压电源给此故障机加电，按下开机键，电流为 50～80mA，有时上升到 100mA 以上并来回摆动，松手后回零，此电流现象大多数表示电源软件不良，但对于智能手机来说，也可能是电源或时钟不良。于是在电源旁的时钟晶振上测量时钟信号，没有明显的正弦波形，说明时钟晶振有虚焊或内部接触不良。时钟如图 10.2.50 所示。

提示：不少采用 PM8058 电源的手机，时钟问题还有其他类似的故障，如开机慢、启动后屏闪、自动关机等。另外，也常有 PM8058 电源 IC 损坏导致手机不开机故障。

实例九：小米 1S 智能手机屏幕无显示。

故障现象及维修：此手机开机后屏幕无任何显示，按通常的做法，把显示控制管拆掉短接无效，换屏也无效，最后测电压，发现 C646 上的 1.2V 电压变为零，对地电阻也为零，明显有短路。此时考虑电源 IC 短路。一般电容是不会击穿的，但该机正好就是这个 1.2V 的滤波电容击穿短路，导致显示屏因无供电而不显示。将此电容拆除后，测量 1.2V 正常，开机手机显示正常，故障排除。图 10.2.51 所示为此电容 C646 的位置。

 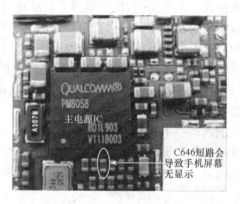

图 10.2.50　小米 1S 手机时钟电路　　　图 10.2.51　小米 1S 手机电容 C646 的位置

2. 小辣椒智能手机故障分析及维修实例

（1）小辣椒 LA-I 智能手机格机解锁

① 小辣椒 LA-I 手机格机解锁方法

首先同时按住开机键+音量加键，进入安卓系统操作平台后进入"system Recovery"，出现以下机器人 Wipe 界面：

> reboot system now（现在重新启动系统）；
> apply update from sdcaed（从 sdcaed 申请更新）；
> wipe data/factory reset（擦除数据/工厂复位）；
> backup user data（备份用户数据）；
> restre user data（restre 用户数据）

用音量加、减键选择"wipe data/factory reset"，再按住音量加键 3s 后松手，进入第二层菜单，单击"yes"按钮；再按住音量加键 3s 松手（提示：这里系统怕执行误操作，故设置了许多"no"按钮,仅有一个"yes"按钮,同样单击"yes"按钮,这样便执行了"wipe"操作。最后选择"reboot system now",按住音量加键3s后松手,手机重启,格机解锁完成。

② 小辣椒 LA-I2 手机解锁

用甜椒刷机助手进入实用工具,单击"Recovery"按钮,进入机器人界面,单击"小房子"进入,用音量加、减键选择,确定后重启手机即完成解锁。

(2) 小辣椒智能手机内存扩容的操作

第一款小辣椒 LA-I 投放市场时,最大的缺点是内存容量只有 512MB,安装手机系统内置程序后就几乎没有多少剩余空间了,而 RAM 相当于计算机的内存条,属于硬件设备,无法通过刷机或者优化来改变,给用户带来很多不便。因此,这里介绍通过增加虚拟内存的方法,为小辣椒 LA-I 智能手机增加内存容量的操作。

① 扩容前需要的条件。

需要一个 4G 以上的优质内存卡安装于手机内存卡槽,计算机上需要下载并安装豌豆荚联机软件,并成功连接手机与计算机。

② 扩容前的设置。

由于需要刷 Recovery(它类似计算机的 BIOS 程序,刷后可以实现手机 SD 卡分区),因此首先需要在手机上开启 USB 调试,步骤如下。

第一步:进入设置→开发人员选项,勾选"USB 调试",如图 10.2.52 所示。

第二步:返回→进入设置→安全,勾选"未知来源",如图 10.2.53 所示。

图 10.2.52 勾选"USB 调试"

图 10.2.53 勾选"未知来源"

③ 扩容操作步骤

第一步:连接手机与计算机,并确认联机成功。

第二步:在计算机上下载刷机程序 Recovery.6.0.1.0.exe,然后运行,出现图 10.2.54 所示的界面,在计算机键盘上按任意键继续,再按任意键退出程序,即完成刷机,如图 10.2.55 所示。

第三步:刷完 Recovery 后,手机会自动重启进入 Recovery 模式,通过音量减键选择"重启系统",按电源键确认,如图 10.2.56 所示。

第四步:通过 Recovery 把内存卡分 EXT 区和 SWAP 区。分 EXT 区后可以将原来装在系统中的一部分程序移动到内存卡上;SWAP 区是虚拟的内存,可增加系统内存和速度。手机重启后，一直按住音量加键+电源键开机，直到进入 Recovery 模式，当然也可以再次双击计算机中下载的 Recovery.6.0.1.0.exe 程序进入。在 Recovery 中，再次通过音量加、减键选择"高级功能"→"SD 卡分区"，如图 10.2.57 所示，再按电源键确认。

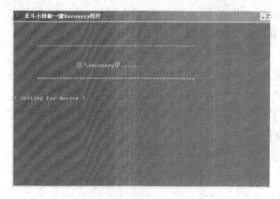

图 10.2.54 Recovery.6.0.1.0 程序运行界面

图 10.2.55 Recovery 刷机完成界面

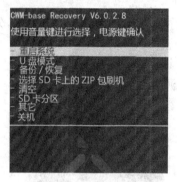

图 10.2.56 选择"重启系统"

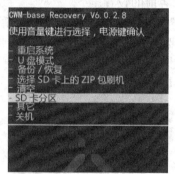

图 10.2.57 SD 卡分区

第五步：在弹出的"Ext 大小"设置界面中选择"1024 M"（若内存卡容量为 16GB，可以选"2048 M"），如图 10.2.58 所示；将 Swap 大小设置为"256M"，如图 10.2.59 所示。然后按电源键确认，出现"对 SD 卡进行分区中...请等待..."，5min 左右完成分区，选择"重启系统"。

提示：分区会格式化 SD 卡数据，需先保存需要的资料，分区完成后退出菜单。

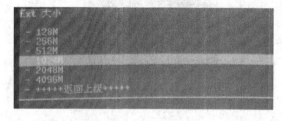

图 10.2.58 将 Ext 大小设置为"1024 M"

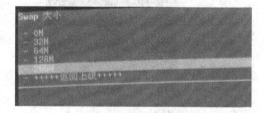

图 10.2.59 将 Swap 大小设置为"256M"

第六步：转移 davik.cache 文件和使用 link2sd 连接文件。首先在计算机中下载并安装安智市场到手机，从安智市场下载并安装 link2sd（程序移动到 SD 卡）到手机中，在手机程序界面运行 link2sd 程序，在打开的程序界面，按左下角按钮，选择"更多"→"重新创建挂载脚本"，弹出图 10.2.60 所示的界面，单击"ext2"按钮后，单击"确定"按钮进行挂载，然后重启系统，如图 10.2.61 所示。

第七步：转移 davik.cache 文件。该文件属于系统文件，要用软件才能转移到 SD 卡的 EXT

分区中。此时需要在安智市场下载并安装R.E.管理器来移动文件,安装后,在手机上运行R.E.管理器,在打开的界面中单击"操作"按钮,如图10.2.62所示。

图10.2.60 选择ext2

图10.2.61 单击"确定"按钮后重启系统

图10.2.62 单击"操作"按钮

打开后单击"挂载读/写"按钮,使目录可读/写,然后进入根目录\data,按住davik.cache文件夹选项,如图10.2.63所示,此时会出现菜单,在菜单中选择"移动"。再次返回,进入目录\data\sdexe2,然后单击"粘贴"按钮,如图10.2.64所示,手机开始复制davik.cache中的全部文件,粘贴完成后,再返回,按电源键手机关机后再重启。

第八步:手机重启后,会自动出现"android正在升级,正在优化××程序",优化完成后,手机再次重启。单击手机程序菜单中的link2sd程序并打开,按手机最左边的触摸键,单击"更多"按钮,如图10.2.65所示。在弹出的界面中依次单击"重新链接程序文件"、"重新连接lib文件"、"连接dex文件"和"清除dex文件缓存"按钮,如图10.2.66所示,完成后手机再次重启。

图10.2.63 davik.cache文件夹选项

图10.2.64 单击"粘贴"按钮

图10.2.65 单击"更多"按钮

第九步：手机重启后，单击"设置"→"勾选"→"自动连接"按钮，"安装位置"选择外部，如图 10.2.67 所示，手机再次关机重启。重启后进入"设置"→"存储"→"可用空间"，发现有 110MB 左右的存储空间，应用程序占 130MB，如图 10.2.68 所示。没有其他的软件占用空间，证明手机内存扩容成功。

图 10.2.66　依次单击的选项按钮

图 10.2.67　设置自动连接

第十步：最后设置应用程序的安装位置，可以通过安装程序豌豆荚把程序设置为"强制安装在 SD 卡里"，或通过手机的"设置"→"应用程序"→"首先安装位置"→"可卸载的 SD 卡"按钮设置，如图 10.2.69 所示。

提示：以后每次装软件时手机内存会减少，重启后就恢复正常。尽量不要取出内存卡和格式化 SD 卡，否则可能导致死机甚至需要重装系统。若重刷系统，需要重新进行格式化 SD 卡的操作。

图 10.2.68　内存扩容成功后有 110MB 空间

图 10.2.69　可卸载的 SD 卡

本 章 小 结

1. 通过对智能手机常见故障的产生原因及故障检修等知识的学习，掌握智能手机故障的维修方法，包括智能手机的拆机、联机、格机与解锁等知识。

2. 通过对诺基亚 WP8、三星 GALAXY 系列、HTC、小米、小辣椒等智能手机的联机、格式化、解锁等知识的学习，掌握智能手机常见故障的解锁方法、软格和硬格的技巧，掌握智能手机联机软件的安装方法。

3. 通过对智能手机常见的故障现象、故障类型、故障维修方法、维修思路与检修流程，不断总结经验，最终形成一套自己的维修"秘笈"。

习 题 10

10.1 智能手机产生故障的常见原因有_____、_____、_____等，也有_____的原因，如_____、_____、_____等。

10.2 智能手机主要芯片都采用贴片安装方式，有的还采用双层芯片安装，手机摔坏导致的故障通常都是因为这些芯片出现了_____现象，应采用_____、_____、_____等方法处理。

10.3 人为因素导致的智能手机故障主要包括_____、_____、_____、_____、_____等。

10.4 智能手机常见故障有软件和硬件方面的原因，硬件方面看主要有_____、_____、_____；软件方面主要有_____、_____、_____、_____。

10.5 iPhone 和三星 GALAXY 系列智能手机的存储器损坏，通常会导致手机出现故障，处理方法是_____、_____或_____。

10.6 智能手机故障维修中的刷机是指_____。

10.7 智能手机的解锁方法有多种，比如_____、_____、_____、_____。

10.8 手机维修中，如何选择和布置一个良好的维修环境？

10.9 手机维修的注意事项主要包括哪些？有哪些基本原则？

10.10 如果手机出现不开机故障，应从哪几个方面入手？

10.11 智能手机界面功能主要包括哪些？（请举五个例子。）

10.12 若智能手机出现键盘灯不亮，其基本的维修流程是什么？

10.13 智能手机常见故障的维修方法有多种，请举例常用的五种。

10.14 诺基亚 WP8 智能手机连接计算机时，需要安装什么连接软件？简述其安装步骤。

10.15 诺基亚 WP8 智能手机无法连接计算机，应如何解决？

10.16 计算机是 Windows 7 系统，又安装了诺基亚智能 WP8 的同步软件，但 WP8 手机还是无法连接计算机，应如何解决？

10.17 Windows 8 系统手机连接 Windows 7 或 Windows XP 系统计算机后没有 U 盘模式，应如何解决？

10.18 简述诺基亚智能手机不开机的维修思路。

10.19 诺基亚 N73 进水机不开机，开机电流为 30mA，应如何维修？

10.20 诺基亚 610 智能手机被锁，其硬格操作方法是什么？

10.21 WP8 手机无法连接 WiFi，应如何解决？

10.22 智能手机为什么要解锁？什么时候需要对智能手机进行解锁操作？

10.23 简述三星 N7100 智能手机获取 Root 权限的方法。

10.24 简述三星 S5830 智能手机解网络锁及格式化的方法。

10.25 三星 I9100（GALAXY SIII）智能手机黑屏，无灯光，应如何维修？

10.26 简述 HTC G10 手机硬格解图形锁的方法。

10.27 简述 HTC G20 智能手机手动格机技巧。

10.28 HTC G11（S710E 惊艳）智能手机开机后无背光灯，应如何维修？

10.29 HTC G12 智能手机打电话黑屏、感光失灵，应如何维修？

10.30 简述小米智能手机的格机方法与网络设置方法。

10.31 简述小米 M1 智能手机装电池不能开机，只有插上 USB 数据线充电才能开机，应如何维修？

10.32 简述小米 M1 智能手机不读内存卡，应如何维修？

10.33 简述小米 1S 智能手机摔后自动重启、死机，应如何维修？

10.34 简述小辣椒 LA-I 智能手机的格机解锁方法。

10.35 简述小辣椒 LA-I 智能手机内存扩容的操作。

本章实训　智能手机故障分析与检测维修

一、实训目的

1. 掌握各种智能手机常见故障检测与维修方法。
2. 掌握使用各种智能手机系统软件安装、解锁、格式化等操作。
3. 熟练掌握使用示波器、数字万用表检测智能手机常见故障。

二、实训器材及材料

1. 各种智能手机多部（也可以是学生自用的手机）。
2. 稳压电源、示波器、数字万用表、热风枪、调温电烙铁、镊子、植锡板、助焊剂、锡浆、天那水、植锡台架、超声波清洗器、刷子（牙刷也可）、松香、焊锡丝、手术刀。

三、实训内容

1. 根据各种智能手机不开机故障现象，分析故障的产生原因并检测维修。
2. 根据各种智能手机"三无"故障现象，分析故障的产生原因并检测维修。
3. 根据各种智能手机无显示故障现象，分析故障的产生原因并检测维修。
4. 学习各种智能手机触摸功能失灵的故障分析方法，并及时检测维修。
5. 学习各种智能手机 GPS 导航功能失灵的故障分析方法，并及时检测维修。

6．学习安装各种智能手机的指南针、重力感应游戏等应用软件。

四、实训报告

1．通过对各种智能手机不开机故障的分析，掌握智能手机不开机故障的检测方法、故障判断和处理技巧。

2．通过对各种智能手机"三无"故障现象的分析，掌握智能手机射频故障的检测方法、故障判断和处理技巧。

3．通过对各种智能手机接口功能故障现象的分析，掌握智能手机接口功能故障的检测方法、故障判断和处理技巧。

附录　学习手机维修常用的网站及其论坛地址

- 天目移动通信维修论坛网址：www.tianmu.com
- 手机大全"友人网"网址：www.younet.com
- 188手机维修网网址：www.shouji188.net
- 威锋网网址：www.weiphone.com
- 中国手机维修学会论坛网址：www.gsm88.com
- 帅猴手机维修论坛网址：bbs.shgzs.com
- 东海手机维修论坛网址：bbs.eastsea.com.cn/forum.php
- 手机维修技术.数码之家网址：bbs.mydigit.cn
- dospy（塞班）智能手机维修论坛网址：www.dospy.com